石油石化职业技能培训教程

固体包装工

中国石油天然气集团有限公司人力资源部 编

石油工业出版社

内 容 提 要

本书是由中国石油天然气集团有限公司人力资源部统一组织编写的《石油石化职业技能培训教程》中的一本。本书包括固体包装工应掌握的基础知识、初级工操作技能及相关知识、中级工操作技能及相关知识和高级工操作技能及相关知识,并配套了相应等级的理论知识练习题,以便于员工对知识点的理解和掌握。

本书既可用于职业技能鉴定前培训,也可用于员工岗位技术培训和自学提高。

图书在版编目(CIP)数据

固体包装工/中国石油天然气集团有限公司人力资源部编. —北京:石油工业出版社,2022.8

石油石化职业技能培训教程

ISBN 978-7-5183-5043-8

Ⅰ. ①固… Ⅱ. ①中… Ⅲ. ①固体-产品-包装-技术培训-教材 Ⅳ. ①TB489

中国版本图书馆 CIP 数据核字(2021)第 245205 号

出版发行:石油工业出版社
(北京安定门外安华里 2 区 1 号 100011)
网　　址:www.petropub.com
编辑部:(010)64252978
图书营销中心:(010)64523633
经　　销:全国新华书店
印　　刷:北京中石油彩色印刷有限责任公司

2022 年 12 月第 1 版　2022 年 12 月第 1 次印刷
787×1092 毫米　开本:1/16　印张:26.25
字数:624 千字

定价:98.00 元
(如出现印装质量问题,我社图书营销中心负责调换)
版权所有,翻印必究

《石油石化职业技能培训教程》

编 委 会

主　任：黄　革

副主任：王子云　何　波

委　员（按姓氏笔画排序）：

丁哲帅	马光田	丰学军	王　莉	王　雷
王正才	王立杰	王勇军	尤　峰	邓春林
史兰桥	吕德柱	朱立明	刘　伟	刘　军
刘子才	刘文泉	刘孝祖	刘纯珂	刘明国
刘学忱	江　波	孙　钧	李　丰	李　超
李　想	李长波	李忠勤	李钟磬	杨力玲
杨海青	吴　芒	吴　鸣	何　峰	何军民
何耀伟	宋学昆	张　伟	张保书	张海川
陈　宁	罗昱恒	季　明	周　清	周宝银
郑玉江	胡兰天	柯　林	段毅龙	贾荣刚
夏申勇	徐春江	唐高嵩	黄晓冬	常发杰
崔忠辉	蒋革新	傅红村	谢建林	褚金德
熊欢斌	霍　良

《固体包装工》编审组

主　　编：李小鹏　韩思军
副 主 编：杨大伟　焦　健　孙友真
参编人员（按姓氏笔画排序）：
　　　　王锁祥　王雪峰　马明良　张建军　尚永红
　　　　尚雨林　杨绍光　袁　宏　崔春霞　魏亚莉
参审人员（按姓氏笔画排序）：
　　　　于庆红　王昌彪　刘　松　何　磊　张宏伟
　　　　殷雪松

PREFACE 前言

随着企业产业升级、装备技术更新改造步伐不断加快,对从业人员的素质和技能提出了新的更高要求。为适应经济发展方式转变和"四新"技术变化要求,提高石油石化企业员工队伍素质,满足职工鉴定、培训、学习需要,中国石油天然气集团有限公司人力资源部根据《中华人民共和国职业分类大典(2015年版)》对工种目录的调整情况,修订了石油石化职业技能等级标准。在新标准的指导下,组织对"十五""十一五""十二五"期间编写的职业技能鉴定试题库和职业技能培训教程进行了全面修订,并新开发了炼油、化工专业部分工种的试题库和教程。

教程的开发修订坚持以职业活动为导向,以职业技能提升为核心,以统一规范、充实完善为原则,注重内容的先进性与通用性。教程编写紧扣职业技能等级标准和鉴定要素细目表,采取理实一体化编写模式,基础知识统一编写,操作技能及相关知识按等级编写,内容范围与鉴定试题库基本保持一致。特别需要说明的是,本套教程在相应内容处标注了理论知识鉴定点的代码和名称,同时配套了相应等级的理论知识练习题,以便于员工对知识点的理解和掌握,加强了学习的针对性。**此外,为了提高学习效率,检验学习成果,本套教程为员工免费提供学习增值服务,员工通过手机登录注册后即可进行移动练习。**本套教程既可用于职业技能鉴定前培训,也可用于员工岗位技术培训和自学提高。

固体包装工教程包括基础知识、初级工操作技能及相关知识、中级工操作技能及相关知识、高级工操作技能及相关知识。

本工种教程由兰州石化分公司任主编单位,参与审核的单位有吉林石化公司、大港石化公司、独山子石化公司和华北石化公司。在此表示衷心感谢。

由于编者水平有限,书中不妥之处在所难免,请广大读者提出宝贵意见。

编 者

CONTENTS 目录

第一部分 基础知识

模块一 安全环保知识 3
  项目一 防火防爆的基础知识 3
  项目二 化工生产中的防火防爆 8
  项目三 化工防尘防毒防腐蚀 9
  项目四 化工生产中常用的安全措施 11
  项目五 化工与环境保护 14

模块二 化工机械基础知识 16
  项目一 机械制图的基础知识 16
  项目二 机械设备的基础知识 19
  项目三 化工传动设备的基础知识 23
  项目四 化工容器的基础知识 26

模块三 电气基础知识 28
  项目一 电工学基础知识 28
  项目二 安全用电 40

模块四 无机化学基础知识 47
  项目一 基本概念 47
  项目二 化学反应 51
  项目三 溶液与溶解 52

模块五 有机化学基础知识 54
  项目一 有机化合物的分类、命名和结构 54
  项目二 烃类化合物 57
  项目三 烃的衍生物 60

  项目四 含氮的有机化合物 ··· 61
  项目五 高分子化合物 ··· 61
模块六 单元操作知识 ··· 64
  项目一 流体流动与输送 ··· 64
  项目二 传热 ··· 66
  项目三 蒸馏 ··· 68
  项目四 蒸发 ··· 71
  项目五 吸收 ··· 72
  项目六 干燥 ··· 73
  项目七 压缩制冷 ··· 73

第二部分 初级工操作技能及相关知识

模块一 工艺操作 ··· 77
  项目一 相关知识 ··· 77
  项目二 重膜包装机开车准备 ··· 86
  项目三 缩袋机构协调性调整 ··· 87
  项目四 协调包装岗位与固体储运岗位生产 ···················· 88
  项目五 重膜包装开车方案检查 ······································ 88
  项目六 检查确认重膜包装系统 ······································ 89
  项目七 底封机构调整 ·· 90
  项目八 包装码垛机停车程序 ··· 91
  项目九 重膜包装停机 ·· 92
模块二 包装设备的使用 ··· 93
  项目一 相关知识 ··· 93
  项目二 热封组件的使用 ··· 103
  项目三 气缸杆伸缩速度的调节 ····································· 104
  项目四 喷码机整体清洗流程 ··· 105
  项目五 更换冷膜穿膜调整 ··· 106
模块三 包装设备的维护 ··· 107
  项目一 相关知识 ··· 107
  项目二 包装秤称量不准确故障的原因分析 ···················· 113
  项目三 码垛机分层板撞击故障的原因分析 ···················· 114
  项目四 包装袋在撑袋缩袋机构内卡住的原因分析 ········· 114

模块四　包装设备故障的判断与处理 ……………………………………………… 116
项目一　相关知识 ………………………………………………………………… 116
项目二　喷码机喷头清洗 ………………………………………………………… 135
项目三　油雾器加注润滑油 ……………………………………………………… 136
项目四　电子定量秤零点标定 …………………………………………………… 137
项目五　包装秤不能启动故障的原因分析 ……………………………………… 137
项目六　手动热合机不封口故障的原因分析 …………………………………… 138
项目七　拣选机卡袋处理 ………………………………………………………… 139
项目八　平皮带跑偏处理 ………………………………………………………… 140

第三部分　中级工操作技能及相关知识

模块一　工艺操作 ……………………………………………………………………… 143
项目一　相关知识 ………………………………………………………………… 143
项目二　实施开车步骤 …………………………………………………………… 143
项目三　底封操作 ………………………………………………………………… 144
项目四　包装线停车 ……………………………………………………………… 145

模块二　使用设备 ……………………………………………………………………… 146
项目一　相关知识 ………………………………………………………………… 146
项目二　复检秤标定 ……………………………………………………………… 150
项目三　从喷码机键盘输入批号 ………………………………………………… 151
项目四　油雾器油的添加及滴油速度的调节 …………………………………… 152
项目五　包装机立袋输送机高度调整 …………………………………………… 153
项目六　清理喷码机 ……………………………………………………………… 154
项目七　气动系统日常维护 ……………………………………………………… 154

模块三　维护设备 ……………………………………………………………………… 156
项目一　相关知识 ………………………………………………………………… 156
项目二　分析包装机吹袋的因素 ………………………………………………… 156
项目三　分析引起包装机真空度不足的因素 …………………………………… 157
项目四　分析引起气缸活塞不动作的因素 ……………………………………… 157

模块四　判断故障 ……………………………………………………………………… 159
项目一　相关知识 ………………………………………………………………… 159
项目二　电子秤不能启动故障处理 ……………………………………………… 159
项目三　称量不准确故障处理 …………………………………………………… 160
项目四　设备撞击故障处理 ……………………………………………………… 160

项目五	码垛机散垛故障处理	161
项目六	包装机排气孔位置错位故障处理	162
项目七	码垛计数错乱处理	163
项目八	包装机底封冷却故障处理	163
项目九	包装机环境温度不准确故障处理	164

第四部分　高级工操作技能及相关知识

模块一　工艺操作 169
 项目一　相关知识 169
 项目二　安装热封组件 173
 项目三　检修电磁阀 173
 项目四　检修重膜包装系统电动机 174
 项目五　检修光电开关 175
 项目六　检修接近开关 176
 项目七　维护电控系统 177

模块二　包装设备的维护 178
 项目一　相关知识 178
 项目二　电动机热跳闸原因分析 180
 项目三　电磁阀得电后不动作原因分析 181
 项目四　称重传感器故障判断 182
 项目五　喷码机不打印故障判断 183
 项目六　码垛机乱包故障原因分析 184
 项目七　编组机满时推袋机不动作故障原因分析 184
 项目八　接触器吸合时噪声大原因分析 185

模块三　包装设备故障的判断 187
 项目一　相关知识 187
 项目二　套膜机构故障原因分析 187
 项目三　套膜机开袋机构故障原因分析 188
 项目四　套膜机包装效果不好故障原因分析 188
 项目五　重膜包装机供袋位挤袋故障处理 189
 项目六　重膜包装时膜袋底冲开故障处理 190
 项目七　更换电动机轴承 191
 项目八　气缸漏气故障处理 192
 项目九　夹袋电磁阀不得电故障处理 192

模块四　包装系统故障的处理 ·· 194
　项目一　相关知识 ·· 194
　项目二　控制编组机电动机的接触器不吸合故障处理 ·· 194
　项目三　码垛机无法启动故障处理 ·· 195
　项目四　开袋机构吸盘不吸袋故障处理 ·· 195
　项目五　包装机弃袋故障处理 ·· 196
　项目六　包装机加热组件温度不升故障处理 ··· 197
　项目七　分层机的分层板不打开故障处理 ·· 198
　项目八　电动机运行中声音不正常故障处理 ··· 199
　项目九　电动机温度过高或冒烟故障处理 ·· 200
　项目十　电动机绝缘低故障处理 ··· 200
　项目十一　异步电动机三相电流不平衡故障处理 ··· 201

模块五　绘图与计算 ·· 203
　项目一　绘图知识 ·· 203
　项目二　计算实例 ·· 204

理论知识练习题

初级工理论知识练习题及答案 ··· 213
中级工理论知识练习题及答案 ··· 265
高级工理论知识练习题及答案 ··· 319

附　录

附录 1　职业技能等级标准 ·· 377
附录 2　初级工理论知识鉴定要素细目表 ··· 384
附录 3　初级工操作技能鉴定要素细目表 ··· 390
附录 4　中级工理论知识鉴定要素细目表 ··· 391
附录 5　中级工操作技能鉴定要素细目表 ··· 397
附录 6　高级工理论知识鉴定要素细目表 ··· 398
附录 7　高级工操作技能鉴定要素细目表 ··· 403
附录 8　操作技能考核内容层次结构表 ·· 404

参考文献 ··· 405

第一部分

基础知识

模块一　安全环保知识

项目一　防火防爆的基础知识

一、燃烧

(一)燃烧的概念

燃烧是可燃物质与助燃物质(氧或其他助燃物质)发生的一种发光发热的氧化反应。不仅可燃物质与氧化合的反应属于燃烧,在某些情况下,没有氧参加的反应,也是燃烧,例如,金属钠、炽热的铁在氯气中燃烧并伴有光和热发生,因此也是燃烧。可燃固体在空气不流通、加热温度较低、分解出的可燃挥发成分较少或逸散较快、含水分较多等条件下,往往只冒烟而无火焰燃烧,这就是阴燃。常见易发生阴燃的物质有成捆堆放的棉、麻、纸张及大量堆放的煤、杂草、湿木材、布匹等。

(二)燃烧的机理

燃烧反应可以分为三个阶段:

(1)扩散混合阶段:能够发生燃烧反应的物质分子分别从释放源通过扩散相互接触而混合达到可以发生燃烧反应的浓度。

(2)感应阶段:燃烧混合物中物质分子接受点火源的能量,离解成自由基或活性分子。

(3)化学反应阶段:自由基与反应物分子相互作用,生成新的分子和新的自由基。如此循环完成燃烧反应。

(三)燃烧的充分条件

燃烧三要素是可燃物、助燃物(氧化剂)和温度(着火源)。这是燃烧反应必须同时具备的三个条件,三者缺一不可。燃烧的充分条件是一定的可燃物浓度、一定的氧气含量、一定的点火能量和未受抑制的链式反应。

(1)可燃物:凡能与空气和氧化剂起剧烈反应的物质称为可燃物。按形态,可燃物可分为固体可燃物、液体可燃物和气体可燃物三种。

(2)助燃物:凡能帮助和维持燃烧的物质称为助燃物。常见的助燃物有空气和氧气,还有氯气、氯酸钾、高锰酸钾等氧化性物质。

(3)着火源:凡能引起可燃物质燃烧的能源,统称为着火源。

如果在燃烧过程中,用人为的方法和手段去消除其中一个条件则燃烧反应就会终止,这就是灭火的基本原理。

(四)着火源的种类

(1)明火:明火炉灶、柴火、煤气炉(灯)火、喷灯火、酒精炉火、香烟火、打火机火等开放性火焰。

(2)火花和电弧:火花包括电、气焊接和切割的火花,砂轮切割的火花,摩擦、撞击产生的火花,烟囱中飞出的火花、机动车辆排出火花、电气开关短路时产生的火花和电弧火花等。

(3)危险温度:一般指80℃以上的温度,如电热炉、烙铁、熔融金属、热沥青、砂浴、油浴、蒸汽管裸露表面、白炽灯等。

(4)化学反应热:化合(特别是氧化)、分解、硝化和聚合等放热化学反应热量,生化作用产生的热量等。

(5)其他热量:辐射热、传导热、绝热压缩热等。

(五)燃烧的形式

简单物质如硫、磷等,受热后首先熔化,然后蒸发、燃烧。复杂物质在受热时先分解成气态和液态产物,然后气态产物和液态产物的蒸气着火燃烧。按参与燃烧反应相态的不同,燃烧可分为均一系燃烧和非均一系燃烧;均一系燃烧是指燃烧反应在同相中进行;非均一系燃烧是指在不同相内进行的燃烧,固体的燃烧均属于非均一系燃烧。

扩散燃烧:可燃性气体分子与助燃体气体氧分子由于扩散,边混合边燃烧。

混合燃烧:反应迅速,温度高,火焰传播速度快。通常的爆炸反应属于这一类。

蒸发燃烧:在可燃液体燃烧中,通常不是液体本身燃烧而是由液体产生的蒸发进行燃烧。像硫黄、萘等一类可燃性固体的燃烧是先受热熔融成液体,液体再蒸发成气体而后燃烧,这类燃烧也称蒸发燃烧。

(六)燃烧的类型

1. 闪燃与闪点

各种可燃液体的表面空间由于温度的影响,都有一定量的蒸气存在,这些蒸气与空气混合后,一旦遇到点火源就会出现瞬间火苗或闪光,这种现象称为闪燃。

闪点是易燃液体表面挥发出的蒸气足以引起闪燃时的最低温度。闪点与物质的浓度,物质的饱和蒸气压有关。物质的饱和蒸气压越大,其闪点越低。闪点越低,火灾危险性越大。

两种可燃液体的混合物的闪点,一般在这两种液体闪点之间,并低于这两种物质点的平均值。闪点是液体可以引起火灾危险的最低温度。液体的闪点越低,它的火灾危险性越大。

2. 自燃与自燃点

可燃物质在没有外界火源的直接作用下,常温中自行发热,或由于物质内部的物理(如辐射、吸附等)、化学(如分解、化合等)、生物(如细菌的腐蚀作用)反应过程所提供的热量聚积起来,使其达到自燃温度,从而发生自行燃烧的现象,称为自燃。

可燃物质在没有外界火花或火焰的直接作用下能自行燃烧的最低温度称为该物质的自燃点。自燃点是衡量可燃性物质火灾危险性的又一个重要参数,可燃物的自燃点越低越易引起自燃,其火灾危险性越大。

自燃又分为受热自燃和自热自燃。

受热自燃是可燃物质在外界热源作用下,温度升高,当达到其自燃点时,即着火燃烧。在化工生产中,可燃物由于接触高温表面、加热和烧烤过度、冲击摩擦,均可导致自燃。

自热自燃的原因有氧化热、分解热、聚合热、发酵热等。自热燃烧的物质可分为四类:

(1)自燃点低的物质,如磷、磷化氢等在常温下即可自燃。

(2)遇空气、氧气会发生自燃的物质,如油脂类。浸渍在棉纱、木屑中的油脂,很容易发热自燃。又如金属粉尘及金属硫化物(如硫化铁)极易在空气中自燃。在化工厂和炼油厂里,由于有硫化物(H_2S)的存在,设备易受到腐蚀而生成硫化铁,硫化铁与空气接触便能自燃。如果有可燃气体存在,则容易形成火灾和爆炸。

(3)自然分解发热物质,如硝化棉。

(4)产生聚合、发酵热的物质,如潮湿的稻草、木屑堆积在一起,由于细菌作用,产生热量,若热量不能及时散发,则温度逐渐升高,最后达到自燃点而自燃。

3. 点燃与着火点

点燃也称强制着火,即可燃物质与明火直接接触引起燃烧,在火源移去后仍能保持继续燃烧的现象。物质被点燃后,先是局部与明火接触处被强烈加热,首先达到引燃温度,产生火焰,该局部燃烧产生的热量,足以把邻近部分加热到引燃温度,燃烧就得以蔓延开去。

在空气充足的条件下,可燃物质的蒸气与空气的混合物与火焰接触而能使燃烧持续5s以上的最低温度,称为燃点或着火点。对于闪点较低的液体来讲,其燃点只比闪点高1~5℃,而且闪点越低,二者的差别越小。闪点在100℃以上的可燃液体的燃点要高出其闪点30℃以上,控制可燃液体的温度在其着火点以下,是预防发生火灾的主要措施。

二、爆炸现象及分类

爆炸是物质发生急剧的物理、化学变化,在瞬间释放出大量的能量并伴有巨大声响的过程。爆炸过程进行得很快;爆炸点附近压力急剧升高,产生冲击波;发出或大或小的响声;使周围建筑物或者装置发生振动或遭受破坏。

爆炸可分为物理性爆炸、化学性爆炸和核爆炸三类。化学性爆炸按爆炸时所发生的化学变化又可分为简单分解爆炸、复杂分解爆炸和爆炸性混合物爆炸三种。

物理爆炸是指物质的物理状态发生急剧变化而引起的爆炸。物质的化学成分和化学性质在物理爆炸后均不发生变化。

化学爆炸是指物质发生急剧化学反应,产生高温、高压而引起的爆炸。物质的化学成分和化学性质在化学爆炸后均发生了质的变化。

核爆炸是核武器或核装置在几微秒的瞬间释放出大量能量的过程。

可燃气体、蒸气或粉尘(含纤维状物质)与空气混合后,达到一定的浓度,遇着火源即能发生爆炸,这种能够发生爆炸的浓度范围称为爆炸极限。能够发生爆炸的最低浓度称为该气体、蒸气或粉尘的爆炸下限。同样,能够发生爆炸的最高浓度,称为爆炸上限。混合物中可燃物浓度低于爆炸下限时,因含有过量的空气,空气的冷却作用阻止了火焰的蔓延;混合物中可燃物浓度高于上限时由于空气量不足,火焰也不能蔓延,所以,浓度低于下限或高于上限时都不会发生爆炸。只有在爆炸下限和爆炸上限范围之间才有爆炸危险。

爆炸极限不是固定的数值,而是受一系列因素的影响而变化的。影响爆炸极限的因素主要有以下几点:

(1)初始温度:混合系统初始温度越高,爆炸极限范围增大。

(2)初始压力:系统初始压力增高,爆炸极限范围也扩大。

(3)惰性气体含量:爆炸性混合物中惰性气体含量增加,其爆炸极限范围缩小。当惰性气体含量增加到某一值时,混合系统不再发生爆炸。

(4)容器:容器的材质和尺寸对物质爆炸极限均有影响。若容器材质的传热性能好,则由于器壁的热损失大,混合气体的热量难于积累,导致爆炸范围变小。容器或管道直径越小,爆炸极限范围越小。

(5)能源:火花能量、热表面的面积、火源与混合物的接触时间等,对爆炸极限均有影响。在黑暗中,氢与氯的反应十分缓慢,在光照下则会发生连锁反应引起爆炸。

三、火灾

火灾是指违背人们的意志,在时间和空间上失去控制的燃烧而造成的灾害。燃烧俗称着火。但燃烧不一定是火灾,它们是有区别的。按物质燃烧的特性可分为固体物质火灾、液体和可溶化的固体物质火灾、气体物质火灾、金属物质火灾及电气火灾等。

(一)火灾级别

火灾按照所造成的人员伤亡情况一般分为三个级别。

特大火灾:具有下列情形之一的,为特大火灾,死亡10人以上(含本数,下同);重伤20人以上;死亡、重伤20人以上;受灾50户以上;直接财产损失100万元以上。

重大火灾:具有下列情形之一的,为重大火灾,死亡3人以上(含本数,下同);重伤10人以上;死亡、重伤10人以上;受灾30户以上;直接财产损失30万元以上。

一般火灾:不具有前列两项情形的火灾为一般火灾。

(二)灭火方法

灭火的基本方法有四种,即隔离法、冷却法、窒息法和化学反应中断法。

隔离法就是将火源与火源附近的可燃物隔开,中断可燃物质的供给,使火势不能蔓延。这是一种比较常用的方法,适用于扑救各种固体、液体和气体火灾。例如,森林火灾的扑救,一般在火源的下风处,迅速开辟出一片隔离带,以阻断火势蔓延。

冷却法灭火是用水等灭火剂喷射到燃烧着的物质上,降低燃烧物的温度。当温度降到该物质的燃点以下时,火就会熄灭。

隔离法是用不燃或难燃的物质,覆盖、包围燃烧物,阻碍空气与燃烧物质接触,使燃烧因缺少助燃物质而停止燃烧。

化学反应中断法也称抑制灭火法,是使灭火剂参与到燃烧反应历程中,使燃烧过程中产生的游离基消失,形成稳定分子或低活性游离基,使燃烧物周围的氧气耗尽,而使燃烧反应停止的一种灭火方法。

实际生产、生活中常见的火源有生产用火、火炉、干燥装置(如电热干燥器)、烟筒(如烟囱)、电气设备(如配电盘、变压器等)、高温物体、雷击、静电等。这些火源是引起易燃易爆物质着火爆炸的常见原因,控制这些火源的使用范围和与可燃物接触,对于防火防爆是十分重要的。通常采取的措施有隔离、控制温度、密封、润滑、接地、避雷、安装防爆灯具、设禁止烟火的标志等。例如,在日常生产、生活中就要谨慎用火,不要在易燃易爆物品周围使用明火;要注意着火源与可燃物隔离,灯具等易发热物品不能贴近窗帘、沙发,隔离木板等易燃物品,在配电盘下不许堆放棉絮、泡沫等易燃物品;要养成好的用火习惯,不乱扔火种烟蒂;易产生高温、发热的电气设备在使用过后要随手关闭电源,防止温度过高自行燃烧;一些易产生静电的电气设备应采取接地和避雷设施;在油库、液化气库等易挥发危险物品的存储空间均应用防爆措施,避免电气设备在使用中产生的火花点燃危险物品而酿成火灾。

根据不同情况采取不同措施。如在建筑装修及居家用品的选择中,以难燃或不燃的材料代替易燃和可燃材料;用不燃建材代替木材造房屋;用防火涂料浸涂可燃材料,提高其耐火极限。对化学危险物品的处理,要根据其不同性质采取相应的防火防爆措施。如黄磷、油纸等自燃物品要隔绝空气储存;金属钠、金属钾、磷粉等遇湿易燃物品要防水防潮等。

四、消防灭火器材及其使用方法

消防灭火器是可由人力移动的轻便灭火器具,它能在其内部压力作用下,将所充装的灭火药剂喷出,用来扑灭火灾。由于灭火器结构简单,操作方便,使用面广,对扑救初期火灾有一定效果,因此,在工厂、企业、机关、商店、仓库以及汽车、轮船、飞机等交通工具上,几乎到处可见,已成为群众性的常规灭火武器。

灭火器的种类很多,按其移动方式可分为手提式和推车式;按驱动灭火剂动力来源可分为储气瓶式、储压式、化学反应式;按所充装的灭火剂又可分为泡沫、二氧化碳、干粉、卤代烷,还有酸碱、清水灭火器等。

(一)二氧化碳灭火器

二氧化碳灭火器利用其内部所充装的高压液态二氧化碳本身的蒸气压力作为动力喷出灭火。由于二氧化碳灭火剂具有灭火不留痕迹,有一定的绝缘性能等特点,因此适用于扑救600V以下的带电电器、贵重设备、图书资料、仪器仪表等场所的初起火灾,以及一般的液体火灾,不适用扑救轻金属火灾。

灭火时只要将灭火器的喷筒对准火源,打开启闭阀,液态的二氧化碳立即汽化,并在高压作用下迅速喷出。但应注意二氧化碳是窒息性气体,空气中二氧化碳含量达到8.5%时,人会呼吸困难,血压增高;二氧化碳含量达到20%~30%时,人会呼吸衰弱,精神不振,严重的可能因窒息而死亡。因此,在空气不流通的火场使用二氧化碳灭火器后,必须及时通风。在灭火时,要连续喷射,防止余烬复燃,不可颠倒使用。二氧化碳是以液态存放在钢瓶内的,使用时液体迅速汽化吸收本身的热量,使自身温度急剧下降到-78.5℃左右。利用它来冷却燃烧物质和冲淡燃烧区空气中的含氧量以达到灭火的效果。所以在使用中要戴上手套,动作要迅速,防止冻伤。如在室外,则不能逆风使用。

(二)干粉灭火器

干粉灭火器是以高压二氧化碳为动力,喷射筒内的干粉进行灭火,为储气瓶式。它适用于扑救石油及其产品、可燃气体、易燃液体、电气设备初起火灾,广泛用于工厂、船舶、油库等场所。

(三)MF型手提式干粉灭火器

碳酸氢钠干粉灭火器适用于扑救易燃、可燃液体以及带电设备的初起火灾;磷酸铵盐干粉灭火器除可用于上述几类火灾外,还可用于扑救固体物质火灾。但都不适宜扑救轻金属燃烧的火灾。灭火时,先拨去保险销,一只手握住喷嘴,另一手提起提环(或提把),按下压柄就可喷射。扑救地面油火时,要采取平射的姿势,左右摆动,由近及远,快速推进。如在使用前,先将筒体上下颠倒几次,使干粉松动,然后再开气喷粉,则效果更佳。

(四)消防水泵和消防供水设备

消防水泵俗称抽水机,在灭火作战中用来吸取并输送消防用水,它的种类很多,但其原理基本相似。

消防供水设备是消防水泵的配套设备,比较常见的是室内消火栓系统,它包括水枪、水带和室内消火栓。使用时,将水带的一头与室内消火栓连接,另一头连接水枪,现有的水带与水枪的接口均为卡口式的,连接中应注意槽口,然后打开室内消火栓开关,即可由水枪开关来控制射水。

水枪依照喷嘴口径的不同可分为13mm、16mm、19mm三种类型,水带依照直径的大小也可分为50mm、65mm、80mm三种类型。不同型号的水枪需与相应的水带匹配,在使用时要加以注意(一般在室内消火栓箱放置的水带与水枪均是配套的)。

项目二　化工生产中的防火防爆

石油化工企业是指以石油、天然气及其产品为原料,生产、储运各种石油化工产品的炼油厂、石油化工厂、石油化纤厂或其联合组成的生产加工企业。石油化工生产的生产链相当冗长,其衍生物繁多,生产工艺不乏高温、高压、蒸馏、裂解等,具有相当大的危险性。石油化工生产过程是通过一系列的物理、化学变化完成的,其工艺操作大多在高温高压下进行,反应复杂、连续性强,这就决定了其突出的特点是生产危险性大、发生火灾的概率高,发生火灾后常伴有爆炸、复燃以及立体、大面积、多点等形式的燃烧,易造成人员重大伤亡和财产重大损失。其火灾特点是:爆炸与燃烧并存,易造成人员伤亡;燃烧速度快、火势发展迅猛;易形成立体火灾,火灾扑救困难。

化工生产中火灾爆炸危险性可以从生产过程中的物料的火灾爆炸危险性和生产装置及工艺过程中的火灾爆炸危险性两个方面进行分析。具体地说,就是生产过程中使用的原料、中间产品、辅助原料如催化剂及成品的物理化学性质、火灾爆炸危险程度,生产过程中使用的设备、工艺条件如温度、压力,密封种类,安全操作的可靠程度等,综合全面情况进行分析,以便采取相应的防火防爆措施,保证安全生产。

化工生产中,所作用的物料绝大部分都具有火灾爆炸危险性,从防火防爆的角度,这些物质可分为七大类。即爆炸性物质,如硝化甘油等;氧化剂,如过氧化钠、亚硝酸钾等;可燃气体,如苯蒸气等;自燃性物质,如硫黄、磷等;遇水燃烧物质,如硫的金属化合物等;易燃与可燃液体,如汽油、丁二烯等;易燃与可燃固体,如硝基化合物等。

装置中储存的物料越多,发生火灾时灭火就越困难,损失也就越大。装置的自动化程度越高,安全设施越完善,防止事故的可能性就越高。工艺程度越复杂,生产中物料经受的物理化学变化越多,危险性就增加。工艺条件苛刻,高温、高压、低温、负压,也会增加危险性。操作人员技术不熟练,不遵守工艺规程,也会造成事故。装置设计不符合规范,布局不合理,一旦发生事故,还会波及邻近装置。

石油化工生产中,常见的着火源除生产过程本身的燃烧炉火、反应热、电火花等以外,还有维修用火、机械摩擦热、撞击火花、静电放电火花以及违章吸烟等。这些火源是引起易燃易爆物质着火爆炸的常见原因。控制这些火源的使用范围,对于防火防爆是十分重要的。

石油化工生产中的明火主要是指生产过程中的加热用火、维修用火及其他火源。加热易燃液体时,应尽量避免采用明火,而采用蒸气、过热水、中间载热体或电热等。如果必须使用明火,设备应严格密闭,燃烧室应与设备建筑分开或隔离。在有火灾爆炸危险场所的储罐和管道内部作业,不得采用普通电灯照明,而应采用防爆电气设备。在有火灾爆炸危险的厂房内,应尽量避免焊割作业,进行焊割作业时应严格执行工业用火安全规定。在积存有可燃气体、蒸气的管沟、深坑、下水道内及其附近,在没有消除危险之前,不能有明火作业。电焊线破残应及时更换或修理,不能利用其与易燃易爆生产设备有联系的金属件作为电焊接地线,以防止在电气通路不良的地方产生高温或电火花。对熬炼设备要经常检查,防止烟道窜火和熬锅破漏。盛装物料不要过满,防止溢出。在锅灶设计上可采用"死锅活灶"的方法,以便随时搬出灶火。在生产区熬炼时,应注意熬炼地点的选择。

项目三　化工防尘防毒防腐蚀

一、防尘防毒及措施

在化学工业生产过程中,其原料、中间产品以及成品,大多数是有毒有害的物质。这些物质在生产过程中形成粉尘、烟雾或气体,散发出来便会侵入人体,造成各种不同程度的损害,发展成为职业中毒或职业病,重者会迅速致人死亡。

(一)尘毒物质的分类

在化学工业生产过程中,散发出来的有危害的尘毒物质,按其物理状态,可分为有毒气体、有毒蒸气、雾、烟尘、粉尘5大类。

(1)有毒气体是在常温常压下呈气态的有毒物质,如光气、氯气、硫化氢气、氯乙烯等气体。这些有毒气体能扩散,在加压和降温的条件下,它们都能变成液体。

(2)有毒蒸气是在常温常压下由于蒸气压大,容易挥发成蒸气,特别在加热或搅拌的过程中,这些有毒物质就更容易形成蒸气。

(3)雾是悬浮在空气中的微小液滴,是液体蒸发后,在空气中凝结而成的液雾细滴;也有的是由液体喷散而成的。

(4)烟尘是空气中飘浮的一种固体微粒($0.1\mu m$以下)。例如,有机物在不完全燃烧时产生的烟气。用机械或其他方法,将固体物质粉碎形成的固体微粒。一般在$10\mu m$以下的粉尘,在空气中就不容易沉降下来或沉降速度非常慢。毒尘物质来源于生产原料、中间产品和产品、由化学反应不完全和副反应产生的物质、生产过程中排放的污水和冷却水、工厂废气、其他生产过程中排出的废物及设备和管道的泄漏。

(5)粉尘主要来源于固体原料、产品的粉碎、研磨、筛分、混合以及粉状物料的干燥、运输、包装等过程。粉尘的物理状态、化学状态、溶解度以及作用的部位不同,对人体的危害也不同。一般,刺激性粉尘落在皮肤上可以引起皮炎,夏季多汗,粉尘易堵塞毛孔而引起毛囊炎,碱性粉尘在冬季可引起皮肤干燥、破裂;粉尘作用于眼内,刺激结膜引起结膜炎;长期吸入一定量粉尘,就会引起各种尘肺病。

(二) 工业毒物对人体的危害

毒物对人体的危害表现在：毒物吸收后，通过血液循环分布到全身各个组织或器官。中毒可分为急性中毒、亚急性中毒和慢性中毒三种情况。

毒物对皮肤的危害：皮肤接触外界刺激物的机会最多，在许多毒物刺激下会造成皮炎和湿疹、痤疮和毛囊炎、溃疡、皮肤干燥等病变特征。

毒物对眼部的危害：化学物质对眼的危害可以发生于某化学物质与组织的接触，造成眼部损伤，也可发生于化学物质进入体内，引起视觉病变或其他眼部病变。

毒物与致癌，人们在长期从事化工生产中，由于某些化学物质的致癌作用，可使人体产生肿瘤。这种对机体能诱发癌变的物质称为致癌源。

(三) 防尘防毒措施

职业中毒多是由于生产过程中劳动组织管理不善，缺乏相应的技术措施和卫生预防措施，以及操作者不遵守各项防尘防毒规程制度等原因造成的，所以做好预防工作应从规章制度的制定、人员的管理、技术措施的完善等多方面入手。

加强防尘防毒的规章制度的管理，防尘防毒的技术措施，改革工艺路线，采用较安全的工艺条件，以无毒或低毒原料代替有毒或高毒原料，以机械化、自动化操作代替繁重的手工操作，采用新的生产技术，治理工业"三废"即废气、废水和废渣，通风净化，湿法降尘。

采用化学防护器具，个人防护器具是指作业人员在生产活动中，为了保证安全与健康，防止外界伤害或职业性毒害而佩戴的各种用具的总称。它是劳动保护的重要措施之一，是生产过程中不可缺少的、必备的防护手段，呼吸防护器具包括防尘口罩、防毒口罩、防尘面罩和防毒面具和氧气呼吸器等。头部及面部保护器具包括安全帽、面罩及防护服等。

二、工业毒物及其他安全急救

现场中毒的急救通则：对有害气体吸入性中毒，应立即撤离现场，吸入新鲜空气，解开衣物，静卧，注意保暖。对皮肤黏膜沾染接触性中毒，应马上离开毒源，脱去污染衣物，用清水冲洗体表、毛发、甲缝等。如果是腐蚀性毒物应清水冲洗至少半小时。在现场简单处理的同时，积极送往医院抢救。

常用的止血方法有加压包扎法、指压止血法、止血带止血法。如发生骨折，现场可以找小夹板、树枝等物，对患肢进行包扎固定。头部创伤时，把伤者的头偏向一边，不要仰着，避免呕吐而造成伤者窒息。腹部创伤时，将干净容器扣在腹壁伤处，防止发生腹腔感染。呼吸心跳停止时，及时对伤者进行口对口的人工呼吸，并进行简单的胸外按压。

三、化工腐蚀与防护

化工厂的腐蚀是材料在周围介质作用下所产生的破坏。材料包括金属与非金属材料，造成腐蚀破坏的原因有物理、机械、生物和化学等多方面。

腐蚀普遍存在于化工厂生产中，化工厂所用原材料生产过程中的中间产品、最终产品等大部分具有腐蚀性，对建(构)筑物、机械、设备、仪表、电气设施，均会造成腐蚀破坏，严重影响生产安全。

腐蚀的分类方法较多，一般按腐蚀机理可分化学腐蚀和电化学腐蚀；按环境可分为大气腐蚀、土壤腐蚀、生物腐蚀、海洋腐蚀、液态金属腐蚀和非水溶液腐蚀等；按腐蚀部分可分为全面腐蚀与局部腐蚀；按腐蚀类型可分为点腐蚀、缝隙腐蚀、晶间腐蚀、应力腐蚀、氢脆、腐蚀疲劳和磨损腐蚀等。金属与周围介质发生化学作用而引起的破坏，称为化学腐蚀。

工业中常见的化学腐蚀有：

(1)金属氧化：金属在干燥或高温气体中同氧气作用所产生的腐蚀。

(2)高温硫化：金属在高温下与含硫介质作用形成硫化物的腐蚀。

(3)渗碳：某些碳化物与钢接触在高温下分解生产游离碳，渗入钢内形成碳化物的过程。

(4)脱碳：在高温下，钢中渗碳体与气体介质（水蒸气、氢、氧等）发生化学反应，引起渗碳体脱碳的过程。

(5)氢腐蚀：在高温高压下，氢引起钢组织的化学变化，使其机械性能劣化。

(6)电化学腐蚀：金属同电解质溶液接触时，由于金属材料的不同组织及组成之间形成原电池，其阴极、阳极之间所产生的氧化和还原反应使金属材料的某一组织或组分发生溶解，最终导致材料失效的过程。

防止或减缓腐蚀的根本途径是正确地选择工程材料。除考虑一般经济技术指标外，还需考虑工艺条件及其在生产过程中的变化。要根据介质性质、浓度、杂质、腐蚀产物以及耐腐蚀性能，综合平衡选择材料。合理设计，避免缝隙、消除积液。

阳极保护是在化学介质中，将被腐蚀金属通过阳极电流，在其表面形成耐腐蚀性很强的钝化层，借以保护的方法。阴极保护有外加电流法和牺牲阳极法两种。前者将保护金属与直流电源负极连接，正极与外加辅助电极连接，电源通入被保护金属阴极电流，使腐蚀过程受到抑制。后者又称护屏保护，它是将电极电位较负的金属同被保护金属连接构成腐蚀电池。电位较负的金属（阳极）腐蚀过程中流出的电流抑制了原金属的腐蚀，从而得到了保护。

项目四　化工生产中常用的安全措施

一、按物质的物理化学性质采取措施

(1)尽量通过改进工艺的办法，以无危险或危险性小的物质代替有危险或危险性大的物质，从根本上消除火灾爆炸的条件。

(2)对于本身具有自燃能力的物质、遇空气能自燃的物质以及遇水能燃烧爆炸的物质等，可采取隔绝空气、充入惰性气体保护、防水防潮或针对不同情况采取通风、散热、降温等措施来防止自燃和爆炸的发生。如黄磷、二硫化碳在水中储存，金属钾、钠在煤油中保存，烷基铝在纯氮中保存等。

(3)互相接触会引进剧烈化学反应，温度升高，燃烧爆炸的物质不能混存，运输时不能混运。

(4)遇酸或碱有分解爆炸燃烧的物质应避免与酸、碱接触；对机械运动（如振动、撞击）比较敏感的物质要轻拿轻放，运输中必须采取减振防振措施。

(5)易燃、可燃气体和液体蒸气要根据储存、输送、生产工艺条件等不同情况,采取相适应的耐压容器和密封手段以及保温、降温措施。排污、放空均要有可靠的处理和保护措施,不能任意排入下水道或大气中。

(6)对不稳定的物质,在储存中应添加稳定剂、阻聚剂等,防止储存中发生氧化、聚合等反应而引起温度、压力升高而发生爆炸。如丁二烯、丙烯腈在储存中必须加对苯二酚阻聚剂,防止聚合。

(7)要根据易燃易爆物质在设备、管道内流动时产生静电的特征,在生产和储运过程中采取相应的静电接地设施。

另外,液体具有流动性,为防止因容器破裂后液体流散或火灾事故时火势蔓延,应在液体储罐区较集中的地区设置防护堤。

二、系统密封及负压操作

为防止易燃气体、蒸气和可燃性粉尘与空气构成爆炸性混合物,应使设备密闭,对于在负压下生产的设备,应防止空气吸入。为保证设备的密闭性,对危险设备及系统应尽量少用法兰连接,但要保证安装检修方便,输送危险气体的管道要用无缝管。应做好气体中水分的分离和保温,防止冬季气体中冷凝水在管道中冻结胀裂管道而泄漏。易燃易爆物质生产装置投产前应严格进行气密性实验。

负压操作可防止系统中的有毒和爆炸性气体向容器外逸散。但要防止由于系统密闭性差,外界空气通过各种孔隙进入负压系统。加压或减压在生产中都必须严格控制压力,防止超压,并应按照压力容器的管理规定,定期进行强度耐压试验。系统检修时应注意密闭填料的检查调整或更换,凡是与系统密闭的关键部件都不能忽视检修质量,以防渗漏。

三、通风置换

通风是防止燃烧爆炸物形成的重要措施之一。在含有易燃易爆及有毒物质的生产厂房内采取通风措施时,通风气体不能循环使用。通风系统的气体吸入口应选择空气新鲜、远离放空管道和散发可燃气体的地方,在有可燃气体的厂房内,排风设备和送风设备应有独立分开的通风机室,如通风机室设在厂房内,应有隔绝措施。排除输送温度超过80℃的空气或其他气体以及有燃烧爆炸危险的气体、粉尘时的通风设备,应用非燃烧材料制成。排除具有燃烧爆炸危险粉尘时的排风系统,应采用不发生火花的设备和能消除静电的除尘器。排除与水接触能生成爆炸混合物的粉尘时,不能采用湿式除尘器。通风管道不宜穿越防火墙等防火分隔物,以免发生火灾时,火势通过通风管道而蔓延。

四、惰性介质保护

惰性气体在石油化工生产中对防火防爆起着重要的作用。常用的惰性气体有氮气、二氧化碳、水蒸气等。惰性气体在生产中的应用主要有以下几个方面:

(1)易燃固体物质的粉碎、筛选处理及其粉末输送,采用惰性气体覆盖保护。

(2)易燃易爆物料系统投料前,为消除原系统内的空气,防止系统内形成爆炸性混合物,采用惰性气体置换。

(3)在有火灾爆炸危险的设备、管道上设置惰性气体接头,可作为发生危险时备用保护措施和灭火手段。

(4)采用氮气压送易燃液体。

(5)在有易燃易爆危险的生产场所,对有发生火花危险的电气设备、仪表等采用充氮正压保护。

(6)易燃易爆生产系统需要检修,在拆开设备前或需动火时,用惰性气体进行吹扫和置换,发生危险物料泄漏时用惰性气体稀释,发生火灾时,用惰性气体进行灭火。

使用惰性气体应根据不同的物料系统采用不同的惰性介质和供气装置,不能乱用。因为惰性气体与某些物质可以发生化学反应,如水蒸气可以同许多酸性气体生成酸而放热,二氧化碳可同许多碱性气体物质生成盐而堵塞管道和设备。

还要特别指出的是:许多生产装置在生产中将惰性气体系统与危险物料系统连接在一起,要防止危险物料窜入惰性气体系统造成事故。一般临时用惰性气体的装置应采用随用随接,不用断开的方式。常用惰性气体的装置应该设置超压报警自动切断装置,生产停车时应将惰性气体断开。

五、紧急情况停车处理

在石油化工生产中,当发生突然停电、停水、停气、可燃物大量泄漏等紧急情况时,生产装置就要停车处理,此时若处理不当,就可能发生事故。

在紧急情况下,整个生产控制、原料、气源、蒸气、冷却水等都有一个平衡的问题,这种平衡必须保证生产装置的安全。一旦发生紧急情况,就应有严密的组织,果断的指挥、调度,操作人员正确的判断,熟练的处理,来达到保证生产装置和人员安全的目的。

六、化工安全设计和安全管理

据统计,生产化工产品所用的原料,中间体甚至产品本身,有70%以上具有易燃、易爆或有毒的性质,生产大多在高温、高压、高速、有毒等严酷条件下进行,经常因处理不当而发生事故,不仅危害职工的生命财产,事故还容易扩大蔓延,对周围居民造成伤害。因此做好化工厂的安全工作,不仅是保证生产顺利进行的必要条件,也是保证社会稳定的重要因素。

化工产品的生产一般通过物流变化和化学反应来完成,不仅工艺复杂而且有些反应十分剧烈,极易失控,这些剧烈反应大多在反应器或管道中进行,难以监视,一旦失控事故后果不堪设想,所以化工生产比其他工业具有更特殊的潜在危险性。一旦操作条件发生变化、工艺受到干扰产生异常,或因人的特性和素质欠佳等原因造成的失误操作,潜在危险就会发展成为危害性事故。但是,化工厂的事故也可以采取防范措施使之降低或避免。如果设计时对生产安全能周密考虑,使得厂址选择和装置布置科学合理,工艺流程采取完善的安全系统,并在运行中进行严密的管理,在后勤支援上配备足够的医护、消防等措施以减缓事故后果的严重程度,则事故大多半会得到预防,即使发生了,也不会造成灾难性后果。

化学工业从产品开发研究初期,到小型试验、中间试验和扩大试验,再经过设计、建设和正式生产,无时无刻不涉及安全问题。而设计阶段对安全问题进行科学周密的考虑,避免设计上的"先天不足",是化工安全生产的一个至关重要的环节,对化工安全生产具有决定性的作用。因此,必须高度重视安全设计,从源头消除隐患,化解风险。

安全设计就是要把生产过程中潜在的不安全因素进行系统的辨识,这些不安全因素能够在设计中消除的,则在设计中消除;不能消除的,就要在设计中采取相应的控制措施和事故防范措施。对于不安全因素的辨识,既需要设计人员具体考虑,也需要安全专业人员的参与,同时,也要深入听取一线生产人员的意见,只有集思广益,才能最大限度地把不安全因素查清,在安全设计中消除与控制。

化工安全考虑的不安全因素很多,可概况为"八防":一是防火防爆,如配置可燃气体报警仪、安全阀、压力表等;二是防中毒和窒息,如配置有毒有害气体监测仪,气体泄漏监测、排风联动装置;三是防机械伤害,如旋转设备加防护罩;四是防物体打击,如在立体作业区加装防物体坠落分隔层;五是防高空坠落,如加装防护栏;六是防触电,如加装漏电保护器;七是防灼烫,如将管线及可能的泄漏口设计为非正面对人的位置;八是防职业病,如通风除尘等工业卫生措施。

在安全设计中,参与设计的安全专业人员中,需要遵循下列程序参与安全设计工作:了解本工程项目的技术内容,对潜在的风险进行辨识;积极收集有关安全法规、标准和规范,并按相应的类别进行整理;广泛查找同样及类似装置中的安全措施及事故案例,并加以科学的分析,从中吸取教训,形成符合本装置安全设计要求的适用参考资料;与此同时,还要参考有关的安全检查纲要,编写本装置设计过程中的安全检查表,作为在设计工作中安全检查的依据。

在工艺路线和工艺设备确定之后,必须从防火防爆控制异常危险状况发生并是灾害局限化的要求出发,采用不同类型和不同功能的安全装置。对安全装置设计的基本要求是:能及时准确地对生产过程的各种参数进行检测、调节和控制;在出现异常情况时,能迅速地显示、报警和调节,使之恢复正常运行。能保证预定的工艺指标和安全控制界限的要求;对火灾、爆炸危险性大的工艺过程和装置,应采取综合性的安全装置和控制系统,以保证其可靠性。能有效地对装置、设备进行保护,防止过负荷或超限所引起的破坏和失效。要正确地选择安全装置与控制系统所使用的动力,以保证其安全投用。要考虑安全装置本身的故障以及错误动作所导致的危险,必要时应设置备用装置或自行检测处理装置。

项目五　化工与环境保护

生态学是研究生物有机体与其周围环境(包括生物环境和非生物环境)相互关系的一门学科。作为生物学的主要分科之一,从植物逐渐涉及动物。生态学发展历程体现的三个特点:从定性探索生物与环境的相互作用到定量研究;从个体生态系统到复合生态系统,由单一到综合,由静态到动态地认识自然界的物质循环与转化规律;与基础科学和应用科学相结合,发展和扩大了生态学的领域。

生态系统的组成有生产者、消费者(食用植物的生物或相互食用的生物)、无生命物质、分解者(各种具有分解有机质能力的微小生物,最主要的是细菌和真菌,也包括一些原生生物)。生态系统的基本功能包括:生物生产、生态系统中的能量流动、生态系统中的物质循环和生态系统中的信息传递。

在一定条件下,生态系统中能量流动和物质循环表现为稳定的状态。生态系统的平衡特点:能量和物质的输入和输出保持动态平衡,相对稳定(能量、物质、生物种类、生物数量)外界条件发生变化,可破坏现存的生态平衡。

人体通过新陈代谢与周围环境进行物质交换,人体中各元素平均含量与地壳中各元素含量同步,例如,人体血液中60多种元素的含量和岩石中这些元素的含量有明显的相关性。环境污染使某些化学物质突增,或者出现了本来没有的合成化学物质,就破坏了人与环境的关系,因此而致病。人体与环境间保持动态平衡。环境污染对人体的危害包括急性危害与慢性危害。

《中华人民共和国环境保护法》对环境的内涵有如下规定:"本法所称环境,是指影响人类生存和发展的各种天然的和经过人工改造的自然因素的总体,包括大气、水、海洋、土地、矿藏、森林、草原、野生生物、自然遗迹、人文遗迹、自然保护区、风景名胜区、城市和乡村等"。

自然环境:直接或间接影响到人类的一切自然形成的物质、能量和自然现象的总体。

人工环境:由于人类的活动而形成的环境要素,它包括人工形成的物质、能量和精神产品以及人类活动中所形成的人与人之间的关系。

环境问题主要是由于人类活动作用于周围环境所产生的环境质量变化以及这种变化反过来对人类的生产、生活和健康产生影响的问题。环境问题的发展包括:工业革命以前阶段;环境的恶化阶段;环境问题的第一次爆发;环境问题的第二次高潮。

当前的主要环境问题有人口问题、海洋污染、大气环境污染(酸雨严重、臭氧层破坏、温室效应和气候变化)、资源问题。

大气污染通常是指由于人类活动和自然过程引起某种物质进入大气中,呈现出足够的浓度,达到了足够的时间并因此而危害了人体的舒适、健康和福利或危害了环境的现象。

从20世纪50年代开始,石油工业崛起,化学工业转入以石油和天然气为主要原料的"石油化学时代",随着石油化学工业的高速发展,环境污染达到了前所未有的地步,化工污染成为化学工业发展过程中亟待解决的一个重大问题。化工污染来源于化工生产的原料、半成品及产品、化工生产过程的排放、燃烧过程、冷却水、副反应及生产事故等。化工污染的防治途径主要是建立清洁生产理念,采用少废无废工艺,加强企业管理,加强废物综合利用的资源化。

化工污染主要有水体污染、大气污染、噪声污染、固体废弃物污染和其他污染。水体污染主要是物料冲刷形成的废水、化学反应不完全而产生的废料、一些特定工艺排放的废水、地面和设备清洗废水、化学副反应中产生的废水及冷却水等。大气污染主要是燃烧烟气污染、工艺废气污染、火炬废气污染、尾气污染、无组织排放的废气污染。在化工生产中除了大气污染、水体污染及化工废渣、固体废弃物污染和其他污染之外,噪声污染防治、热污染防治及电磁污染防治也是很重要的。如果防治不好,同样会对化工生产和人体健康带来直接或间接的危害。

模块二　化工机械基础知识

项目一　机械制图的基础知识

一、投影的基本原理及种类

已知平面 P 及平面外一点 T，做出空间任意一点 A 在平面 P 上的图像。连接点 T、A，其延长线交平面 P 于点 a，a 即为点 A 的图像。点 T 称为投影中心，平面 P 称为投影面，直线 TA 称为投影线，点 a 称为点 A 的投影，如图 1-2-1 所示。

投影按照投影中心的远近可分为中心投影法和平行投影法。中心投影法与平行投影法的主要区别为投影线是否交于一点。在平行投影法中，按投影线是否垂直于投影面，又可分为斜投影法和正投影法，如图 1-2-2、图 1-2-3 所示。

中心投影法投射线汇交于投射中心，在投射中心确定的情况下，空间的一个点在投影面上只存在唯一一个投影。中心投影法所绘制的图像又称透视图。用中心投影法得到的物体的投影大小与物体的位置有关。在投影中心与投影面不变的情况下，物体靠近或远离投影面时，它的投影就会变大或变小，且一般不能反映物体的实际大小。这种投影法主要用于绘制建筑物的透视图。因此，在一般的工程图样中，不采用中心投影法。

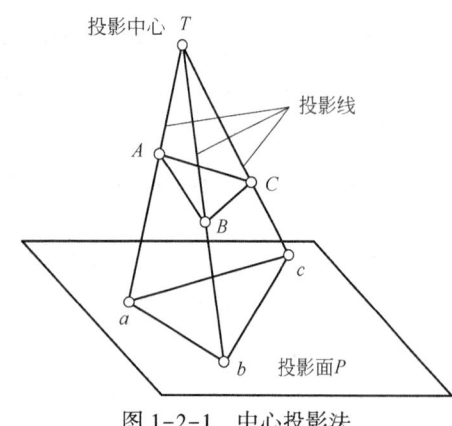

图 1-2-1　中心投影法

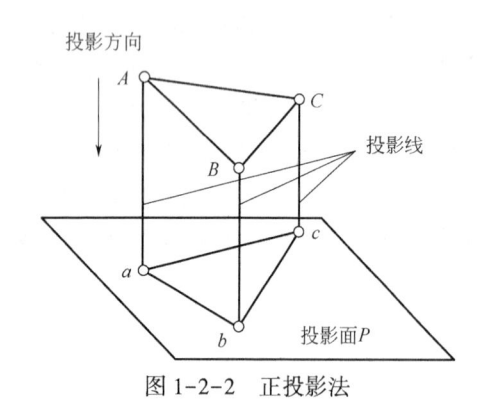

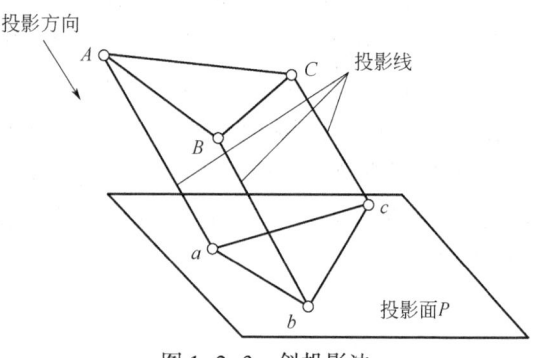

图 1-2-2　正投影法

图 1-2-3　斜投影法

点是组成物体的基本几何要素。点在两面投影的连线，必须垂直于相应的投影轴。熟悉和掌握点的投影方法、投影特性,对识读物体投影、表达物体结构具有重要的作用。在三投影面中,存在一空间点 A。由点 A 分别作垂直于 V 面、H 面、W 面的投影线,分别得点 A 在 V 面、H 面、W 面的正面投影 a',水平投影 a,侧面投影 a''。移去空间点 A,沿 OY 轴分开 H 面和 W 面,V 面保持正立位置,H 面向下旋转 $90°$,W 面向右旋转 $90°$,三个投影面展开为一平面。OY 轴成为 H 面上的 OY_H 和 W 面上的 OY_W,点 a_y 成为 H 面上的 a_{yH} 和 W 面上 a_{yW}、将三投影面体系看作直角坐标系,投影轴、投影面、点 O 分别为坐标轴、坐标面、原点,如图 1-2-4 所示。

(a) 立体图　　　　　　(b) 投影面展开后　　　　　　(c) 投影图

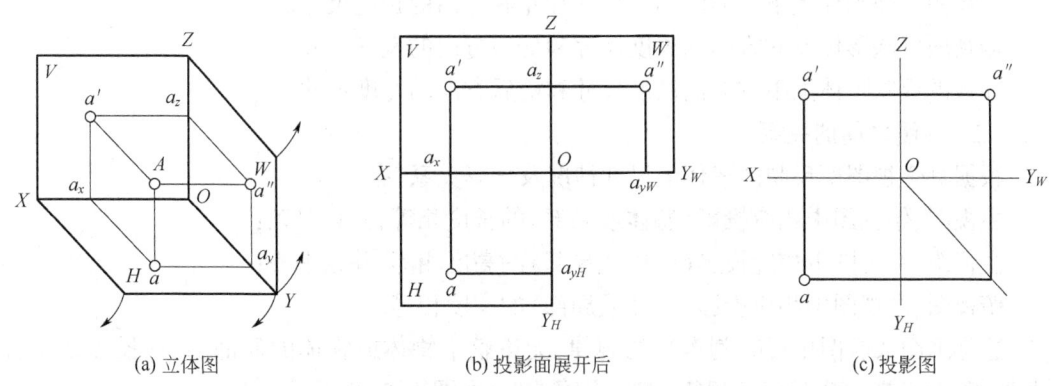

图 1-2-4　点的投影与该点直角坐标的关系

直线对投影面的投影就是求出直线上任意两点的投影,再将这两点的投影连接起来,即得该直线的投影。直线的投影可能是直线,可能是点,也可能比原线短。

平面按照对投影面的相对位置可分为一般位置平面、投影面垂直面、投影面平行面,后两种空间平面统称为特殊位置平面。平面的投影可能是一个平面也可能是直线。

对三个投影面都倾斜的平面称为一般位置平面。一般位置平面的三面投影都小于原平面图形的类似形。在三面投影视图中,如果线段的投影反映实长,则这线段最多平行于两个投影面。

只垂直于一个投影面的平面,称为投影面垂直面。

平行于一个投影面的平面,称为投影面平行面。

二、三视图的基础知识

一般现实生活中的各种物体各个面的形状均不相同,只用一个视图无法确定物体的具体形状,这时就需要用三视图来准确、全面地表示物体形状和大小。三视图一般包括 3 个基本视图:主视图、俯视图、左视图。三视图能够直接反映所示物体的长、宽、高。

在绘制物体图样时,物体向投影面投影所得的图形称为视图。在三投影面体系中,物体的正面投影,即物体由前向后投影所得的视图是主视图;物体由上向下投影所得的视图是俯视图;物体从左向右投影所得的视图称为左视图。主视图反映物体的长和高,俯视图反映物体的长和宽,左视图反映物体的高和宽。由此可得三视图的投影规律:主视图、俯视图长对正,主视图、左视图高平齐,俯视图、左视图宽相等。这个规律不仅适用物体的整体投影,也适用物体的局部结构投影。三视图的位置关系是以主视图为准,俯视图在它的下面,左视图在它的右面。

基本几何体是组成机械零件的基本单元,是表面规范整齐的几何体,如四棱柱、六棱柱、圆柱、圆锥、圆环、球等。绘制零件的投影可归结为绘制基本几何体的投影。三角形在三视图中可能的形状有三角形、线段、曲线、点等;圆柱体在三视图中可能的形状有圆形、矩形。截平面与圆锥轴线垂直,则截交线的形状为圆。两圆柱直径相等时,两圆柱表面的交线为两个相互垂直椭圆。在视图中表达不清或不便于标注尺寸和技术要求时,可采用局部放大图。

(一)视图所反映的形体尺寸情况

主视图反映形体上下方向的高度尺寸和左右方向的长度尺寸。
俯视图反映形体左右方向的长度尺寸和前后方向的宽度尺寸。
左视图反映形体上下方向的高度尺寸和前后方向的宽度尺寸。

(二)视图之间的关系

根据每个视图所反映的形体的尺寸情况及投影关系,有:
主视图、俯视图中相应投影(整体或局部)的长度相等,并且对正;
主视图、左视图中相应投影(整体或局部)的高度相等,并且平齐;
俯视图、左视图中相应投影(整体或局部)的宽度相等。

这是画图或看图中要时刻遵循的规律,无论整个物体或物体的局部,其三投影都符合"长对正,高平齐,宽相等"的规律,需要牢固掌握,如图 1-2-5 所示。

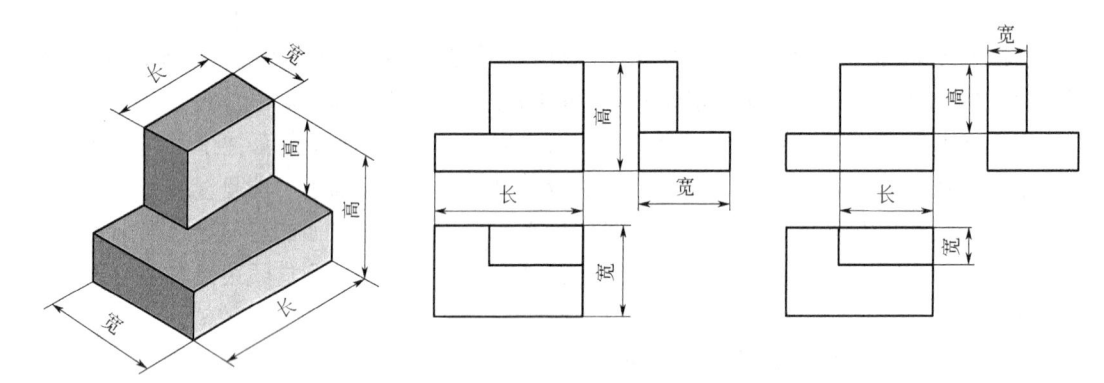

图 1-2-5 视图之间的对应关系

三、零件图的基础知识

表示单个零件的图样称为零件图,也是在制造和检验机器零件时所用的图样,又称零件工作图。零件图是指导制造零件用的图。为了满足生产需要,一张完整的零件图应包括一组视图、完整的尺寸、标题栏、技术要求四项内容。

(一)图形

图形包括视图、剖视图、断面图、局部放大图和简化画法的一组图形,正确、完整、清晰和简便地表达出零件的内外结构和形状。

(二)尺寸

合理选择尺寸基准是保证零件设计要求,便于加工与测量的重要因素。例如,零件图中倒角尺寸应标注其宽度与角度。

(三)技术要求

用一些规定的符号、数字、字母和文字,标注和说明零件在制造、检验、使用中应达到的一些要求。如表面粗糙度、尺寸公差、形位公差、热处理要求等。

(四)标题栏

表明零件的名称、材料、数量、比例、图样的编号以及制图、审核人的姓名和日期等内容。

四、装配图的基础知识

装配图是表达装配体的图样。装配图的图形和尺寸所表达的内容与零件图不相同。装配图中应包含:一组视图,必要的尺寸,技术要求,零件、部件序号,标题栏和明细栏。表明装配体的性能和规格的大小是性能尺寸。装配图中明细栏是为组成装配体的全部零件编排序号,注写名称、材料、数量而设。装配图中对于同一规格、均匀分布的零件组,允许只画一组,其余用点画线表示其位置。装配图主要用于机器或部件的装配、调试、安装、维修等场合。

读懂装配图必须要了解部件的名称、用途、性能和工作原理,弄清各零件间的相对位置、装配关系和装拆顺序,弄懂各零件的结构形状及作用。

项目二 机械设备的基础知识

一、金属材料

工业上使用的金属材料,可分为黑色金属和有色金属两大类。金属材料按组成成分又可分为纯金属和合金两大类。

钢材按照冶炼炉种分类可分为平炉钢、转炉钢、电炉钢。一般情况下,钢可分为碳素钢和合金钢。碳素钢一般可分为碳素结构钢和碳素工具钢。

钢材的主要性能包括力学性能和工艺性能。力学性能是钢材最重要的使用性能,包括抗拉性能、塑性、韧性及硬度等。工艺性能是钢材在各加工过程中表现出的性能,包括冷弯性能和可焊性。钢的种类很多,用途也相当广泛,下面介绍几种类型的钢的用途。

(1) 40 号钢,"40"表示钢中平均含碳量为 0.4% 的优质碳素结构钢。用于制造机器的运动零件(如辊子、轴、连杆、圆盘等)以及火车的车轴,还可用于冷拉丝、钢板、钢带、无缝管等。

(2) "T10A"表示含碳量为 1% 的高级优质碳素工具钢。用于生产各种中小批量的模具和抗冲击载荷的模具等。

(3) "GCr15"表示平均含铬量为 1.5% 的滚动轴承钢。除做滚珠、轴承套圈外,有时也用来制造工具,如冲模、量具。

(4) 按机械性质供应的甲类钢 A 级钢,用于制造不经锻压、热处理的工程结构件或普通零件。

(5) 碳素工具钢含碳量较高,可保证淬火后有足够的硬度和耐磨性,常用于制作各种工具、量具等。

(6) 用于制造各种机械零件的钢为调质钢。

(7)不锈耐酸钢、耐热钢、电热合金钢、电工用钢都是特殊性能钢。

二、管件

铸铁管是化工管路中常用的管道之一。由于性脆及连接紧密性较差,只适用于输送低压介质,不宜输送高温高压蒸汽及有毒、易爆性物质。常用于地下给水管、煤气总管和下水管道。铸铁管的规格以 φ 内径(mm)×壁厚(mm)表示。

有缝钢管按使用压力可分为普通水煤气管(耐压 0.1~1MPa)和加厚管(耐压 1~1.5MPa)。一般用于输送水、煤气、取暖蒸汽、压缩空气、油等压力流体。

镀锌的铁管称为白铁管或镀锌管。不镀锌的铁管称为黑铁管。其规格以公称直径表示。最小公称直径为 6mm,最大公称直径为 150mm。

无缝钢管的优点是质量均匀强度较高。其材质有碳钢、优质钢、低合金钢、不锈钢、耐热钢。因制造方法不同,分为热轧无缝钢管和冷拔无缝钢管两种。管道工程中管径超过 57mm 时,常用热轧管,57mm 以下时常用冷拔管。无缝钢管常用于输送各种受压气体、蒸气和液体,能耐较高温度(约 435℃)。

合金钢管用于输送腐蚀性介质,其中耐热合金管耐温可达 900~950℃。冷拔管最大外径为 200mm,热轧管最大外径为 630mm。无缝钢管按用途还可分为一般无缝管和专用无缝管,如石油裂化无缝管、锅炉无缝管、化肥无缝管等。

铜管传热效果好,因此主要应用于换热设备和深冷装置的管路,仪表测压管或传送有压力的流体,但温度高于 250℃ 时,不宜在压力下使用。因价格较贵,一般使用在重要场所。

铝具有很好的耐蚀性。铝管常用于输送浓硫酸、醋酸、硫化氢及二氧化碳等介质,也常用于换热器。铝管不耐碱,不能用于输送碱性溶液及含氯离子的溶液。由于铝管的机械强度随着温度的升高而显著降低,故铝管的使用温度不能超过 200℃,对于受压管路,使用温度将更低。铝在低温下具有较好的机械性能,故在空气分离装置中大都采用铝及铝合金管。

铅管常用作输送酸性介质的管路,可输送 0.5%~15% 的硫酸、二氧化碳、60% 的氢氟酸及浓度低于 80% 的醋酸等介质,不宜输送硝酸、次氯酸等介质。铅管最高使用温度为 200℃。

三、法兰、盲板

为便于安装和检修,管路中常采用可拆连接,法兰就是一种常用的连接零件。

法兰的类型有整体法兰(IF)、螺纹法兰(Th)、板式平焊法兰(PL)、带颈对焊法兰(WN)、带颈平焊法兰(SO)、承插焊法兰(SW)、对焊环松套法兰(PJ/SE)、平焊环松套法兰(PJ/RJ)、衬里法兰盖[BL(S)]和法兰盖(BL)。

在化工设备和管路的检修中,为确保安全,常采用钢板制成的实心圆片插入两个法兰之间,用来暂时将设备或管路与生产系统隔绝。这种盲板习惯称为插入盲板。插入盲板的大小可与插入处法兰的密封面外径相同。

为清理和检查需要在管路上设置手孔盲板或在管端装盲板。盲板还可以用来暂时封闭管路的某一接口或将管路中的某一段管路中断与系统的联系。在一般中低压管路中,盲板的形状与实心法兰相同,所以这种盲板又称法兰盖,这种盲板同法兰一样都已标准化,具体尺寸可以在有关手册中查到。

四、阀门

(一)阀门的作用

(1)启闭作用:切断或沟通管路中的流体流动。
(2)调节作用:调节管路内流体流速、流量。
(3)节流作用:流体流过阀门后,产生很大压力降。

(二)阀门的分类

根据阀门在管路的作用不同,可分为切断阀(又称截止阀)、节流阀、止回阀、安全阀、减压阀等。

1. 截止阀

截止阀因结构简单,制造维修方便,在中低压管路中应用广泛。它利用装在阀杆下面圆形阀盘(阀头)与阀体内凸缘部分(阀座)相配合来达到截止流体流动的目的。阀杆靠螺纹升降可调节阀门的开启程度,起到一定的调节作用。

2. 节流阀

节流阀属于截止阀的一种。其阀头的形状为圆锥形或流线型,可以较好地控制调节流体的流量或进行节流调压等。该阀制作精度要求较高,密封性能好。主要用于仪表控制或取样等管路中,但不宜用于黏度大和含固体颗粒介质的管路中。

3. 止回阀

止回阀又称止逆阀或单向阀。安装在管路中使流体只能向一个方向流动,不允许反向流动。它是一种自动关闭阀门,在阀体内有一个阀瓣或摇板。当介质顺流时流体将阀瓣自动顶开;当流体倒流时,流体(或弹簧力)自动将阀瓣关闭。止回阀按结构不同,分为升降式和旋启式两类。升降式止回阀瓣是垂直于阀体通道升降运动的,一般用于水平或垂直管道;旋启式止回阀的阀瓣称为摇板,摇板一侧与轴连接,摇板可绕轴旋转,旋启式止回阀一般安装在水平管道上,对于小口径的也可以安装于垂直的管道上,但要注意流量不宜太大。

止回阀一般适用于清洁介质的管路中,对含有固体颗粒和黏度较大的介质管路中不宜采用。升降式的止回阀封闭性能比旋启式的好,但旋启式的止回阀流体阻力比升降式的小。一般情况下旋启式止回阀适用于大口径的管路。

4. 安全阀

为确保化工生产的安全,在有压力的管路系统中,常设有安全装置,即选用一定厚度的金属薄片,像插入盲板一样装在管路的端部或三通接口上。当管路内压力升高时,薄片被冲破从而达到泄压目的。爆破板一般用于低压、大口径的管路中,但在大多数化工管路中则用安全阀,安全阀的种类很多,大致可分为两大类,即弹簧式和杠杆式。弹簧式安全阀,主要依靠弹簧的作用力来达到密封。当管内压力超过弹簧的弹力时,阀门被介质顶开,管内流体排出,使压力降低。一旦管内压力降到低于弹簧弹力时,阀门重新关闭。杠杆式安全阀主要靠杠杆上重锤的作用力达到密封,作用原理同弹簧式。安全阀的结构形式、阀门的材质均应按介质的性质、工作条件选用。安全阀的起跳压力、试验及验收等均有专门规定,由安全部门定期校验、铅封打印。在使用中不得任意调节,以确保安全。

5. 减压阀

减压阀是将介质压力降低到一定数值的自动阀门,一般阀后压力要小于阀前压力的50%,它主要靠膜片、弹簧、活塞等零件利用介质的压差来控制阀瓣与阀座的间隙达到减压的目的。减压阀的种类很多,常见的有活塞式和薄膜式两种。

五、机械密封

机械密封是用来防止旋转轴与机体之间流体泄漏的密封,是由一对垂直于旋转轴线的端面在弹性补偿机构和辅助密封的配合下相互贴合并相对旋转而构成的密封装置。由于密封面是端面,故也称端面密封。

在旋转轴的各种机械密封类型中,尽管结构形式不相同,但其工作原理是一样的。旋转轴和装在轴上的动密封环一起旋转,静环安装在壳体上。轴旋转时,动环、静环形成了摩擦副,动环、静环之间的间隙决定了工作为某一压力的流体介质的泄漏量。

静环与压盖之间的密封面属于静密封面,通常按流体的特性选用相应的 O 形密封圈进行辅助密封,防止流体从静环与压盖之间泄漏。动环与轴或轴套之间的密封面也是静密封面。

六、机械噪声

近年来,随着工业的快速发展,工业噪声也越来越严重,对车间生产和工人作业造成了影响。工业噪声包括:各种生产设备由于气体压力突变产生的空气动力性噪声,如压缩空气、高压蒸汽放空等;由于机械的摩擦、振动、撞击或高速旋转产生的机械性噪声,如粉碎机、机械性传送带等;由于磁场交变,脉动引起电气元件振动而产生的电磁噪声,如变压器等;集中空压站、风机房的建立。企业噪声污染具有广泛性和持久性。一方面,企业生产工艺的多样性使得噪声源广泛,影响面大;另一方面,只要生产设备不停止运转,噪声就不会停止,工人和外界环境就会受到持久的噪声干扰。

降低机械设备噪声的措施有:

(1)隔声罩对局部噪声源采取防噪声隔音措施,采用消声装置以隔离和封闭噪声源,采用隔振装置以防止噪声通过固体向外传播,由此达到设备隔音效果。

(2)隔声罩对设备采取吸声措施,使用多孔材料如玻璃棉、矿道渣棉、泡沫塑料、毛毡棉絮等,装饰在室内墙壁上或悬挂在空间,或制成吸声屏,通过这些吸声材料来减弱噪声的传播,到达隔音效果。

(3)隔声罩对设备进行消声处理,这种方法适用于降低空气动力性噪声,如各种风机、空压机、内燃机等进气、排气噪声。根据噪声的频谱特点设计的消声器有三类:阻性消声器、抗性消声器和阻抗复式消声器;设备安装消声器能有效地减轻噪声的传播,减少对人体的危害,最大限度上达到设备隔音措施的效果。

(4)设备安装隔声罩装置,用一定材料、结构和装置将声源封闭起来,如隔声墙、隔声室、隔声罩、隔声门窗地板等,以此阻断噪声的传播,达到设备隔音降噪的目的。

项目三　化工传动设备的基础知识

一、化工泵

通常把增加液体能量的机器称为泵。在化工装置中,使用着各种各样的泵,这些泵作为化工生产中的一个要素,有助于生产过程中液体的流动和化学反应的进行,对提高工厂生产率起着相当重要的作用。

由于所输送液体的种类和性质不同,选择的泵的结构和材料也不一样,化工泵常选用一些特殊材质和特殊结构的泵来满足化工工艺的需要。因此,对化工泵的特殊要求有以下几点。

(一)能适应化工工艺条件

在化工生产中,不但输送液体物料并提供工艺要求的必要压力外,还必须保证输送的物料量,在一定的化工单元操作中,要求泵的流量和扬程要稳定,保持泵高效、可靠运行。

(二)耐腐蚀

化工泵输送的介质,包括原料、反应中间物等往往多为有腐蚀性介质。这就要求泵的材料选择要合理,保证泵的安全、稳定、长寿命运转。

(三)耐高温或耐低温

化工泵输送的高温介质,有流程液体物料,也有反应过程所需要和所产生的载热液体。例如,冷凝液泵、锅炉给水泵、导热油泵。化工泵输送的低温介质种类也很多,例如,液氧、液氮、甲烷等,泵的低温工作温度大都在$-100℃ \sim -20℃$。无论输送高温或低温的化工泵,选材和结构必须适当,必须有足够的强度,设计、制造的泵的零件能承受热的冲击、热膨胀和低温冷变形、冷脆性等的影响。

(四)耐磨损和耐冲刷

由于化工泵输送的物液中含有悬浮固体颗粒,同时泵的叶轮、腔体也有的在高压高流速下工作,泵的零部件表面保护层被破坏,其寿命较短,所以必须提高化工泵的耐磨性、耐冲刷性,这就要求泵的材料选用耐磨的锰钢、陶瓷、铸铁等,选用耐冲刷的钛材、锰钢等。

(五)无泄漏

化工泵输送的液体介质多数为易燃、易爆、有毒有害,一旦泄漏会严重污染环境,危及人身安全和职工的身心健康,更不符合无泄漏工厂和清洁文明工厂的要求,这就必须保证化工泵运行时不泄漏,在泵的密封上采用新技术新材料,按规程操作,高质量检修。

二、压缩机

(一)容积式压缩机

容积式压缩机的工作原理类似于容积式泵,依靠工作容积的周期性变化吸入和排出气体。根据工作机构的运动特点又可分为往复式压缩机和回转式压缩机两种。

(二)往复式压缩机

往复式压缩机的典型代表是活塞式压缩机,其结构与往复泵有相似之处,由气缸和活塞构成工作容积,依靠曲柄连杆机构带动活塞在气缸内做往复运动压缩气体,根据所需压力的高低,可以制成单列压缩机或多列压缩机。可用于压缩空气及其他各种气体。

(三)活塞式压缩机

活塞式压缩机也称往复式压缩机,它是依靠气缸内活塞做往复运动,使气缸工作容积周期性变化,从而达到压缩、输送气体的目的。

(四)回转式压缩机

回转式压缩机由机壳与定轴转动的一个或几个转子构成压缩容积,依靠转子转动过程中产生的工作容积变化压缩气体,属于这种类型的有螺杆式压缩机和罗茨鼓风机,螺杆式压缩机在结构和原理上类似于螺杆泵,机壳内装有两螺杆,主动螺杆为凸螺纹,从动螺杆为凹螺纹,两螺杆依靠齿轮传动,工作时,凸螺纹挤压凹螺纹内气体,使工作容积产生变化,实现气体的吸入与排出。这种压缩机常作为动力使用,此外,还可应用于制冷。

(五)速度式压缩机

速度式压缩机是利用叶片和气体的相互作用以提高气体的压力。其工作原理类似于叶片式泵,依靠一个或几个高速旋转的叶轮推动气体流动,通过叶轮对气体做功,首先使气体获得动能,然后使气体在压缩机流道内做减速流动,再将动能转变为气体的静压能,根据气体在压缩机内的流动方向,将速度式压缩机分为离心式、轴流式和复流式三种。

三、机械传动

带传动结构简单,安装和维护方便,传动效率较高,缺点是带用时间长了会拉长和磨损,易打滑。同步带传动可靠,不打滑,价格比普通带传动高。啮合传动分为链传动、齿轮传动、蜗轮蜗杆传动等。链传动传动可靠,中心距可调整,安装和维修方便,占空间较大。齿轮传动传动可靠,可传递较大载荷,精度低时有噪声。齿轮传动是由分别安装在主动轴主动件及从动轴上的从动件啮合两个齿轮,借助中间件啮合传递动力或运动的啮合传动。啮合传动能够用于大功率的场合,传动比准确,但一般要求较高的制造精度和安装精度。

四、轴承

按滚动体的形状,轴承可分为球轴承和滚子轴承两种类型。球轴承的滚动体和套圈滚道为点接触,负荷无油轴承能力低、耐冲击性差,但摩擦阻力小,极限转速高,价格低廉。滚子轴承的滚动体与套圈滚道为线接触,负荷自润滑轴承能力高、耐冲击,但摩擦阻力大,价格也比较高。

轴承按滚动体的列数可分为单列轴承、双列轴承及多列轴承。

按工作滑动轴承时能否自动调心,轴承可分为刚性轴承和调心轴承。

调心球轴承具有转速较高、调心功能,但刚性差、耐冲击和抗振能力差。常见的调心球轴承是双列调心球轴承。调心球轴承的特性是具有调心性能,适用于轴易出现挠曲的传动轴承等方面。

角接触球轴承具有转速高、精度高、噪声振动小、可同时承受联向载荷的特点。

深沟球轴承主要承受纯径向载荷,也可以承受联向载荷。深沟球轴承摩擦系数小、极限转速高,所以当轴向载荷高速旋转时,它比推力轴承更具有优越性。但是由于它的调心性能有限,所以轴承安装的同心度要高,否则会影响其运转的平衡性,增加轴承应力,从而缩短工作寿命。

五、气缸

气缸的型式有整体式和单铸式,单铸式又分为干式和湿式两种。气缸和缸体铸成一个整体时称为整体式气缸。气缸和缸体分别铸造时,单铸的气缸简称为气缸套。气缸套与冷却水直接接触的称为湿式气缸套,不与冷却水直接接触的称为干式气缸套。为了保持气缸与活塞接触的严密性,减少活塞在其中运动的摩擦损失,气缸内壁应有较高的加工精度和精确的形状尺寸。

做往复直线运动的气缸又可分为单作用气缸、双作用气缸、膜片式气缸和冲击气缸4种。

(1)单作用气缸。仅一端有活塞杆,从活塞一侧压缩空气产生气压,气压推动活塞产生推力伸出,靠弹簧或自重返回。

(2)双作用气缸。从活塞两侧交替供气,在一个或两个方向输出力。

(3)膜片式气缸。用膜片代替活塞,只在一个方向输出力,用弹簧复位。它的密封性能好,但行程短。

(4)冲击气缸。这是一种新型元件。它把压缩气体的压力能转换为活塞高速(10~20m/s)运动的动能,借以做功。

六、减速机

减速机在原动机和工作机或执行机构之间起匹配转速和传递转矩的作用,是一种相对精密的机械。使用减速机的目的是降低转速,增加转矩。减速机一般用于低转速大扭矩的传动设备,把电动机、内燃机或其他高速运转的动力通过减速机的输入轴上的齿数少的齿轮啮合输出轴上的大齿轮来达到减速的目的,普通的减速机也会有几对相同原理齿轮达到理想的减速效果,大小齿轮的齿数之比,就是传动比。

减速机广泛应用于国民经济及国防工业的各个领域。产品已从最初单一的摆线减速机,发展到现在五大类产品,即摆线减速机、无级变速器、齿轮减速机、蜗轮蜗杆减速机和电动滚筒。据初步统计,减速机用量比较大的行业主要有:电力机械、冶金机械、环保机械、电子电器、筑路机械、化工机械、食品机械、轻工机械、矿山机械、输送机械、建筑机械、建材机械、水泥机械、橡胶机械、水利机械、石油机械等,这些行业使用减速机产品的数量已占全国各行业使用减速机总数的60%~70%。几乎在各式机械的传动系统中都可以见到它的踪迹,从交通工具的船舶、汽车、机车、建筑用的重型机具、机械工业所用的加工机具及自动化生产设备,到日常生活中常见的家电,钟表等。其应用从大动力的传输工作,到小负荷、精确的角度传输,且在工业应用上,减速机具有减速及增加转矩功能,因此广泛应用在速度与扭矩的转换设备。

七、齿轮

齿轮按硬度及齿面可分为软齿面和硬齿面,软齿面的齿轮承载能力较低,制造比较容易,跑合性好,多用于传动尺寸和质量无严格限制以及小量生产的一般机械中。因为配对的齿轮中,小轮负担较重,因此为使大小齿轮工作寿命大致相等,小轮齿面硬度一般要比大轮的高。

齿轮按外形可分为圆柱齿轮、锥齿轮、非圆齿轮、齿条和蜗杆蜗轮等。

齿轮按轮齿所在的表面道可分为外齿轮和内齿轮。

齿轮按齿线形状可分为直齿轮、斜齿轮、人字齿轮和曲线齿轮等。

齿轮按制造方法可分为铸造齿轮、切制齿轮、轧制齿轮和烧结齿轮等。

项目四　化工容器的基础知识

在化工类工厂使用的设备中,有的用来储存物料,如各种储罐、计量罐、高位槽;有的用来对物料进行物理处理,如换热器、精馏塔等;有的用于进行化学反应,如聚合釜,反应器,合成塔等。尽管这些设备作用各不相同,形状结构差异很大,尺寸大小千差万别,内部构件更是多种多样,但它们都有一个外壳,这个外壳称为化工容器。所以化工容器是化工生产中所用设备外部壳体的总称。由于化工生产中,介质通常具有较高的压力,故化工容器通常为压力容器。化工容器一般由筒体、封头、支座、法兰及各种开孔所组成。

筒体是化工设备用以储存物料或完成传质、传热或化学反应所需要的工作空间,是化工容器最主要的受压元件之一,其内直径和容积往往需由工艺计算确定。圆柱形筒体(即圆筒)和球形筒体是工程中最常用的筒体结构。

根据几何形状的不同,封头可以分为球形、椭圆形、碟形、球冠形、锥壳和平盖等几种,其中以椭圆形封头应用最多。封头与筒体的连接方式有可拆连接与不可拆连接(焊接)两种,可拆连接一般采用法兰连接方式。

化工容器上需要有许多密封装置,如封头和筒体间的可拆式连接,容器接管与外管道间可拆连接以及人孔、手孔盖的连接等,可以说化工容器能否正常安全地运行在很大程度上取决于密封装置的可靠性。

从不同的角度对化工容器及设备有各种不同的分类方法,常用的分类方法有以下几种。

一、按压力等级分

按承压方式分类,化工容器可分为内压容器与外压容器。内压容器又可按设计压力大小分为四个压力等级,具体划分如下:

低压(代号 L)容器,$0.1\text{MPa} \leqslant p < 1.6\text{MP}$;

中压(代号 M)容器,$1.6\text{MPa} \leqslant p < 10\text{MPa}$;

高压(代号 H)容器,$10\text{MPa} \leqslant p < 100\text{MPa}$;

超高压(代号 U)容器,$p \geqslant 100\text{MPa}$。外压容器中,当容器的内压小于一个绝对大气压(约 0.1MPa)时又称真空容器。

二、按原理与作用分

根据化工容器在生产工艺过程中的作用,可分为反应容器、换热容器、分离容器和储存容器。

反应容器(代号 R)主要是用于完成介质的物理、化学反应的容器,如反应器、反应釜、聚合釜、合成塔、蒸压釜、煤气发生炉等。

换热容器(代号 E)主要是用于完成介质热量交换的容器。如管壳式余热锅炉、热交换器、冷却器、冷凝器、蒸发器、加热器等。

分离容器(代号 S)主要是用于完成介质流体压力平衡缓冲和气体净化分离的容器。如分离器、过滤器、蒸发器、集油器、缓冲器、干燥塔等。

储存容器(代号 C,其中球罐代号 B)主要是用于储存、盛装气体、液体、液化气体等介质的容器。如液氨储罐、液化石油气储罐等。

在一台化工容器中,如同时具备两个以上的工艺作用原理,应按工艺过程的主要作用来划分品种。

三、按相对壁厚分

按容器的壁厚可分为薄壁容器和厚壁容器,当筒体外径与内径之比不大于 1.2mm 时称为薄壁容器,大于 1.2mm 时称为厚壁容器。

四、按支承形式分

当容器采用立式支座支撑时称为立式容器,用卧式支座支撑时称为卧式容器。

五、按材料分

当容器由金属材料制成时称为金属容器;容器用非金属材料制成时,称为非金属容器。

六、按几何形状分

按容器的几何形状可分为圆柱形、球形、椭圆形、锥形和矩形等容器。

模块三　电气基础知识

项目一　电工学基础知识

一、电的基本概念

（一）电荷

电荷分为两种，并且同种电荷相互排斥，异种电荷相互吸引。为了研究方便，规定丝绸摩擦过的玻璃棒带的电荷为正电荷，毛皮摩擦过的橡胶棒带的电荷为负电荷，电荷的多少称为电荷量。如果物质失去电子，则该物质显示正电性。

电荷的多少用电量表示，符号是 Q，单位是库（仑），符号是 C。库仑是一个很大的单位，基本电荷的电量就是一个电子的电量，一个电子的电量 $e = -1.60 \times 10^{-19}$ C。实验指出，任何带电粒子所带电量，或者等于电子或质子的电量，或者是它们的电量的整数倍，所以把带有 1.60×10^{-19} C 电量的电荷称为基元电荷。

如果电荷相对于观察者是静止的，那么它在其周围产生的电场就是静电场。由静电场传递的力称为静电力。

电荷的大小决定了电场强度的大小，而电场强度对距离的积分就是电势差，所以电势差和电荷是有关系的，但是绝对不是简简单单的正比反比关系。现在普遍采用电势差来表示电场中各点场强的大小和方向。

如果真空中两个点电荷的静电力为 F，保持它们间的距离不变，将一个电荷的电量增大为原来的 2 倍，则它们之间作用力的大小是 $2F$。

（二）电压与电位

1. 电压

电压，也称电势差或电位差，是衡量单位电荷在静电场中由于电势不同所产生的能量差的物理量。其大小等于单位正电荷因受电场力作用从 A 点移动到 B 点所做的功，电压的方向规定为从高电位指向低电位的方向。电压的国际单位制为伏特（V，简称伏），常用的单位还有毫伏（mV）、微伏（μV）、千伏（kV）等。此概念与水位高低所造成的"水压"相似。需要指出的是，"电压"一词一般只用于电路当中，"电势差"和"电位差"则普遍应用于一切电现象当中。

2. 电位

电位是电路中某点到参考点之间的电压，参考点的电位等于零。高于参考点的电位是正电位。低于参考点的电位是负电位。电位的单位名称是伏特。

电位是相对的，电路中某点电位的大小，与参考点（即零电位点）的选择有关，这就和地球上某点的高度，与起点选择有关。电位是电能的强度因素，电路中任意两点间的电压等于两点间电位之差。

其中,参考点可任意选择,常选在电路的公共接点处,不一定是接地点。

(三) 电源电动势

电源是向电子设备提供功率的装置,也称电源供应器,它提供计算机中所有部件所需要的电能。把其他形式的能量转变为电能并提供电能的设备,称为电源。整流电源、信号源有时也称为电源。电源自"磁生电"原理,由水力、风力、海潮、水坝水压差、太阳能等可再生能源及烧煤炭、油渣等产生电力来源。

电源电动势是衡量电源力做功的物理量,常用符号 E(有时也可用 ε)表示,单位是伏特(V)。电源电动势是指电源将其他形式的能量转化为电能的本领,在数值上,等于非静电力将单位正电荷从电源的负极通过电源内部移送到正极时所做的功。

电动势的方向规定为电源力推动正电荷运动的方向。就是从电源的负极经过电源内部指向电源的正极,即与电源两端电压的方向相反。在电路中,电压与电动势不相同。

电源电动势的表达式为:$E=A/q$,其中 A 表示电源力所做的功,单位是 J;q 表示电荷,单位是 C;大写字母 E 表示电动势,单位为 V。

(四) 电阻

1. 定义

在电场力的作用下,电流在导体中流动所受到的阻力称为电阻。用 R 表示。它是导体的一种基本性质,电阻的大小与导体的截面积、长度及温度有关。

2. 单位

导体的电阻通常用字母 R 表示,电阻的单位名称是欧姆,简称欧,符号是 Ω。$1\Omega=1V/A$。比较大的单位有千欧($k\Omega$)、兆欧($M\Omega$)。

3. 控制因素

电阻虽然定义 1V 电压产生 1A 电流则为 1Ω 电阻,但电压、电流并不是决定电阻的因素。

一般金属材料,温度升高,电阻增大。在温度一定的情况下,有公式 $R=\rho l/s$,其中 ρ 是电阻率,l 为材料的长度,单位为 m,s 为面积,单位为 m^2。可以看出,材料的电阻大小正比于材料的长度,而反比于其面积。

(五) 电流、电压、电阻的关系

导体中的自由电荷在电场力的作用下做有规则的定向运动就形成了电流。

电路中正电荷定向移动的方向为电流的方向。电流运动方向与电子运动方向相反。

电源的电动势形成了电压,继而产生了电场力,在电场力的作用下,正电荷定向流动的方向为电流方向。

电阻不会随着电压、电流的变化而变化,它是导体的一种基本性质,与导体的尺寸、材料、温度有关。导体的电阻越大,表示导体对电流的阻碍作用越大。不同的导体,电阻一般不同。

(六) 电感

1. 定义

电流与线圈的相互作用关系称为电的感抗,也就是电感,单位是亨利(H),以美国科学家约瑟夫·亨利命名。电感是导线内通过交流电流时,在导线的内部及其周围产生交变磁通,导线的磁通量与生产此磁通的电流之比。变化中的电流会产生磁场,而变动的磁场会感应出电动势,其线性关系的参数称为电感。就是说电和磁是可以相互转换的。在没有铁磁物质存在时,电路的电感是一个常数。

2. 基本单位

电感量的基本单位是亨利(简称亨),用字母"H"表示。常用的单位还有毫亨(mH)和微亨(μH)。

3. 与电流的关系

当交流电通过线圈时,在线圈中产生自感电动势。根据电磁感应定律(楞次定律),自感电动势总是阻碍电路内电流的变化,形成对电流的"阻力"作用,这种"阻力"作用称为电感电抗,简称感抗。用符号 X_L 表示,单位为 Ω。实验证明,线圈的电感 L 越大,交流电的频率 f 越高,则其感抗 X_L 就越大。

即:

$$X_L = \omega L = 2\pi f L \tag{1-3-1}$$

式中　f——交流电的频率,Hz;

　　　L——自感系数,H;

　　　X_L——线圈的感抗,Ω。

4. 与电压的关系

理论证明,在纯电感电路中线圈两端电压有效值 U 与线圈中电流有效值 I 之间的关系为:

$$I = U/X_L = U/(2\pi f L) \tag{1-3-2}$$

$$U = IX_L \tag{1-3-3}$$

上述公式表明,电感器元件上电压有效值与电流有效值也满足欧姆定律。但是应当注意,瞬时值之间不满足这种关系。

在纯感抗电路中,由于感抗的作用,使电感线圈通过的交流电电流滞后于电压90°相位角。

(七) 电容器

1. 定义

电容器通常简称电容,用字母 C 表示,国际单位是法拉(F)。所谓电容器就是能够储存电荷的"容器"。只不过这种"容器"是一种特殊的物质——电荷,而且其所存储的正负电荷等量地分布于两块不直接导通的导体板上。它不能产生电子——它只是存储电子。任何两块金属导体,中间用不导电的绝缘材料隔开就形成了一个电容器。

因此说,两个相互靠近彼此绝缘的人,虽然不带电,但他们之间有电容。

2. 电容量

电容器每个电极所带电量的绝对值称为电容器所带电量。电容器所带电的量与它的两极间的电势差的比值称为电容器的电容。

电容器必须在外加电压的作用下才能储存电荷。不同的电容器在电压作用下储存的电荷量也可能很不相同。电容器与电容不同,电容为基本物理量,符号 C,单位为 F。为此国际上统一规定,给电容器外加1V 直流电压时,它所能储存的电荷量,为该电容器的电容量。其公式为:

$$C = Q/U \tag{1-3-4}$$

式中　Q——电容器上储存的电量(电容量),C;
　　　U——电容器外加电压,V;
　　　C——电容量,F。

在实际应用中,电容器的电容量往往比1F小得多,常用较小的单位,如微法(μF)、皮法(pF)等。

(八) 电功与电功率

电功是指电流在一段时间内通过某一电路时,电场力所做的功。用W表示,单位焦耳,用符号J或W·h表示,其表达式为:

$$W = Pt \tag{1-3-5}$$

式中　P——电功率,W;
　　　W——电功,W·h;
　　　t——时间,h。

单位时间内电路中电场驱动电流所做的功,称为电功率。

(九) 电磁

1. 磁场定义

对放入其中的磁体有磁力的作用的物质称为磁场。

磁场的方向和强弱可以用磁力线来表示,磁力线是一组闭合的空间曲线;在磁铁外部始于N极,止于S极;在磁铁内部,始于S极,止N于极。磁力线的方向是小磁针北极受力的方向。

反映磁场强弱的物理量为磁感应强度。

2. 电磁感应

电磁感应现象的产生条件有两点(缺一不可):闭合电路,穿过闭合电路的磁通量发生变化。

电磁感应部分涉及三个方面的知识:

一是电磁感应现象的规律。其核心是法拉第电磁感应定律和楞次定律。

当导体中的电流发生变化时,它周围的磁场就随着变化,并由此产生磁通量的变化。不管外电路是否闭合,只要穿过电路的磁通量发生变化,电路中就产生感生电动势。这个电动势总是阻碍导体中原来电流的变化,此电动势即自感电动势。这种现象就称为自感现象。自感系数是由线圈本身的特性决定的,与磁通和电流无关。

二是电路及力学知识。

三是右手定则。右手平展,使大拇指与其余四指垂直,并且都跟手掌在一个平面内。把右手放入磁场中,若磁力线垂直进入手心(当磁感线为直线时,相当于手心面向N极),大拇指指向导线运动方向,则四指所指方向为导线中感应电流的方向。

电磁学中,右手定则判断的主要是与力无关的方向。为了方便记忆,并与左手定则区分,可以记忆成:左力右电(即左手定则判断力的方向,右手定则判断电流的方向),或者左力右感、左生右通电。

所以,判断通电导线在磁场中的受力方向应用左手定则。用右手定则判断在一通有向上电流的导线右侧平行放一矩形线圈,当线圈向右远离导线而去时,则线圈中将产生感应电流,方向为顺时针。

3. 磁场的性质

运动的电荷(电流)产生磁场,磁场对运动电荷(电流)有磁场力的作用,所有的磁现象都可以归结为运动电荷(电流)通过磁场而发生相互作用。

磁场力包括磁场对运动电荷作用的洛仑兹力和磁场对电流作用的安培力,安培力是洛仑兹力的宏观表现。

1)左手定则

左手定则主要判断与力有关的定律。将左手平展,让磁感线穿过手心,使大拇指与其余四指垂直,并且都跟手掌在一个平面内,则四指指向电流所指方向,则大拇指的方向就是导体受力的方向。但是当导体在马蹄形磁铁内水平转动90°后,切割磁力线并不产生电流,左手定则不适用。

2)适用情况

电流方向与磁场方向垂直。电流与磁场方向平行时,磁场力为零。

3)延伸定律

楞次定律感应电动势趋于产生一个电流,该电流的方向趋于阻碍产生此感应电动势的磁通的变化。

4. 磁感应电动势

导体必须切割磁力线运动才能产生感应电动势。

有电流就有磁场,而磁场的变化又要产生感应电动势,电与磁是不可分割的统一体。产生动生电动势的那部分做切割磁力线运动的导体就相当于电源。

导体在匀强磁场中做切割磁力线运动时,导体里产生的感应电动势的大小与通过导体的电流无关。

在导体棒不切割磁感线时,但闭合回路中有磁通量变化时,同样能产生感应电流。

导体在磁场中做切割磁力线运动时,导体里产生的感应电动势的方向可用右手定则来确定。

在回路没有闭合,但导体棒切割磁感线时,虽不产生感应电流,但有电动势。因为导体棒做切割磁感线运动时,内部的大量自由电子有速度,便会受到洛仑兹力,向导体棒某一端偏移,直到两端积累足够电荷,电场力可以平衡磁场力,于是两端产生电势差。三相交流电就是在磁场中有三个互成角度的线圈同时转动产生的三个交变电动势,从而达到供电的目的。

二、电路及电路图

(一) 电路

1. 定义

由电源、负载、连接导线与控制设备组成的是电路。

构成一个电路必须具备以下三种部件:

(1)电源,它是电路中供给电能的装置,也是产生和维持电流的源泉。常用的电源是电池,主要种类有干电池、蓄电池和各种类型的发电机。

(2)负载,它是电路中耗用电能的装置,比如白炽灯泡、电炉、电动机等都是电路的负载。

(3)连接导线,通过导线把电源和负载连接成闭合回路。电流只有在闭合回路中才能流通。由于铜的导电能力最好,因此常用作连接导线。

2. 组成

电路由电源、负载、连接导线与控制设备组成。实际应用的电路都比较复杂,因此,为了便于分析电路的实质,通常用符号表示组成电路实际原件及其连接线,即画成所谓电路图。其中导线和辅助设备合称为中间环节。

3. 状态

开路:也称断路,即在闭合回路中,某一部分发生断线,电流不能导通的现象。因为电路中断,没有导体连接,电流无法通过,导致电路中电流消失,一般对电路无损害。

短路:电源未经过任何负载而直接由导线接通成闭合回路,易造成电路损坏、电源瞬间损坏、如温度过高烧坏导线、电源等。

通路:处处连通的电路。

(二)电路图

1. 定义

用导线将电源、开关(电键)、用电器、电流表、电压表等连接起来组成电路,再按照统一的符号将它们表示出来,这样绘制出的图件称为电路图。电路图是用符号表示实物图的图示。电路图采用电路仿真软件进行电路辅助设计、虚拟的电路实验(教学使用),可提高工程师工作效率、节约学习时间。

2. 电路图的画法

1)规则

(1)电路图的信号处理流程方向。

(2)连接导线。

(3)电源线与地线电路图的识图方法与步骤。

2)注意事项

(1)元件分布要均匀,不要画在拐角处。

(2)整个电路最好呈长方形,导线要横平竖直,有棱有角。

(3)按照一定顺序,有字母的,标出相应的字母。

3. 电路的识别

电路的识别包括正确电路和错误电路的判断,串联电路和并联电路的判断。

错误电路包括缺少电路中必有的元件(必有的元件有电源、用电器、开关、导线)、不能形成电流通路、电路出现开路或短路。

判断电路的连接通常用电流流向法。若电流顺序通过每个用电器而不分流,则用电器是串联;若电流通过用电器时前、后分岔,即通过每个用电器的电流都是总电流的一部分,则这些用电器是并联。在判断电路连接时,通常会出现用一根导线把电路两点间连接起来的情况,在初中阶段可以忽略导线的电阻,所以可以把一根导线连接起来的两点看成一点,所以有时用"节点"的方法来判断电路的连接是很方便的。

4. 基本符号

在电路图中,常用的基本符号如下:⏚表示接地,▭表示电位器,▬表示电阻器。

(三)电路的分类

电路分为直流电路、正弦交流电路和三相交流电路。直流电、交流电在家庭生活、工业生产中有着广泛的使用,生活民用电压 220V、通用工业电压 380V,都属于危险电压。在我国,电力工程中所用的交流电通常是正弦波交流电。

(1)直流电路就是电流的方向不变的电路,直流电路的电流大小是可以改变的。电流的大小方向都不变的称为恒定电流。在电源外,正电荷经电阻从高电势处流向低电势处,在电源内,靠电源的非静电力的作用,克服静电力,再把正电荷从低电势处"搬运"到达高电势处,如此循环,构成闭合的电流线。电流所做的功跟电压、电流和通电时间成正比。电子的势能转化为电子的动能,消耗了电功率;同时,电池的化学能产生了电动势,补充了电能,完成了能量的转化和守恒。

直流电一般被广泛使用于手电筒(干电池)、手机(锂电池)等各类生活小电器等。干电池(1.5V)、锂电池、蓄电池等称为直流电源。因为这些电源电压都不会超过 24V,所以属于安全电源。

(2)由周期性交变电源激励的、处于稳态下的线性时不变电路。随时间变动的电流称为时变电流;随时间周期地变动的电流称为周期性电流。在一个周期内平均值为零的周期性电流称为交变电流或简称交流电。

在实际工作中常用交流电的频率来表示交流电的大小。在我国,电力工业上所用的交流电的频率规定为 50Hz。有的国家(如美国)电力系统的标准频率为 60Hz。这一频率称为工业频率,简称工频。

交流电的产生主要有两类方式,一类是通过交流发电机产生,另一类是通过含电子器件如电子管、半导体晶体管的电子振荡器产生。

交流电在实际使用中,如果用最大值来计算交流电的电功或电功率并不合适,因为在一个周期中只有两个瞬间达到这个最大值。为此人们通常用有效值来计算交流电的实际效应。

理论和实验都证明,在交流电路中,电压的大小随着时间做周期性变化。交流电电压最大值 U_m 与有效值 U 的关系是 $0.707 U_m = U$。

(3)三相交流电是由三个频率相同、电势振幅相等、相位差互差 120°角的交流电路组成的电力系统。为保证发电机的稳定运行,发电机至少需要三个绕组,理论上发电的相数可以更高,但三相最经济,因此世界各国普遍使用三相发电、供电。目前,我国生产、配送的都是三相交流电。

(四)电路的连接原理

1. 串联电路

1)定义

使同一电流通过所有相连接器件的连接方式。

2)串联电路特点

(1)电流处处相等：$I_总 = I_1 = I_2 = I_3 = \cdots = I_n$。

(2)总电压等于各处电压之和：$U_总 = U_1 + U_2 + U_3 + \cdots + U_n$。

(3)在串联电路中，电路的总电阻等于各个电阻之和：$R_总 = R_1 + R_2 + R_3 + \cdots + R_n$(增加用电器相当于增加长度，增大电阻)。所以，在某电路中，若串联的电阻越多，则总电阻越大，在电源电压不变时，消耗的电能也就越小。

(4)总功率等于各功率之和：$P_总 = P_1 + P_2 + P_3 + \cdots + P_n$。

(5)总电功等于各电功之和：$W_总 = W_1 + W_2 + \cdots + W_n$。

(6)总电热等于各电热之和：$Q_总 = Q_1 + Q_2 + \cdots + Q_n$。

(7)等效电容量的倒数等于各个电容器的电容量的倒数之和：$1/C_总 = 1/C_1 + 1/C_2 + 1/C_3 + \cdots + 1/C_n$。

(8)电压分配、电功、电功率和电热率跟电阻成正比：(t 相同) $U_1/U_2 = R_1/R_2$，$W_1/W_2 = R_1/R_2$，$P_1/P_2 = R_1/R_2$，$Q_1/Q_2 = R_1/R_2$。

(9)在一个电路中，若想控制所有电器，可使用串联电路。

2. 并联电路

1)定义

使同一电压施加于所有相连接器件的连接方式。

2)并联电路特点

(1)各支路两端的电压都相等，并且等于电源两端电压：$U_总 = U_1 = U_2 = U_3 = \cdots = U_n$。

(2)干路电流等于各支路电流之和：$I_总 = I_1 + I_2 + I_3 + \cdots + I_n$。

(3)总电阻的倒数等于各支路电阻的倒数和：$1/R_总 = 1/R_1 + 1/R_2 + 1/R_3 + \cdots + 1/R_n$(增加用电器相当于增加横截面积，减少电阻)所以，在某电源的两端，并联的灯泡越多，则总电阻越小，消耗的电量也就越多。

(4)总功率等于各功率之和：$P_总 = P_1 + P_2 + P_3 + \cdots + P_n$。

(5)总电功等于各电功之和：$W_总 = W_1 + W_2 + \cdots + W_n$。

(6)总电热等于各电热之和：$Q_总 = Q_1 + Q_2 + \cdots + Q_n$。

(7)等效电容量等于各个电容器的电容量之和：$C_总 = C_1 + C_2 + C_3 + \cdots + C_n$。

(8)在并联电路中，电压分配、电功、电功率和电热率跟电阻成反比(t 相同)：$I_1/I_2 = R_2/R_1$，$W_1/W_2 = R_2/R_1$，$P_1/P_2 = R_2/R_1$，$Q_1/Q_2 = R_2/R_1$。

(9)在一个电路中，若想单独控制一个电器，可使用并联电路。

(五)欧姆定律

1. 定义

在同一电路中，导体中的电流跟导体两端的电压成正比，跟导体的电阻成反比，这就是欧姆定律。

由公式 $R = U/I$ 可知，某导体的电流与其两端的电压成正比，与导体的电阻成反比。而不能说导体的电阻与其两端的电压成正比，与通过其的电流成反比，因为导体的电阻是它本身的一种性质，取决于导体的长度、横截面积、材料和温度，即使它两端没有电压，没有电流通过，它的阻值也是一个定值，永远不变。一般的金属材料，温度升高后，导体的电阻增加。

2. 部分电路欧姆定律

部分电路欧姆定律的表达式：

$$I = U/R \tag{1-3-6}$$

式中　I——流过电阻的电流,A；
　　　U——电阻两端电压,V；
　　　R——电路中的电阻,Ω。

3. 全电路欧姆定律闭合电路欧姆定律

全电路欧姆定律的表达式：

$$I = E/(R+r) \tag{1-3-7}$$

式中　I——闭合电路的电流,A；
　　　V——电阻两端电压,V；
　　　R——电路中的电源处电阻,Ω；
　　　r——电路中的电源内电阻,Ω。

(六) 导线与熔断器

1. 导线的含义

导线一般由铜或铝制成,也有用银线所制(导电、导热性好),用来疏导电流或者是导热。

所以,对于380V电压线路,按导线的允许载流量来选择导线。如果不正确使用导线,如导线选择太小,使导线处于过载运行,时间一长就容易使绝缘老化,导线过热引起火灾。

2. 导线的连接

导线连接的质量关系着线路和设备运行的可靠性和安全程度。对导线连接的基本要求是：接触良好,机械强度足够,接头美观,且绝缘恢复正常。

导线的连接要求在连接部分不降低导线的性能,必须正确使用连接器具。

3. 熔断器的定义

熔断器也称熔断丝,它是一种安装在电路中,保证电路安全运行的电气元件。熔断器广泛应用于高低压配电系统、控制系统以及用电设备中,作为短路和过电流的保护器,是应用最普遍的保护器件之一。

熔断器在电路中起短路保护作用。使用时,将熔断器串联于被保护电路中,当被保护电路的电流超过规定值,并经过一定时间后,由熔体自身产生的热量熔断熔体,使电路断开,从而起到保护的作用。以金属导体作为熔体而分断电路的电器,串联于电路中,当过载或短路电流通过熔体时,熔体自身将发热而熔断,从而对电力系统、各种电工设备以及家用电器都起到了一定的保护作用。熔断器具有反时延特性,当过载电流小时,熔断时间长；过载电流大时,熔断时间短。

4. 熔断器选择的注意事项

(1) 熔断器的保护特性应与被保护对象的过载特性相适应,考虑到可能出现的短路电流,选用相应分断能力的熔断器。

(2) 熔断器的额定电压要适应线路电压等级,熔断器的额定电流要大于或等于熔体额定电流。

(3)线路中各级熔断器熔体额定电流要相应配合,保持前一级熔体额定电流必须大于下一级熔体额定电流。

(4)熔断器的熔体要按要求使用相配合的熔体,不允许随意加大熔体或用其他导体代替熔体。

(5)对于单台电动机的熔断器,其熔体电流按电动机额定电流的 1.5~2.5 倍选择。

三、交流电的内容

(一)简述

1. 交流电定义

电流的大小和方向随时间做周期性变化的称为交流电。

2. 交流电的发明

最早发明交流发电机的是尼古拉·特斯拉。1882 年,他继爱迪生发明直流电(DC)后不久,发明了交流电(AC),制造出世界上第一台交流发电机,并创立了多相电力传输技术。

3. 交流电的应用

以正弦交流电应用最为广泛,且其他非正弦交流电一般都可以经过数学处理后,化成为正弦交流电的叠加。正弦电流(又称简谐电流),是时间的简谐函数。当闭合线圈在磁场中匀速转动时,线圈里就产生大小和方向做周期性改变的交流电。现在使用的交流电一般频率是 50Hz。常见的电灯、电动机等用的电都是交流电。在实用中,交流电用符号"~"表示。在日常照明电路中,电流的大小和方向是随时间按正弦函数规律变化的。

在三相交流电中,两条相线之间的电压称为线电压,在星形连接的照明电路中,线电压为 380V。

(二)物理特性

1. 频率

交流电的频率是指它单位时间内周期性变化的次数,单位是赫兹(Hz),与周期成倒数关系。日常生活中的交流电的频率一般为 50Hz,而无线电技术中涉及的交流电频率一般较大,达到千赫兹(kHz)甚至兆赫兹(MHz)的度量。

2. 峰值

交变电流的峰值是交流电流在一个周期内所能达到的最大值。

交变电流的最大值可以用来表示电流强弱和电压高低大小。

3. 相位

在交流电中 $i = Im\sin(\omega t+\alpha)$ 中的 $(\omega t+\alpha)$ 称为相位(位相角),它表征函数在变化过程中某一时刻达到的状态。例如,当 $\omega t+\alpha = 0$ 时达到取零值的阶段。α 是 $t=0$ 时的位相,称为初相。在实际问题中,更重要的是两个交流电之间的相位差。

4. 平均值

交流电在半周期内,通过电路中导体横截面的电量 Q 和其一直流电在同样时间内通过该电路中导体横截面的电量相等时,这个直流电的数值就称为该交流电在半周期内的平均值。

5. 有效值

交变电流的有效值是根据电流的热效应来规定。让交流和直流通过相同阻值的电阻，如果他们在相同的时间内产生的热量相同，就把这一直流的数值称为这一交流的有效值。交流电的有效值约等于其最大值的 0.707 倍。

各种使用交变电流的用电器上所标的额定电压、额定电流值都是指交变电流的有效值。

各种交流电流表和交流电压表的测量值也都是有效值。

计算熔断丝的熔断电流也用有效值。

(三)物理规律

1. 法则

(1)交变电流是一定要有恒定的周期($T=2\pi/\omega, T=1/f$)。

(2)改变方向改变大小的电流只要做周期性变化，且在一周期内的平均值等于0，就是交变电流。

(3)改变大小而不改变方向的电流一定不是交变电流。

(4)交变电流在一个周期内电压 U、电流 I 发生一次周期性变化。

(5)产生方法:闭合线圈在匀强磁场中绕与磁场垂直的轴匀速转动。

2. 周期频率

交变电流的周期和频率都是描述交变电流的物理量。交流电的频率与周期互为倒数关系。

周期 T:交变电流完成一次周期性变化所需的时间,单位是秒(s)。周期越长,交变电流变化越慢,在一个周期内,交变电流的大小和方向都随时间变化。

频率 f:交变电流在 1s 内完成周期性变化的次数,单位是赫兹(Hz),频率越大,交变电流变化越快。

3. 正弦交流电变化规律

正弦交变电流的电动势、电压和电流都有最大值、有效值、瞬时值和平均值,特别要注意它们之间的区别。以电动势为例:最大值用 E_m 表示,有效值用 E 表示,瞬时值用 e 表示,平均值用 $\overline{E}$ 表示。它们的关系为:$E=E_m/\sqrt{2}, e=E_m\sin(\omega t+\Phi)$。平均值不常用,必要时要用法拉第电磁感应定律直接计算:$\overline{E}=n\dfrac{\Delta\Phi}{\Delta t}$。特别要注意,有效值和平均值是不同的两个物理量,千万不可混淆。

例如,生活中用的市电电压为 220V,其最大值为 $220\sqrt{2}$ V 即 311V,频率为 50Hz。

四、电动机

(一)电动机分类

1. 按工作电源种类划分

电动机按工作电源种类可分为直流电动机和交流电动机。

(1)直流电动机按结构及工作原理可分为无刷直流电动机和有刷直流电动机。

有刷直流电动机可分为永磁直流电动机和电磁直流电动机。

永磁直流电动机可分为稀土永磁直流电动机、铁氧体永磁直流电动机和铝镍钴永磁直流电动机。

电磁直流电动机可分为串励直流电动机、并励直流电动机、他励直流电动机和复励直流电动机。

(2)交流电动机可分为单相电动机和三相电动机。

2. 按工作原理划分

电动机按结构和工作原理可分为异步电动机和同步电动机。

(1)同步电动机可分为永磁同步电动机、磁阻同步电动机和磁滞同步电动机。

(2)异步电动机可分为感应电动机和交流换向器电动机。常用的笼式电动机属于三相异步电动机。

感应电动机可分为三相异步电动机、单相异步电动机和罩极异步电动机等。三相异步电动机由定子和转子两个基本部分组成。

交流换向器电动机可分为单相串励电动机、交直流两用电动机和推斥电动机。

3. 按启动与运行方式可划分

电动机按启动与运行方式可分为电容启动式单相异步电动机、电容运转式单相异步电动机、电容启动运转式单相异步电动机和分相式单相异步电动机。

4. 按用途可划分

电动机按用途可分为驱动用电动机和控制用电动机。

(1)驱动用电动机可分为电动工具(包括钻孔、抛光、磨光、开槽、切割、扩孔等工具)用电动机、家电(包括洗衣机、电风扇、电冰箱、空调器、录音机、录像机、影碟机、吸尘器、照相机、电吹风、电动剃须刀等)用电动机及其他通用小型机械设备(包括各种小型机床、小型机械、医疗器械、电子仪器等)用电动机。

(2)控制用电动机又分为步进电动机和伺服电动机等。

5. 按转子的结构可划分

异步电动机按照转子结构可分为笼式异步电动机和绕线式异步电动机。

6. 按运转速度可划分

电动机按运转速度可分为高速电动机、低速电动机、恒速电动机和调速电动机。低速电动机又分为齿轮减速电动机、电磁减速电动机和力矩电动机。

调速电动机除可分为有级恒速电动机、无级恒速电动机、有级变速电动机和无级变速电动机外,还可分为电磁调速电动机、直流调速电动机、PWM变频调速电动机和开关磁阻调速电动机。

异步电动机的转子转速总是略低于旋转磁场的同步转速。

同步电动机的转子转速与负载大小无关,始终保持为同步转速。

所有电动机的工作原理都是基于电磁感应定律和电磁力定律,且以能量转换和输出为目的。

(二)异步电动机维护要点

1. 启动前的准备和检查要点

(1)检查电动机启动设备接地是否可靠,接线是否正确。

(2)检查电动机铭牌所示电压和电源电压是否相符。

（3）新安装的电动机和长期停用的电动机启动前应检查其接地绝缘电阻，接地绝缘电阻应大于 0.5Ω，若低于此值应将绕组进行烘干再用。

（4）检查电动机转动是否灵活，轴承内是否缺油。

（5）检查电动机所用接触器和热继电器等的额定电流是否符合要求。

（6）检查电动机各紧固螺栓及安装螺栓是否拧紧。

上述各检查全部达到要求后，可启动电动机，启动电动机时，运行人员应按电流表计监视启动过程，如电流无指示或不返回正常值，应立即停机，采取措施，待情况消除后，才能投入运行。

电动机的绝缘等级是指电动机定子绕组所用的绝缘材料等级，它表明电动机所允许的最高温度，分 A 级、E 级、B 级、F 级、H 级。允许温升是指电动机的温度与周围环境温度相比升高的限度，见表 1-3-1。

表 1-3-1　电动机绝缘等级

绝缘的温度等级	A 级	E 级	B 级	F 级	H 级
最高允许温度，℃	105	120	130	155	180
绕组温升限值，K	60	75	80	100	125
性能参考温度，℃	80	95	100	120	145

电动机的维护工作人员，应根据电业规程中的规定，经常检查电动机运行状态和绝缘状况，并按照电动机的检修周期进行定期检查、检修和维护。

2. 运行中的维护要点

（1）电动机应保持清洁，不允许有杂物放在电动机外壳上，风扇罩处必须保持空气流通，便于电动机散热。

（2）用仪表查看电源电压及电动机的负载电流，电动机负载电流不得超过铭牌上规定的电流值。否则要查明原因消除不良情况后才能继续运行。

（3）采取必要手段检查电动机各部温度（轴承处、端盖、电动机外壳等）。

（4）电动机运行后应定期维修，一般分小修、大修。小修属于一般检修，对电动机不做大的拆卸（主要检查电动机外部端盖、固定电动机螺栓及联轴器之间有无松动，电气灰尘清扫等）一季度一次。大修要将所有传动装置和电动机的端盖、轴承拆卸下来，进行全面的清洗和检查，将不合格的更换下来，一般一年一次。

如果电动机在运行过程中发出异常响动，可能是轴承滚珠损坏产生的声音。

电动机正常运行时，除保证转子电流正常外，运行人员还要检查电动机周围空气是否流通，温度是否过高，以防转子不正常发热。电动机在正常运行中，轴瓦温度不超过 80℃。

项目二　安全用电

一、静电产生的原因及危害

静电并不是静止时的电，是宏观暂时停留在某处的电，静电现象是一种常见的带电现象。日常生活中,用塑料梳子梳头发或脱下合成纤维衣料的衣服时,有时能听到轻微的"噼啪"声,在黑暗中可见到放电的闪光,这些都是静电现象。工业生产中应用静电除尘、喷漆、复印等,还有防止静电危害所采取的安全防护措施等,反映出一方面可利用静电进行某些生产活动,另一方面,也是防止静电给生产和人身带来危害,造成事故。

静电主要是由物体与物体之间的紧密接触和分离,或者互相摩擦,发生了电荷的转移,破坏了物体原子中正电荷、负电荷的平衡,使两种物质在接触面上形成电位差而产生的。

静电的特点是电压高。静电泄漏的快慢取决于材料介电常数和电阻率的乘积。而绝缘体的介电常数和电阻率都很大,所以静电泄漏很慢,保留危险状态时间长。

作为防静电的接地,仅仅是防止带电的措施而不是防止产生静电的措施,它主要用来将静电导体上产生的静电泄漏至大地,以防止物体上积蓄静电,抑制带电体电位上升由此产生的静电放电,以及把带电体屏蔽,防止产生静电感应。接地是防静电的一个最基本而有效的措施,但又是有限的。它对金属导体是非常有效的,对静电绝缘体却无效,另外,这种防静电接地无法将移动和悬浮流动的物体或液体中的静电消除。

静电火花引起燃烧爆炸。如果在接地良好的导体上产生静电后,静电会很快泄漏到大地中,但如果是绝缘体上产生静电,则电荷会越聚越多,形成很高的电位。当带电体与不带电体或静电电位很低的物体接近时,如电位差达到300V以上,就会发生放电现象,并产生火花。静电放电的火花能量达到或大于周围可燃物的最小点火能量,而且可燃物在空气中的浓度或含量也已在爆炸极限范围以内时,就能立即引起燃烧或爆炸。

人在活动过程中,由于衣着等固体物质的接触和分离及人体接近带电体产生静电感应,均可产生静电。当人体与其他物体之间发生放电时,人即遭到电击。因为这种电击是通过放电造成的,所以电击时人的感觉与放电能量有关,也就是说静电电击严重程度决定于人体电容的大小和人体电压的高低。由于静电能量较小,所以生产过程中产生的静电所引起的电击不会对人体产生直接危害,但人体可能因电击坠落或摔倒而造成二次事故。电击还可能使工作人员精神紧张,妨碍工作。

二、化工工艺生产过程中常见引发静电的工序及预防措施

(一)常见引发静电的工序

化工工艺生产过程中有以下工序常引发静电:

(1)流动带电。利用管道输送液体时,由于液体与配管等固体接触,在液体和固体的接触面上形成双电层。随着液体流动双电层中一部分电荷被带走,产生静电。

(2)摩擦静电。由于物体相互摩擦,发生接触位置的移动和电荷的分离,从而产生静电。

(3)玻璃带电。相互密切结合的物体剥离时引起电荷分离产生静电。

(4)喷出带电。液体、气体和粉尘从截面很小的开口部位喷出变成飞溅的飞沫而产生大量的静电。

(5)冲撞带电。粉尘类的粒子之间或粒子与固体之间冲撞形成飞快的接触和分离,产生静电。

(6)破裂带电。固体或粉体类,当其破裂时出现电荷分离,破坏正负电荷的平衡,产生

静电。

(7)飞沫带电。喷在空间的液体,由于扩展、飞散和分离,形成许多小滴组成新液面而产生静电。

(8)滴下带电。附着于器壁的固体表面上的珠状液体逐渐增大后,其自重形成滴液,当其坠落时,出现电荷分离,产生静电。产生静电电荷的多少与生产的性质、数量、摩擦力大小、摩擦长度、液体和气体的分离或喷射强度、粉体粒度等因素有关。

(二)化工生产中的防静电措施

化工生产中防止静电危害主要有以下措施:

(1)合理选用生产设备的材质,降低摩擦速度或流速等,减少静电的产生。

(2)采取静电接地措施来防止导体带电。

(3)采取屏蔽的措施限制非导体带电引起的放电。

(4)使用静电消除器防止静电。借用静电消除器产生电子或离子,中和物体上的静电,消除静电危害。静电消除器的种类有:自感应式静电消除器、外接电源式静电消除器、放射线式静电消除器、离子流式静电消除器。

(5)在流体中加入适量防静电添加剂。

(6)采用工作地面导电化,穿防静电鞋、防静电工作服来防止人体带电。

(7)控制气体、蒸汽、危险性混合物和粉尘危险性混合物来防止爆炸和火灾。

(8)场所危害程度的控制可采取减轻或消除所在场所周围环境火灾、爆炸危险性的间接措施。

(9)控制流速,选用合适材料,增加静止时间,改进灌注方式等措施,限制和避免静电的产生和积累。

(10)增湿可提高作业场所环境空气的相对湿度来消除静电危害。

(11)在容易产生静电的高绝缘材料中,加入抗静电剂,降低材料的电阻率,加快静电泄漏,消除危险。

三、触电及触电急救

(一)触电

人碰到带电的导线,电流通过人体称为触电。电流通过人体,对于人的身体和内部组织能造成不同程度的损伤。这种损伤分为电击和电伤两种。电击是指电流通过人体时,使内部组织受到较为严重的损伤。电击会使人觉得全身发热、发麻,肌肉发生不由自主地抽搐,逐渐失去知觉,如果电流继续通过人体,将使触电者的心脏、呼吸机能和神经系统受伤,直到停止呼吸,心脏活动停止而死亡。电伤是指电流对人体外部造成的局部损伤。电伤从外观看一般有电弧烧伤、电的烙印和熔化的金属渗入皮肤(称为皮肤金属化)等伤害。总之,当人触电后,由于电流通过人体和发生电弧、往往使人体烧伤,严重时造成死亡。我国标准规定工频安全电压有效值的限值为50V。经验证明,只有不高于36V的电压,才是安全的。对地电压为250V以上时为高压。

安全电流是在任何环境温度下,当导线和电缆连续通过最大负载电流时,其线路温度都不大于最高允许温度(通常为700℃左右),这时的负载电流称为安全电流。

电流通过人体时,由于每个人的体质不同,电流通过的时间有长有短,因而有着不同的后果。这种后果又和通过人体电流的大小有关系。能引起人的感觉的最小电流称为感觉电流。触电的伤害程度决定于通过人体电流的大小、途径和时间的长短。从左手到胸部是最危险的途径,从手到手、手到脚也是最危险的,从脚到脚危险就小些。一般人体通过电流后,人体对电流的反应情况如下:0.6~1.5mA,手指开始感觉发麻无感觉。2~3mA,手指强烈发麻无感觉。5~7mA,手指肌肉感觉痉挛,手指感灼热和刺痛。8~10mA,手指关节与手掌感觉痛,手已难以脱离电源,但尚能摆脱电源,灼热感增加。20~25mA,手指感觉剧痛,迅速麻痹,不能摆脱电源,呼吸困难,灼热更增,手的肌肉开始痉挛。50~80mA,呼吸麻痹,心房开始震颤、强烈灼痛,手的肌肉痉挛,呼吸困难。90~100mA,呼吸麻痹,持续3s后或更长时间后,心脏停搏,呼吸麻痹。以上可以看出,当人体通过0.6mA的电流,会引起人体麻刺的感觉;通过20mA的电流,就会引起剧痛和呼吸困难,通过50mA的电流就有生命危险;通过100mA以上的电流,就能引起心脏停搏,直至死亡。

按照人体触电的方式和电流通过人体的途径,电击触电有三种情况:

(1)单相触电,指人体触及单相带电体的触电事故。

(2)两相触电,指人体同时触及两相带电体的触电事故,危险性很大。

(3)跨步电压触电,当带电体接地有电流流入地下时,电流在接地点周围产生电压降,人在接地处两脚之间出现了跨步电压,由此引起的触电事故称为跨步电压触电。

(二)触电急救

电源对人体作用时间越长,对生命的威胁越大。所以,触电急救的要旨是首要使触电者迅速脱离电源。可根据具体情况,选用下述几种方法使触电者脱离电源。

1. 脱离低压电源的方法

脱离低压电源的方法可用"拉""切""挑"和"垫"四字来概括。

"拉",是指就近拉开电源开关、拔出插销或瓷插熔断器。此时应注意拉线开关和板把开关是单极的,只能断开一根导线,有时由于安装不符合要求,把开关安装在零线上。这时虽然断开了开关,人身触及的导线可能仍然带电,这就不能认为已切断电源。

"切",指用带用绝缘柄的利器切断电源线。当电源开关、插座或瓷插熔断器距离触电现场较远时,可用带绝缘手柄的电工钳或干燥木柄的斧头、铁锹等利器将电源切断。切断时应防止带电导线断落触及周围的人体。多芯绞合线应分相切断,以防短路伤人。

"挑",如果导线搭落在触电者身上或压在身上,这时可用干燥的木棒、竹竿等挑开导线或用干燥的绝缘绳套拉导线或触电者,使之脱离电源。

"拽",救护人可戴上手套或在手上包缠的衣服、围巾、帽子等绝缘物品拖拽触电者,使之脱离电源。

"垫",如果触电者由于痉挛手指紧握导线或导线缠绕在身上,救护人可先用干燥的木板塞进触电者身下使其与地绝缘来隔断电源,然后再采取其他办法把电源切断。

2. 脱离高压电源的方法

由于装置的电压等级高,一般绝缘物品不能保证救护人的安全,而且高压电源开关距离现场较远,不能拉闸。因此,使触电者脱离高压电源的方法与脱离低压电源的方法有所不同,通常做法是:

(1)立即电话通知有关供电部门拉闸停电。

(2)如电源开关距离触电现场不远,则可戴上绝缘手套,穿上绝缘靴,拉开高压热继电器或用绝缘棒拉开高压跌落熔断器以切断电源。

(3)向架空线路抛挂裸金属软导线,人为造成线路短路,迫使继电保护装置动作,从而使电源开关跳闸。抛挂前,将短路线的一段先固定在铁塔或接地线上,另一端系重物。抛掷短路线时,应注意防止电弧伤人或断线危机人员安全,也要防止重物砸伤人。

3. 现场急救

1)触电者未失去知觉的救护措施

如果触电者所受的伤害不太严重,尚清醒,只是心悸、头晕、出冷汗、恶心、呕吐、四肢发麻、全身乏力,甚至一度昏迷,但未失去知觉,则应让触电者在通风暖和处静卧休息,并派人严密观察,同时请医生前来或送往医院诊治。

2)触电者已失去知觉(心肺正常)的抢救措施

如果触电者已失去知觉,但呼吸和心跳尚正常,则应使其舒服地平卧着,解开衣服以利于呼吸,四周不要围人,保持空气流通,冷天应注意保暖,同时立即请医生前来或送医院救治。若发现触电者呼吸困难或心跳失常,应立即施行人工呼吸或胸外心脏按压。

3)对"假死"者的急救措施

如果触电者呈现"假死"(即所谓电休克),则可能有三种临床症状:一是心跳停止,但尚能呼吸;二是呼吸停止,但心跳尚存(脉搏很弱);三是呼吸和心跳已停止。"假死"症状的判断方法是"看""听""试"。"看"是观察触电者的胸部、腹部有无起伏动作;"听"是用耳贴近触电者的口鼻处,听他有无呼气声音;"试"是用手或小纸条测试口鼻有无呼吸的气流,再用两手指轻压一侧喉结旁凹陷处的颈动脉检查有无脉动感觉。

当判定触电者呼吸和心跳停止时,应立即按心肺复苏就地抢救,所谓心肺复苏就是支持生命的三项基本措施,即畅通气道、口对口人工呼吸和胸外按压(人工循环)。

保证人员触及漏电设备的金属外壳时不会触电,通常采用保护接地或保护接零。

四、接地保护与接零保护

接地装置由埋入土中的金属接地体(角钢、扁钢、钢管等)和连接用的接地线构成。按接地的目的,电气设备的接地可分为工作接地、防雷接地、保护接地和仪控接地。

(一)保护接地

保护接地,是为防止电气装置的金属外壳、配电装置的构架和线路杆塔等带电危及人身和设备安全而进行的接地。所谓保护接地就是将正常情况下不带电,而在绝缘材料损坏后或其他情况下可能带电的电气设备的金属部分(即与带电部分相绝缘的金属结构部分)用导线与接地体可靠连接起来的一种保护接线方式。接地保护一般用于配电变压器中性点不直接接地(三相三线制)的供电系统中,用以保证当电气设备因绝缘损坏而漏电时产生的对地电压不超过安全范围。

(二)接零保护

所谓接零保护,就是一切电气设备正常情况下不带电的金属外壳以及和它相连接的金属部分与零线作可靠的电气连接。它是保护接地的一种形式,是低压电力网中的一种安全保护措施。换句话说就是把电气设备正常情况下不带电的金属部分与电网的保护零线进行连接，也称保护接零。但是在同一电力系统中，不可以同时采用两种保护方式。

（三）重复接地

重复接地是指将中性线零线上的一点或多点与大地再次作金属性的连接。在低压三相四线制中性点直接接地线路中，施工单位在安装时，应将配电线路的零干线和分支线的终端接地，零干线上每隔 1km 做一次接地。对于距接地点超过 50m 的配电线路，接入用户处的零线仍应重复接地，重复接地电阻应不大于 10Ω。当采用接零保护时，电源变压器中性点必须采取工作接地，同时对零线要在规定的地点采取重复接地。

（四）跨步电压

当跨步电压达到 40~50V 时，将有触电危险，特别是跨步电压会使人摔倒进而加大人体的触电电压，甚至会使人发生触电死亡。

（五）间接接触电击

当设备发生碰壳漏电时，人体接触设备金属外壳所造成的电击称为间接接触电击。例如人挪动因绝缘破损、相线线芯碰到金属支柱的落地灯时遭受的电击。保护接地和保护接零是防止间接接触电击最基本的措施。

五、化工生产中电气的防火防爆

化工生产中电气设备常常会产生电弧、火花和高温的危险，这就具备了引燃或引爆条件。因此，电气设备的防火防爆措施应是综合性的措施，包括选用合理的电气设备，保持必要的防火间距，电气设备正常运行并有良好的通风，采用耐火设施，有完善的继电保护装置等技术措施。

平面布置变、配电站（室）是工业企业的动力枢纽，电气设备较多，而且有些设备工作时会产生火花和高温，因此变电站（室）、配电站（室）的设置是电气设备合理布置的重要环节之一。室外变电、配电装置距堆场、可燃液体储罐和甲类、乙类厂房库房不应小于 25m；距其他建筑物不应小于 10m；距液化石油气罐不应小于 35m；石油化工装置的变电室、配电室还应布置在装置的一侧，并位于爆炸危险区范围以外。变压器油量越大，建筑物耐火等级越低及危险物品储量越大者，所要求的间距也越大，必要时可加防火墙。户内电压为 10kV 以上、总油量为 60kg 以下的充油设备，可安装在两侧有隔板的间隔内；总油量为 60~600kg 者，应安装在有防爆隔墙的间隔内；总油量为 600kg 以上者，应安装在单独的防爆间隔内。10kV 及其以下的变电室、配电室不应设在爆炸危险环境的正上方或正下方。变电室与各级爆炸危险环境毗连，最多只能有两面相连的墙与危险环境共用。为了防止电火花或危险温度引起火灾，开关、插销、熔断器、电热器具、照明器具、电焊设备和电动机等均应根据需要，适当避开易燃物或易燃建筑构件。

环境消除或减少爆炸性混合物。保持良好通风，使现场易燃易爆气体、粉尘和纤维浓度降低到无法引起火灾和爆炸。加强密封，减少和防止易燃易爆物质的泄漏。有易燃易爆物质的生产设备、储存容器、管道接头和阀门应严格密封，并经常巡视检测。

消除引燃物对运行中能够产生火花、电弧和高温危险的电气设备和装置，不应放置在易燃易爆的危险场所。在易燃易爆场所安装的电气设备和装置应该采用密封的防爆电气，并应尽量避免使用便携式电气设备,保护爆炸和火灾危险场所内的电气设备的金属外壳应可靠。

电气火灾有不同于其他火灾的特点:其一是着火的电气设备可能是带电的,扑救时要防止人员触电;其二是充油电气设备着火后可能发生喷油或爆炸,造成火势蔓延。因此,在进行电气灭火时应根据起火场所和电气装置的具体情况,采取必要的安全措施。

发生电气火灾时,应先切断电源,而后再扑救。切断电源时应注意以下几点安全事项。

(1)应遵照规定的操作程序拉闸,切忌在忙乱中带负荷拉刀闸。高压停电应先拉开热继电器而后拉开隔离开关;低压停电应先拉开自动开关而后再拉开闸刀开关;电动机停电应先停止释放接触器或磁力启动器而后再拉开闸刀开关,以免引起弧光短路。由于烟熏火燎,开关设备的绝缘能力下降,因此,操作时应注意自身安全。在操作高压开关时,操作者应戴绝缘手套和穿绝缘靴;操作低压开关时,应尽可能使用绝缘工具。

(2)剪断电线时应使用绝缘手柄完好的电工钳;非同相导线或火线和零线应分别在不同部位剪断,以防在钳口处发生短路。剪断点应选择在靠电源方向有绝缘支持物的附近,防止被剪断的导线落地后触及人体或短路。

(3)如果需要电力部门切断电源,应迅速用电话联系。

(4)断电范围不宜过大,如果是夜间救火,要考虑断电后的临时照明问题。

发生电气火灾,一般应设法断电。如果情况十分危急或无断电条件,就只好带电灭火。防止人身触电,带电灭火应注意以下安全要求。

(1)因为可能发生接地故障,为防止跨步电压和接触电压触电,救火员及所使用的消防器材与接地故障点要保持足够的安全距离:在高压室内这个距离为4m,室外为8m,进入上述范围的救火人员要穿上绝缘靴。

(2)带电灭火应使用不导电的灭火剂,例如,二氧化碳、四氯化碳、1211和干粉灭火剂。不得使用泡沫灭火剂和喷射水流类导电灭火剂。灭火器喷嘴离10kV带电体不应小于0.4m。

(3)允许采用泄漏电流小的喷雾水枪带电灭火。要求救火人员穿上绝缘靴,戴上绝缘手套操作。

(4)对架空线路或空中电气设备进行灭火时,人体位置与带电体之间的仰角不应超过45°。以防导线断落威胁灭火人员的安全。

如遇带电导线断落地面,应画出半径约810m的警戒区,以避免跨步电压触电。未穿绝缘靴的扑救人员,要防止因地面积水而触电。

模块四　无机化学基础知识

项目一　基本概念

一、分子、原子、单质、化合物的基本概念

(一)分子的基本概念

分子,在物理化学上,是构成物质的一种基本粒子的名称。是单独存在、保持化学性质的最小粒子。分子由原子构成,原子通过一定的作用力,以一定的次序和排列方式结合成分子。分子间引力的作用使分子彼此趋向结合,排斥力使分子彼此趋向分离。一切构成物质的分子都在永不停息地做无规则的运动。温度越高,分子扩散越快,分子在气体中扩散最快。

分子量等于组成该分子的各原子的相对原子质量总和,同相对原子质量一样,分子量也是没有单位的相对量,例如 CO_2 的分子量为 44。

(二)原子的基本概念

原子是指化学反应不可再分的基本微粒,原子在化学反应中不可分割。但在物理状态中可以分割。原子由原子核和绕核运动的电子组成,它是参与化学反应的最小单位。

(三)元素和元素符号

元素是原子核中质子数相同的一类原子的总称,它是指自然界中一百多种基本的金属和非金属物质,并且它们能构成一切物质。到 2012 年为止,总共有 118 种元素被发现,其中 94 种存在于地球上。原子序数大于 83 的元素(即铋之后的元素)都不稳定,会进行放射衰变。

用元素符号来表示物质的组成称为化学式。

(四)单质和化合物的基本概念

纯净物只包括单质和化合物。氧气、氮气和氯化钾都是纯净物。

1. 单质

单质是由同种元素组成的纯净物。

一般来说,单质的性质与其元素的性质密切相关。例如,很多金属的金属性都很明显,那么它们的单质还原性就很强。不同种类元素的单质,其性质差异在结构上反映得最为突出。

2. 化合物

物质的分子如果是由不同种元素的原子组成的纯净物,这种物质称为化合物。

由共价键结合形成的化合物,称为共价化合物;由阴阳离子相互作用而构成的化合物,称为离子化合物。

（五）化学键的知识

化学键是纯净物分子内或晶体内相邻两个或多个原子（或离子）间强烈的相互作用力的统称。使离子相结合或原子相结合的作用力称为化学键。

由一个原子单方提供一对电子形成的共价键称为配位键。

在一个水分子中2个氢原子和1个氧原子就是通过化学键结合成水分子。由于原子核带正电，电子带负电，所以所有的化学键都是由两个或多个原子核对电子同时吸引的结果所形成的。化学键有3种类型，即离子键、共价键和金属键（氢键不是化学键，它是分子间力的一种）。

由于正负离子之间通过静电作用形成的化学键称为离子键。一般来说，活泼金属与活泼非金属之间通过电子得失所形成的化学键都是离子键。

原子间通过共用电子对形成的化学键称为共价键。离子键没有饱和性，共价键有饱和性。

在离子化合物中一定含有离子键，可能含有共价键。在共价化合物中一定不存在离子键。例如，$(NH_4)_2SO_4$的分子结构中既有离子键又有共价键。

（六）化合价的概念

在化合物里，元素的正负化合价之和为零。在单质里，元素的化合价为零。一种元素可能表现出几种化合价。

（七）酸碱盐的基本知识

离解时生成金属和酸根离子的化合物称为盐。离解时生成的阴离子全部是氢氧根离子的化合物称为碱。离解时生成的阳离子全部是氢离子的化合物称为酸。

氯化钠溶液能导电是因为它含有能自由移动的带电离子，包括阴离子和阳离子。

酸和碱起中和反应，生成盐和水。

1. 硫的氧化物知识

二氧化硫溶于水所形成的二氧化硫水合物$SO_2 \cdot xH_2O$为亚硫酸。溶液中不存在亚硫酸分子H_2SO_3。

二氧化硫是最常见、最简单的硫氧化物，是大气主要污染物之一。SO_2中的S的氧化态是+4价，因此它既有氧化性又有还原性。

工业上含硫废气的排放是造成大气污染的原因之一，其中SO_2是主要的污染物，它与空气中的水蒸气形成酸雾，遇到阴雨天形成酸雨。

2. 硫的含氧酸盐知识

浓硫酸与铜反应生成硫酸铜、二氧化硫与水。

亚硫酸钠广泛应用于印染和纺织工业，向其水溶液中通入SO_2，可以生成亚硫酸氢钠，食品工业用亚硫酸钠作漂白剂、防腐剂、疏松剂和抗氧化剂，亚硫酸钠还原性极强，可以还原铜离子为亚铜离子。

3. 硫化物的知识

（1）自然界中，硫元素大部分以硫化物、硫酸盐的形式存在，少量以单质硫（硫黄）的形式存在。

（2）如果不小心将汞洒落在地面上，应立即撒上硫粉，防止汞挥发。

（3）H_2S 气体具有臭蛋气味。H_2S 能使人中毒是因为 H_2S 与血红素中的铁反应使其失去作用。

（4）H_2S 在空气不充足的情况下燃烧的产物是 SO_2、S。

4. 硝酸的知识

硝酸具有挥发性、强酸性、强氧化性的特点。纯硝酸为无色透明液体,浓硝酸为淡黄色液体(溶有二氧化氮)。

pH 值越大表示溶液的酸性越弱,碱性越强。

5. 硝酸盐的知识

硝酸盐大量存在于自然界中。硝酸与金属、金属氧化物或碳酸盐反应是最简单的制备硝酸盐的方法。硝酸盐在高温或酸性水溶液中是强氧化剂,但在碱性或中性的水溶液几乎没有氧化作用。所有硝酸盐都溶于水。

固体的硝酸盐加热时能分解放出氧,其中最活泼金属的硝酸盐仅放出一部分氧而变成亚硝酸盐。

硝酸铵之所以与可燃物混合在一起制造炸药主要是因为硝酸铵受热产生爆炸性分解。

6. 常见的酸碱指示剂

常见的酸碱指示剂有甲基橙、石蕊、中性红、酚酞。酸碱指示剂在不同的酸碱溶液中可以显示不同的颜色。例如,已知甲基橙、石蕊、中性红、酚酞的 pH 变色范围分别是 3.1~4.4、5~8、6.8~8、8~10,利用强碱来测定硫酸浓度时,应使用酚酞做指示剂。

酸碱指示剂大都是有机的弱酸、弱碱或两性物质。

二、理想气体状态方程

（一）物质的量概念

物质的量表示含有一定数目粒子的集合体。物质的量的单位是摩尔(mol)。

物质的量与物质的质量是两个不同的概念。

（二）气体的摩尔体积的概念

实验测出,在标准状况下,1mol 任何气体所占的体积都约为 22.4L,这个体积称为气体的摩尔体积。

1mol 气体中含有 6.02×10^{23} 个气体分子。

任何气体的体积都是随着温度和压力的变化而变化。

（三）理想气体状态方程的概念

气体作用在容器器壁单位面积上的压力,称为气体压强。气体压强是气体分子运动的结果。气体压强是气体分子对器壁碰撞的效果。

气体压强的大小与单位体积内的分子数和分子的平均速度有关,温度与气体分子运动的关系是温度越高,分子热运动越强。

理想气体状态方程又称理想气体定律、普适气体定律,是描述理想气体在处于平衡态时,压强、体积、物质的量、温度间关系的状态方程。

其状态参量压强 p、体积 V 和温度 T 之间的函数关系为:

$$p = \frac{N}{V} \cdot \frac{R}{N_A} T = nkT \tag{1-4-1}$$

式中　R——气体常量,J/(mol·K);

　　　p——理想气体压强,Pa;

　　　V——气体体积,m^3;

　　　n——气体的物质的量,mol;

　　　T——体系温度,K。

理想气体状态方程是由研究低压下气体的行为导出的。但各气体在适用理想气体状态方程时多少有些偏差。压力越低,偏差越小,在极低压力下理想气体状态方程可较准确地描述气体的行为。极低的压强意味着分子之间的距离非常大,此时分子之间的相互作用非常小;又意味着分子本身所占的体积与此时气体所具有的非常大的体积相比可忽略不计,因而分子可近似被看作是没有体积的质点。于是从极低压力气体的行为触发,抽象提出理想气体的概念。

理想气体在微观上具有分子之间无互相作用力和分子本身不占有体积的特征。

三、混合气体的分压定律

混合气体的总压等于混合气体中各组分气体的分压之和,某组分气体的分压大小则等于其单独占有与气体混合物相同体积时所产生的压强。这一经验定律称为分压定律。

四、物质的相态及其变化

(一)溶液沸腾的概念

沸腾是指液体受热超过其饱和温度时,在液体内部和表面同时发生剧烈汽化的现象。也可以说当液体饱和蒸气压与外界压强相等时,液体内部产生大量气泡,这种现象称为沸腾。

沸点是液体沸腾时候的温度,也就是液体的饱和蒸气压与外界压强相等时的温度。不同物质的沸点互不相同。同一液体,当外压升高时,其沸点升高;当外压升降低,其沸点降低。

易挥发的液体,因饱和蒸气压大,故沸点较低。

在外界压力相同的情况下,水的沸点高于酒精沸点。

在外界压力不变的条件下,向溶剂中加入难挥发性溶质,则溶液沸点升高。沸点升高系数与溶剂的性质有关。沸点升高的原因是溶液的蒸气压小于纯溶剂的蒸气压,当纯溶剂沸腾时,溶液不沸腾。通过升温,使溶液蒸气压与外界大气压相等,所以沸点上升。

(二)蒸发的概念

溶液进行浓缩根据其溶质、溶剂性质差异,分为蒸发、结晶和冷冻浓缩等。

根据压强的不同,蒸发操作分为常压蒸发、加压蒸发和减压蒸发三类。工业上大部分采用的蒸发操作是减压蒸发。采用加压蒸发的主要目的是得到较高温度的二次蒸汽,以提高热能的利用。

蒸发在任何温度下都能进行。在一定的压力下,液体的蒸气分压越低,蒸发的速度越快。外界压力加大,蒸发速度变慢。

蒸发操作必备的条件是必须不断的供给热量和排除已经汽化的蒸气。

热的饱和溶液冷却后,溶质以晶体的形式析出,这一过程称为结晶。

物质由气相转变成液相的过程为气体液化。

(三)溶液的凝固点

在一定外压下,液体逐渐冷却开始析出固体时的平衡温度称为液体的凝固点。对于溶液或混合物,一般来说凝固点等于熔点。对于纯物质在同样的外压下,凝固点与熔点是相同的。液态溶液的凝固点小于纯溶剂在同样压力下的凝固点。

同一种晶体,凝固点与压强有关。凝固时体积膨胀的晶体,凝固点随压强的增大而降低;凝固时体积缩小的晶体,凝固点随压强的增大而升高。

晶体达到一定温度才开始凝固,凝固时温度保持不变,凝固时固液并存。

(四)溶液的渗透压的概念

渗透压可以用 ρgh 表示,ρ 的含义是渗透平衡时溶液的密度。

溶液渗透压的大小与溶液的浓度有关,而与溶质的本性无关。

(五)缓冲溶液的知识

缓冲溶液的缓冲能力与组成缓冲溶液的弱酸及其共轭碱的浓度有关,二者浓度较大时,缓冲能力也较大。

例如,已知甲酸在 H_3O^+ 的催化作用下,能加快分解生成 CO_2 和 H_2O,为了抑制其分解并不影响使用应加入少量甲酸钠。

项目二 化学反应

一、化学反应速率及其影响因素

化学反应速率就是化学反应进行的快慢程度(平均反应速率),用单位时间内反应物或生成物的物质的量来表示。在容积不变的反应容器中,通常用单位时间内反应物浓度的减少或生成物浓度的增加来表示。

影响化学反应速度的主要因素有:反应物的性质、反应物的浓度、温度和催化剂。

盖斯定律是指某化学反应无论一步完成,还是分几步完成,反应的总热效应相同,即反应热只与反应体系的始态和终态有关,与反应进行的途径无关。根据盖斯定律的含义,化学反应的热效应只与反应的初始态和终态有关。盖斯定律只适用于等温等压或等温等容过程,各步反应的温度应相同。

在同一温度下,气体物质的性质常随压力而变。当温度一定时,在标准压力下,由指定单质生成1mol某物质的反应热称为该物质的生成热。

化学反应速率与其活化能的大小密切相关,活化能是指化学反应中,由反应物分子到达活化分子所需的最小能量。活化能的大小可以反映化学反应发生的难易程度。在同样条件下,不同化学反应的速度不同,是由于不同化学反应的活化能不同,反应的活化能越高,反应速度越慢;反应活化能越低,反应越容易发生。

二、化学平衡

化学平衡是指在宏观条件一定的可逆反应中,化学反应正逆反应速率相等,反应物和生成物各组分浓度不再改变的状态。化学平衡的建立是以可逆反应为前提的。

相的定义是系统内性质完全相同的均匀部分。系统内的相平衡,即系统内宏观上没有任何一种物质从一个相转移到另一个相。相平衡的状态是一个热力学平衡的状态。影响相平衡的因素有温度、压力、相的组成和热交换。

项目三　溶液与溶解

一、溶解

广义上说,两种以上物质混合而成为一个分子状态的均匀相的过程称为溶解。而狭义的溶解指的是一种液体对于固体、液体或气体产生化学反应使其成为分子状态的均匀相的过程。

二、溶质、溶剂与溶液

溶液中被分散的物质称为溶质,溶质分散其中的介质称为溶剂,一般来说,相对较多的那种物质称为溶剂,而相对较少的物质称为溶质,水默认为溶剂,不过这种分法不是绝对的。对气体或固态物质同液体组成的溶液,则无论液体的多少,一般均称液体为溶剂。

三、溶解度

在一定温度下,某固态物质在100g溶剂中达到饱和状态时所溶解的溶质的质量,称为这种物质在这种溶剂中的溶解度,单位是g(或者是g/100g溶剂),物质的溶解度属于物理性质。

四、溶液的浓度及其计算

单位溶液中所含溶质的量称为该溶液的浓度。溶质含量越多,浓度越大。

溶液浓度常用质量分数(质量百分浓度)、物质的量浓度和质量浓度表示。

(一)质量分数

质量分数指溶质的质量与溶液质量之比。例如,25%的葡萄糖注射液就是指100g注射液中含葡萄糖25g。

(二)物质的量浓度

物质的量浓度是指单位体积溶液中所含溶质的物质的量。

(三)质量浓度

质量浓度指单位体积($1m^3$ 或 1L)溶液中所含的溶质的质量,单位用 g/m 或 mg/L 表示。例如,1L含铬废水中含六价铬质量为2mg,则六价铬的质量浓度为2mg/L。

溶液中溶剂的蒸气压低于同温度下纯溶剂的饱和蒸气压,这一现象称为溶剂的蒸气压下降。

在一定温度下,稀溶液的蒸气压将下降,其下降的程度和溶解在溶剂中的溶质的浓度成正比,而与溶质的本性无关。稀溶液中溶剂的蒸气压下降、凝固点降低和沸点升高,只与溶液中溶质的量有关,与溶质的本性无关。

工业分析中要用天平,从天平的构造原理来分,天平包括机械式天平和电子天平,使用天平称量时,挥发性、腐蚀性物体必须放在密封加盖的容器中称量。

分析仪器在沉淀的干燥和灼烧前,必须预先准备好坩埚。

模块五　有机化学基础知识

项目一　有机化合物的分类、命名和结构

一、有机化合物的分类

有机物是含碳化合物(一氧化碳、二氧化碳、碳酸、碳酸盐、碳酸氢盐、金属碳化物、氰化物、硫氰化物等氧化物除外)或碳氢化合物及其衍生物的总称。有机化合物除含碳元素外，还可能含有氢、氧、氮、氯、磷和硫等元素。有机化合物都是含碳化合物，但是含碳化合物不一定是有机化合物。最简单的有机化合物是甲烷(CH_4)，在自然界的分布很广，是天然气、沼气、煤矿坑道气等的主要成分，俗称瓦斯，也是含碳量最小(含氢量最大)的烃。天然有机化合物可以在实验室中合成，多数有机化合物难溶于水是因为极性小或无极性，其熔点、沸点都较低，反应特征是一般需要加热、加催化剂、反应速度慢、副反应较多、易燃烧。

(一)碳链骨架

1. 链状化合物

这类化合物分子中的碳原子相互连接成链状，因其最初是在脂肪中发现的，所以又称脂肪族化合物。其结构特点是碳与碳间连接成不闭口的链。

2. 环状化合物

环状化合物指分子中原子以环状排列的化合物。环状化合物又分为脂环化合物和芳香化合物。

(1)脂环化合物：不含芳香环(如苯环、稠环或某些具有苯环或稠环性质的杂环)的带有环状的化合物。如环丙烷、环己烯、环己醇等。

(2)芳香化合物：含芳香环(如苯环、稠环或某些具有苯环或稠环性质的杂环)的带有环状的化合物。如苯、苯的同系物及衍生物等。

(二)组成元素

1. 烃

仅由碳和氢两种元素组成的化合物称为碳氢化合物，简称烃。如甲烷、乙烯、乙炔、苯等。

2. 烃的衍生物

烃分子中的氢原子被其他原子或者原子团所取代而生成的一系列化合物称为烃的衍生物。如卤代烃、醇、氨基酸、核酸等。

二、有机化合物的命名

(一)俗名及缩写

有些化合物常根据它的来源而用俗名，要掌握一些常用俗名所代表的化合物的结构式，

例如,木醇是甲醇的俗称,酒精(乙醇)、甘醇(乙二醇)、甘油(丙三醇)、石炭酸(苯酚)、蚁酸(甲酸)、水杨醛(邻羟基苯甲醛)、肉桂醛(β-苯基丙烯醛)、巴豆醛(2-丁烯醛)、水杨酸(邻羟基苯甲酸)、氯仿(三氯甲烷)、草酸(乙二酸)、苦味酸(2,4,6-三硝基苯酚)、甘氨酸(α-氨基乙酸)、丙氨酸(α-氨基丙酸)、谷氨酸(α-氨基戊二酸)、D-葡萄糖、D-果糖(用费歇尔投影式表示糖的开链结构)等。还有一些化合物常用它的缩写及商品名称,例如,RNA(核糖核酸)、DNA(脱氧核糖核酸)、阿司匹林(乙酰水杨酸)、煤酚皂或来苏儿(47%~53%的三种甲酚的肥皂水溶液)、福尔马林(40%的甲醛水溶液)、扑热息痛(对羟基乙酰苯胺)、尼古丁(烟碱)等。

(二)普通命名法

普通命名法也称习惯命名法。

要求掌握"正、异""伯、仲、叔、季"等字头的含义及用法。

正:代表直链烷烃。

异:指碳链一端具有结构的烷烃。

伯:只与一个碳相连的碳原子称为伯碳原子。

仲:与两个碳相连的碳原子称为仲碳原子。

叔:与三个碳相连的碳原子称为叔碳原子。

季:与四个碳相连的碳原子称为季碳原子。

要掌握常见烃基的结构,例如,烯丙基、丙烯基、正丙基、异丙基、异丁基、叔丁基、苄基等。

(三)系统命名法

1. 烷烃的命名

烷烃的命名是所有开链烃及其衍生物命名的基础。

命名的步骤及原则:

(1)选主链。选择最长的碳链为主链,有几条相同的碳链时,应选择含取代基多的碳链为主链。

(2)编号。给主链编号时,从距离取代基最近的一端开始。若有几种可能的情况,应使各取代基都有尽可能小的编号或取代基位次数之和最小。

(3)书写名称。用阿拉伯数字表示取代基的位次,先写出取代基的位次及名称,再写烷烃的名称;有多个取代基时,简单的在前,复杂的在后,相同的取代基合并写出,用汉字数字表示相同取代基的个数;阿拉伯数字与汉字之间用半字线隔开。

记忆口诀为:选主链,称某烷。编碳位,定支链。

取代基:写在前,注位置,短线连。

不同基:简到繁,相同基,合并算。

2. 几何异构体的命名

烯烃几何异构体的命名包括顺、反和 Z、E 两种方法。

简单的化合物可以用顺反表示,也可以用 Z、E 表示。用顺反表示时,相同的原子或基团在双键碳原子同侧的为顺式,反之为反式。

如果双键碳原子上所连四个基团都不相同时,不能用顺反表示,只能用 Z、E 表示。

按照"次序规则"比较两对基团的优先顺序,两个较优基团在双键碳原子同侧的为 Z 型,反之为 E 型。必须注意,顺、反和 Z、E 是两种不同的表示方法,不存在必然的内在联系。有的化合物可以用顺反表示,也可以用 Z、E 表示,顺式的不一定是 Z 型,反式的不一定是 E 型。例如,脂环化合物也存在顺反异构体,两个取代基在环平面的同侧为顺式,反之为反式。

1)饱和烃的命名方法

对于饱和烃的习惯命名法只适用于简单化合物。而系统命名法是一种普遍适用的命名法。例如,2-甲基戊烷就是采用系统命名法的烷烃,正戊烷是采用普通命名法的烷烃。

2)烯烃的命名方法

烯烃一般采用系统命名法,烯烃的系统命名法是以含有双键的最长碳链作为主链,把支链当作取代基来命名。例如 3-甲基-1-丁烯。

烯烃的普通命名法适用于少数结构简单的低级烯烃。例如正丁烯。

3)芳香烃的命名方法

的命名为间二甲苯。

的命名为连三甲苯。

的命名为正丙苯。

可命名为均三甲苯或 1,3,5-三甲苯。

三、有机化合物的结构

(一)有机化合物中碳原子的成键特点

碳原子最外层有 4 个电子,不易失去或获得电子而形成阳离子或阴离子。碳原子通过共价键与氢、氧、氮、硫、磷等多种非金属形成共价化合物。

由于碳原子成键的特点,每个碳原子不仅能与氢原子或其他原子形成 4 个共价键,而且碳原子之间也能以共价键相结合。碳原子间不仅可以形成稳定的单键,还可以形成稳定的双键或三键。多个碳原子可以相互结合成长短不一的碳链,碳链也可以带有支链,还可以结合成碳环,碳链和碳环也可以相互结合。因此,含有原子种类相同,每种原子数目也相同的分子,其原子可能有多种不同的结合方式,形成具有不同结构的分子。

(二)有机化合物的同分异构现象

化合物具有相同的分子式,但结构不同,因此产生了性质上的差异,这种现象称为同分异构现象。具有同分异构现象的化合物互为同分异构体。在有机化合物中,当碳原子数目增加时,同分异构体的数目也就越多。同分异构体现象在有机物中十分普遍,这也是有机化合物在自然界中数目非常庞大的一个原因。

丁烷有 2 种同分异构体。戊烷有 3 种同分异构体,戊烷的同分异构体有正戊烷、异戊烷、新戊烷。

项目二　烃类化合物

一、烷烃

烷烃,即饱和链烃,是碳氢化合物下的一种饱和烃,其整体构造大多仅由碳、氢、碳碳单键与碳氢单键所构成,同时也是最简单的一种有机化合物。

烷烃的物理性质随分子中碳原子数的增加,呈现规律性的变化。

在常温下,含有 1~4 个碳原子的烷烃为气体;含有 5~10 个碳原子的烷烃(除新戊烷)为液体;含有 10~16 个碳原子的烷烃可以为固体,也可以为液体;含有 17 个碳原子以上的正烷烃为固体,但直至含有 60 个碳原子的正烷烃(熔点 99℃),其熔点都不超过 100℃。

低沸点的烷烃为无色液体,有特殊气味;高沸点烷烃为黏稠油状液体,无味。烷烃为非极性分子,偶极矩为零,但分子中电荷的分配不是很均匀的,在运动中可以产生瞬时偶极矩,瞬时偶极矩间有相互作用力(色散力)。

正烷烃的熔点、沸点随分子量的增加而升高,这是因为分子运动所需的能量增大,分子间的接触面(即相互作用力)也增大。低级烷烃每增加一个 CH_2(称为其同系物),分子量变化较大,沸点也相差较大,高级烷烃相差较小,故低级烷烃比较容易分离,高级烷烃分离困难得多。

根据相似相溶原则,烷烃可溶于非极性溶剂如四氯化碳、烃类化合物中,不溶于极性溶剂,如水中。

二、烯烃

烯烃是指含有 C═C 键(碳—碳双键,烯键)的碳氢化合物。属于不饱和烃,分为链烯烃与环烯烃。按含双键的多少分别称为单烯烃、二烯烃等。双键中有一个属于能量较高的 π 键,不稳定,易断裂,所以会发生加成反应。

单链烯烃分子通式为 C_nH_{2n},通常为无色物质,具有一定气味,是非极性分子,不溶或微溶于水。双键基团是烯烃分子中的官能团,具有反应活性,可发生氢化、卤化、水合、卤氢化、次卤酸化、硫酸酯化、环氧化、聚合等加成反应,还可氧化发生双键的断裂,生成醛、羧酸等。

(一) 物理性质

烯烃的物理性质与烷烃相似,物理状态取决于分子量。标况或常温下,简单的烯烃中,乙烯、丙烯和丁烯是气体,含有 5~18 个碳原子的直链烯烃是液体,更高级的烯烃则是蜡状固体。标况或常温下,C_2~C_4 烯烃为气体;C_5~C_{18} 为易挥发液体;C_{19} 以上为固体。在正构烯烃中,随着分子量的增加,沸点升高。同碳数正构烯烃的沸点比带支链的烯烃沸点高。相同碳架的烯烃,双键由链端移向链中间,沸点和熔点都有所增加。

反式烯烃的沸点比顺式烯烃的沸点低,而熔点高,这是因反式异构体极性小,对称性好。与相应的烷烃相比,烯烃的沸点、折射率、水中溶解度、相对密度等都比烷烃的略小些。其密

(二)化学性质与反应

烯烃的化学性质比较稳定,但比烷烃活泼。考虑到烯烃中的碳—碳双键比烷烃中的碳—碳单键强,所以大部分烯烃的反应都有双键的断开并形成两个新的单键。

烯烃的特征反应都发生在官能团 C═C 和 C—H 上。

1. 烯烃的氧化反应

烯烃比较容易被氧化,使用同一种氧化剂,随着氧化条件不同,氧化产物各异。常用的氧化剂有高锰酸钾、重铬酸钾-硫酸、过氧化物。

2. 亲电加成反应

1)加卤素反应

烯烃容易与卤素发生反应,是制备邻二卤代烷的主要方法:

$$CH_2═CH_2 + X_2 \longrightarrow CH_2X—CH_2X$$

(1)这个反应在室温下就能迅速发生,实验室用它鉴别烯烃的存在(溴的四氯化碳溶液是红棕色,溴消耗后变成无色)。

(2)不同的卤素反应活性规律:氟反应激烈,不易控制;碘是可逆反应,平衡偏向烯烃侧;常用的卤素是 Cl_2 和 Br_2,且反应活性 $Cl_2 > Br_2$。

(3)烯烃与溴反应得到的是反式加成产物,产物是外消旋体。

2)加聚反应

加聚反应加成聚合反应,是烯类单体经加成而聚合起来的反应。加聚反应无副产物。例如,丙烯聚合生成聚丙烯,聚丙烯结构式为 ─[CH—CH$_2$]$_n$─，CH$_3$。

三、炔烃

炔烃是一类有机化合物,属于不饱和烃。其官能团为碳—碳三键(—C≡C—)。通式 C_nH_{2n-2},其中 $n \geq 2$ 的正整数。简单的炔烃化合物有乙炔(C_2H_2)、丙炔(C_3H_4)等。炔烃原来也称电石气,电石气通常也被用来特指炔烃中最简单的乙炔。

简单的炔烃的熔点、沸点、密度均比具有相同碳原子数的烷烃或烯烃高一些。不易溶于水,易溶于乙醚、苯、四氯化碳等有机溶剂中。炔烃可以和卤素、氢、卤化氢、水发生加成反应,也可发生聚合反应。因为乙炔在燃烧时放出大量的热,乙炔又常被用来做焊接时的原料。

(一)物理性质

炔烃的熔沸点低、密度小、难溶于水、易溶于有机溶剂,一般也随着分子中碳原子数的增加而发生递变。炔烃在水中的溶解度比烷烃、烯烃稍大。乙炔、丙炔、1-丁炔属弱极性,微溶于水,易溶于非极性溶液中碳架相同的炔烃,三键在链端极性较低。在常温常压下,$C_2 \sim C_4$ 的炔烃为气态,C_{16} 以上的炔烃为固态物质。炔烃具有偶极矩,烷基支链多的炔烃较稳定。

(二)化学反应

乙炔及其取代物与烯烃相似,也可以发生亲电加成反应,但由于 sp 碳原子的电负性比

sp2 碳原子的电负性强,使电子与 sp 碳原子结合得更为紧密,尽管三键比双键多一对电子,也不容易给出电子与亲电试剂结合,因而使三键的亲电加成反应比双键的亲电加成反应慢。

乙炔及其衍生物可以和两分子亲电试剂反应。先是与一分子试剂反应,生成烯烃的衍生物,然后再与另一分子试剂反应,生成饱和的化合物。不对称试剂和炔烃加成时,也遵循马氏规则,多数加成是反式加成。

四、芳香烃

芳香烃,通常指分子中含有苯环结构的碳氢化合物,是闭链类的一种。具有苯环基本结构,历史上早期发现的这类化合物多有芳香味道,所以称这些烃类物质为芳香烃,后来发现的不具有芳香味道的烃类也都统一沿用这种命名法。例如苯、二甲苯、萘等。苯的同系物的通式是 $C_nH_{2n-6}(n \geq 6)$。

(一)物理性质

芳香烃不溶于水,但溶于有机溶剂,如乙醚、四氯化碳、石油醚等非极性溶剂。一般芳香烃沸点随分子量升高而升高;熔点除与分子量有关外,还与其结构有关,通常对位异构体由于分子对称,熔点较高。一些常见芳香烃的物理性质见表 1-5-1。

表 1-5-1 常见的芳香烃的名称及物理性质

化合物	熔点,℃	沸点,℃	相对密度 d_{20}
苯	5.5	80	0.879
甲苯	-95	111	0.866
邻二甲苯	-25	144	0.881
间二甲苯	-48	139	0.864
对二甲苯	13	138	0.861
六甲基苯	165	264	—
乙苯	-95	136	0.866
正丙苯	-99	159	0.862
异丙苯	-96	152	0.864
联苯	70	255	1.041
二苯甲烷	26	263	$1.342(d_{10})$
三苯甲烷	93	360	$1.014(d_{90})$
苯乙烯	-31	145	0.907
苯乙炔	-45	142	0.930
萘	80	218	1.162
四氢化萘	-30	208	0.971
蒽	2.7	354	1.147
菲	101	340	$1.179(d_{25})$

(二)化学性质

1. 苯及同系物的氧化反应

苯在高温及催化剂作用下,发生氧化反应,苯环破裂,生成顺丁烯二酸酐。

烷基苯在高锰酸钾等强氧化剂的作用下,无论烷基长短,只要含有α-氢原子,都被氧化成羧基。

长链烷基苯氧化通常发生在苯环侧链的α-氢原子上。

芳环上有烷基长度不等的多烷基苯氧化时,通常是长的、带支链的烷基先氧化。

在高锰酸钾等强氧化剂的作用下,能被氧化成羧基的芳烃有甲苯、正丙苯、异丙苯。

2. 稠环芳烃

属于稠环芳烃的物质有萘、蒽、菲。

稠环芳烃中,萘是无色片状晶体,有特殊的气味,容易升华。萘是由两个苯环共用两个相邻的碳原子稠合而成,是一种高度不饱和的有机化合物。

3. 苯及同系物的加成反应

甲苯在一定条件下催化加氢,可发生加成反应,生成甲基环己烷。

苯在一定条件下催化加氢,可发生加成反应,生成环己烷。

项目三 烃的衍生物

一、醇

醇是有机化合物的一大类,是脂肪烃、脂环烃或芳香烃侧链中的氢原子被羟基取代而成的化合物。通常意义上泛指的醇,是指羟基与一个脂肪族烃基相连而成的化合物;羟基与苯环相连,则由于化学性质与普通的醇有所不同而分类为酚;羟基与sp2杂化的双键碳原子相连,属于烯醇类,该类化合物由于会互变异构为酮,因此大多无法稳定存在。

二、酚

酚是羟基(—OH)与芳香烃核(苯环或稠苯环)直接相连形成的有机化合物。酚比醇的酸性强,是由于酚式羟基的O—H键易断裂,生成的苯氧基负离子比较稳定,使苯酚的离解平衡趋向右侧,而表现弱酸性。酚类化合物是指芳香烃中苯环上的氢原子被羟基取代所生成的化合物,根据其分子所含的羟基数目可分为一元酚、二元酚和多元酚(三个或三个以上酚羟基)。酚羟基由于p-π共轭而难于被取代,但苯环上的氢原子可被取代,发生卤化、硝化和磺化等反应,并且羟基是邻、对位定位基,对苯环有活化作用,故酚比苯更容易进行亲电取代反应。

三、醚

两个烃基通过一个氧原子连接而成的化合物称为醚。可用通式R—O—R′表示。醚虽然稳定,但与氢卤酸一起加热,醚键会发生断裂。相同碳原子数的醚与醇是同分异构体。

醚的沸点比分子量相近的醇低得多,大多数醚都是无色液体,低级醚在水中的溶解度与相同碳原子数的醇相近。

四、醛

醛是由烃基与醛基相连而构成的化合物,简写为 RCHO。醛是有机化合物的一类,是醛基(—CHO)和烃基(或氢原子)连接而成的化合物。醛基由一个碳原子、一个氢原子及一个双键氧原子组成,是羰基(—CO—)和一个氢原子连接而成的基团。醛基也称甲酰基。醛还可与水反应形成水合物[R—C(H)(OH)(OH)]。

饱和一元醛的通式为 $C_nH_{2n}O$。乙醛分子式为 C_2H_4O,结构简式为 CH_3CHO。

醛类分子的结构特点是含有醛基。醛类催化加氢还原成醇,易为强氧化剂甚至弱氧化剂所氧化,醛基既有氧化性,又有还原性。醛可分为脂肪醛、酯环醛、芳香醛和萜(tiē)烯醛。

醛、酮分子中都含有羰基,均能还原成醇,但醇分子中的羟基在碳链上位置不同。酮分子中不含醛基,不能被银氨溶液和新制的 $Cu(OH)_2$ 氧化,因此,可用此来鉴别醛和酮。醛可以发生而酮不能发生的反应是银镜反应。具有相同碳原子数的醛与酮是同分异构体。

五、羧酸

羧酸属于最常见的有机酸,是带有羧基的有机化合物,通式是 R—COOH。饱和一元羧酸的沸点甚至比分子量相近的醇还高。例如,甲酸与乙醇的分子量相同,但乙醇的沸点为 78.5℃,而甲酸为 100.7℃。羧酸分子中烃基上的氢原子被其他具有官能团性质的原子或基团取代的化合物,称为取代羧酸,根据取代官能团的不同,可分为卤代酸、羟基酸、羰基酸和氨基酸。羧酸的碱金属盐在水中的溶解度比相应羧酸大,低级和中级脂肪酸碱金属盐能溶于水,高级脂肪酸碱金属盐在水中能形成胶体溶液,肥皂就是长链脂肪酸钠。

项目四　含氮的有机化合物

氨分子中的一个或多个氢原子被烃基取代后的产物,称为胺,根据胺分子中氢原子被取代的数目,可将胺分成伯胺、仲胺、叔胺,例如,$CH_3CH_2NH_2$(伯胺)、$(CH_3CH_2)_2NH$(仲胺)、$(CH_3CH_2)_3N$(叔胺)。胺可以看作是氨分子中的 H 被烃基取代的衍生物。胺类广泛存在于生物界,具有极重要的生理活性和生物活性。如蛋白质、核酸,许多激素、抗生素和生物碱等都是胺的复杂衍生物,临床上使用的大多数药物也是胺或者胺的衍生物。因此,掌握胺的性质和合成方法是研究这些复杂天然产物及更好地维护人类健康的基础。

项目五　高分子化合物

一、高分子化合物的基本概念

大多数高分子是由许多单体的小分子经化学反应主要以共价键的形式连接而成的。高分子化合物是依据分子量的大小来判断的。通常分子量大于 10000 的分子称为高分子。有的情况下,其分子量大于 5000 的化合物也称高分子化合物。高分子按主链结构可分为有机高分子和无机高分子。

高分子化合物分子量很大,其由许多相同的基本结构单元重复构成,组成高分子的每一个基本结构单元称为链节。高分子化合物的分子量是高分子链中各链节的分子量之和。平均聚合度就是高分子链中结构单元的平均数目。

高分子化合物的命名方法有根据原料命名法、习惯命名法和高分子化学结构命名法。在高分子化合物的命名中,可以以化合物的原料为基础进行命名,例如,以单体氯乙烯为原料生产的高分子化合物应命名为聚氯乙烯,以苯乙烯和丁二烯为原料合成的高分子化合物,常用的名称是丁苯橡胶,由单体异戊二烯聚合生成的高分子化合物可以命名为异戊二烯橡胶。

高分子化合物按用途可分为塑料、橡胶、纤维、黏合剂以及感光材料。高分子化合物按来源可分为天然高分子化合物、半天然高分子化合物和人工合成高分子化合物。高分子化合物按反应机理可分为连锁聚合和逐步聚合。

塑料、橡胶、纤维通常称为三大合成材料。

高分子重复单元的化学结构和立体结构合称为高分子的近程结构。它是构成高分子化合物最底层、最基本的结构,又称高分子的一级结构。化学结构是指分子中的原子种类、原子排列、取代基和端基的种类、单体单元的链接方式、支链的类型和长度等。立体结构又称构型,是指组成高分子的所有原子(或取代基)在空间的排列,包括几何异构和立体异构,它反映了分子中原子与原子之间或取代基与取代基之间的相对位置。

近程结构从根本上影响着高分子化合物的物理性质和化学性质,对高分子化合物性质的影响最直接。其中受影响较大的一些性质包括反应性、溶解性、密度、黏度、黏附性和玻璃化温度等。

远程结构是指由若干个重复单元组成的大分子的长度和形状。与近程结构相比,远程结构研究的是整个高分子链的大小和形状。高分子链的大小一般用重复单元的个数来表示,高分子链形状一般有伸直链结构、折叠链结构和无规线团结构等。远程结构是高分子化合物特有的结构(小分子不存在远程结构),高分子化合物的远程结构影响着高分子链的柔性,致使聚合物有高弹性。

凝聚态结构是指大分子之间的几何排列(如何堆砌的)包括晶态结构、非晶态、取向态、液晶态、织态等结构。凝聚态结构是在加工过程中形成的,是由微观结构向宏观结构过渡的状态。凝聚态结构是决定聚合物制品使用性能的主要因素。因此研究高分子的凝聚态结构具有实际意义和现实意义。高分子物理化学研究的主要模型就是高分子的凝聚态结构。

二、高分子化合物的物理性能

高分子化合物在使用或储存过程中,由于环境的影响,性能变差,强度和弹性降低,颜色变暗、发脆或者发黏等都是聚合物的老化现象。

高分子化合物出现老化的现象,基本上是高分子化合物的交联作用与降解作用同时发生的结果。高分子化合物老化是由光、热、氧、高能射线、机械变形等长期作用下引起的化学变化,其中以氧的因素最为重要。

高分子化合物的防老化措施有在高分子中添加各种稳定剂(高分子防老剂);用物理方

法进行防护;改进聚合和加工工艺;进行聚合物的改性。其中,添加稳定剂是防老化常用的方法。防老剂按照作用原理可分为抗氧剂、紫外线吸收剂和光屏蔽剂。

三、高分子聚合方法

自由基聚合的实施方法主要有本体聚合、溶液聚合、悬浮聚合和乳液聚合。本体聚合、溶液聚合、悬浮聚合都具有均相聚合和非均相聚合之分。本体聚合具有产品纯度高、生产快速、工艺流程短、设备少、工序简单的优点。

根据聚合反应发生的相位变化,单体的聚合分为气相、液相和固相聚合。通常把在液相或固相内进行加聚,而单体以气态形式加入的聚合反应统称为气相聚合。

模块六　单元操作知识

项目一　流体流动与输送

一、流体的流动形态

流体的流动形态分为层流和湍流(紊流)两种,以及这两种形态的过渡形态(过渡流)。

(1)层流:流体分层流动,相邻两层流体间只做相对滑动,流层间没有横向混杂。

(2)湍流:当流体流速超过某一数值时,流体不再保持分层流动,而可能向各个方向运动,有垂直于管轴方向的分速度,各流层将混淆起来,并有可能出现旋涡,这种流动状态称为湍流。

湍流实质上是非定态流动,但由于其在任意截面上的流量和压强等总在一个均值上下变动,这个均值不随时间变化,因此湍流仍被视为定态流动。

流体湍流的主要原因是质点的脉动。若要使同一圆管内流动的多种流体充分混合,应使流体湍流。

(3)过渡流:介于层流与湍流间的流动状态很不稳定,称为过渡流。

$\frac{du\rho}{\mu}$ 称为雷诺数,以 Re 表示。其中 d 表示管径;u 表示流速;ρ 表示密度;μ 表示黏度。雷诺数的量纲为1。从雷诺数公式可以看出雷诺数与管径和流速成正比,与流体黏度成反比。

实验证明,流体在直管流动时,当 $Re \leqslant 2000$,流体流动类型为层流;当 $Re \geqslant 4000$,流体流动类型为湍流;而 Re 值在 2000~4000 的范围内,可能是层流,也可能是湍流,这一范围称为过渡流。

流体在圆管中心的速度最大,管壁处的速度为零。

在管壁附近流体基本做层流运动,质点呈直线运动,这层做层流运动的薄层称为层流内层。层流时管中心的最大速度是平均速度的2倍。

湍流时,速度分布比较均匀,速度分布曲线不同于层流时的速度分布,不是严格的抛物线。

二、流体静力学

流体静力学是研究流体在外力作用下的平衡规律和流体处于绝对静止或相对静止状态下的力学规律。

外界作用于流体上的力分为体积力和表面力。体积力又称场力、质量力,是一种非接触力,如地球引力、带电流体所受的静电力、电流通过流体产生的电磁力等均为体积力。表面力是与流体元相接触的环境流体(有时可能是固体壁面)施加于该流体元上的力。表面力又称机械力,与力所作用的面积成正比。流体静止时的基本规律,就是研究重力作用下静止流体内部压力的变化规律。

静止流体是表观没有发生运动的流体,但其内部分子一直处于运动状态。静止的流体内部没有剪应力,只有法线方向的应力,通常将该法向应力称为流体的静压力。

流体垂直作用于单位面积上的压力称为流体的压强。

把绝对零压作为起点所计算的压强称为绝对压强,通常所指的大气压强为101kPa,就是大气的绝对压强。

当被测流体的绝对压强低于外界大气压时,绝对压强低于大气压强的数值称为真空度。

流体静力学主要的实际运用有U管压差计、双液U管微压差计。

帕斯卡定律只能用于液体,由于液体的流动性,封闭容器中的静止流体的某一部分发生的压强变化,将大小不变地向各个方向传递。压强等于作用压力除以受力面积。根据帕斯卡定律,在水力系统中的一个活塞上施加一定的压强,必将在另一个活塞上产生相同的压强增量。

三、流体动力学

流体动力学是研究作为连续介质的流体在力作用下的运动规律及其与边界的相互作用的一门科学。

流体动力学与流体静力学的差别在于前者研究运动中的流体,与流体运动学的差别在于流体动力学考虑作用在流体上的力。

稳定流动的特性是流体连续流动。流体的连续性规律与流量是否稳定有关。

流体流量的表示方法有体积流量、质量流量。质量流量是指单位时间流经管道内任意截面的流体质量。质量流速等于流速与流体密度的乘积。流速是空间位置的函数,称为流体的点速度。例如,当流体流经一段管路时,由于流体存在黏性,使得管截面上各点的速度不同。从而由壁面至管中心建立起一个速度分布。在工程计算时,通常采用平均速度来代替这一速度分布。质量流速与质量流量和管道截面积有关。

四、流体阻力

由于流体的黏性,当流体运动时内部存在着剪切应力。该剪切应力是流体分子在流体层之间做随机运动从而进行动量交换所产生的内摩擦的宏观表现,分子的这种摩擦与碰撞将消耗流体的机械能。在湍流情况下,除了分子随机运动要消耗能量外,流体质点的高频脉动与宏观混合,还要产生比前者大得多的湍流应力,消耗更多的流体的机械能。这二者便是摩擦阻力产生的主要根源。

流体在管道内做层流流动时,流体阻力与管道材质、管壁粗糙度无关,流体阻力随流体流速的增大而增加。产生流体阻力的根本原因是内摩擦力。流体流动存在阻力的主要表现是静压强下降。

流体在圆形直管中流动时,受到由于内摩擦产生的摩擦阻力和促使流体流动的推动力作用,当二者达到平衡时,流动速度可维持不变,即达到稳态流动。稳定流动时,通过管道各截面的流体的流量不变。

在定态流动系统中,水连续地从粗管流入细管。粗管内径为细管的两倍,细管内水的流速是粗管内的4倍。

项目二 传热

一、基本概念

热量从高温度区向低温度区移动的过程称为热量传递,简称传热。化工生产中对传热过程的要求:一是强化传热过程,如各种换热设备中的传热。二是削弱传热过程,如对设备或管道的保温,以减少热损失。

不依靠物体内部各部分质点的宏观混合运动而借助于物体分子、原子、离子、自由电子等微观粒子的热运动产生的热量传递称为热传导,简称导热。

传热学是研究热量传递规律的学科。热量是指在热力系统与外界之间依靠温差传递的能量。热量是一种过程量,所以热量只能说"吸收""放出"。不可以说"含有""具有"。物体内只要存在温差,就有热量从物体的高温部分传向低温部分。由于自然界和生产技术中几乎均有温差存在,所以热量传递已成为自然界和生产技术中一种普遍现象。在稳定传热过程中,单位时间内所传递热量不变。

(一)质量和重量

物体所含物质的数量称为质量,是度量物体在同一地点重力势能和动能大小的物理量。重量是物体受重力的大小的度量,重量和质量不同,重量单位是N,它是一种物体的基本属性。在地球引力下,质量为1kg的物质的重量为9.8N。体积是指物质或物体所占空间的大小,体积的单位是 m^3。

(二)热量传递过程

物体表现为冷或热是由于物体分子运动的结果。根据物体温度与时间的关系,热量传递过程可分为两类:稳态传热过程和非稳态传热过程。

凡是物体中各点温度不随时间而变的热传递过程均称为稳态传热过程。凡是物体中各点温度随时间的变化而变化的热传递过程均称为非稳态传热过程。

各种热力设备在持续不变的工况下运行时的热传递过程属于稳态传热过程;在稳定传热过程中,温度的变化仅随位置变,不随时间变。

而在启动、停机、工况改变时的传热过程则属于非稳态传热过程。在不稳定传热过程中,温度的变化是即随时间变化,也随位置变化。

潜热,相变潜热的简称,指物质在等温等压情况下,从一个相变化到另一个相吸收或放出的热量,是一状态量。这是物体在固相、液相、气相三相之间以及不同的固相之间相互转变时具有的特点之一。固相、液相之间的潜热称为熔解热(或凝固热),液相、气相之间的潜热称为汽化热(或凝结热),而固相、气相之间的潜热称为升华热(或凝华热)。

二、传热基本方式

热量传递是由物体内或系统内两部分之间的温度差引起的。热量传递方法按其工作原理和设备类型可分为间壁式、混合式和蓄热式三类。间壁式换热器主要换热方式为对流和热传导相结合。间壁式换热参与传热的两种流体被隔开在固体间壁的两侧,冷、热两流体在不直接接触的条件下通过固体间壁进行热量的交换。

换热过程中,热流温度沿程降低,冷流温度沿程升高,故冷热流体温度差在换热器表面各点不同。当用传热基本方程式计算整个换热器的传热速率时,必须使用整个传热面积上的平均温差。

传热的基本方式有传导、对流和辐射三种。

热传导:依靠物体中微观粒子的热运动,如固体中的传热。

热对流:流体质点(微团)发生宏观相对位移而引起的传热现象,对流传热只能发生在流体中,通常把传热表面与接触流体的传热也称对流传热。

热辐射:高温物体以电磁波的形式进行的一种传热现象,热辐射不需要任何介质作媒介。在高温情况下,辐射传热成为主要传热方式。传热过程中往往是以二种或三种基本传热方式的组合。

(一)热传导

假设换热器绝热良好,热损失可以忽略不计,则在单位时间内换热器中热流体放出的热量必等于冷流体吸收的热量。冷、热流体通过间壁换热的传热机理为"对流-传导-对流"的串联过程。对于稳态传热过程,各串联环节的传热速率必然相等。在单位时间里单位传热面积上所传递的热量,称为热流强度。热流强度越大,表明传热效果越好。

热传导是由于物体内部温度较高的分子或自由电子,由振动或碰撞将热能以动能的形式传给相邻温度较低分子的。

热传导的特点是物体各部分之间不发生宏观的相对位移,而微观气液固各相导热机理各不相同。

热阻与传热面积成反比,传热面积越大,热阻越小。导热系数越大,热传导越快。

在对流传热中,必然伴随着流体质点间的热传导。

(二)对流传热

间壁式换热器内冷、热流体间的传热过程包括以下三个步骤:

(1)热流体以对流方式将热量传递给管壁;

(2)热量以热传导方式由管壁的一侧传递至另一侧;

(3)传递至另一侧的热量又以对流方式传递给冷流体。

流体质点间的相对位移是因流体中各处的温度不同而引起的密度差别,使轻者上浮,重者下沉,对此称为自然对流。

自然对流是加热过程中流体密度发生变化而产生的流动。由于流体中质点发生相对位移而引起的热交换方式称为对流传热。在风机或搅拌等外力作用下导致流体质点运动的称为强制对流。

换热器按用途可分为加热器、冷却器、蒸发器和冷凝器四类。

对流传热速率=传热系数×推动力,其中传热推动力是流体温度和壁的温度差。

(三)热辐射

1. 辐射的基本概念

辐射:物体以电磁波的方式传递能量的过程。

辐射能:以辐射的形式所传递的能量。

热辐射:因热的原因引起的电磁波辐射。

辐射传热:不同物体间相互辐射和吸收的综合结果。

2. 特点

热辐射有以下特点:

(1)可以在完全真空的地方传递而无须任何介质。

(2)不仅产生能量的转移,而且还伴随着能量形式的转换。

(3)任何物体只要在0K以上,都能发射辐射能,但仅当物体的温度较高、物体间的温度差较大时,辐射传热才能成为主要的传热方式。

三、传热系数

描述热传导现象的物理定律为傅里叶定律,表达式为:

$$Q = -K \frac{\mathrm{d}T}{\mathrm{d}x} A \tag{1-6-1}$$

式中　K——传热系数,$W/(m^2 \cdot K)$;

　　　A——传热面积,m^2;

　　　T——温度,K;

　　　x——在导热面上的坐标,m。

傅里叶定律中的负号表示热流方向与温度梯度方向相反。传热系数的物理意义表示,间壁两侧流体间温度差为1K时,单位时间内通过$1m^2$换热面积所传递的热量。

传热系数表征了物质传热能力的大小,是物质的基本物理性质之一,其值与物质的形态、组成、密度、温度等有关。传热系数是衡量换热器性能的一个重要指标,K值越小,说明传热热阻越大,单位面积上传递的热量越小。

项目三　蒸馏

一、基本概念

蒸馏分离操作:利用液体混合物中各组分挥发性的差异,以热能为媒介使其部分汽化,从而在气相富集轻组分,液相富集重组分,使液体混合物得以分离的方法。各处物料性质均匀,且没有明显界面存在的物质称为均相混合物。

许多生产工艺常常涉及互溶液体混合物的分离问题,如石油炼制品的切割、有机合成产品的提纯、溶剂回收和废液排放前的达标处理等。分离的方法有多种,工业上最常用的是蒸馏或精馏。

简单蒸馏或平衡蒸馏:一般用在混合物各组分挥发性相差大,对组分分离程度要求又不高的情况下。

精馏:在混合物组分分离纯度要求很高时采用。

特殊精馏:混合物中各组分挥发性相差很小或形成恒沸液,难以或不能用普通精馏加以分离时,借助某些特殊手段进行的精馏。

间歇精馏:多用于小批量生产或某些有特殊要求的场合。

连续精馏:多用于大批量工业生产中。

常压蒸馏:蒸馏在常压下进行。

减压蒸馏:用于常压下物系沸点较高,使用高温加热介质不经济或热敏性物质不能承受的情况。减压可降低操作温度。

闪蒸:把通过降低压力而导致液体急剧蒸发的现象称为闪蒸。闪蒸的原理与减压蒸馏原理相同。

加压蒸馏:对常压沸点很低的物系,蒸气相的冷凝不能采用常温水和空气等廉价冷却剂,或对常温常压下为气体的物系(如空气)进行精馏分离,可采用加压以提高混合物的沸点。

多组分精馏:例如,原油的分离。

双组分精馏:例如,乙醇-水体系的分离。

水蒸气蒸馏:水蒸气蒸馏加热方式,是水蒸气直接加热被蒸馏液进行蒸馏的。水蒸气蒸馏只能用于所得产品几乎与水不溶的场合。水蒸气可以使被蒸馏液的蒸气分压降低。水蒸气蒸馏之所以能降低被蒸馏物的沸点,主要是因为水蒸气与被蒸馏物几乎不互溶。

二、简单蒸馏

简单蒸馏也称微分蒸馏,为间歇非稳态操作。加入蒸馏釜的原料液持续吸热沸腾汽化,产生的蒸气由釜顶连续引入冷凝器得馏出液产品。特点是釜内任一时刻的气、液两相组成互成平衡。蒸馏过程中系统的温度和气相、液相组成均随时间改变,如图1-6-1所示。

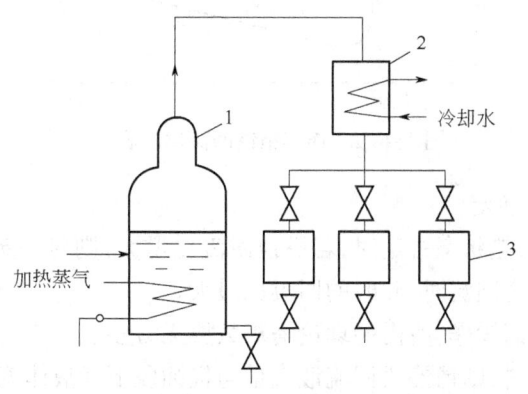

图1-6-1 简单蒸馏装置
1—蒸馏釜;2—冷凝器;3—馏出液容器

三、精馏

(一)精馏原理

精馏与简单蒸馏的区别:气相和液相的部分回流,也是精馏操作的基本条件。

由塔釜上升的蒸气与塔顶下流的回流液包括塔中部的进料构成了沿塔高逆流接触的气、液两相。只要相互接触的气、液两相未达平衡,传质必然发生。在一定压力下操作的精馏塔,若入塔回流液中轻组分含量为塔内液相的最高值,而由塔釜上升蒸气中轻组分含量为塔内蒸气相的最低值,与之对应,塔顶温度最低,塔底温度则最高,即气、液两相温度由塔顶至塔底递增。在微分接触式的塔(如填料塔和降膜塔)的任一截面上或分级接触式(如板式塔)的任一塔板上的气、液两相不呈平衡,从而发生传热传质。精馏操作在传质过程中伴随着气相的部分冷凝和液相的部分汽化,是一个传热和传质同时进行的过程。将混合液进行多次部分汽化和多次部分冷凝可以使溶液中组分较完全的分离。

精馏操作一般用于对混合物分离要求很高或分离提纯很严格的物系。

精馏操作中,若一块设计合格的塔板出现了严重漏液现象,应提高气相负荷。精馏塔液相负荷上限表明了应保证液体在精馏塔降液管内的停留时间,可以将过量雾沫夹带上限当作实际的气相负荷上限。提馏段内的溢流液体流量与精馏段下降液体流量、进料量、进料热状况有关。

(二)精馏回流比的确定

精馏操作中,回流比为精馏塔塔顶返回塔内的回流液流量 L 与塔顶产品流量 D 的比值,即 $R=L/D$。精馏操作中,对于难分离的混合液,应选用较大的回流比。

通过观察图1-6-2,在精馏设计中,适宜回流比的位置应在 B 点。

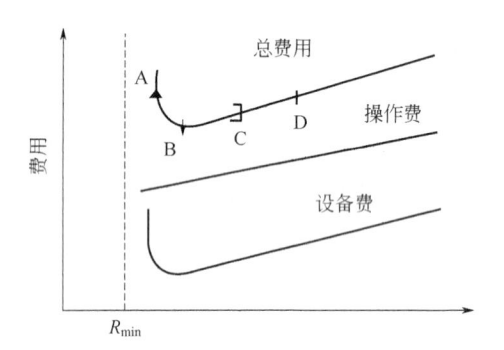

图1-6-2 连续精馏回流比的确定

(三)精馏塔板数的确定

精馏操作中,当进料热状态一定时,若塔顶回流比增大,则对一定分离要求所需理论板数减少。当精馏塔处于全回流时,此时的回流比最大。

最小回流比下的精馏操作,所需的理论塔板数要无穷多。

精馏塔饱和蒸气进料,则精馏段回流液流量与提馏段下降液体流量相等。

精馏塔引用最小回流比的意义是可由最小回流比选取适宜的操作回流比,求理论板层数,精馏塔的理论塔板数不是塔的实际板层数。

精馏操作中,当进料热状态一定时,若塔顶回流比增大,则冷凝器热负荷增大,塔釜再沸器热负荷增加。

四、板式塔的流体力学性能

塔的操作能否正常运行,与塔内气、液两相的流体力学状况有关。板式塔的流体力学性能包括:塔板压降、液泛、雾沫夹带、漏液及液面落差等。

(一)塔板压降

上升的气流通过塔板时需要克服以下几种阻力:塔板本身的干板阻力、板上充气液层的静压力和液体的表面张力。气体通过塔板时克服这三部分阻力就形成了该板的总压强降。

克服干板阻力的压降与阀孔气速的平方成正比。对于真空蒸馏,塔板压降是主要性能指标;对于精馏过程,若使干板压降增大,一般可使板效率提高;对于吸收操作,若塔板压降过大,送气压强要高。若要降低能耗,改善塔的易操作性,应降低塔板压降。

(二)液泛

塔内气相靠压差自下而上逐板流动,液相靠重力自上而下通过降液管而逐板流动。若气液两相中之一的流量增大,使降液管内液体不能顺利流下,管内液体增高到越过溢流堰顶部,于是两板间液体相连,该层塔板产生积液,并依次上升,这种现象称为液泛,也称淹塔。液泛时的空塔气速称为液泛速度,为塔操作的极限速度。采用较大的板间距,可降低液泛速度。增大塔板间距和增大塔径会使液泛线向上移动。从传质的角度考虑,气速增高,气液间形成湍动的泡沫层使传质效率提高。降液管中的液面必须有足够的高度,是因为克服两板间的压降。

(三)雾沫夹带

当气流穿过塔板上液层时,将板上的液体带入上一层塔板的现象称为雾沫夹带。轻度的雾沫夹带的生成,使气液接触面积增加。雾沫夹带过量会导致液泛,所以考虑到板效率和生产能力,一般将雾沫夹带限制在10%。

为避免精馏塔雾沫夹带过量,在设计时通常采用的措施是增加塔径或增加塔板间距。

(四)漏液

对板面上开有气孔的塔,如筛板塔、浮阀塔等,当上升气体流速减小,气体通过升气孔道的动压不足以阻止板上液体经孔道流下时,便会出现漏液现象。当漏液量等于10%时,相应的气体速度成为漏液速度。漏液速度是塔正常操作的下限气速。为了保持塔的正常操作,一般规定漏液量应低于液体流量的10%。

发生漏液的原因可能是板面上的液面落差引起气流分布不均匀。发生漏液的区域为塔板中央,发生漏液会使塔效率降低。

项目四　蒸发

蒸发过程是将含有固体溶质的稀溶液加热沸腾进行浓缩,以获得固体产品或制取溶剂。蒸发过程实际上是不挥发性的溶质和挥发性的溶剂分离的过程。蒸发可分为加热蒸汽(生蒸汽)二次蒸汽、单效蒸发、多效蒸发、常压蒸发、加压蒸发和减压蒸发。

(1)溶液中含有不挥发性溶质,故溶液的蒸气压较纯溶剂的蒸气压低(沸点高),相同条件下,蒸发溶液的传热温差就比蒸发纯溶剂的传热温差小。

(2)工业规模的蒸发量很大,需要耗用大量的加热蒸汽,应充分利用二次蒸汽(多效蒸发),降低过程的能量消耗。

(3)溶液的特殊性决定了蒸发器的特殊结构。例如,易结垢或析出结晶的溶液,设计上应设法防止或减少垢层的生成,并应使加热面易于清洗。对热敏性、高黏度或强腐蚀性的物料,应设计或选择适宜结构的蒸发器。

冷凝是气体或液体遇冷而凝结,如水蒸气遇冷变成水,水遇冷变成冰。温度越低,冷凝速度越快,效果越好。化工生产中一般以比较容易得到、成本低的水或空气作冷凝的介质,经过冷凝操作后,水或空气温度会升高,如果直接排放会造成热污染。冷凝和蒸发是作用相反的两个物理过程。而冷却是指使热物体的温度降低而不发生相变化的过程。

项目五　吸　收

吸收是利用混合气体中各组分在液体中溶解度差异,使某些易溶组分进入液相形成溶液,不溶或难溶组分仍留在气相,从而实现混合气体的分离。

气体吸收是混合气体中某些组分在气液相界面上溶解、在气相和液相内由浓度差推动的传质过程。

吸收质或溶质:混合气体中的溶解组分,以 A 表示。

惰性气体或载体:不溶或难溶组分,以 B 表示。

吸收剂:吸收操作中所用的溶剂,以 S 表示。

吸收液:吸收操作后得到的溶液,主要成分为溶剂 S 和溶质 A。

吸收尾气:吸收后排出的气体,主要成分为惰性气体 B 和少量的溶质 A。

解吸或脱吸:与吸收相反的过程,即溶质从液相中分离而转移到气相的过程。

物理吸收:吸收过程溶质与溶剂不发生显著的化学反应,可视为单纯的气体溶解于液相的过程。如用水吸收二氧化碳、用水吸收乙醇或丙醇蒸气、用洗油吸收芳烃等。

化学吸收:溶质与溶剂有显著的化学反应发生。如用氢氧化钠或碳酸钠溶液吸收二氧化碳、用稀硫酸吸收氨等过程。化学反应能大大提高单位体积液体所能吸收的气体量并加快吸收速率。但溶液解吸再生较难。

单组分吸收:混合气体中只有单一组分被液相吸收,其余组分因溶解度甚小其吸收量可忽略不计。

多组分吸收:有两个或两个以上组分被吸收。

溶解热:气体溶解于液体时所释放的热量。化学吸收时,还会有反应热。

非等温吸收:体系温度发生明显变化的吸收过程。

等温吸收:体系温度变化不显著的吸收过程。

平衡问题:物质传递的方向和限度。

传质速率问题:传质推动力和阻力。过程快慢的问题。

相平衡:相间传质已达到动态平衡,从宏观上观察传质已不再进行。

吸收操作的用途:

（1）制取产品。用吸收剂吸收气体中某些组分而获得产品。如硫酸吸收 SO_3 制浓硫酸，水吸收甲醛制福尔马林液，碳化氨水吸收 CO_2 制碳酸氢氨等。

（2）分离混合气体。吸收剂选择性地吸收气体中某些组分以达到分离目的。如从焦炉气或城市煤气中分离苯，从乙醇催化裂解气中分离丁二烯等。

（3）气体净化。一类是原料气的净化，即除去混合气体中的杂质，如合成氨原料气脱 H_2S、脱 CO_2 等；另一类是尾气处理和废气净化以保护环境，如燃煤锅炉烟气、冶炼废气等脱除 SO_2、硝酸尾气脱除 NO_2 等。

项目六 干燥

在化学工业生产中所得到的固态产品或半成品往往含有过多的水分或有机溶剂，要制得合格的产品需要除去固体物料中多余的湿分。用加热的方法使固体物料中的湿分汽化并除去的操作，称为干燥。

湿气体：绝干气体与湿分蒸气的混合物，其性质与湿分蒸气的数量有关。在干燥过程中，随着物料中湿分的汽化，气体中湿分蒸气的含量在不断增加，但绝干气体的量保持不变。干燥能够进行的必要条件是：湿物料表面所产生的湿蒸气分压必须大于干燥介质中所含的湿蒸气分压。

当气体为湿分蒸气所饱和时，湿分分压达到最大值，即系统温度下湿分的饱和蒸气压。

项目七 压缩制冷

一、压缩目的

压缩式制冷机是依靠压缩机提高制冷剂的压力以实现制冷循环的制冷机。压缩式制冷机由压缩机、冷凝器（凝汽器）、制冷换热器（蒸发器）、膨胀机或节流机构和一些辅助设备组成。按所用制冷剂的种类不同，压缩式制冷机分为气体压缩式制冷机和蒸气压缩式制冷机两类。

二、制冷系统的工作原理

在制冷系统中，蒸发器、冷凝器、压缩机和节流阀是制冷系统中必不可少的四大件，这当中蒸发器是输送冷量的设备。制冷剂在其中吸收被冷却物体的热量实现制冷。压缩机是心脏，起着吸入、压缩、输送制冷剂蒸气的作用。冷凝器是放出热量的设备，将蒸发器中吸收的热量连同压缩机功所转化的热量一起传递给冷却介质带走。节流阀对制冷剂起节流降压作用、同时控制和调节流入蒸发器中制冷剂液体的数量，并将系统分为高压侧和低压侧两大部分。实际制冷系统中，除上述四大件之外，常常有一些辅助设备，如电磁阀、分配器、干燥器、集热器、易熔塞、压力控制器等部件，它们是为了提高运行的经济性，可靠性和安全性而设置的。

三、制冷剂的选择

载冷剂以间接冷却方式工作的制冷装置中，将被冷却物体的热量传给正在蒸发的制冷剂的工质。载冷剂通常为液体,在传送热量过程中一般不发生相变。常用载冷剂有空气、水和盐水溶液、丙二醇与乙二醇、二氯甲烷和一氟三氯甲烷等。载冷剂的种类较多,可以是气体、液体或固体。载冷剂的浓度不能太高也不能太低,但要比最低冻结温度对应的浓度高一些。制冷温度高于0℃时,水可作为载冷剂。要得到-50~0℃的低温,可采用的制冷剂为氨。冷冻盐水是载冷剂,冷冻盐水对金属有腐蚀作用,在盐水中常加入少量重铬酸钾可减少腐蚀。

制冷剂又称制冷工质,它是在制冷系统中不断循环并通过其本身的状态变化以实现制冷的工作物质。常用制冷剂有氨、氟里昂。氟里昂类制冷剂的优点是无毒,对金属无腐蚀性。

载冷剂和制冷剂最明显区别就是一个是间接冷却,另一个是通过本身的状态直接冷却。

第二部分

初级工操作技能及相关知识

模块一　工艺操作

项目一　相关知识

一、开车操作

(一)包装生产简介

重膜包装线主要由自动称重单元、重膜包装单元、物料回收系统、除尘系统单元、输送检测单元、码垛机单元、套膜机单元及其控制系统组成。

重膜包装线的规格为25kg/袋重膜包装,外包装采用冷拉伸膜包装,托盘,2×3编组,5袋/层,最大12层码放。

包装机组采用哈尔滨博实自动化设备有限责任公司提供的FFS全自动称重包装检测机组,重膜包装能力为1600袋/(h·线),吨包装能力为15袋/(h·线)。

(二)重膜包装机简介

重膜包装装置包括称重设备、包装设备、检测设备、码垛设备。

称重设备为电子定量秤。电子定量秤可以进行自动定量称重,为包装机提供定量的物料。根据物料特性不同可有多种给料方式进行选择。特点是自动化程度高、操作简便,多种物料供给方式,可满足不同特性的物料的称重需求,可完成颗粒料产品的称重,精度高,满足国家、行业标准。

包装设备为FFS全自动重膜包装机。FFS全自动重膜包装机采用制袋—填充—封口一体化技术,实现物料的称重、制袋、装袋和封口等作业的自动化。其特点有:采用大卷薄膜连续供给方式,提高包装速度;根据不同物料改变包装袋的长度,降低包装成本;采用热合封口技术,提高封口质量,改善产品外观;适应多种物料,应用领域广泛。

检测设备包括金属检测机、电子复检秤、拣选机。金属检测机可以在输送料袋的过程中检测出料袋中的物料是否被金属物质污染,是生产线上常用的检测设备之一。电子复检秤是对包装料袋的重量是否在允许偏差范围内进行检测,是生产线上常用的检测设备之一。拣选机是一种全自动分拣设备,可以将生产线上不合格料袋按预定方向剔除。拣选机通常作为金属检测机、电子复检秤的下游设备,对料袋不合格的信号加以判断,完成分向拣出。

码垛设备为高位码垛机。高位码垛机是一种自动化程度高、集成度好的高效码垛设备。码垛机将包装袋按照预定方式编组,再将整层料袋一层层码放在托盘上。通常作为包装线的后续设备,提高生产能力和转运能力。操作简单,安全高效,编组方式灵活,可适应多种材质和尺寸的托盘。

冷拉伸套膜机包括膜卷支架、拉膜装置、进膜装置等组成的全自动化整垛产品整体套膜的设备,作为包装线最后一道工序,对从码垛出来的整垛产品进行二次包装,达到产品标准要求。

(三) FFS 膜线工艺原理

聚烯烃粒料由输送风机在密闭环境输送到达包装料仓,粒料由包装料仓经管道靠重力流入。然后经过底部下料阀下料,分别靠重力流至各自的计量秤计量,经过包装机包装、封口、料袋送出,经过重量检测、金属检测、喷码机打印批号后,再经斜坡带输送至高位码垛机进行整形、压平、编组后,码垛成形,经垛盘输送机运送至冷拉伸套膜机进行二次包装,再用叉车运送至存储区域,完成重膜包装机运行全过程。

(四) 脱粉工艺原理

来自包装料仓的颗粒,通过气动滑板阀依靠重力流入粒料脱粉系统。进入卧式脱粉器的 LDPE 颗粒物料,经静电消除设施消除物料所带的静电,与来自脱粉风机的脱粉风充分接触,消除颗粒料表面的粉尘的静电吸附,脱粉后的粒料从脱粉器下料口直接进入定量秤料斗,而粉尘经含尘管道进入脉冲除尘器并过滤后,脱粉风返回脱粉风机入口循环使用,而被脉冲除尘器过滤下来的粉尘经由旋转加料器排入粉尘收集袋中。

(五) FFS 膜线工艺流程

产品自包装料仓依靠重力流入包装定量秤料斗,进入电子定量秤称重,称重后的物料进入重膜包装机,实现物料的全自动包装及封口,以每袋 25kg 装袋,装完物料的包装袋(以下简称料袋)释放到立袋输送机上,立袋输送机在重膜袋包装机制袋、装袋过程中完成包装袋底封冷却、墩袋工序,然后将料袋输送至弯道输送机上,弯道输送机将料袋输送至金属检测机上进行金属杂质检测,金属检测后的料袋输送至电子复检秤进行重量复测,重量复检后的料袋输送至拣选机上,检测到金属杂质及重量不合格的料袋由拣选机剔除,合格料袋由拣选机输送至皮带输送机上,经喷码机打印批号后,料袋由皮带输送至码垛单元。

斜坡输送机将料袋提升到码垛高度,经整形压平机压平整形后,料袋由缓停输送机输送至转位输送机上,转位输送机将料袋按预定编组方式转位(3+2、2+3 编组)后,经缓停编组机输送至编组机上进行编组,编组后的料袋被推袋压袋机推送至分层机上等待码垛,操作者利用叉车将成垛的托盘放置在托盘仓中、托盘仓将托盘释放在托盘输送机上,再由托盘输送机输送至升降机垛盘输送机上。在推袋压袋机、分层机和升降机的协调工作下,完成码垛作业,由垛盘输送机输送至拉伸套膜包装机进行拉伸套膜包装,由叉车下线入库。

(六) 吨包线工艺流程

来自聚丙烯装置物料靠重力经储料斗投至给料箱中,给料箱粗、精给料至包装袋内,称重装置对包装袋内的物料进行定量称重,称重完毕,给料箱停止给料,经延时后,夹袋器释放袋口、称重装置释放吊带。料袋落至升降输送机上,升降输送机下降至输送位,将垛盘输送至电子垛盘秤上进行重量复检,重检不合格料袋由人工填减料处理,重量合格的料袋由人工扎袋口,扎口后的料袋由电子垛盘秤输送至垛盘输送机上,由叉车将其下线。

(七) 脱粉系统工艺

来自包装料仓颗粒,通过气动滑板阀靠重力流入粒料脱粉系统,进入卧式脱粉器的颗粒物料经静电消除设施消除物料所带的静电,与来自脱粉风机的脱粉风充分接触后,夹杂颗粒物料里和附着在颗粒物料表面的粉尘被脱除出来。脱粉风返回脱粉风机入口循环使用,粉尘经含尘管道进入脉冲除尘器并过滤后，经由旋转加料器排入粉尘收集袋中。

（八）喷码机开车

（1）打开喷码机电源。

（2）检查显示屏有无任何报警信息，如有报警请按报警内容进行相关处理。

（3）取下喷头盖，检查并清洗喷头各相关部位（喷嘴孔、充电槽、高压板及回收器），吹干喷头部件，断电并重新打开电源。

（4）按键，然后按 1 键或 2 键，分别进入无清洗或清洗开机流程。

（5）等待约 120s 后，喷码机会进入"喷码机就绪"状态，开机流程结束。

（九）重膜包装机开车

FFS 包装机控制系统控制 FFS 包装机各部分的动作，包括膜卷展开送袋、封角封底等制袋过程、取袋开袋、协调电子定量秤与包装机动作配合进行装袋、封口等一系列动作，使包装机按照设定的工艺流程来完成整个生产过程。包装机启动后可按预定程序自动完成供袋送袋、封角封底及其冷却、制袋，并由摆臂经过反复动作把制好的料袋依次由取袋位送到开袋位、装袋位、封口位及冷却位。

电子定量秤启动后，物料由储料仓进入电子定量秤进行称重，称重完毕后等待。当摆臂把开好口的料袋送到装袋位，即卸料门下方后，包装机控制系统自动将料门降下，插入袋口，缩袋机构配合料门打开，包装机向定量秤发送允许投料信号，定量秤把称好的物料通过包装机料门投入料袋。

摆臂前行将制袋位的空袋、开袋位的空袋，装袋位的满袋、封口位的料袋、冷却位的料袋依次向下传递一个工位。同时，送袋供袋电动机动作，送袋完成后角封、底封动作，摆臂送至前位后完成交接，摆臂从前位回到后位再次取袋开袋。当定量秤投下的物料全部进入料袋后，料门自动关闭并升到上位，摆臂再次前行，把装好的料袋送到立袋输送机上，进行封口。摆臂前行时与立袋输送机一起把上次封好口的料袋送到口封冷却位进行冷却，这样就完成整个料袋自动制作及物料自动包装过程。

包装好的料袋在立袋输送机出口被放倒送入输送检测单元，经检测合格的料袋被送入码垛机。

（十）高位码垛机开车

可编程控制器是码垛控制系统的控制中心。PLC 自动循环扫描各个输入点的当前状态，并根据程序所确定的逻辑关系刷新输出点的状态，通过变频器、接触器和电磁阀来控制相应的电动机的启停和气缸的动作，从而完成码垛工艺流程的自动控制。

（1）操作画面作为操作人员与设备之间的交互平台，接收来自操作人员的操作指令并指示设备的工作状态。

（2）检测元件检测料袋的有无、位置状态以及机械各部机和运动机构的动作状态。

（3）本系统所使用的控制元件有：变频器、伺服驱动器、接触器和电磁阀。接触器和电磁换阀的控制线圈与 PLC 输出点相连。当接触器控制线圈得电，则其常开触点接通，为电动机供电，驱动电动机运转；电磁阀得电来带动末端执行机构完成相应的动作。变频器通过改变输出频率控制电动机转速，伺服驱动器可以实现对伺服电动机的速度、位置、转矩的控制。

(十一)定量秤手动开车操作

称重控制系统的组成框图如图 2-1-1 所示。

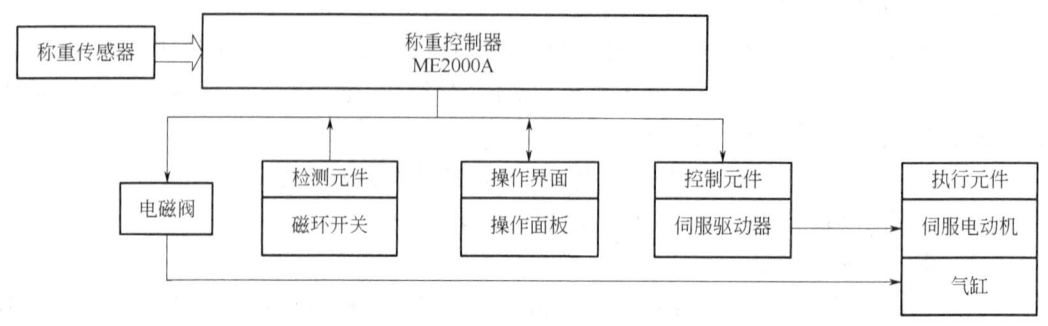

图 2-1-1　称重控制系统组成框图

各组成部分的作用如下:

(1)操作界面作为操作人员与设备之间的交互平台,接收来自操作人员的操作指令并指示设备的工作状态。

(2)称重控制器采集传感器输出的模拟信号,将模拟信号转换为数字信号,并运算处理,根据预设的工作模式与参数,得出逻辑控制信号。伺服驱动器、电磁阀作为控制元件,接收称重控制器逻辑控制信号,驱动给料门伺服电动机、卸料门气缸动作,完成给料、卸料过程。

(3)检测元件用于检测运动机构的位置。

(十二)高位码垛机手动开车操作

当系统处于停止状态时,在主画面或自动操作画面,按"手动操作"按钮,进入手动操作主画面,如图 2-1-2 所示。点击图中各部机或部机名称即进入相应手动操作画面,在此画面中,可以手动操作各部机,也可以显示各个检测元件及执行元件的运行状态。

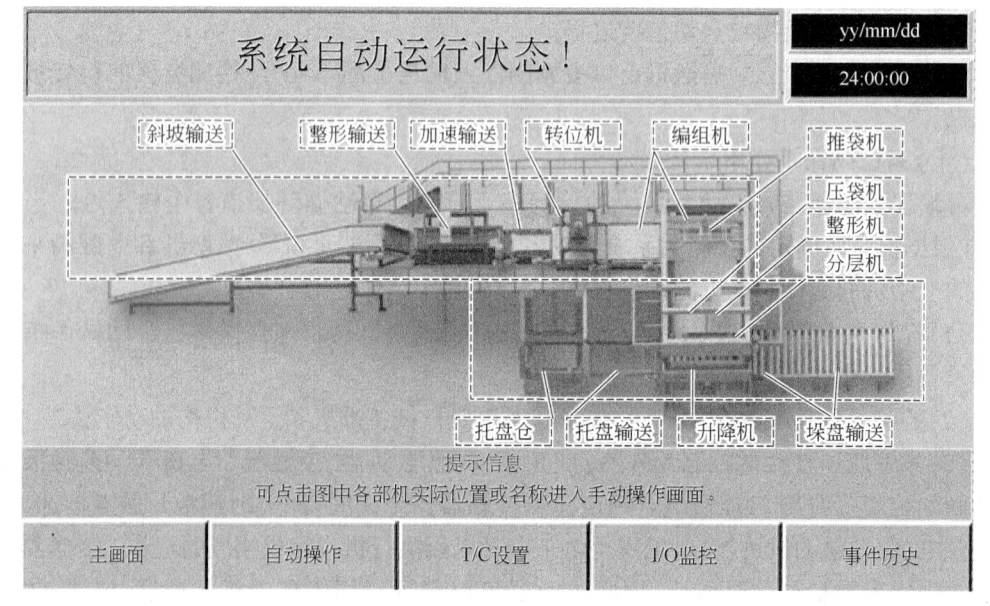

图 2-1-2　手动操作画面

修改定时器设定值画面,操作人员可以通过此画面修改 PLC 内部定时/计数器的设定值。修改参数部分由数值输入框组成,修改完成后,点击 按钮即进入所示画面。可通过 按钮上下翻页,点击 返回主画面。

(十三)定量包装秤校验

电子定量秤标定接通称重控制器电源,按 ME2000A 称重控制器使用说明书上介绍的方法,依次为电子定量秤设置初始参数,然后标定电子定量秤。标定后,反复多次将砝码挂上、拿下,如果电子定量秤空载和满载(在秤体上挂标准砝码 10kg)的称重值都没有偏移,且四角误差在±10g 内,表示标定完成;如果称重值显示有偏移,按下述方法调整后,重新标定。

(1)零点标定:用于标定称重控制器的零点。保持称重料斗空载和静止,按一下零点标定按钮,系统采集此时传感器的数据,所显示的值是系统标定零点时的机器内码。

(2)满度标定:在料斗两端均匀悬挂一定质量砝码并保持静止,输入当前砝码质量,按一下满度标定按钮,进行满度标定。所显示的值是满度标定后系统采集的机器内码。

(3)保存标定:按下保存标定按钮,所进行的标定操作被系统保存。否则,重新上电后恢复上次标定结果。

(十四)复检秤校验

电子复检秤标定,参照电子复检秤操作手册的相关内容进行。标定后,在输送带输送面的四角位置分别放置 10kg 砝码,试验电子复检秤静态四角误差是否在±10g 内。如果满足要求,再使用模拟包装袋,试验电子复检秤重复精度是否在±25g 以内。如果以上两项有不满足情况,联系相关维保单位对有关内容调整电子复检秤后,重新标定并试验,直到符合要求为止。

(十五)喷码机调整操作

在"主界面"下按"F1",即可进入"信息编辑"界面。

(1)清除屏幕:需要清除编辑区所有内容时,按"F1"键,然后按"Enter"键。

(2)选择字体:必须在输入信息前选择需要使用的字体,需要改变当前信息字体时,按"F2"键,然后按调整键(+-)循环显示字体名(如 0608 等)找到要使用的字体后,按"Enter"键确认[字体更改后,编辑区的光标(Ⅰ)会根据所选字体自动变换大小],再输入需要的信息。更改字体前的信息内容不受影响。

(3)字符间距:必须在输入信息前选择需要的间距,需要增加字符间的距离时,可设置"字符间距",设置范围为"0~9",默认为 0;按"F3"键,然后输入需要设置的间距数值(如 2),按"Enter"键确认,再输入需要的信息。更改"字符间距"前的信息内容不受影响。

(4)字符方向:必须在输入信息前选择需要的字符方向,同一条信息里可以有不同朝向的字符(如),使用"字符方向"功能就可以实现。按"F4"键,然后按调整键(+-),会循环出现正常、翻转、颠倒和翻转+颠倒 4 个方向,选择需要的"字符方向",按"Enter"确认,再输入需要的信息。更改"字符方向"前的信息内容不受影响。

(5)字符加粗:必须在输入信息前选择需要局部加粗的字符倍数,同一条信息里可以有不同加粗倍数的字符,"字符加粗"设置范围为"1~9",默认值为 1,即不加粗。按"F5"键,然后输入需要设置的加粗倍数(如2),按"Enter"键确认,再输入需要的信息,即可得到加粗2倍的字符。更改"字符加粗"前的信息内容不受影响。

(十六)冷拉伸套膜开车操作

该部分控制包括进膜电动机 M6、卷膜电动机 M9~M12、横向机构电动机 M2~M3、纵向机构电动机 M4~M5、升降电动机 M8、夹手摆臂电动机 M7 控制。电动机均由变频器驱动,其他装置通过接触器或电磁阀的通、断来控制。相应的电磁阀为:热封夹持阀(YV3)、切刀动作阀(YV4)、热封阀(YV5)、吸盘阀(YV6)、真空阀(YV7)、冷却阀(YV8)、夹手阀(YV9)、左右收膜轮阀(YV10A,B)。控制过程如下:

(1)套膜机启动运行后,进膜电动机 M6 工作,带动膜卷转动,直到薄膜端部运动至成形开袋机构中的两对吸盘之间,当达到所需长度时,电动机停止工作。

(2)当升降机构位于升降机初始位时,吸盘阀得电,向中间运动合拢,当吸盘到达关位时真空阀得电,开膜真空检测开关为 ON,建立真空,吸住薄膜;进膜电动机 M6 少量进膜后,吸盘阀失电,将薄膜拉开至吸盘开位,开膜夹手阀得电,夹住膜的侧边(此时如果开膜检测真空为 OFF,则真空建立失败,系统报警开膜失败),同时真空阀失电。进膜电动机 M6 第三次进膜,当达到设置长度时,再次停止,夹手摆臂电动机 M7 运转,摆臂向下运动到下限位置。

(3)摆臂到达下限位置后,如果有新的垛盘到达套垛位置,则拉膜装置平移机构向内合拢,至接膜位置后停止,升降机向上运动到上限位;收膜轮压紧,夹手阀失电,薄膜落到拉膜弧板上;收膜轮压紧,进膜电动机和卷膜电动机同时运转将薄膜收入拉膜弧板底部后收膜轮打开;拉膜装置平移机构再次打开到预设位置二,收膜轮再压紧,进膜电动机和卷膜电动机同时运转,当进膜至制袋长度时,进膜电动机和卷膜电动机停止,热封Ⅰ/Ⅱ阀得电,将薄膜夹住,热封组件阀得电,热封组件到达关位,切刀开始切膜,切断薄膜后,温控器开始按设定温度加热,加热时间到,热封阀失电打开,同时冷却阀得电,使薄膜封口处速度冷却。冷却时间到,热封Ⅰ/Ⅱ阀失电打开,卷膜电动机运转收膜至设定长度。

(4)膜袋被收入四个拉膜弧板处,拉膜装置平移机构将薄膜拉伸到预设位置三后,升降机构下降,并根据位置设定值自动套垛,且卷膜电动机同时放膜,如果垛型不规整或垛盘定位整形不准确,导致套垛过程中垛界限轮廓检测被触发,设备将中断套垛,自动进行修正尺寸后,再继续套垛,当升降机构到达升降下限位时,升降机构停止,收膜滚轮打开回到开位置,膜袋脱离。

(5)套膜动作完成后,拉膜装置平移机构向四角运动到全开极限位置,整个拉伸升降机构重新向上运动,返回至初始位置。

(十七)重膜包装机组开车检查程序

首先将包装单元通电、通气,再将膜卷安装到位,在触摸屏界面上不选择称重联锁,启动包装机,使包装机空运转(不向料袋中装料)。检查包装机供袋机构、制袋、取袋送袋、夹袋开袋等动作是否准确,如果动作不准确时,应观察是否检测开关位置需要调整,然后将包装机停车,按下急停按钮,将检测开关位置调整到合适位置,再启动运行,到全部动作都匹配为止。具体步骤如下:

(1)向电子定量秤提供物料,在包装机触摸屏界面上选择"供袋选择""定量秤联锁"

"码垛机联锁"选项,启动包装线,进行装袋、码垛试运行。

(2)按包装线工艺要求,检查包装线上所有部机的动作是否符合功能要求。

(3)检查口封、底封是否符合要求。

(4)观察推袋电动机、分层电动机及升降电动机的启停是否平稳,如果不平稳,联系相关维保单位及时进行调整。

(十八)高位码垛机开车检查程序

(1)气动装置,包括气缸和电磁阀是否灵活、是否有漏气现象。

(2)各机械部件动作是否协调,是否存在卡滞和爬行现象。

(3)各部机的机械传动系统是否正常,链条是否有异常噪声、皮带是否跑偏。

(4)各部机的电动机运转是否正常,是否有异常噪声,是否存在过热现象。

(5)码垛机码出的垛形是否整齐规则。

(6)触摸屏上是否有故障报警信息。

(7)"空仓/满垛"报警器报警时,应检查托盘仓和下线位垛盘输送机,处理相应情况,将下线位垛盘输送机上的垛盘取走或向托盘仓内续放空托盘。

二、停车操作

(一)冷拉伸套膜停车操作程序

(1)确认垛盘输送机上垛盘已运完。

(2)按下操作界面的"停止"按钮,套膜机停止运行。

(3)转动"控制电源接通/断开"钥匙开关至"断开"位置,切断包装机电源,并拔下钥匙。

(4)确认拉伸套膜单元的电源关闭。

(5)确认拉伸套膜单元的气源关闭。

(二)定量包装秤停车操作程序

(1)收到停工指令后通知调度和前装置造粒掺和岗位内操停止送料。

(2)确认包装料仓空仓。

(3)下令停重膜包装机。

(4)将储料斗内产品包空。

(5)将称重箱内料包空。

(6)停下料电动阀。

(7)停下料手动闸板阀。

(8)确认计量秤清空。

(9)关闭计量秤。

(三)各输送机的停车操作

(1)将拣选输送皮带置于停止状态。

(2)关闭拣选机仪表空气气源阀门。

(3)关闭复检称重仪表。

(4)关闭金属检测仪电源。

(5)确认关闭复检称重仪表电源。

(6)确认关闭复检称重仪表空气气源。

(7)确认关闭金属检测器电源。

(四)高位码垛机的停车操作

(1)确认码垛单元各部机上无单包产品。

(2)确认码垛单元各垛盘机输送机上无产品垛盘。

(3)确认码垛单元的各部机完成程序运行。

(4)按下码垛单元操作界面"停止"按钮。

(5)确认操作界面上的运行灯灭,码垛机转入停止状态。

(6)将操作界面上的钥匙开关置于断开位置。

(7)将控制柜上左侧壁上的总负荷隔离开关手柄由"I"位拨至"O"位,断开码垛机电源。

(8)确认控制柜电源断开。

(9)关闭仪表空气气源阀门。

(10)确认仪表空气气源阀门关闭。

(五)除尘器停车操作

(1)确认包装单元的各部机都已完成停车。

(2)按下"停止"按钮,除尘系统停止运行。

(3)将气源阀关闭。

(4)确认气源阀关闭。

(5)确认排空除尘器内粉尘粒子。

(6)将排出的粉料装入收集袋内。

(7)现场清扫干净。

(8)确认排出的粉料装入收集袋内,现场清扫干净。

(六)重膜包装线紧急停车的操作

急停开关是一个红色蘑菇头按钮,与正常停止按钮串联,此按钮带自锁,按下后其操作单元将无法启动,使该单元可靠地处于停止状态。若要再启动该单元,必须将此开关右旋复位。在紧急情况下,应立即按下操作盘上的急停开关,锁定包装、码垛、复检等停止信号,包装机或码垛机转入急停状态。紧急情况处理完成后,放开急停按钮。

(七)停车后现场清理及检查确认

(1)将各包装线上粉尘粒子、落到地面粉尘粒子清理干净。

(2)粉尘装入收集袋内。

(3)确认现场清扫干净。

(4)确认各包装线上未用完的重膜膜卷入库登记完毕。

(5)确认叉车按指定位置停放。

(6)确认现场各码垛机停电。

(7)确认现场各码垛机停仪表空气。

(8)确认现场各输送检测控制柜停电。

(9)确认排空除尘器/脱粉系统内粉尘粒子。

(10)确认包装机内及地面粉尘粒子清理干净。

(11)联系电气现场各电源控制电柜停电。

(12)汇报调度各包装线停车完毕,符合检修要求。

(八)重膜包装机线停车程序

重膜包装线停车,主要是检修更换各包装区的每条膜包装线、除尘系统/脱粉系统设备易损件,检查膜包装线设备主要零件磨损情况,并更换;检查更换光电及控制系统元件。

工艺检查包括:

(1)除尘系统、脱粉系统、仪表空气管线有无漏点,并及时消除。

(2)重膜包装线内外所有死角粉尘颗粒,脱粉器/除尘器/内滤袋/滤筒检查、吹扫,除尘器箱体内外粉尘颗粒清理。

(3)检查清理辅助功能设备设施是否完好,及时联系相关维护单位检查维护。

(4)协助包装线维护车间校核所有计量秤、复检秤、更换元件,协助计量中心校核所有计量器具。

(5)管线系统查漏、清洗、更换;搞好各区现场周围环境卫生,粉尘颗粒装袋,并整齐码放到托盘上,存放指定地点。

(九)停车后落地料的处理

(1)包装线机头、定量秤在吹扫清理过程中应避开电气线路、传感器接线端子等位置,防止造成线路松动引起故障。

(2)包装机头清理前须对回收料斗的粒料进行回收装袋,避免粉尘对干净料粒造成污染。

(3)定量秤吹扫清理结束后,包装机须进行排空操作,避免吹扫料进入正常产品料袋中。

(4)包装三区脱粉器清理时,打开、恢复玻璃窗时须谨慎操作,避免玻璃窗损坏或漏气。

(5)包装三区脱粉器清理结束后,须开启脱粉系统吹扫5min后,进行包装机排空操作,避免吹扫料进入正常产品料袋中。

(6)脱粉系统脉冲除尘器每月按要求检查清理时需打开手孔。

(7)脱粉系统脉冲除尘器在下料旋阀堵塞时,将手孔打开使用防爆工具对粉尘进行清理。

(8)吹扫清理结束后及时将吹扫粉尘清扫入袋,按落地料处置。

(十)喷码机停车操作

(1)按键,喷码机会退出"等待喷印信号"状态,回到"喷码机就绪"。

(2)按键,然后按1键或2键,分别进入清洗或无清洗关机流程。

(3)等待约180s后,喷码机会进入"喷码机关闭"状态。

(4)如果生产过程中更改过信息内容或喷印参数,并且希望断电重启后仍然使用关机前的信息和参数,按"Ctrl+S",以保存信息内容和参数。

(5)关闭电源开关,正常关机流程结束。

(十一)重膜包装线停车操作

正常停车遵循"由前至后"的原则,即停车顺序为"称重控制系统"→"包装控制系统"→"除尘控制系统"→"码垛控制系统"。

(1)停止称重。称重完成并向包装单元投料后,电子定量秤即停止,确认停车后,停电、停气。

(2)查看包装完成,并且最后一个料袋输送到码垛单元后,按下包装单元"停止"按钮,包装单元停车,输送检测控制系统联锁停车,确认停车后,完成停电、停气操作。

(3)当最后一个料袋进入编组机,按下码垛系统触摸屏上的"零袋处理"按钮。当最后一个垛盘排出至下线位,按下码垛单元"停止"按钮,码垛单元停车,确认停车后,完成停电、停气操作。

项目二　重膜包装机开车准备

一、准备工作

(一)设备准备
重膜包装系统。

(二)工具准备
扳手2把,螺丝刀2把。

(三)人员
3人操作,持证上岗,按规定穿戴劳动保护用品。

二、操作步骤

(1)确认开车方案经过审批,准许实施,能指导岗位开车。
(2)确认使用的包装袋的牌号与送料单上的牌号相符合。
(3)确认仪表气压力(0.5~0.7MPa)符合生产要求。
(4)确认各光电管、接近开关位置状态正常。
(5)确认热封温度调整与环境温度已进行校准。
(6)确认热封组件在使用周期范围内。
(7)膜卷已完成接膜工作并根据牌号调整袋长到位。

三、注意事项

(1)现场着装规范。
(2)检查环境温度变化。
(3)检查各项参数。

四、技术要求

能够正确进行操作,确保设备稳定运行。

项目三　缩袋机构协调性调整

一、准备工作

(一)设备准备
重膜包装系统。

(二)工具准备
扳手2把,螺丝刀2把。

(三)人员
3人操作,持证上岗,按规定穿戴劳动保护用品。

二、操作步骤

(1)确认缩袋机构调整方案经过审批,准许实施,能指导岗位开车。
(2)确认重膜包装机已停车,可交付调整。
(3)确认各气缸及其节流阀完好。
(4)确认各连杆机构完好。
(5)确认压力检测开关和真空检测开关状态正常。
(6)确认气缸杆速度调整已符合生产要求。
(7)确认连杆机构调整到位,符合生产要求。
(8)确认夹袋机构位置调整合适。
(9)确认缩拢机构位置调整合适。
(10)确认撑袋机构位置调整合适。
(11)确认翻门机构位置调整合适。
(12)夹袋、缩拢、撑袋、翻门等各机构动作协调。
(13)缩袋机构协调性调整完成,具备开车条件。

三、注意事项

(1)现场着装规范。
(2)检查环境温度变化。
(3)检查各项参数。

四、技术要求

能够正确进行操作,确保设备稳定运行。

项目四　协调包装岗位与固体储运岗位生产

一、准备工作

(一)设备准备

重膜包装系统。

(二)工具准备

中性笔1支,生产任务单1张。

(三)人员

1人操作,持证上岗,按规定穿戴劳动保护用品。

二、操作步骤

(1)确认生产协调按操作管理规定进行。
(2)确认本班每条包装线要包装的物料牌号交接清楚。
(3)确认本班每条包装线包装的物料要放置的库区交接清楚。
(4)确认本班所用各库区初始物料数量交接清楚。
(5)确认生产过程中出现的异常情况交接清楚。
(6)确认库区使用情况适时交接清楚。
(7)确认本班使用库区的物料牌号核对无误。
(8)确认本班各牌号的产量交接清楚。
(9)确认产品交接单填写正确规范。
(10)确认包装岗位与储运岗位生产协调准确。完成生产协调工作。

三、注意事项

质检单与实物一致。

项目五　重膜包装开车方案检查

一、准备工作

(一)设备准备

重膜包装系统。

(二)工具准备

中性笔1支,开工操作卡1张。

(三)人员

1人操作,持证上岗,按规定穿戴劳动保护用品。

二、操作步骤

(1)确认方案中有开车前设备检查调试的内容。
(2)确认方案中有确认产品牌号的要求。
(3)确认方案中有包装材料的准备与安装内容。
(4)确认方案中有本岗位与相关岗位的生产协调内容及方法。
(5)确认有水电气真空等公用工程的投用方案。
(6)确认方案中有设备开车程序及开车方法。
(7)确认方案中有安全操作规程。
(8)确认方案中有紧急情况的处理措施。
(9)确认方案中有开车后设备运行状况的检查内容及要求。
(10)确认开车方案准确完整,能指导现场开车。

三、注意事项

(1)现场着装规范。
(2)检查环境温度变化。
(3)检查各项参数。

四、技术要求

能够正确进行操作,确保设备稳定运行。

项目六　检查确认重膜包装系统

一、准备工作

(一)设备准备
重膜包装系统。
(二)工具准备
扳手2把,螺丝刀2把。
(三)人员
2人操作,持证上岗,按规定穿戴劳动保护用品。

二、操作步骤

(1)确认开车前组织对设备进行检查调试。
(2)开车前确认每条包装线产品的牌号及数量。
(3)确认包装材料的领取和安装。
(4)确认协调好与其他相关岗位的工作。
(5)确认组织完成水、电、气、真空等公用工程的投用。

(6)确认组织包装线的开车。
(7)确认正常操作中进行设备巡检。
(8)确认正常操作中进行设备调整。
(9)确认组织包装线停车。
(10)确认组织水、电、气、真空等公用工程的停车。
(11)确认组织停车后的卫生清扫。
(12)确认完成与相关岗位的交接工作,完成生产组织工作。

三、注意事项

(1)现场着装规范。
(2)检查环境温度变化。
(3)检查各项参数。

四、技术要求

能够正确进行操作,确保设备稳定运行。

项目七　底封机构调整

一、准备工作

(一)设备准备
重膜包装系统。
(二)工具准备
扳手2把,螺丝刀2把。
(三)人员
2人操作,持证上岗,按规定穿戴劳动保护用品。

二、操作步骤

(1)确认底封机构调整方案经过审批,准许实施,能指导岗位开车。
(2)确认重膜包装机已停车,可交付调整。
(3)确认底封机构工作高度的调整:松开螺母B1及螺栓B2,沿安装挂架上长孔处上下移动底封机构,高度调整合适后,紧固螺母B1及螺栓B2。
(4)确认调节导向板的位置,使料袋能准确地送至底封机构。
(5)导向板水平位置的调整:松开螺栓B3,沿导向板长孔处水平移动导向板,使两导向板的中心与薄膜袋的输送中心对正,调整完毕,紧固螺栓B3。
(6)确认调整夹持杆的位置,使两夹持杆平行,且两夹持杆的中心在所输送料袋的中心。

(7)确认调整左加热组件和右加热组件的位置,使其平行,且两加热组件的中心与两夹持杆的中心重合。

(8)确认调整使左加热组件和右加热组件,使其与安装基板平行,从而保证底封的封口效果良好。

(9)确认聚四氟布完好,现场可正常生产。

三、注意事项

(1)现场着装规范。

(2)检查环境温度变化。

(3)检查各项参数。

四、技术要求

能够正确进行操作,确保设备稳定运行。

项目八　包装码垛机停车程序

一、准备工作

(一)设备准备

重膜包装系统。

(二)工具准备

扳手2把,螺丝刀1把。

(三)人员

2人操作,持证上岗,按规定穿戴劳动保护用品。

二、操作步骤

(1)确认包装码垛机停车方案经过审批,准许实施,能指导岗位停车。

(2)确认放空秤斗内物料,保持空秤。

(3)确认停定量包装秤。

(4)确认重膜包装机各部机都已完成操作。

(5)确认重膜包装机区域内无料袋。

(6)确认依次关闭各部机,确认所有设备回到初始位。

(7)确认按停车开关将设备停止,断掉操作面板上的电源开关。

(8)确认确认料袋均已通过输送机,停输送机。

(9)确认码垛机各部机都已完成操作。

(10)确认码垛机区域内无料袋,所有设备回到初始位,确认码垛机停车,断掉操作面板上的电源开关。

(11)确认停电、停气。

(12)确认对现场清理完毕,包装码垛机停车程序完成。

三、注意事项

(1)现场着装规范。
(2)检查环境温度变化。
(3)检查各项参数。

四、技术要求

能够正确进行操作,确保设备稳定运行。

项目九　重膜包装停机

一、准备工作

(一)设备准备
重膜包装系统。

(二)工具准备
扳手2把,螺丝刀1把。

(三)人员
2人操作,持证上岗,按规定穿戴劳动保护用品。

二、操作步骤

(1)确认方案中有停车前设备检查内容。
(2)确认方案中有确认产品包装完成内容。
(3)确认方案中有本岗位与相关岗位的产品入库协调内容及方法。
(4)确认有水、电、气、真空等公用工程的停用方案。
(5)确认方案中有设备停车程序及停车方法。
(6)确认方案中有安全操作规程。
(7)确认方案中有紧急情况的处理措施。
(8)确认方案中有停车后设备状况的检查内容及要求。
(9)确认停车方案准确完整,能指导现场停车。

三、注意事项

(1)现场着装规范。
(2)检查环境温度变化。
(3)检查各项参数。

四、技术要求

能够正确进行操作,确保设备稳定运行。

模块二　包装设备的使用

项目一　相关知识

一、PLC 的基础知识

PLC 编程是一种数字运算操作的电子系统,专为在工业环境下应用而设计。它采用可编程序的存储器,用来在其内部存储执行逻辑运算、顺序控制、定时、计数和算术运算等操作的指令,并通过数字式、模拟式的输入和输出,控制各种类型的机械或生产过程。可编程序控制器及其有关设备,都应按易于使工业控制系统形成一个整体,易于扩充其功能的原则设计。

PLC 主要由 CPU 电源、储存器和输入输出接口电路等组成。CPU 通过地址总线、数据总线、控制总线与储存单元、输入输出接口、通信接口、扩展接口相连。CPU 是 PLC 的核心,它不断采集输入信号,执行用户程序,刷新系统输出。PLC 的存储器包括系统存储器和用户存储器两种。系统存储器用于存放 PLC 的系统程序,用户存储器用于存放 PLC 的用户程序。PLC 一般采用可电擦除的 E2PROM 存储器作为系统存储器和用户存储器。PLC 的输入接口电路的作用是将按钮、行程开关或传感器等产生的信号输入 CPU;PLC 的输出接口电路的作用是将 CPU 向外输出的信号转换成可以驱动外部执行元件的信号,以便控制接触器线圈等电器的通电、断电。PLC 的输入输出接口电路一般采用光耦合隔离技术,可以有效地保护内部电路。PLC 的输入接口电路可分为直流输入电路和交流输入电路。直流输入电路的延迟时间比较短,可以直接与接近开关、光电开关等电子输入装置连接;交流输入电路适用于有油雾、粉尘的恶劣环境。

二、可编程控制器基础知识

当 PLC 投入运行后,其工作过程一般分为三个阶段,即输入采样、用户程序执行和输出刷新三个阶段,完成上述三个阶段称为一个扫描周期。在整个运行期间,PLC 的 CPU 以一定的扫描速度重复执行上述三个阶段。在输入采样阶段,PLC 以扫描方式依次地读入所有输入状态和数据,并将它们存入 I/O 映象区中的相应的单元内。输入采样结束后,转入用户程序执行和输出刷新阶段。在这两个阶段中,即使输入状态和数据发生变化,I/O 映象区中的相应单元的状态和数据也不会改变。因此,如果输入是脉冲信号,则该脉冲信号的宽度必须大于一个扫描周期,才能保证在任何情况下,该输入均能被读入。

在用户程序执行阶段,PLC 总是按由上而下的顺序依次地扫描用户程序(梯形图)。在扫描每一条梯形图时,又总是先扫描梯形图左边的由各触点构成的控制线路,并按先左后右、先上后下的顺序对由触点构成的控制线路进行逻辑运算,然后根据逻辑运算的结果,刷新该逻辑线圈在系统 RAM 存储区中对应位的状态;或者刷新该输出线圈在 I/O 映象区中对应位的状态;或者确定是否要执行该梯形图所规定的特殊功能指令。当扫描用户程序结束后,PLC 就进入输出刷新阶段。在此期间,CPU 按照 I/O 映象区内对应的状态和数据刷新所有的输出锁存电路,再经输出电路驱动相应的外设。这时,才是 PLC 的真正输出。

三、重膜包装机基础知识

FFS 包装机是 20 世纪 90 年代初由欧洲发展起来的一种高速包装技术,包装效率高且成本低。它采用膜厚不大于 200μm 的重包装筒膜卷成的膜卷制袋,这种膜卷称为 FFS 袋用薄膜卷。在发达国家,该薄膜产品已成功地应用于多种工业包装,特别在合成树脂包装领域,几乎已经替代了复合编织袋。

FFS 包装机控制系统控制 FFS 包装机各部分的动作,包括膜卷展开送袋、封角封底等制袋过程、取袋开袋、协调电子定量秤与包装机动作配合进行装袋、封口等一系列动作,使包装机按照设定的工艺流程来完成整个生产过程。FFS 包装机工作流程如图 2-2-1 所示。

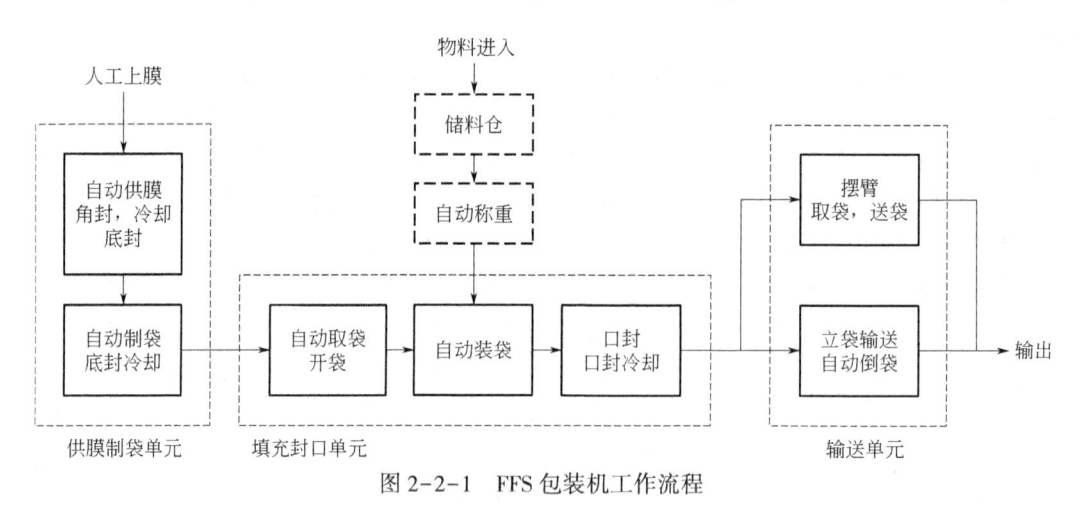

图 2-2-1 FFS 包装机工作流程

四、重膜包装机电控系统基础知识

重膜包装机控制系统以可编程控制器 PLC 的 CPU 为核心,通过 CPU 一体化数字量 I/O 模块、PROFIBUS 总线连接的分布式 I/O(包括总线分布式数字量 I/O 模块、模拟量 I/O 模块)连接检测、控制元件以及操作盘;并通过总线连接现场阀岛及支持 PROFIBUS 总线通信的控制器(包括温控器和伺服驱动器)。检测元件包括光电开关、接近开关、正负压力检测开关等;控制元件包括变频器、伺服驱动器、温控器、接触器、固态继电器和电磁阀等;操作盘由触摸式人机界面、带灯按钮开关、指示灯等组成。

除上述 PLC、检测、控制元件以及操作盘之外,在总的系统回路及其他各分支回路(包括各部机电动机动力回路、热封电源回路以及系统供电电源及其转换回路)均含有保护元件及其他主令电气设备,这些元器件分别为负荷开关、小型热继电器、电动机保护开关等。此外支持系统运行的电气元件还有隔离变压器、开关电源、中间继电器等。

五、重膜包装机热封控制基础知识

FFS包装机采用两个温度控制器,用于底封、口封加热控制。该控制器具有控制加热速度快、温度控制精度高等特点,同时具有加热回路的诊断及故障代码输出功能。温度控制器提供一个PROFIBUS总线接口,通过总线可以控制热封控制器的所有功能并且查询热封控制器的所有信息。PLC通过PROFIBUS总线对温度控制器的目标温度、加热启停等进行设定与控制,并读取实际温度及故障代码等信息,这些功能与信息在与PLC相连的触摸屏上可方便地进行设定与监视。

六、电子定量秤基础知识

电子定量秤是供散装颗粒状物品装卸作业流水线用的自动计量装置。启动称重控制器进入运行状态,若满足称重启动条件(秤料斗内无物料、给料门与卸料门关闭),开始称重,进行粗给料过程,给料门完全打开,物料快速落入称重料斗;当粗给料过程结束,给料门关闭至精给料位置,进入精给料过程;当重量达到精给料阈值时,精给料过程结束,称重控制器控制伺服系统,将给料门完全关闭,称重结束粗给料过程的结束与"粗流控制"方式相关:若选择"时间控制",达到设定的"粗流时间",粗给料过程结束;若选择"重量控制",达到"粗流阈值",粗给料过程结束。称重结束后,若称重控制器收到包装机的允许卸料信号,则根据输出秤卸料信号,卸料阀得电,卸料门打开卸料,经设定的卸料时间后,卸料阀失电,卸料门关闭。卸料门关闭到位,再次满足称重条件,进行下一次给料控制过程。卸料门打开时,卸料门关闭位检测开关为OFF,卸料门关闭到位后,关闭位检测开关转为ON。

七、定量秤控制器基础知识

FFS重膜包装线定量秤控制系统采用博实公司的ME2000A型称重控制器,控制器的称重控制参数、重量判断参数及标定参数可根据实际应用进行设置。该控制器具有抗干扰性强、高稳定性,高精度等特点。

(一)构成特点

1. 模块化设计

控制器采用内置操作系统的嵌入式控制器为中央处理单元模块,功能更加强大,由于该嵌入式控制器专为工业现场应用设计,故可适应很恶劣的现场环境。采用高稳定性的A/D采集模块,使采集的数据更加稳定可靠。人机操作界面采用工业级的液晶触摸屏,使设置参数等操作更加简单方便。控制器提供一个全双工的RS422串行通信接口,可方便地与上位机或其他设备进行远端数据通信。控制器内部各主要功能单元均按模块化设计,提高了系统的可靠性和在工业现场中的抗干扰性。

2. 高精度、高可靠性

采用高精度、高稳定性A/D采集模块,功能更加丰富,数据采集更加稳定。高速、高分辨率A/D转换方式提供高精度的数据。模块内部性能优异的数字滤波器和信号调理电路使各种干扰降至最低,因而可提供高稳定的高精度采集数据。

3. 智能化

智能控制策略在称重控制中采用自寻优化控制方法,对包装物料种类、密度、湿度及外部环境变化根据不同的称重模式自动调整系统运行参数,不必人工对参数进行调整。这使得控制器自动适应各种包装和应用环境,提高了系统的可靠性。

(二)参数设置

1. 称重定量

称重控制器所要称重控制的目标重量值。用手点一下该输入框,弹出一个数字键盘,输入目标重量,该目标重量值的输入范围和单位受"量程范围"参数影响。

2. 粗流阈值

粗进料的目标值。时间控制方式中系统在粗进料结束后与粗流阈值进行比较,自动调整粗流时间,控制粗进料的重量更加接近粗流阈值。重量控制方式则可视为粗进料的截止重量。

3. 粗流时间

系统在粗流下料阶段如果采用时间控制,粗流时间表示系统在粗流下料阶段粗流门打开的时间。如采用重量控制,此值不起作用。

4. 粗流初值

当粗流进料由时间方式控制时,若系统重新上电,或称重停止时间超过15min,粗流时间自动调节为设定值。

5. 零点范围

当系统进行自动置零时允许零点偏移的范围。当零点偏移超过这个范围时,系统放弃本次置零操作,仍使用原来零点值。

6. 精流阈值

在精流进料阶段如果检测的重量达到此值则关闭精流下料门。此参数通常由系统自动调整,但如果精流调整选为否,则系统不再自动调整精流阈值。

八、码垛机基础知识

码垛机是料袋按一定排列码放在托盘,进行自动堆码的设备,可堆码多层,然后推出,便于叉车运至仓库储存。本设备采用PLC+触摸屏控制,实现智能化操作管理,简便、易掌握。可大大地减少劳动力和降低劳动强度。码垛机是输送机输送来的料袋、纸箱或是其他包装材料按照客户工艺要求的工作方式自动堆叠成垛,并将成垛的物料进行输送的设备。

码垛机操作面板上的按钮作用如下:

(1)零袋排出按钮:在自动运行状态下,按下此按钮,可将编组输送机、过渡板、分层板上的料袋假定为一层,码到垛盘上,将垛盘排出,同时层数计数器、编组计数器、转位计数器清零,垛数加"1"。

(2)强制排垛按钮:在自动运行状态下,按下此按钮,可以把当前垛盘强制排出,垛数加"1",层数清零,其他计数不变。

(3)计数复位按钮:按下此按钮超过3s,将清除"总垛数"计数。

(4)转位初始化按钮:在停止状态下,按下此按钮,伺服电动机自动进行初始化操作,寻找初始位置。

(5)上游输送联锁按钮:选择系统是否向上游输出联锁信号。

九、套膜机基础知识

冷拉伸套膜机是一种高效的托盘货物集成包装设备,通过将冷拉伸套管膜的四角拉开,从上而下套至被包装货物底部,利用薄膜的高回弹力、高夹持力,紧紧包住整个货物,从而实现对托盘货物的五面包装。

套膜机启动运行后,进膜电动机 M6 工作,带动膜卷转动,直到薄膜端部运动至成形开袋机构中的两对吸盘之间,当达到所需长度时,电动机停止工作;当升降机构位于升降机初始位时,吸盘阀得电,向中间运动合拢,当吸盘阀到达关位时真空阀得电,开膜真空检测开关为 ON,建立真空,吸住薄膜;进膜电动机少量进膜后,吸盘阀失电,将薄膜拉开至吸盘开位,开膜夹手阀得电,夹住膜的侧边(此时如果开膜检测真空为 OFF,则真空建立失败,系统报警开膜失败),同时真空阀失电。进膜电动机第三次进膜,当达到设置长度时,再次停止,夹手摆臂机构电动机 M7 运转,摆臂向下运动到下限位置。摆臂到达下限位置后,如果有新的垛盘到达套垛位置,则拉膜装置平移机构向内合拢,至接膜位置后停止,升降机向上运动到上限位;收膜轮压紧,夹手阀失电,薄膜落到拉膜弧板上;收膜轮压紧,进膜电动机和卷膜电动机同时运转将薄膜收入拉膜弧板底部后收膜轮打开;拉膜装置平移机构再次打开到预设位置二,收膜轮再压紧,进膜电动机和卷膜电动机同时运转,当进膜至制袋长度时,进膜电动机和卷膜电动机停止,热封夹持阀得电,将薄膜夹住,热封组件阀得电,热封组件到达关位,切刀开始切膜,切断薄膜后,温控器开始按设定温度加热,加热时间到,热封阀失电打开,同时冷却阀得电,使薄膜封口处速度冷却。冷却时间到,热封夹持阀失电打开,卷膜电动机运转收膜至设定长度。膜袋被收入四个拉膜弧板处,横纵向机构将薄膜拉伸到预设位置三后,升降机构下降,并根据位置设定值自动套垛,且卷膜电动机同时放膜,如果垛型不规整或垛盘定位整形不准确,导致套垛过程中横向或纵向轮廓检测被触发,设备将中断套垛,自动进行修正尺寸后,再继续套垛,当升降机构到达升降下限位时,升降机构停止,收膜滚轮打开回到初始位置,膜袋脱离;套膜动作完成后,横向、纵向机构向四角运动到全开极限位置,整个拉伸升降机构重新向上运动,返回至初始位置。套膜动作完成后,排垛输送电动机启动运行,将垛盘输送至排垛输送机 1 上。若排垛输送机 2 上空位,排垛输送机继续运行将垛盘输送至排垛输送机 2 上,排垛输送机 2 上无空位,垛盘在排垛输送机 1 上等待。

十、复检秤基础知识

重量复检秤是一种高速度、高精度的在线称重设备,主要用于自动化流水线上产品本身的重量检测,可以检测出产品的重量的合格/超重/欠重。

其控制过程为:封口完毕的料袋依次通过压平输送机进入金属检测输送机、重量检测输送机、拣选输送机和过渡输送机;料袋在经过整形压平输送过程中将内部物料压展均匀,以便进入金属检测器及重量复检秤进行金属颗粒含量和包装重量的检测;在金属检测输送机的输送过程中,金属检测器对料袋进行金属颗粒检测,当检测到料袋内含有金属颗粒时,检测器向 PLC 发出报警信号。金属检测器的灵敏度可以根据现场的实际情况设定;不同检测产品可以通过金属检测器操作界面进行学习。当料袋完全进入重量检测输送机后(即重量检测入口光电开关由 OFF 转为 ON 再转为 OFF,重量检测出口光电开关为 OFF),称重控制器对料袋进行采样称重,称重结果显示在显示屏上,同时将称重结果与设定的合格范围相比较,得出判断结果。如果超差则发出报警信号,同时将报警信号传送给 PLC;当含金属料袋或重量超差料袋(PLC 记忆跟踪)到达拣选位置,拣选输送机暂停,由 PLC 控制拣选电动机正转或反转,带动拣选板分别向两侧剔除料袋。拣选回位光电为 ON 时,拣选输送机恢复运转;合格的料袋直接通过拣选输送机、过渡输送机进入码垛单元。

十一、喷码机基础知识

喷码机是一种通过软件控制,使用非接触方式在产品上进行标识的设备。

(一)工作原理

墨线应在充电槽正中,第一个断开的墨点称为断点,断点位置应该在充电槽上下范围内(中间最佳)。断点位置及形状与加在晶振线上的调制电压、墨水黏度、墨水温度以及墨路压力有关,加在晶振线上的调制电压的频率(主频)决定了墨点大小及墨点间距。

(二)喷码机的应用特点

非接触式喷印:因只有墨滴接触到被喷印物表面,几乎能在所有的产品表面喷印。有多种油墨可选。适用于多种材料,包括玻璃、涂层卡片、塑料(聚乙烯、聚丙烯和聚碳酸酯)、橡胶、PVC 电缆及管道、金属等。能喷印可变信息。

喷印速度快:可实现产品的在线喷印。

适用行业:主要应用于食品、饮料、医药、保健品、化妆品/日用化工、电子/电器、化工/石油制造业、工业管材、机械制造等行业。

常用的点阵(字体):6×6/0606、6×8/0608、8×10/0810、12×16/1216、16×24/1624、CN12、CN16 等,可通过拼音输入中文。更多字体可通过自定义字库自行添加。

喷印行数:每列最多喷印 32 点,根据机型不同点数可能减少。

(三)喷码机的使用

1. 正常开机(一般情况下使用)

打开喷码机电源,检查显示屏有无任何报警信息,如有报警请按报警内容进行相关处理;取下喷头盖,检查并清洗喷头各相关部位(喷嘴孔、充电槽、高压板及回收器),吹干喷头部件,断电并重新打开电源;按键,然后按 1 键或 2 键,分别进入无清洗或清洗开机流程;等待约 120s 后,喷码机会进入"喷码机就绪"状态,开机流程结束;确认喷印信息,如有需要可重新编辑信息或选择已经保存的信息;按键,喷码机会进入"等待喷印信号"状态,可以开始喷印。

2. 正常关机(一般情况下使用)

按键喷码机会退出"等待喷印信号"状态,回到"喷码机就绪";按键,然后按 1 键或 2 键,分别进入清洗或无清洗关机流程;等待约 180s 后,喷码机会进入"喷码机关闭"状态;如果生产过程中更改过信息内容或喷印参数,并且希望断电重启后仍然使用关机前的信息和参数,按"Ctrl+S",以保存信息内容和参数;关闭电源开关,正常关机流程结束。

3. 快速开机(快速进入"可喷印状态"或检修喷码机时使用)

确定喷码机无任何报警信息;在"主界面"下按"F8",进入"系统维护"界面;按"F1"键,然后按"Enter"键确定,进入快速开机流程;等待约 120s 后,喷码机进入"墨线已开"状态,此时可检查墨线位置及墨点断裂形状,如有必要请调整墨线至正确位置,如果墨点断裂形状不佳可重新进行"飞行时间校准";再次确认无报警信息,按"F2"键,然后按"Enter"键确定,打开高压,喷码机随即进入"喷码机就绪"状态,快速开机流程结束(再次按"F2"可关闭高压,喷码机回到"墨线已开"状态);确认喷印信息,如有需要可重新编辑信息或选择已经保存的信息。

4. 快速关机(短暂停机或检修喷码机时使用)

确认喷码机处于"喷码机就绪"或"墨线已开"状态;在"主界面"下按"F8",进入"系统维护"界面;按"F1"键,然后按"Enter"键确定,进入快速关机流程;等待约 8s 后,墨线关闭,喷码机进入"喷码机关闭"状态,关机流程结束。

十二、脱粉器基础知识

化工企业对聚烯烃产品粉尘颗粒脱除技术应用较广泛的主要有机械式除尘、袋式除尘、静电除尘三大类技术,兰州石化公司采用 BLOOM 卧式脱粉器+喷吹式袋式过滤器相结合的技术形式,卧式脱粉器中主要以带电粒子风脱除物料颗粒吸附的粉尘,使颗粒物料通过手动定量给料阀重力方式进入流化定向多孔板。在颗粒物料进入流化定向多孔板过程中,静电消除设施吹入的带电荷离子风,消除颗粒物料所带的静电,脱粉风经由卧式脱粉器底部气腔均匀穿过流化定向多孔板,将除静电后的颗粒物料流化并输送到物料出口,颗粒物料夹带的或颗粒物料表面附着的粉尘被气流带出并排至粉尘收集设备,如图 2-2-2 所示。

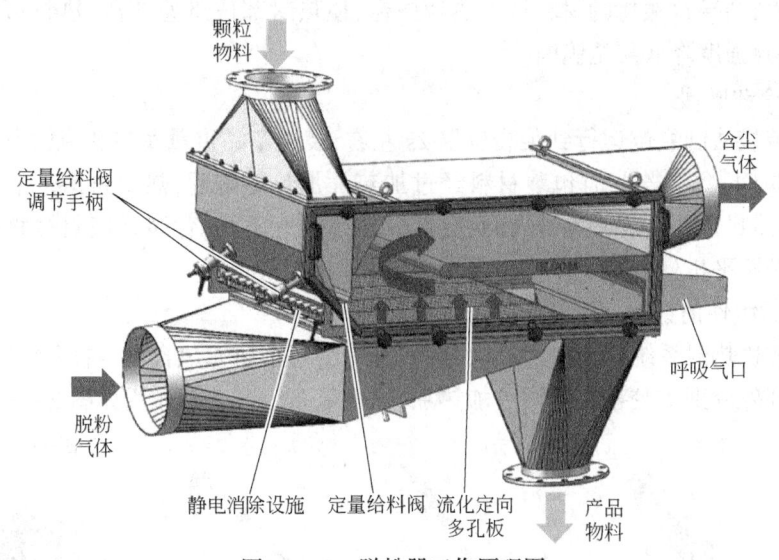

图 2-2-2 脱粉器工作原理图

十三、热封基础知识

重膜包装机的热封过程是利用电加热使塑料薄膜的封口部分变成熔融的流动状态,并借助热封时外界的压力,使两薄膜融合为一体,冷却后保持一定的强度。包装袋的热封质量对包装过程、运输过程、储存过程及产品分销等各个环节都有很大的影响。因此,包装袋的热封强度和热封口完整性是薄膜包装生产控制产品质量的重要因素。

(一)热封工作原理

1. 热封温度

热封温度是影响热封质量的最关键因素。温度过高,超过重膜包装袋热复合材料的热收缩温度时,会造成包装袋热封部位融化、扭曲;热封强度降低;热封部位变脆;加热片上的聚四氟布烫坏使加热片部分直接接触塑料包装袋,粘连在加热片,热封边缘材料熔融挤出,直接烫破包装袋;损坏加热片,聚四氟布加速烫坏,造成浪费。具体表现为封口烫破、封口变形。温度过低,低于热封材料的软化点,则无论怎样加大压力或延长热封时间,均不能使热封层真正封合,形成假封,如遇到堆叠压力过大或搬运摔落等情况,极易引起封口开裂。具体表现为 M 边开裂、假封。

2. 热封时间

热封时间是指薄膜在加热片下停留的时间。相同的热封温度和压力,热封时间长,则使热封层熔合更充分,结合更牢固。但热封时间过长,容易造成热封部位起皱变形、影响平整度和外观,还会造成塑料的降解,封口界面密封性能恶化。

3. 热封压力

热封压力的作用是使处于黏流状态下的树脂薄膜在热封界面之间产生有效的分子相互融合、扩散,从而达到一定的热封效果。若热封压力不足,两层热封材料之间难以实现真正地贴合和互熔,导致局部热封不上,或者难以消热封层中的空气,造成假封或不平整。但热封压力若太大,会导致融化的材料被加热片挤走,使热封部位迅速变薄,热封边缘处于半切断的状态,热封强度降低甚至脆断。

4. 封口冷却时间

重膜包装袋从制袋位运行到装袋位仅 2s 左右,装袋产品重量及包装袋内空气施加于封口上的压力瞬间完成,若此时包装材料经过加热片加热熔融后,热封材料未能及时冷却固化,不仅影响热封边的外观平整性,而且会造成热封强度不足,包装袋底封被物料冲击破开或口封在输送压平机处因空气未排净而被压破。

(二)热封组件的组成

重膜包装机热封系统分为口封及底封两个单元,每个单元包含左、右两个热封组件。热封组件从内到外分别由胶条、云母片、加热片、聚四氟布组成。其作用如图 2-2-3 所示。

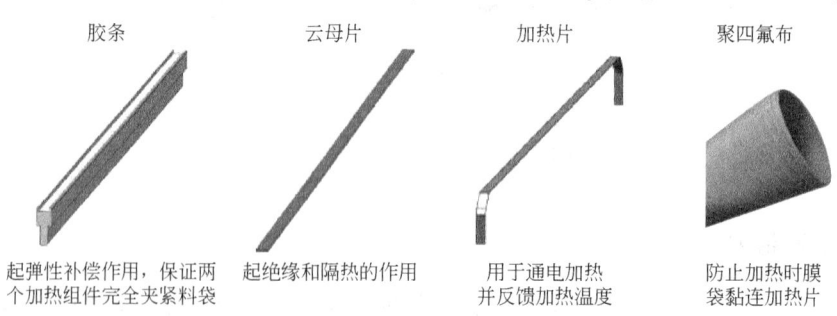

胶条	云母片	加热片	聚四氟布
起弹性补偿作用,保证两个加热组件完全夹紧料袋	起绝缘和隔热的作用	用于通电加热并反馈加热温度	防止加热时膜袋黏连加热片

图 2-2-3 热封耗材的作用

加热片是控制热封温度的最重要元件，因为它既是一个加热元件也是一个传感器。FFS 重膜包装机采用德国 RESISTRON 406 型温度控制器控制加热片的加热温度。它的测量原理是利用加热片合金的电阻温度系数 TCR。热封控制器每秒测量通过加热片的电流及电压，计算出当前加热片温度与设定温度进行比较，从而达到控制加热片温度的目的。由于不同的材料有不同的电阻温度系数，因此，加热片必须与控制器相匹配。

加热片在第一次使用时，必须加热到 250℃ 进行初始化，过加热或老化的加热条不能再使用，因为其 TCR 已经不可逆转的发生改变，温控器无法对其温度进行精确控制。当正常开车中，应在加热片仍是常温时，通过控制器上"口、底封校准"功能，对加热片零点进行校准，以达到精确控温的目的。

加热片的几何形状非常复杂，为了满足重膜包装袋的热封要求，FFS 重膜包装机所采用的加热片结构如图 2-2-4 所示。

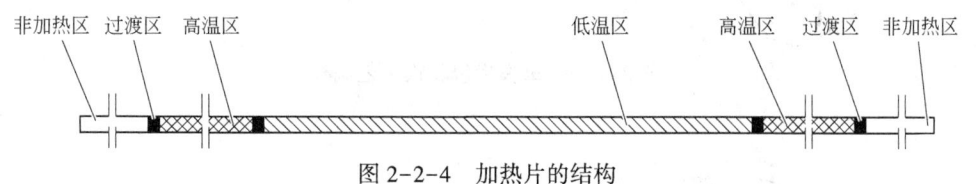

图 2-2-4 加热片的结构

加热片的温度分区包括：低温区、高温区、过渡区和非加热区。高温区对 M 边处的四层料袋加热；低温区加热中间的两层料袋；过渡区主要用于隔离高温区、低温区。从图 2-2-4 可以看出，加热条在安装时必须与加热组件基座对中，否则会造成高温区、低温区不能准确地对不同位置的膜袋进行加热，有可能造成膜袋局部烫破或假封。另外，加热条有效加热宽度仅 4mm，在正常情况下，加热部位应为宽度为 3~4mm 的长条矩形面状，左右一致。若左、右加热片安装错位，会造成膜袋热封部位呈线型，严重影响热封强度。

十四、重膜包装机运行机构基础知识

重膜袋包装机用于自动制袋、开袋、物料装袋及袋口封合，它可按照 FFS(一次完成制袋、填充和封口)原则进行工作，是一种结构非常紧凑的自动化包装机。

(一)工作流程

重膜袋包装机工艺流程如图 2-2-5 所示，薄膜卷装入翻转托架上后，翻转托架自动举升，膜卷由供袋机构引入包装机，经袋长调整机构调整袋长、经角封组件、底封组件封口后制出空包装袋，包装袋依次经开袋口、填充、上封口、上封冷却Ⅰ、上封冷却Ⅱ工序后排出包装机。制袋、填充和热封口效果如图 2-2-6 所示。

(二)真空系统

包装单元真空系统中的真空泵为连续运转，只要包装机开机，真空泵即处于抽真空状态。当吸盘接触到包装袋时，系统内开始建立真空，当达到真空开关设定值时，吸盘吸附着包装袋，在执行装置——气缸的带动下，进行相应操作，操作完成后，真空阀动作，使吸盘断开真空，释放料袋，吸盘在执行装置的带动下，回到原位置，完成一个动作循环。

(三)气动系统

压缩空气(仪表风)经主干线进入气源处理装置的空气过滤器，空气过滤器对压缩空气

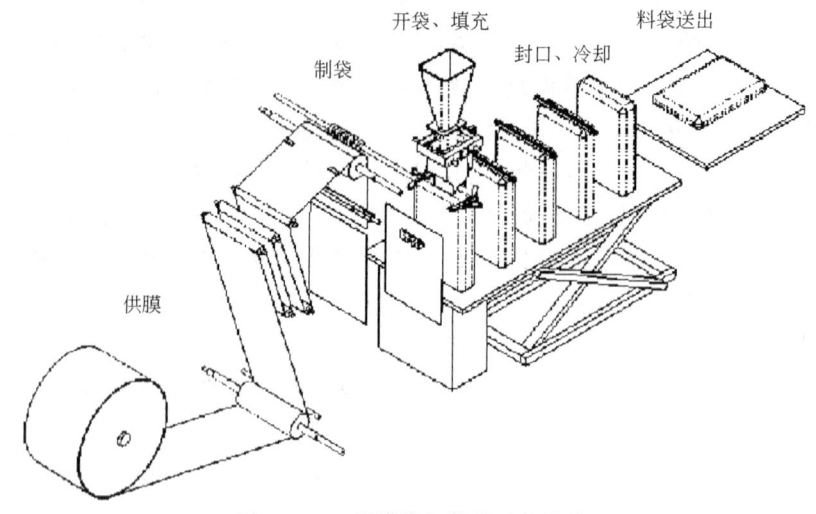

图 2-2-5 重膜袋包装机工艺流程

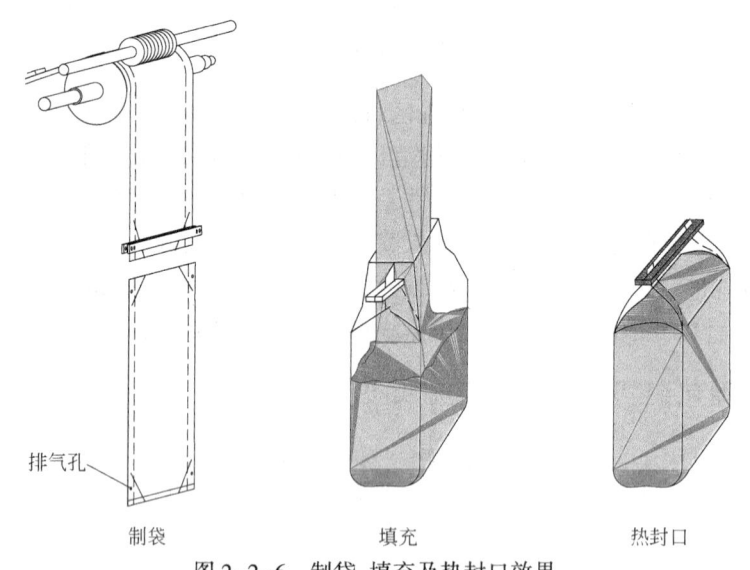

图 2-2-6 制袋、填充及热封口效果

中的杂质进行过滤,过滤后的压缩空气经减压阀减压和稳压后进入油雾器,油雾器将雾化后的润滑油注入压缩空气中,含有润滑油雾的压缩空气经电磁换向阀提供给执行元件——气缸,通过电气系统控制电磁换向阀阀芯的动作,使压缩空气分别从气缸的两端交替进入气缸,从而使气缸完成伸出或缩回的动作。含有润滑油雾的压缩空气可对气缸的密封件进行润滑,减少密封件的磨损,同时可防止管道及金属的腐蚀。从气缸排出的压缩空气经过消音器后排放到大气中,减小了压缩空气快速排放时产生的噪声,因此使整个气动系统的噪声降低到最低限度。

十五、吨包装机基础知识

吨包装机也称吨袋包装机,是用于大袋包装物料的大型称重的包装设备。它是集电子称重、自动脱袋、除尘于一体的多用途包装机。吨袋包装机的自动化程度高,包装精度高,包装速度可以调节。吨袋包装机适用于矿产、化工、建材、粮食、饲料行业的物料大袋包装用。

吨包装秤为单体挂袋秤结构,料袋提升到位并完成充气后启动称重,由称重控制器控制其称重过程,完成所包装物料的称重计量。包装机启动后,升降机构(含夹袋机构、吊钩机构)位于下位,人工将四角吊带挂在吊钩上,把空袋袋口套在下料口上,按下"夹袋确认"按钮,固定袋口。若袋子没有套好,可按下"弃袋"按钮,将袋子卸下。料袋固定完成延时后,升降机构上升至上位,将料袋吊起,同时充气阀打开,排气阀关闭,向包装袋内充气,使包装袋膨胀,以利于物料装袋。充气时间到,充气系统停止,充气阀关闭。启动称重,进入粗给料状态(称重控制器粗给料、精给料信号同时为 ON),粗给料阀、精给料阀同时得电,给料门打开至最大开度,物料快速落入料袋内。当料袋内的物料重量达到粗给料预置点时,进入精给料状态(粗给料信号变为 OFF,精给料信号继续为 ON),粗给料阀断电,精给料阀继续得电,给料门关小至精给料开度,进行精给料。当料袋内的物料重量达到精给料预置点时,精给料信号变为 OFF,精给料阀断电,给料门完全关闭。如果重量合格,夹袋装置打开,袋口脱开,料袋被卸下。如果重量超差,则发出报警信号,需按下"弃袋"按钮,将料袋卸下。人工将空袋套到下料口,等待下一次放料过程。装袋完毕的料袋释放在料袋输送机 1 上,料袋输送机将料袋最终输送至叉车位,由叉车运走。

项目二　热封组件的使用

一、准备工作

(一)设备准备
重膜包装系统。

(二)工具准备
扳手1把,钎杆1根,长套筒1根。

(三)人员
2 人操作,持证上岗,按规定穿戴劳动保护用品。

二、操作步骤

(1)停止包装机,按下紧停按钮。
(2)检查热封组件上四氟布是否烫破。
(3)使用扳手松开四氟布卷轴的固定螺帽,使用长套筒松开四氟布卷轴。
(4)使用钎杆分离四氟布与加热条。
(5)将破损的四氟布卷离加热条。
(6)使用长套筒卷紧四氟布。
(7)使用扳手紧固卷轴固定螺帽。
(8)启动包装机正常运行。

三、注意事项

(1)到现场要穿戴好劳动保护用品。
(2)调整前要确认停电停气。
(3)使用工具要注意安全。

四、技术要求

(1)正确清洁聚四氟布粘贴面及加热片。
(2)正确卷动聚四氟布。
(3)正确设置参数并校准。

项目三 气缸杆伸缩速度的调节

一、准备工作

(一)设备准备
重膜包装系统。

(二)工具准备
扳手1把,钎杆1根,长套筒1根。

(三)人员
2人操作,持证上岗,按规定穿戴劳动保护用品。

二、操作步骤

(1)根据气缸活塞杆伸缩速度快或慢,调整调速阀:顺时针调整,速度减慢;逆时针调整,速度加快。
(2)检查电磁阀控制线路。
(3)检查电磁阀的电路连接处是否松动,电缆是否损伤。
(4)紧固松动连接处,更换损伤的电缆。
(5)检查电磁阀阀体。
(6)拆开电磁阀进行清洁处理。
(7)检查弹簧、密封件、阀芯与阀套有无被腐蚀、损伤。
(8)检查气路有无堵塞或接错。

三、注意事项

(1)到现场要穿戴好劳动保护用品。
(2)调整前要确认停电停气。
(3)使用工具要注意安全。

四、技术要求

(1)正确调整调速阀。
(2)电路连接处无松动。
(3)气路连接正确。

项目四 喷码机整体清洗流程

一、准备工作

(一)设备准备
重膜包装系统。

(二)工具准备
清洗剂1瓶,油墨桶1个,扳手1把,螺丝刀1把。

(三)人员
2人操作,持证上岗,按规定穿戴劳动保护用品。

二、操作步骤

(1)确认喷码机处于"喷码机关闭"状态,关闭电源。
(2)确认松开4个墨水箱集流腔固定螺栓,取出墨水箱,在集流腔下放上倒入溶剂的烧杯。
(3)确认在"墨路维护"界面下执行"墨路引灌"流程10~15min。
(4)确认关闭"墨路引灌",取出烧杯将废液倒掉。
(5)确认在烧杯中重新倒入溶剂,再次执行"墨路引灌"10~15min。
(6)确认清洗次数(视需要可多次执行)。
(7)确认清洗墨水箱,重新将墨水箱安装到位。
(8)确认油墨整机清洗流程完成,具备开车条件。

三、注意事项

(1)现场着装规范。
(2)检查环境温度变化。
(3)检查各项参数。

四、技术要求

能够正确进行操作,确保设备稳定运行。

项目五　更换冷膜穿膜调整

一、准备工作

（一）设备准备

重膜包装系统。

（二）工具准备

扳手 1 把，钎杆 1 根，长套筒 1 根，螺丝刀 1 把。

（三）人员

2 人操作，持证上岗，按规定穿戴劳动保护用品。

二、操作步骤

（1）确认将拉杆与扳手握紧稍反方向用力，扳动扳手，将压紧辊推开。

（2）确认将薄膜由压紧辊与主动辊之间穿过，扳回扳手，压紧辊将薄膜压靠在主动辊上。

（3）确认不进行生产作业时应将压紧辊松开。

（4）确认换膜时，光电开关检测到膜卷用尽时将自动停机。

（5）确认此时上一卷膜尾部处于热封位置处。

（6）确认将新膜的起始处压在 3 个浮动压轮上固定，将上一卷膜尾部与新膜搭接上。

（7）确认操作卷膜支架上的旋转开关将热封夹合上，按下加热按钮开关热封，再将热合夹打开。

（8）确认在操作屏上操作启动，热封接头处走到切刀下方时切除即可。

（9）确认冷膜更换调整完成，具体开车条件。

三、注意事项

（1）现场着装规范。

（2）检查环境温度变化。

（3）检查各项参数。

四、技术要求

能够正确进行操作，确保设备稳定运行。

模块三　包装设备的维护

项目一　相关知识

一、电子定量秤基础维护

电子定量秤是供散装颗粒状物品装卸作业流水线用的自动计量装置。对其进行量程的标定是重要的维护工作。

（一）零点标定

零点标定用于标定称重控制器的零点。保持称重料斗空载和静止，按一下零点标定按钮，系统采集此时传感器的数据，所显示的值是系统标定零点时的机器内码。

（二）满度标定

在料斗两端均匀悬挂一定重量的砝码并保持静止，输入当前砝码重量，按一下满度标定按钮，进行满度标定。所显示的值是满度标定后系统采集的机器内码。

（三）保存标定

按下保存标定按钮，所进行的标定操作被系统保存。否则，重新上电后恢复上次标定结果。

二、重膜包装机基础维护

重膜包装机各机构间的调整、维护，对重膜包装机的稳定运行具有重要意义，其中主要包括以下几点。

（一）翻转托架的调整

装好膜卷后，启动升降机构，带动机架将薄膜卷抬起到位，松开可调位紧定手柄，转动手轮，使薄膜卷沿支撑轴滑动，调整其中心与包装中心对正，调整完毕，紧固调位紧定手柄。

（二）送袋机构调整

（1）更换膜卷时，扳动手柄，使从动辊与主动辊分开，将薄膜从主动辊与从动辊间引入后，压下手柄，使从动辊压靠在主动辊上。

（2）拉簧拉紧力的调整：通过旋转拉杆上的螺母，改变弹簧的伸长量，从而改变弹簧的拉紧力。

（三）供袋机构

（1）扳动手柄使橡胶压紧辊与送带输送辊分开，将薄膜引入橡胶压辊与送带输送辊，将薄膜绕过送带辊及各个托辊，保证薄膜在托辊中心位置，然后将手柄复位。

（2）通过光电开关座上的长孔调整上、下光电开关的位置，使摆动杆摆动的上、下极限位置合适。

(四)袋长调整机构

(1)袋长的调整通过触摸屏自动操作最界面的"当前袋长"按钮设定所需袋长。

(2)调整电动机轴的接近开关的位置使接近开关与检测块的距离合适。

(3)调整上、下限位开关的位置使其处于合适的位置。

(五)底封机构的调整

(1)底封机构工作高度的调整:松开固定螺栓,沿安装挂架上长孔处上下移动底封机构,调整高度合适后,紧固螺栓。

(2)调节导向板的位置,使料袋能准确地送至底封机构中。导向板水平位置的调整:松开螺栓,沿导向板长孔处水平移动导向板,使两导向板的中心与薄膜袋的输送中心对正。

(3)调整夹持杆的位置,使两夹持杆平行,且两夹持杆的中心在所输送料袋的中心上。

(4)调整左加热组件和右加热组件的位置,使其平行,且两加热组件的中心与两夹持杆的中心重合。

(5)调整使左加热组件和右加热组件,使其与安装基板平行,从而保证底封的封口效果良好。

(6)聚四氟布的安装如图2-3-1所示。先通过螺栓A松开聚四氟乙烯带,然后再用螺栓B绕紧。螺栓A和螺栓B只能在同侧缠绕聚四氟乙烯带。

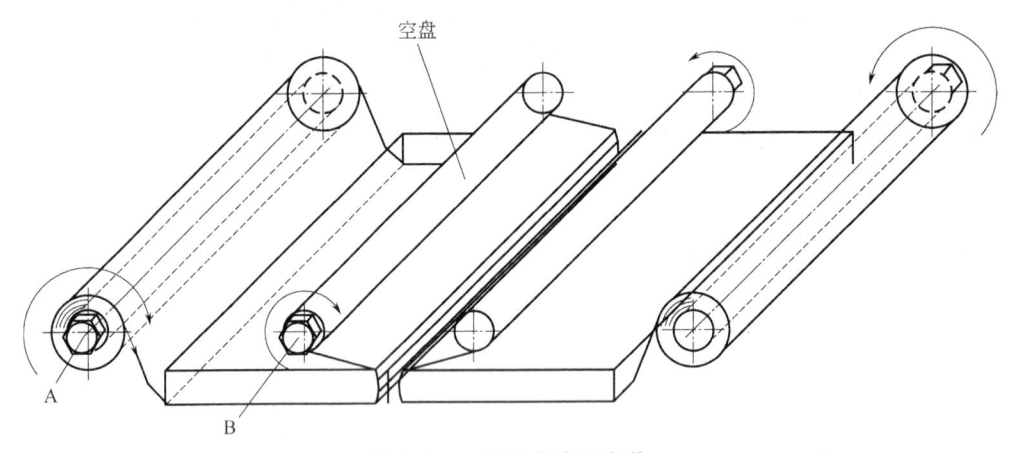

图2-3-1 聚四氟布的安装

三、喷码机基础维护

为了保证喷码机正常运行,操作人员在日常工作应掌握以下基础维护方法。

(一)喷头维护

(1)确保机器处于"喷码机关闭"状态。

(2)按"F1"键,然后按"Enter"键确定,进入"喷嘴清洗"功能,用清洗壶冲洗喷嘴孔约1min,同时观察喷嘴排气管是否有清洗剂被顺畅回吸,否则继续冲洗喷嘴孔;再次按"F1"键,然后按"Enter"键确定,以结束"喷嘴清洗"功能。

(3)按"F2"键,然后按"Enter"键确定,进入"打通喷嘴"功能,观察墨线开启和关闭是否迅速、彻底(如果不理想可重复步骤2的操作);再次按"F2"键,然后按"Enter"键确定,以结束"打通喷嘴"功能。

(4)按"F3"键,然后按"Enter"键确定,进入"稳定性检测"功能,观察墨线是否稳定、连续[如果不理想可重复步骤(2)、步骤(3)的操作];再次按"F3"键,然后按"Enter"键确定,以结束"稳定性检测"功能。

(5)清洗喷头各部件并吹干。

(二)黏度标定

在"墨路维护"界面下按"F4"即可进行参考黏度设定,输入想要设定的值(如3600),然后按"Enter"键即可。此时回到"喷码机状态参数表"可以看到黏度参考值已经改变了。

(三)自动清洗

新机器完成墨路引灌后,必须执行"自动清洗"功能,以保证清洗回路充满溶剂。在"墨路维护"界面下按"F9"键,然后按"Enter"键,喷码机会自动执行"自动清洗"流程,"自动清洗"不会自动停止,需要再次按"F9"键,然后按"Enter"键才能结束该流程。可以多次执行"自动清洗"直到清洗剂能正常射进回收器。

四、输送检测单元基础维护

为了保证包装线输送检测单元的正常运行,操作人员在日常工作应掌握以下基础维护方法。

系统设置为调试状态时,输送检测单元独立运行,不受外部设备启停控制,此时屏上手动操作无效;若处于联动状态,输送检测单元将根据外部设备的联锁信号而启停。"手动操作""历史故障""主画面"为换画面按钮。

为了便于处理意外情况,在整形压平机和拣选输送机之间设置了拉绳开关;在输送单元护栏安全门处设有安全门限位开关。拉动拉绳开关或打开安全门,输送控制系统进入紧急停车状态,在此状态下,输送设备全部停止运行且无法启动。当拉绳开关复位释放且安全门关闭后,急停状态解除,设备可正常启动。

五、码垛机基础维护

为了保证码垛机的正常运行,操作人员在日常工作应掌握以下基础知识及维护方法。

(一)变频器

系统中的推袋机、分层机及升降机等电动机由变频器驱动,以实现运转方向、速度的控制与调节。系统运行时,变频器通过逻辑输入端子接收PLC的逻辑输出信号,从而控制电动机的正反转及转速。

(二)伺服驱动器

码垛机控制系统采用1台伺服驱动器,用于控制转位伺服电动机完成±90°或±180°的料袋转位。

伺服驱动器的I/O信号通过控制端子与PLC相连。

伺服驱动器输出至PLC的信号:伺服驱动器准备好信号、伺服定位完成信号(伺服电动机每一个位移结束时此信号输出为ON,允许进行下一次位置操作)和伺服故障信号。

PLC输出至伺服驱动器的信号:伺服位置选择0;伺服位置选择1;伺服位置启动;伺服

零位;伺服位置选择2;伺服使能。

(三)升降机控制

升降机用于空托盘/垛盘升降,配合分层机进行码垛动作。

升降电动机带有制动器,升降机运动时制动器通电释放,停止时制动器断电制动。

控制过程为:由托盘仓输送来的空托盘到达垛盘输送机1光电位置,升降机高速上升,当到达上升减速位时,转为低速上升,升降机到达上位时,升降机停止。当分层板打开,完成压袋动作后,升降机开始高速下降,当离开上升临界光电后,升降机转为低速,运行一定时间后停止。待分层板关闭后,升降机低速上升,直到其中一个上升临界光电开关遮光一定时间后,升降机停止,为码下一层料袋做准备。在分层板打开、升降机高速下降过程中,如果计数判断已码完设定的层数,升降机持续高速下降,当下降至升降下降减速位,升降机转为低速下降,升降机到达下位时,升降机停止。若此时满足排垛条件,将垛盘排出,进入下一码垛循环。

(四)托盘仓、托盘输送机和垛盘输送机

1. 托盘仓

托盘仓主要用于存储空托盘。托盘底缸、托盘叉由气缸驱动。托盘仓中的托盘是由叉车放入的,按设计标准放置托盘数量。当托盘仓中的托盘数量少于3个时,声光报警器发出声光报警信号,报告托盘仓中托盘不足。当托盘叉上还有托盘时,可直接将成垛的空托盘放入托盘仓中;否则,放入空托盘前,需按托盘上升按钮,此时托盘底缸阀得电,托盘托架上升,当上升停止后,叉车可将托盘放入;托盘托架每升降一次,就将仓中最下面的托盘放置到托盘输送机上。自动运行状态下,如果托盘仓下的托盘输送机上无托盘,即需要托盘仓释放托盘时,托盘底缸阀得电,当托盘托架升到上位,托盘叉阀得电,仓体两侧的四个托盘叉同步打开,托盘托架托住仓内托盘。延时后,托盘底缸阀失电,托盘托架下降,当托盘托架降至中位时,托盘叉气缸电磁阀失电,托盘叉收拢,插入托盘的叉孔中,保证托盘托架上仅剩一个托盘,并将其上的托盘支撑住。托盘托架继续下降到初始位置,并把托盘放置在托盘输送机上。

2. 托盘输送机

托盘输送机用于输送空托盘。当托盘传送位有托盘且托盘等待位无托盘时,托盘输送机启动,将托盘输送至等待位停止;当垛盘输送1位置需要空托盘时,托盘输送机将其上的托盘输送至垛盘输送机1上;如果在托盘输送过程中,按下了停止或急停按钮,当系统再次自动运行时,托盘输送机自动启动,将未到位的托盘输送到位。

3. 垛盘输送机

垛盘输送机用于空托盘的定位和垛盘的输送。垛盘输送机由电动机驱动,托盘定位装置由气缸驱动。每个垛盘输送机上带有一个检测垛盘位置的检测开关。自动运行时,当码垛机码完一垛,升降机下降过程中,垛盘输送机上的托盘定位挡铁阀失电,挡板下降。当升降机下降到位后,如果满足排垛条件,则输送机将垛盘输送至下一垛盘输送位;否则垛盘将在此垛盘输送机上等待,这时声光报警器发出报警信号,通知叉车及时将垛盘叉走。当垛盘离开码垛位垛盘输送机后,托盘定位挡铁阀得电,挡板升起,将由托盘输送机输送过来的空托盘定位。每节垛盘输送机都有逐级缓停功能。

六、套膜机基础维护

为了保证套膜机的正常运行,操作人员在日常工作应掌握以下基础知识及维护方法。

(一)拉膜装置框架水平调整

在拉膜装置的框架上通过水平仪检测,使拉膜装置水平。同时应通过调整辊轮处的偏心法兰使拉膜装置的辊轮沿导板滑动顺畅无卡滞现象。

(二)轨道的清洁

套膜机轨道表面应每班次进行清洁,以延长零件的使用寿命,清洁方法:停车后用抹布擦去表面灰尘。

(三)拉膜链条维修

打开配重、链条维修盖板,通过触摸屏的手动操作,使拉膜装置上升,配重下降至维修盖板处,将安全挡销插在上侧销孔内,挡住拉膜装置,将链条拆下,更换新的链条。

(四)偏心轮调整

通过松开 M10×30 螺栓,调整偏心法兰,使外侧的上偏心轮与内侧的下偏心轮与立柱面压紧,另外两个偏心轮调整使其滑动顺畅,并保持拉膜装置水平。偏心法兰的偏心量为 4mm。

偏心轮属易损件,磨损严重或损坏时应予以更换。

(五)挂胶胶辊与拉膜弧板滚轮压紧调整

正常进行卷膜动作时,挂胶胶辊应压在拉膜弧板的滚轮上,带动滚轮转动,维修维护人员应在每 72 个工作小时检查此处挂胶胶辊是否与滚轮压紧,从触摸屏手动操作检测是否压紧并带动滚轮转动,如果未压紧,调整气缸杆旋入关节轴承的距离,使挂胶胶辊有效带动滚轮转动,从而实现可靠卷膜。

(六)拉膜轮廓调整

沿长孔调整连接板从而带动弯杆移动,拉膜时,当垛外轮廓碰到弯杆时,其接近开关感应到挡片,当薄膜与垛轮廓过近时,调整此处使弯杆减小伸出距离,反之亦然。

七、吨包装机基础维护

吨包装机电子定量秤,对其进行量程的标定是重要的维护工作。其中包括:接通称重控制器电源,按参数设置方法依次为电子定量秤设置初始参数,然后分别进行零点标定和满度标定。标定后,将砝码挂上、拿下,反复多次,电子定量秤空载和满载(在秤体上挂满度标定砝码)的称重值应具有良好重复性,加载、卸载时重量值变化迅速,依次在秤体四角加载 100kg 砝码,重量偏差在 100g 以内,如未达到需参考安装手册进行调整。

八、光电开关基础维护

光电开关是光电接近开关的简称,它是利用被检测物对光束的遮挡或反射,由同步回路接通电路,从而检测物体的有无。重膜包装线常用光电开关分为对射型、反射板型及直接反射型。出现故障时应首先检查光电开关是否有 DC24 电源,检测接近开关的棕色和蓝色线芯间电压,是否为 DC24V 左右,如果是,表明开关电源正常。检查光电开关是否有输出信号

(以直接反射式光电开关为例)。检查光电开关是否有输出信号(以漫反射式光电开关为例)。判断光电开关已经有电后,把蓝色线上的黑表笔拿下,接触到黑色线(信号线)芯上。将一个物体放在光电开关前面适当位置,这时表的指示为 DC24V 左右,拿开物体指示 DC0V 左右,反复几次都如此,说明光电开关是好的,反之,若表的指示一直不变,说明开关已损坏。

九、接近开关基础维护

接近开关是一种无须与运动部件进行机械直接接触而可以操作的位置开关,操作人员在日常工作应掌握以下基础知识及维护方法。

检查接近开关与感应板是否不对正或距离不适当,如果是,及时调整;检查接近开关相关接线是否松动或断路,如果是,则紧固或重新接线;如果以上情况都排除了,接近开关仍无信号返回给 PLC,检查接近开关是否损坏,若损坏则更换。

检查接近开关是否有 DC24V 电源:检测接近开关的棕色和蓝色线芯间电压,是否为 DC24V 左右,如果是,表明开关电源正常。

检查接近开关是否有输出信号。

判断接近开关电源正常后,将金属物体靠近/离开接近开关(不要接触),检测棕色线与黑色线(信号线)间电压是否为 DC24V 左右(开关后面的指示灯亮起)、DC 0V 左右(开关后面的指示灯灭),反复几次都如此,说明接近开关完好,反之,说明开关已损坏。

十、气缸基础维护

(1)气缸检修重新装配时,零件必须清洗干净,特别要防止密封圈被剪切、损坏,注意动密封圈的安装方向。

(2)使用中应定期检查气缸各部位有无异常现象,各连接部位有无松动等,轴销式安装的气缸的活动部位应定期加润滑油。

(3)气缸长时间不使用时,所有加工表面应涂防锈油,进排气口应加防尘堵塞。

(4)气缸检修重新装配时,零件必须清洗干净,不得将脏物带入气缸内。

(5)气缸工作时,活塞会撞击缸盖,缸盖缓冲密封圈为易损件,缓冲密封圈如果受损严重,将会使气缸在行程终端前,缓冲柱塞与缓冲密封圈得不到良好的密封从而失去缓冲作用。

(6)长时期使用气缸,一般要更换密封圈,同时上润滑脂。

十一、SEW 电动机基础维护

为了实现重膜包装线的自动控制,采用德国 SEW 减速电动机实现包装设备各机构变频、减速等精确控制,其具有机械效率高和传动耐久性长等特点。操作人员在日常工作应掌握以下基础知识及维护方法。

(一)SEW 电动机无法启动或异常停止等故障的处理方法

检查对应的电动机保护热继电器是否跳闸,如果是,查明原因,排除故障,然后将其闭合。

检查对应的接触器是否发生故障,如果是,查明原因,排除故障或更换新的接触器。

检查各端子接线是否松动,电动机电缆是否损坏,如果是,做相应的紧固和更换处理。

(二) SEW 电动机在启动前检查

首先应进行机械方面的检查,如检查转轴是否灵活;轴承应有适当润滑;风扇与风罩不能相撞,铝壳电动机底座固定率等。必须对电路方面进行检查,检查铝壳电动机的引线是否接对。有的铝壳电动机出线盒中有四根线,这时一定按有关说明书的接法进行,否则会烧坏铝壳电动机。线头必须接牢;在电动机的插座前安装熔断丝,熔断丝的安培定额应比电动机的安培定额高 10%~25%。

项目二　包装秤称量不准确故障的原因分析

一、准备工作

(一) 设备准备

重膜包装系统。

(二) 工具准备

扳手 1 把,螺丝刀 1 把。

(三) 人员

2 人操作,持证上岗,按规定穿戴劳动保护用品。

二、操作步骤

(1) 检查称重控制器。

(2) 检查称重控制器参数。

(3) 检查称量斗是否与周围设备接触。

(4) 检查加料阀、称量斗是否漏料。

(5) 检查称重传感器是否有松动或卡碰现象。

(6) 检查限流闸板开度及呼气帽是否正常。

(7) 检查物料流速。

(8) 检查物料状态。

三、注意事项

(1) 到现场要穿戴好劳动保护用品。

(2) 检查前要确认电源切断。

(3) 使用工具要注意安全。

四、技术要求

(1) 正确调整称重控制器参数。

(2) 称量斗、加料阀无漏料。

(3) 称重传感器接线完好。

项目三　码垛机分层板撞击故障的原因分析

一、准备工作

(一) 设备准备

重膜包装系统。

(二) 工具准备

扳手 1 把,螺丝刀 1 把。

(三) 人员

2 人操作,持证上岗,按规定穿戴劳动保护用品。

二、操作步骤

(1) 检查变频器参数。

(2) 调整变频器参数。

(3) 检查变频器是否有故障。

(4) 检查分层机关闭开关位置是否合适。

(5) 检查分层机关闭减速开关位置是否合适。

(6) 检查分层机关闭开关是否损坏。

(7) 检查分层机关闭减速开关是否损坏。

(8) 控制回路的检查。

三、注意事项

(1) 到现场要穿戴好劳动保护用品。

(2) 检查前要确认电源切断。

(3) 使用工具要注意安全。

四、技术要求

(1) 变频器参数调整正确。

(2) 分层机控制开关位置正确。

(3) 控制回路运行正常。

项目四　包装袋在撑袋缩袋机构内卡住的原因分析

一、准备工作

(一) 设备准备

重膜包装系统。

(二)工具准备

扳手1把,螺丝刀1把。

(三)人员

2人操作,持证上岗,按规定穿戴劳动保护用品。

二、操作步骤

(1)停止包装机,切断电源、气源。

(2)打开安全门,检查撑袋缩袋机构调节是否正确,缩袋气缸关闭时抓手距离料门1cm,打开时距离料门8cm,左右两边应相等。

(3)检查撑袋导轨张开位置是否正常,料袋进入口封时就撑开平整,无打折。

(4)检查下料门进入袋口后完全打开,下料顺畅。

三、注意事项

(1)到现场要穿戴好劳动保护用品。

(2)检查前要确认电源切断。

(3)使用工具要注意安全。

四、技术要求

(1)掌握撑袋缩袋机构的输送原理。

(2)撑袋缩袋机构的动作顺序正确。

(3)撑袋缩袋机构各部件完好。

模块四　包装设备故障的判断与处理

项目一　相关知识

一、电子定量秤称重故障判断与处理

电子定量秤称重故障判断及处理见表 2-4-1。

表 2-4-1　电子定量秤称重故障判断及处理

故障名称	故障原因		处理方法
显示仪显示异常	称重传感器损坏		首先检查传感器型号是否正确,如果不正确,更换传感器;如果传感器型号正确,则在传感器匹配盒内,测量传感器 EX+、EX-端激励电压是否为 10V,若正常,再在定量秤空载情况下,分别测量传感器的 SG+、SG-端电压(正常电压值在 0~20mV),对比每个传感器的这个电压值,是否有异常情况,若有异常,则相应的称重传感器可能损坏,需要更换
称重单元不称重	卸料门磁环无信号	卸料门磁环开关位置移动或损坏	调整磁环开关位置或更换磁环
		放料门气缸不在收回位	检查是否气缸卡住,如果是,排除气缸卡住故障;检查是否电磁阀有故障,如果是,须更换
	零点偏移过大	称重箱中有余料	清除余料
		称重传感器与秤体连接螺栓松动	拧紧螺栓
		表头零点采集错误	称重装置重心偏移,须调整机械结构;称重传感器故障,须更换
	称重控制器参数不合适或损坏		如果参数设置不合适,按称重控制器说明书设置参数;如果称重控制器损坏则更换称重控制器

二、重膜包装机常见故障判断与处理

重膜包装机常见故障判断及处理见表 2-4-2。

表 2-4-2　重膜包装机常见故障判断及处理

故障名称	故障原因	处理方法
膜卷已用尽未报警	膜卷用尽检测光电未照射到反射板上	调整光电及反射板
膜卷未用尽,报膜卷用尽故障	膜卷用尽光电信号异常	调整开关位置,检查线路及 PLC 输入点

续表

故障名称	故障原因	处理方法
角封机构故障	1. 角封机构未动作或动作缓慢； 2. 角封闭合位接近开关信号异常	1. 调整执行机构； 2. 调整开关位置,检查线路及PLC输入点
角封位置总变化/袋长变化过大	送袋辊子转动时有的位置间隙过大,或辊子轴跳度过大,或辊子一周的摩擦力有变化(可能粘上胶带等)	调整执行机构
送膜电动机送膜时堵膜	1. 送袋辊上粘上胶了； 2. 顺板距离调整不合适； 3. 膜粘到底封上了	调整执行机构
切刀位置故障	切刀气缸动作异常或两侧切刀位置检测开关信号异常	1. 先手动一次切刀,按故障确认按钮再观察故障是否还存在； 2. 检查控制阀,调节节流阀和执行机构； 3. 调整开关位置,检查线路及PLC输入点
口封或底封加热不良	1. 加热温度设定不合适； 2. 加热时间设定不合适； 3. 四氟布烫漏或缠绕不紧； 4. 加热条老化； 5. 加热机构压紧度不合适或压紧不平行； 6. 单侧或双侧加热片在卷四氟布时被带偏了	1. 温度过高则膜烫化,温度低则热合不牢； 2. 时间长则膜烫化,时间短则热合不牢； 3. 调整四氟布； 4. 更换加热条； 5. 调整执行机构； 6. 重新调整加热片位置
口封或底封冷却不到或冷却不良	1. 未被冷却板夹到或膜卷翻卷了； 2. 冷却板压紧度不合适或压板与冷却板不平行； 3. 未通冷却风或涡流冷却器调整不合适	1. 调整执行机构动作匹配,导向风的大小及方向； 2. 调整执行机构； 3. 检查并调整冷却器
开袋后到装袋位扔袋	1. 开袋真空不够； 2. 角片光电信号不稳定或无信号	1. 检查真空管路,更换真空吸盘,清理真空管路及过滤器； 2. 调整开关位置,检查线路及PLC输入点
角片升降故障	1. 角片气缸动作异常； 2. 角片位置检测开关信号异常	1. 调整执行机构； 2. 调整开关位置,检查线路及PLC输入点
料门升降故障,无法上升	1. 料门升降位置开关信号异常； 2. 料门里有料未排空而后料门上升导致卡料	1. 调整开关位置,检查线路及PLC输入点； 2. 手动清空物料
振板升降故障,无法升降	1. 振板升降位置开关信号异常； 2. 振板升降机构卡死； 3. 触摸屏设定振板上升时间过长	1. 调整开关位置,检查线路及PLC输入点； 2. 调整执行机构； 3. 更改振板上升时间
口封过小或是封不到	1. 切刀制袋时切刀位置过低； 2. 口封机构位置过高； 3. 料袋过短,装料过满	1. 调整切刀机构位置； 2. 调整口封机构位置； 3. 加长料袋
薄膜弯曲	薄膜卷筒未充分紧固在支撑轴承上	将薄膜卷充分紧固在支撑轴承上
	薄膜卷筒不位于中心	使薄膜卷筒位于中心
	薄膜被不均匀缠绕	均匀缠绕薄膜
	导向板不在中心或彼此距离太远	调节导向板

续表

故障名称	故障原因	处理方法
袋子输送中出现倾斜现象	在操作中,袋子输送未达到标准距离移动	检查移动自由度
		检查摆臂行程(行程=330mm)
		检查驱动元件
袋子没有正确打开	吸盘被堵	清洁吸盘
		更换吸盘
	吸盘关闭	正确进行调整
	吸盘调整不正确	当两吸盘关闭时,必须留1~1.5mm以上的间隙
	所需的真空度未完全达到要求,显示在真空表上(-0.7~0.8bar)	根据真空泵说明书,对真空泵进行测试,检查并确认真空阀或管线系统是否泄漏,过滤器是否变脏或需要更换
	薄膜被堵或带静电	边缘粗糙或带静电的薄膜内表面会粘在一起。因此不能排除,如果薄膜制造质量不合格或在不合适温度下储存,会偶尔或重复发生故障
输送带打滑	输送带张紧不够	使输送带张紧
输送带跑偏	主动、从动滚筒轴线不平行	调节从动滚筒的位置
	输送带变形	更换输送带
料袋向前或是向后倾斜	1. 步进电动机转动异常或是皮带松紧不合适; 2. 步进计数检测信号异常,计数不准; 3. 触摸屏设定步进计数不合适	1. 调整执行机构; 2. 调整开关位置,检查线路及PLC输入点; 3. 调整数值
装袋时发生故障	袋子尺寸不适用于待装填产品,或在例外情况下由于超重而超过正常装填量	检查并确认正常装填此产品时是否需要更长的袋子,或者是否需要按规定尺寸改变袋宽
装袋时发生故障,翻门未打开	袋子尺寸不适用于待装填产品或在例外情况下由于超重而超过正常装填量;气缸出现故障	调节敦实机构振动延迟时间,必要时要延长振动时间
		检查气缸机械功能,并进行清洁,必要时更换
翻门将袋子边缘过度伸开或将其伸开得不足	翻门终点位置调整不正确	重新设置、调节
翻门将袋子边缘过度伸开或将其伸开得不足;料门打开太慢	缩袋机构的夹持弯板上的橡胶板调整不正确	缩袋机构的夹持弯板上的橡胶板与翻门间有0~5mm间隙
	轴承太脏或被卡住	清洁、调节
料门打开太慢	料门中有物料	清空料门
	调整料门气缸节流阀	料门应当迅速打开,慢慢关闭,以使在关闭时不会夹带任何材料
封口突出部分不规则	袋子装得太满	调节上封Ⅰ和上封Ⅱ使其相互平行
	聚四氟布变脏或损坏	清洁敷在加热片上的聚四氟布

续表

故障名称	故障原因	处理方法
在从振动面板转移到输送带的过程中,袋底被堆在抱夹板上	抱夹板推进不够深	移动抱夹板
	抱夹板推得太远/不够远	在纵向调节抱夹板位置
在将袋子送进封口装置时,袋子上封口突出边变形,突出部分不规则,袋子中间未密封	满袋手爪将袋子突出部分夹得太紧/不够紧,或没有正确抓住袋子	调节满袋手爪气缸压力,正常压力为4~5kPa,检查满袋手爪,检查夹持力,手爪必须同步关闭
	袋子太满	延长敦实机构振动时间,增加袋长
		检查夹持力,以及上封Ⅰ和上封Ⅱ是否平行
袋子边缘向下折	袋子在取袋手爪中滑动	调整抱夹装置
		调节敦实机构
	夹袋子位置离上边缘太远	调节切刀装置
		调节袋子顶部封口的高度
	夹持气缸的压力过大	正常值为4~5kPa,对于很薄的膜子压力值适当减小
热封口剥落而开口	加热片温度太低	调节加热片的加热温度
	封口夹持压力太低	检查气缸
	接缝处有灰尘	检查除尘系统
热封口破损而开口	温度太高或热封时间太长	降低封口设定温度,减少热封时间
	夹持压力过高	降低压力
	物料太热($T>75℃$)	选用可以装热物料的薄膜
	上封Ⅰ和上封Ⅱ不在同一水平线上	更换热封组件
	薄膜材料不合格	更换合格的薄膜
	冷却不充分	检查口封、底封冷却
	加热片安装不正确	检查加热片
不时有封口磨损而开口	膜厚度不均匀	使用符合要求的膜卷
	热封的加热温度控制不准	检查温控器的控温元器件
一侧开口	上封Ⅰ和上封Ⅱ不平行	调节上封Ⅰ和上封Ⅱ平行度
封口的冷却不好	软管接头或软管线泄漏	检查软管接头或管线
	冷却时间太短	增加冷却时间
封口的冷却不好	冷风管气孔堵塞	清洁冷风管气孔
	接触冷却不充分	检查冷却板的动作是否合适
角片插入不稳	在角片插入袋口时,缩袋机构的夹持弯板与落料中心距离远	缩短距离
切刀位置过低	切刀位置过低,袋口太小,吸盘吸袋时漏气	调整切刀高度,使袋口距离热封线10mm左右
真空系统故障	吸盘破损	更换吸盘
	吸盘座滤网未拆除	拆除吸盘座滤网
	真空阀检测值设定不当	设定真空度

三、复检秤波动大故障判断与处理

复检秤波动大故障判断与处理方法见表 2-4-3。

表 2-4-3　复检秤波动大故障判断与处理

故障名称	故障原因	处理方法
复检秤故障	复检秤联锁有误	检查与复检秤的联锁是否有误
金属检测仪故障	金属检测仪联锁有误	检查与金属检测仪的联锁是否有误
电子复检秤静态时，称重仪表显示结果波动较大	上秤架与下秤架安装不对正，即四组浮动头组件中，有上、下浮动头铅直方向中心偏离的	检修称重传感器：首先检查传感器型号是否正确，如果不正确，更换传感器；如果传感器型号正确，则在传感器匹配盒内，测量传感器 EX+、EX-端激励电压是否与称重仪表输出的激励电压一致，再在复检秤空载情况下，分别测量传感器的 SG+、SG-端电压（正常范围 0~20mV），对比每个传感器的这个电压值，是否有异常情况，若有异常，则需要更换
	称重传感器故障	

四、拣选机常见故障判断与处理

拣选机常见故障判断与处理见表 2-4-4。

表 2-4-4　拣选机常见故障判断与处理

故障名称	故障原因	处理方法
堆袋拣选故障	1. 剔除机处堆袋； 2. 堆袋检测光电在系统自动运行时长时间有信号	1. 检查剔除机是否堆袋； 2. 检查堆袋检测光电是否工作异常
料袋间距过小	相邻料袋间距过小	检查料袋的间距是否过小
拣选气缸故障	拣选阀动作异常	1. 检查拣选气缸电磁阀是否损坏或接线错误； 2. 检查系统压缩空气压力是否过低； 3. 检查是否存在机械故障
拣选回位磁环故障	拣选回位磁环在系统自动运行时有异常信号	1. 检查拣选回位磁环是否损坏； 2. 检查拣选电磁阀是否损坏； 3. 检查是否存在机械故障； 4. 检查拣选回位磁环接线是否正确
复检秤出口光电故障	复检秤出口光电在系统自动运行时长时间有信号	1. 检查复检秤出口光电反射板是否对正； 2. 检查复检秤出口光电接线情况； 3. 检查复检秤出口光电是否损坏
复检秤入口光电故障	复检秤入口光电在系统自动运行时长时间有信号	1. 检查复检秤入口光电与反射板是否对正； 2. 检查复检秤入口光电接线情况； 3. 检查复检秤出口光电是否损坏
金属检测出口光电故障	金属检测出口光电在系统自动运行时长时间有信号	1. 检查金属检测出口光电与反射板是否对正； 2. 检查金属检测出口光电接线情况； 3. 检查金属检测出口光电是否损坏

续表

故障名称	故障原因	处理方法
倒袋光电故障	倒袋光电在系统自动运行时长时间有信号	1. 检查倒袋光电是否损坏; 2. 检查倒袋光电接线是否正确; 3. 检查倒带光电是否有料袋卡住
系统紧急停车	1. 系统处于紧急停车状态; 2. 急停按钮存在误信号	1. 检查急停按钮是否按下; 2. 检查急停按钮接线是否正确; 3. 检查拉绳开关是否正常; 4. 检查急停回路是否有短路
含金属料袋连袋故障	相邻料袋间距过小	1. 取下间隙过小的料袋; 2. 重新通过,剔除含金属的料袋; 3. 检查金属检测仪出口光电是否损坏
料袋破包撒料	撒料光电在系统自动运行时长时间有信号	1. 取下撒料的料袋; 2. 清除输送机上的漏料; 3. 检查撒料光电是否损坏

五、码垛机常见故障判断与处理

码垛机常见故障判断与处理见表2-4-5。

表2-4-5 码垛机常见故障判断与处理

故障名称	故障原因	处理方法
电动机保护热继电器跳闸	电动机保护热继电器保护跳闸	1. 检查热继电器电流设定值是否正确; 2. 检查电动机是否存在过载等异常现象; 3. 检查电动机本身是否损坏; 4. 检查电动机供电回路连线是否有误; 5. 检查电动机热继电器是否损坏; 6. 检查电动机热继电器辅助触点是否损坏
推袋电动机故障	1. 电动机保护热继电器保护跳闸; 2. 推袋变频器故障	1. 检查QF9热继电器是否跳闸,如跳闸可检查QF9工作电流是否设置过小或QF9下方动力回路是否存在短路; 2. 根据推袋变频器U9、U10、U11提示的故障代码,参考说明书排除故障
分层电动机故障	1. 电动机保护热继电器保护跳闸; 2. 分层变频器故障	1. 检查QF10热继电器是否跳闸,如跳闸可检查QF10工作电流是否设置过小或QF10下方动力回路是否存在短路; 2. 根据分层变频器U10提示的故障代码说明书排除故障; 3. 由于分层变频器驱动分层和垛盘1两台电动机,若提示变频器驱动的电动机故障,请根据当前工作状态判断具体电动机
升降电动机故障	1. 电动机保护热继电器保护跳闸; 2. 升降变频器故障	1. 检查QF11热继电器是否跳闸,如跳闸可检查QF11工作电流是否设置过小或QF11下方动力回路是否存在短路; 2. 根据升降变频器U11提示的故障代码参考说明书排除故障; 3. 如果变频器没有故障提示,检查升降变频器制动逻辑输出点是否损坏,检查触摸屏有关制动逻辑的初始设置是否错误,检查变频器报警输出

续表

故障名称		故障原因	处理方法
伺服故障		1. 伺服驱动器故障（如硬件、软件等故障）； 2. 伺服电动机故障（如电动机过电流、电动机过热等）； 3. 伺服控制回路故障（如反馈信号故障、电动机相序保护故障等）	1. 记录伺服驱动器 U5 的报警信息,参看说明书,排除故障； 2. 检查伺服初始位接近开关是否损坏或检测距离过大； 3. 检查伺服驱动器 I/O 模块接线是否有误
升降机上升超时		1. 升降电动机是否存在故障； 2. 检查升降上升临界光电、上升限位接近开关是否存在故障	1. 检查升降机上限位接近开关是否存在故障； 2. 检查升降机上升过程是否发生机械故障； 3. 检查升降变频器 U11 是否启动
升降机下降超时		1. 升降电动机故障； 2. 升降机下限接近开关故障	1. 检查升降机下降限位接近开关是否存在故障； 2. 检查升降机下降过程是否发生机械故障； 3. 检查升降变频器 U11 是否启动
整形压平机	料袋压平效果不好	压力辊与输送皮带的间距太大	应调整拉簧的变形量,使间距合适
	料袋堵塞	压力辊与输送皮带的间距太小	应调整拉簧的变形量,使间距合适
编组机	经过光电开关后不停车	光电开关失效	更换光电开关
		减速电动机的制动器发生故障	停车维修并排除故障
推袋压袋机	推袋小车运行不平稳或噪声过大	同步带被拉长	张紧同步带
		行走轮与滑道之间的间隙过大	更换磨损的行走轮
		减速电动机的传动带过松	张紧传动带
	推袋小车运行不到位	接近开关位置不正确	调整接近开关的位置
分层机	左右分层板到达合适位置时不停车	接近开关位置不正确	调整接近开关的位置
	分层板运行时噪声过大	同步带被拉长	张紧同步带
		导向支撑辊与滑道之间的间隙过大	更换磨损的辊轮
托盘仓	插板开合与托盘座升降不协调	接近开关位置不正确	调整接近开关的位置
	空托盘传输不到位	光电开关位置不正确	调整光电开关的位置
托盘输送机	工作噪声过大	主动链轮有轴向偏移	停车调整
		传动链条损坏	停车更换
		链轮与链条润滑不好	添加润滑剂
分层机开超时		1. 分层电动机故障； 2. 分层开到位接近开关故障	1. 检查分层机开限位接近开关是否存在故障； 2. 检查分层机开过程是否发生机械故障； 3. 检查分层变频器 U10 是否启动

续表

故障名称	故障原因	处理方法
分层机关超时	1. 分层电动机故障； 2. 分层关到位接近开关故障	1. 检查分层机关限位接近开关是否存在故障； 2. 检查分层机开过程是否发生机械故障； 3. 检查分层变频器 U10 是否启动
推袋机推袋超时	1. 推袋机电动机故障； 2. 推袋去到位接近开关故障	1. 检查推袋机去限位接近开关是否存在故障； 2. 检查推袋过程是否发生机械故障； 3. 检查分层变频器 U9 是否启动
推袋机返回超时	1. 推袋电动机是否存在故障； 2. 检查推袋到位限位接近开关是否存在故障	1. 检查推袋机回限位接近开关是否存在故障； 2. 检查推袋返回过程是否发生机械故障； 3. 检查分层变频器 U9 是否启动
编组机动作超时	1. 编组机入口处的编组传送 1、2 两个光电开关没有正常工作，PLC 启动编组电动机动作的一定时间内编组传送 1、2 光电信号状态没有断开（可能原因：电动机轴断裂、皮带断裂、电动机线断裂、电动机制动器损坏、控制电动机的接触器损坏）； 2. 进入编组机的料袋有位置偏差过大的情况，如果位置偏差过太长时间没有离开上述两个光电开关（或其中一个），导致编组机始终运转，不能自动停止	1. 检查是否有料袋未通过编组入口； 2. 检查编组光电开关 1、2 是否存在故障； 3. 检查编组电动机动作是否正常； 4. 检查是否存在电动机轴断裂或皮带断裂等机械故障
转位传输堵袋	转位光电开关故障，产生误报	1. 检查是否有料袋堵在转位机中无法通过； 2. 检查转位到位光电是否存在故障； 3. 检查转位输送电动机动作是否正常； 4. 检查转位输送机是否存在电动机轴断裂或皮带断裂等机械故障
转位旋转超时	1. 转位定位接近开关故障； 2. 转位伺服电动机存在故障； 3. 伺服驱动器故障	1. 检查伺服初始位接近开关是否存在故障； 2. 检查转位伺服驱动器是否存在故障
转位初始位故障	转位定位接近开关故障	1. 检查转位旋转传动机构是否存在问题； 2. 检查转位定位接近开关是否存在故障
缓停机堵袋（超时）	加速输送机或整形输送机处无法通过料袋	1. 检查是否有料袋堵在加速输送机或整形输送机中无法通过； 2. 检查加速输送和整形压平光电是否存在故障； 3. 检查转位输送电动机动作是否正常； 4. 检查转位输送机是否存在电动机轴断裂或皮带断裂等机械故障
托盘仓空报警	1. 托盘仓无托盘； 2. 托盘不足光电开关故障	1. 检查托盘仓是否空仓； 2. 检查托盘空仓光电接线是否错误
托盘等待位光电故障	托盘等待位光电故障	1. 检查是否有托盘堵在托盘输送机上托盘等待位光电处无法通过； 2. 检查托盘等待位光电是否存在故障； 3. 检查托盘输送电动机动作是否正常； 4. 检查托盘输送机是否存在电动机轴断裂或链条断裂等机械故障

续表

故障名称	故障原因	处理方法
待传托盘位光电故障	待传托盘位光电故障	1. 检查是否有托盘堵在托盘输送机上托盘等待位光电处无法通过； 2. 检查托盘等待位光电是否存在故障； 3. 检查托盘输送电动机动作是否正常； 4. 检查托盘输送机是否存在电动机轴断裂或链条断裂等机械故障
垛盘1位置传感器故障	垛盘1光电开光故障	1. 检查托盘到位光电是否与反射板对正，检查托盘到位光电是否接线错误； 2. 检查垛盘输送电动机1是否存在故障； 3. 检查托盘/垛盘输送过程中是否存在机械故障使托盘/垛盘无法正常排出； 4. 检查电动机传动部分是否存在故障
垛盘1动作超时	垛盘输送机1电动机动作一定时间后，垛盘1接近开关仍有信号	1. 检查托盘到位光电是否与反射板对正，检查托盘到位光电是否接线错误； 2. 检查垛盘输送电动机1是否存在故障； 3. 检查托盘/垛盘输送过程中是否存在机械故障使托盘/垛盘无法正常排出； 4. 检查电动机传动部分是否存在故障
垛盘2传感器故障	垛盘输送机2电动机动作一定时间后，垛盘2接近开关仍有信号	1. 检查垛盘2接近开关检测板位置是否正常，垛盘2位置接近开关是否接线错误； 2. 检查垛盘输送电动机2是否存在故障； 3. 检查垛盘2输送过程中是否存在机械故障使托盘/垛盘无法正常排出； 4. 检查电动机传动部分是否存在故障
垛盘2动作超时	垛盘没有正常输送出垛盘输送机	1. 检查垛盘2接近开关检测板位置是否正常，垛盘2位置接近开关是否接线错误； 2. 检查垛盘输送电动机2是否存在故障； 3. 检查垛盘2输送过程中是否存在机械故障使托盘/垛盘无法正常排出； 4. 检查电动机传动部分是否存在故障
垛盘3动作超时	垛盘没有正常输送出垛盘输送机	1. 检查垛盘3接近开关检测板位置是否正常，垛盘3位置接近开关是否接线错误； 2. 检查垛盘输送电动机3是否存在故障； 3. 检查垛盘3输送过程中是否存在机械故障使托盘/垛盘无法正常排出； 4. 检查电动机传动部分是否存在故障
升降升临界开关故障	升降机在下降到位的前提下，上升临界光电仍有返回信号	1. 检查上升临界两对对射光电是否对正； 2. 检查上升临界光电接线是否错误； 3. 检查上升临界光电间是否有异物； 4. 检查上升临界光电是否损坏
升降上升减速开关故障	升降机在整个行程的上升过程中，升降上升减速开关没有信号返回	1. 检查升降上升减速开关与感应片间距离是否过大； 2. 检查升降上升减速开关接线是否错误； 3. 检查升降上升减速开关是否损坏； 4. 检查升降机配重的导向块与导向槽间距离是否过大； 5. 检查升降上升减速安装架是否变形

续表

故障名称	故障原因	处理方法
升降下降减速开关故障	升降机在整个行程的下降过程中,升降下降减速开关没有信号返回	1. 检查升降下降减速开关与感应片间距离是否过大; 2. 检查升降下降减速开关接线是否错误; 3. 检查升降下降减速开关是否损坏; 4. 检查升降机配重的导向块与导向槽间距离是否过大; 5. 检查升降下降减速安装架是否变形
升降下降限位故障	升降机在下降到底位后只有一个下降限位开关返回信号,另一个没有返回信号	1. 检查两只升降下降限位开关(配重上位和升降机下位)是否同时有信号,调整开关位置,使两者同时有信号; 2. 检查升降下降限位是否损坏
推袋回减速开关故障	推袋机在整个行程的推袋过程中,推袋回减速开关没有信号返回	1. 检查推袋回减速开关与感应片间距离是否过大; 2. 检查推袋回减速开关接线是否错误; 3. 检查推袋回减速开关是否损坏
推袋中减速开关故障	推袋机在整个行程的推袋过程中,推袋中减速开关没有信号返回	1. 检查推袋中减速开关与感应片间距离是否过大; 2. 检查推袋中减速开关接线是否错误; 3. 检查推袋中减速开关是否损坏
推袋中位开关故障	推袋机在整个行程的推袋过程中,推袋中位开关没有信号返回	1. 检查推袋中位开关与感应片间距离是否过大; 2. 检查推袋中位开关接线是否错误; 3. 检查推袋中位开关是否损坏
推袋去减速开关故障	推袋机在整个行程的推袋过程中,推袋去减速开关没有信号返回	1. 检查推袋去减速开关与感应片间距离是否过大; 2. 检查推袋去减速开关接线是否错误; 3. 检查推袋去减速开关是否损坏
分层关减速开关故障	分层机在整个行程的打开过程中,分层关减速开关没有信号返回	1. 检查分层关减速开关与感应片间距离是否过大; 2. 检查分层关减速开关接线是否错误; 3. 检查分层关减速开关是否损坏
分层开减速开关故障	分层机在整个行程的打开过程中,分层开减速开关没有信号返回	1. 检查分层开减速开关与感应片间距离是否过大; 2. 检查分层开减速开关接线是否错误; 3. 检查分层开减速开关是否损坏
分层满光电故障	在分层机开到位、升降机离开上临界光电的前提下,分层满光电仍有返回信号	1. 检查分层满光电与反射板是否对正; 2. 检查分层满光电接线是否错误; 3. 检查分层满光电与反射板间是否有异物; 4. 检查分层满光电是否损坏
启动按钮故障	1. 启动按钮信号接通 15s 后仍没有断开; 2. 按钮开关损坏或按钮触点安装错误(正确安装为常开触点); 3. PLC 的响应 I/O 口损坏	1. 检查启动按钮是否损坏; 2. 检查启动按钮接线是否错误

续表

故障名称	故障原因	处理方法
停止按钮故障	1. 停止按钮信号断开 15s 后仍没有接通; 2. 按钮开关损坏或按钮触点安装错误(正确安装为常闭触点); 3. PLC 的响应 I/O 口损坏	1. 检查停止按钮是否损坏; 2. 检查停止按钮接线是否错误
系统低气压,推袋板阀、压袋阀断电 5s 后,相应的接近开关(推袋开、压袋上位)仍没有信号	1. 气源压力低; 2. 气动管路及元件有泄漏部位; 3. 推袋、压袋阀,推板、压袋上位接近开关故障	1. 检查整个系统压缩空气压力是否过低; 2. 检查推袋推板上位接近开关和压袋板上位接近开关是否存在故障
安全门未关闭	1. 安全门未关闭或未关到位; 2. 限位开关故障或开关线路故障,开关松动	1. 检查安全门是否有未关闭的现象; 2. 检查安全门开关是否损坏或位置偏移; 3. 检查安全门开关接线是否有错误; 4. 如果设备没有安全门,参考初始画面的帮助信息,取消安全门报警
编组变频器故障	电动机保护断路器保护跳闸	根据编组变频器 U8 提示的故障代码说明书排除故障
推板开故障	1. 推板开位检测接近开关有故障; 2. 推袋中位或前位接近开关故障; 3. 推板电磁阀故障; 4. 机械结构卡住; 5. 系统气压低	1. 检查推板开位接近开关与感应的片间距离是否过大或安装位置有偏差; 2. 检查推板电磁阀是否损坏或接线错误; 3. 检查推板开位接近开关是否损坏
托盘挡铁故障	1. 托盘挡铁阀带电 5s 内托盘挡铁下位开关仍有信号; 2. 托盘挡铁阀失电 5s 内托盘挡铁下位开关仍无信号	1. 检查托盘挡铁下位磁环开关是否存在故障; 2. 检查托盘挡铁电磁阀是否损坏; 3. 检查挡铁动作的机构是否存在机械故障
托盘上升故障1	托盘上升过程中托盘底缸中位开关信号对应异常	1. 检查托盘上位开关与感应片间距离是否过大,托盘升降气缸动作过程中无返回信号; 2. 检查托盘升降节流阀调整是否合适; 3. 检查托盘升降电磁阀是否损坏
托盘上升故障2	托盘上升过程中托盘底缸上位开关信号对应异常	1. 检查托盘上位开关与感应片间距离是否过大,托盘升降气缸动作过程中无返回信号; 2. 检查托盘升降节流阀调整是否合适; 3. 检查托盘升降电磁阀是否损坏
托盘输送故障	托盘没有正常输送出托盘输送机	1. 检查托盘等待位光电是否与反射板对正; 2. 检查当升降机从下限位上升瞬间是否有托盘错误地传输到托盘等待位(此时等待位不应该有托盘)
推袋前进故障	推袋机在从推袋回位和推袋中减速间完成推袋动作时,有料袋错误的通过编组 2 光电开关	1. 推袋机在从推袋回位和推袋中减速间完成推袋动作时,有料袋错误地通过编组 2 光电开关; 2. 检查编组 2 光电是否与反射板对正

续表

故障名称	故障原因	处理方法
压袋位开关故障	1. 压袋位开关检测接近开关有故障； 2. 压袋电磁阀故障； 3. 压袋机返回超时； 4. 机械结构卡住	1. 检查压袋板位置接近开关与感应板间检测距离是否正确； 2. 检查压袋位接近开关是否损坏； 3. 检查压袋电磁阀是否损坏； 4. 检查是否存在机械故障
垛盘4~8动作超时	垛盘没有正常输送出垛盘输送机	1. 检查垛盘4~8接近开关检测板位置是否正常，垛盘4~8位置接近开关是否接线错误； 2. 检查垛盘输送电动机4~8是否存在故障； 3. 检查垛盘4~8输送过程中是否存在机械故障使托盘/垛盘无法正常排出； 4. 检查电动机传动部分是否存在故障

六、套膜机常见故障判断与处理

套膜机常见故障判断与处理见表2-4-6。

表2-4-6 套膜机常见故障判断与处理

故障名称	故障原因	处理方法
升降电动机上升超时	1. 升降机上升限位开关位置不对或无信号； 2. 升降机卡住无法运动； 3. 升降变频器故障	1. 检查升降机上升限位接近开关是否存在故障； 2. 检查升降机上升过程是否发生机械故障； 3. 检查升降变频器是否启动
升降电动机下降超时	1. 升降机下降限位开关位置不对或无信号； 2. 升降机卡住无法运动； 3. 升降变频器故障	1. 检查升降机下降限位接近开关是否存在故障； 2. 检查升降机下降过程是否发生机械故障； 3. 检查升降变频器是否启动
纵向机构打开超时	1. 支架平移电动机支架外限位开关位置不对或无信号； 2. 支架平移电动机卡住无法运动； 3. 支架平移电动机变频器故障	1. 检查支架平移电动机支架外限位开关是否存在故障； 2. 检查支架平移电动机打开过程是否发生机械故障； 3. 检查支架平移电动机变频器是否启动
纵向机构关闭超时	1. 支架平移电动机支架内限位开关位置不对或无信号； 2. 支架平移电动机卡住无法运动； 3. 支架平移电动机变频器故障	1. 检查支架平移电动机支架内限位开关是否存在故障； 2. 检查支架平移电动机关闭过程是否发生机械故障； 3. 检查支架平移电动机变频器是否启动
横向机构打开超时	1. 收膜轮平移电动机支架外限位开关位置不对或无信号； 2. 收膜轮平移电动机卡住无法运动； 3. 收膜轮平移电动机变频器故障	1. 检查收膜轮平移电动机支架外限位开关是否存在故障； 2. 检查收膜轮平移电动机打开过程是否发生机械故障； 3. 检查收膜轮平移电动机变频器是否启动
横向机构关闭超时	1. 收膜轮平移电动机支架内限位开关位置不对或无信号； 2. 收膜轮平移电动机卡住无法运动； 3. 收膜轮平移电动机变频器故障	1. 检查收膜轮平移电动机支架内限位开关是否存在故障； 2. 检查收膜轮平移电动机关闭过程是否发生机械故障； 3. 检查收膜轮平移电动机变频器是否启动

续表

故障名称	故障原因	处理方法
套垛轮廓检测故障	界限开关 ON 达到 15s	1. 检查界限开关安装位置是否正确； 2. 检查界限开关接线是否正确； 3. 检查界限开关是否损坏
制袋完成套垛无垛盘故障	膜已打开且摆臂到达下位，但套垛定位光电无信号超过 3s	1. 检查套垛位置是否有垛； 2. 检查套垛位光电是否安装正确； 3. 检查套垛位光电接线是否正确； 4. 检查套垛位光电是否损坏
真空泵未正常工作或未启动	自动运行状态下，无真空泵启动信号	1. 检查真空泵控制点是否有输出或接线错误； 2. 检查真空泵是否启动
进膜机构转动超时	进膜电动机正向转动超过 30s	1. 检查进膜机构检测接近开关是否存在故障； 2. 检查进膜机构运动过程是否发生机械故障； 3. 检查进膜机构变频器是否启动
温控器 2 故障	1. 温控器 2 线路问题； 2. 温控器损坏； 3. 温控器设定开关位置错误	1. 检查温控器接线； 2. 检查温控器，有损坏则更换； 3. 检查温控器设定开关位置是否正确
真空阀动作超时	真空阀 ON 但开膜真空检测开关无信号超过 8s	1. 检查负压检测开关接线是否正确； 2. 检查负压检测开关设定是否正确； 3. 检查负压检测管路是否堵塞； 4. 检查吸盘位置是否合适； 5. 检查膜卷是否偏差
真空检测开关故障	真空阀 OFF 但开膜真空检测开关有信号超过 5s	1. 检查负压检测开关接线是否正确； 2. 检查负压检测开关设定是否正确
夹手阀动作超时	夹手阀 ON 且夹手开位磁环 ON 或夹手阀 OFF 且夹手开位磁环 OFF 超过 2s	1. 检查电磁阀接线是否正确； 2. 检查电磁阀是否损坏； 3. 检查是否有足够的气源供应； 4. 检查磁感式接近开关接线是否正确； 5. 检查磁感式接近开关安装位置是否正确； 6. 检查磁感式接近开关是否损坏； 7. 检查是否存在机械故障
收膜轮阀动作超时	收膜轮阀 ON 且收膜轮开位磁环 ON 或收膜轮阀 OFF 且收膜轮开位磁环 OFF 超过 3s	1. 检查电磁阀接线是否正确； 2. 检查电磁阀是否损坏； 3. 检查是否有足够的气源供应； 4. 检查磁感式接近开关接线是否正确； 5. 检查磁感式接近开关安装位置是否正确； 6. 检查磁感式接近开关是否损坏； 7. 检查是否存在机械故障
膜卷热封阀动作超时	膜卷热封阀 ON 且活动热封开位磁环 ON 或膜卷热封阀 OFF 且活动热封开位磁环 OFF 超过 3s	1. 检查电磁阀接线是否正确； 2. 检查电磁阀是否损坏； 3. 检查是否有足够的气源供应； 4. 检查磁感式接近开关接线是否正确； 5. 检查磁感式接近开关安装位置是否正确； 6. 检查磁感式接近开关是否损坏； 7. 检查是否存在机械故障
热封 2 加热按钮故障	热封加热按钮 ON 超过 10s	1. 检查加热按钮是否损坏； 2. 检查按钮接线是否短路

续表

故障名称	故障原因	处理方法
热封2热封夹紧旋钮故障	热封夹紧旋钮ON超过10s	1. 检查旋钮是否损坏; 2. 检查旋钮接线是否短路
夹手摆臂上升超时	夹手摆臂电动机上升超过10s	1. 检查摆臂检测开关安装位置是否正确; 2. 检查摆臂检测开关接线是否正确; 3. 检查摆臂检测开关是否损坏; 4. 检查摆臂变频器是否启动; 5. 检查摆臂是否发生机械故障
夹手摆臂下降超时	夹手摆臂电动机下降超过10s	1. 检查摆臂检测开关安装位置是否正确; 2. 检查摆臂检测开关接线是否正确; 3. 检查摆臂检测开关是否损坏; 4. 检查摆臂变频器是否启动; 5. 检查摆臂是否发生机械故障
启动时未在初始位报警	自动运行开始时,进膜机构没在初始位置	1. 确认设备是否在初始位置; 2. 核对系统配置参数; 3. 进行初始化操作; 4. 检查各机构初始位置检测元件是否完好且正确安装
进膜开始吸盘或摆臂没到位	进膜开始时,吸盘没在开位或摆臂没在上位	1. 检查吸盘开位和摆臂上位检测元件是否到位; 2. 调整检测元件安装位置; 3. 检查检测元件接线是否正确
进膜开始热封没到位	进膜开始时,热封夹紧或热封阀没在开位	1. 检查热封夹紧和热封阀检测元件是否到开位; 2. 调整检测元件安装位置; 3. 检查检测元件接线是否正确
进膜开始夹手没到位	进膜开始时,开膜夹手没在开位	1. 检查开夹手检测元件是否到开位; 2. 调整检测元件安装位置; 3. 检查检测元件接线是否正确
真空开膜失败报警	两次吸盘真空开膜失败	1. 检查负压检测开关是否正常工作; 2. 检查真空阀是否正常; 3. 检查薄膜是否平整且位置正确; 4. 检查吸盘是否漏气
薄膜用完故障	薄膜用尽光电ON	1. 检查膜卷是否已经用光; 2. 检查膜卷检测光电是否安装正确; 3. 检查膜卷检测光电接线是否正确; 4. 如果确认不再续接薄膜,可在系统参数中调整相关设定
热封夹持阀动作超时	1. 热封夹持阀ON且热封夹持关位OFF超过6s; 2. 热封夹持阀OFF且热封夹持开位OFF超过6s	1. 检查电磁阀接线是否正确; 2. 检查电磁阀是否损坏; 3. 检查是否有足够的气源供应; 4. 检查磁感式接近开关接线是否正确; 5. 检查磁感式接近开关安装位置是否正确; 6. 检查磁感式接近开关是否损坏; 7. 检查是否存在机械故障

续表

故障名称	故障原因	处理方法
切刀阀动作超时	1. 切刀左行阀 ON 且切刀左限位 OFF 超过 15s； 2. 切刀右行阀 ON 且切刀右限位 OFF 超过 15s； 3. 切刀左右限位 OFF 都超过 15s	1. 检查电磁阀接线是否正确； 2. 检查电磁阀是否损坏； 3. 检查是否有足够的气源供应； 4. 检查磁感式接近开关接线是否正确； 5. 检查磁感式接近开关安装位置是否正确； 6. 检查磁感式接近开关是否损坏； 7. 检查是否存在机械故障
吸盘阀动作超时	1. 吸盘阀 ON 且吸盘关位 OFF 超过 5s； 2. 吸盘阀 OFF 且吸盘开位 OFF 超过 5s	1. 检查电磁阀接线是否正确； 2. 检查电磁阀是否损坏； 3. 检查是否有足够的气源供应； 4. 检查磁感式接近开关接线是否正确； 5. 检查磁感式接近开关安装位置是否正确； 6. 检查磁感式接近开关是否损坏； 7. 检查是否存在机械故障
薄膜袋切边不齐	切刀磨损严重	更换切刀
	热合夹压紧力不足	通过调整热合气缸伸出量调整压紧力
袋口热合效果不好	聚四氟布或电加热片、云母片损坏	及时更换
	热合温度不合适；温度过低则膜不能很好地粘连，温度过高则热合处因过热而烧漏	通过控制面板调整热合时间
	加热时间过长或过短	调整加热时间
	压力过大或不足	通过调整热合气缸伸出量调整压紧力
	封口处尤其是中间两层膜部分被扯薄甚至撕裂，冷却时间不足	通过控制面板调整冷却时间
薄膜拉伸时破裂	薄膜的尺寸参数与设置的技术参数不一致	更换薄膜
	薄膜质量不好	更换薄膜
	收膜过大	通过控制面板减小收膜长度，增加三次进膜长度
薄膜包装效果不好	拉膜装置框架不水平	调整拉膜框架，使其水平
	穿膜不正确	按穿膜示意图重新穿膜
	套膜末端弧板退出后堆褶	调整拉膜装置下降速度与放膜速度匹配
吸盘无法正常吸膜	套膜跑偏，膜卷左右位置不正确	调整膜卷左右位置，调整原则为向跑偏反方向调整膜卷位置
夹持手夹不住膜	胶块磨损或气缸伸出不到位	检查胶块或调整气缸末端
不卷膜	挂胶胶辊与拉膜弧板滚轮未压紧	调整气缸杆端伸出量
套膜后，垛盘顶部膜袋较松大	收膜过小	通过控制面板增加收膜长度

七、重膜包装线液压系统故障判断与处理

重膜包装线液压系统故障判断与处理见表 2-4-7。

表 2-4-7 重膜包装线液压系统故障判断与处理

故障名称	故障原因	处理方法
工作压力不足	溢流阀调整是否正确	调整溢流阀
	油箱液面是否过低	添加至油位线
	泵转速是否过低	检查、调整
	泵工作是否正常	检查原因并排除
	系统内外是否渗漏严重	系统消除渗漏
流量不正常	泵工作是否正常,其转速是否正常	检查原因并排除
	油箱是否液面太低	添加至油位线
	流量控制装置是否调整太低	调整
	溢流阀压力是否调整太低	调整
运动不正常	是否有油液通过	检查、调整
	本油路工作压力是否正常	检查、调整
	换向阀是否处于正常工作位置	调整
	油液黏度是否过高	更换
油液温度过高	系统中冷却器是否正常工作	更换或维修
	油位是否过低	添加至油位线
	系统中压力是否过高	检查、调整
	系统中元件是否内渗漏	检查内渗漏,更换密封

八、喷码机常见故障判断与处理

(一) 喷码机状态参数设置
墨水温度:应与室温接近。
机箱温度:应与室温接近。
调制频率:应为 67935Hz。
喷头高压:应为 0V 左右。
回收状态:应显示无墨水。
电磁阀:7 个电磁阀状态均显示"关"。
液位:3 个液位均显示"低"。
压力泵转速:应显示 0r/min。

(二) 墨路维护
墨路维护是指对墨路系统及喷头进行维护或检修。

(三) 喷头维护
喷嘴有轻微堵塞时应进行喷头维护。
(1)确保机器状态处于"喷码机关闭"状态。
(2)按"F1"键,然后按"Enter"键确定,进入"喷嘴清洗"功能,用清洗壶冲洗喷嘴孔约 1min,同时观察喷嘴排气管是否有清洗剂被顺畅回吸,否则继续冲洗喷嘴孔;再次按"F1"键,然后按"Enter"键确定,以结束"喷嘴清洗"功能。

(3)按"F2"键,然后按"Enter"键确定,进入"打通喷嘴"功能,观察墨线开启和关闭是否迅速、彻底[如果不理想可重复步骤(2)的操作];再次按"F2"键,然后按"Enter"键确定,以结束"打通喷嘴"功能。

(4)按"F3"键,然后按"Enter"键确定,进入"稳定性检测"功能,观察墨线是否稳定、连续[如果不理想可重复步骤(2)、步骤(3)的操作];再次按"F3"键,然后按"Enter"键确定,以结束"稳定性检测"功能。

(5)清洗喷头各部件并吹干,执行快速开机流程,检查墨线位置是否正确,如有必要可调整墨线。

(四)黏度标定

在"墨路维护"界面下按"F4"即可进行参考黏度设定,输入想要设定的值(如3600)然后按"Enter"键即可。此时回到"喷码机状态参数表"可以看到黏度参考值已经改变了。

(五)墨路引灌

墨路引灌是指对墨路系统引灌墨水或排气。

需要对新机器引灌墨水或者需要对墨路系统进行排气操作时,可执行"墨路引灌"功能。确保机器状态处于"喷码机关闭",在"墨路维护"界面下按"F6"键,然后按"Enter"键,喷码机会自动执行墨路引灌,"墨路引灌"不会自动停止,如果需要停止"墨路引灌",再次按"F6"键,然后按"Enter"键即可。"墨路引灌"流程最后会打开墨线,可以观察下墨线状态,这时即使墨线不正常也没关系,配合喷头维护和自动清洗就可保证墨线正常。

(六)常见故障

(1)墨仓空/溶剂仓空:根据故障提示及时添加墨水/溶剂(墨水添加至墨箱上下标线中间即可)。

(2)墨仓满:按 i 键,界面查看墨水黏度是否正常,正常情况下机器正常运行即可。墨水黏度过高则需要将墨箱墨水抽出即可解决。

(3)黏度高:墨水黏度过高,按 i 键,界面查看墨箱液位,墨箱液位"中"情况下机器会自动抽溶剂至墨水箱进行调节,墨箱液位高则需要将墨水箱墨水抽出一部分即可。

(4)高压泄漏故障:主要为喷头脏或者喷头潮湿,将喷头洗干净后用吹球吹干即可。

(5)高压电压故障:主要为现场电压不稳定或者电磁干扰严重,正常关机后重启操作。

(6)相位检测异常:根据现场温度及墨水黏度变化,墨点充电不正常,此时按 i 键,界面查看墨水黏度是否正常,正常情况下在主界面下按 F8 系统维护→F4 喷嘴调制→F1 喷嘴调制→在原数值下加减 50 后输入(例如,原数值 360,先输入 310 或 410)→Enter→观察使用情况。

(7)回收故障。

墨线射出情况下:墨线未进回收口,正常关机后使用喷嘴清洗功能清洗喷嘴,清洗后墨线正常进回收口即可正常使用,清洗后墨线依旧未进回收口则调节喷嘴,将墨线调整进回收口正中即可。

墨线未射出情况下:喷嘴堵造成,在主界面下按 F7 墨路维护→F1 喷嘴清洗→清洗剂对着喷嘴进行冲洗后→F2 打通喷嘴(2min)→F1 喷嘴清洗→清洗整个喷头→用吹球吹干后正常开机墨线射出进回收口位置正常即可,如以上操作无效则需拆开喷嘴帽进行清洗摇换后装回继续执行喷嘴清洗及打通喷嘴操作,直至墨线正常射进回收口即可。

九、脱粉器器常见故障判断与处理

脱粉器常见故障判断与处理见表 2-4-8。

表 2-4-8 脱粉器常见故障判断与处理

故障名称	故障原因	处理方法
脱除的粉尘中含有颗粒物料	1. 脱粉器设置不正确; 2. 定量给料阀开度错误	1. 优化脱粉器设置; 2. 检查并调整定量给料阀开度; 3. 清理脱粉器
产品物料的脱粉效果太差,产品中的粉尘太多	1. 脱粉器设置不正确; 2. 风机入口过滤器堵塞	1. 优化脱粉器设置; 2. 检查风机入口过滤器和排气过滤器并确认其正常; 3. 更换呼吸气口过滤器
阀门故障	阀门开关不到位	1. 检查阀门的阀位开关是否到位,如果阀门卡住应进行设备检修; 2. 阀门设备正常,阀门打不开,请电仪专业测试对应的熔断丝是否被熔断,即阀门供电是否为 DC 24V
电动机故障	电动机跳闸	检查管道是否堵塞,确认设备是否卡涩
触摸屏数据显示为"?"或者是"#####"	触摸屏和 PLC 通信中断	检查通信的网线是否正常,检查控制柜内 PLC 是否断电

十、吨包装机常见故障故障判断与处理

吨包装机常见故障判断与处理见表 2-4-9。

表 2-4-9 吨包装机常见故障判断与处理

故障名称	故障原因	处理方法
停止信号异常	1. 按钮本身损坏; 2. 按钮接线回路异常	1. 检查"停止"按钮是否正常工作; 2. 检查"停止"按钮信号回路
提升机构上位故障	1. 开关安装位置不当; 2. 开关接线回路异常; 3. 开关本身损坏	1. 检查开关位置是否正常; 2. 检查开关接线是否错误; 3. 检查元件是否损坏
提升机构下位故障	1. 开关安装位置不当; 2. 开关接线回路异常; 3. 开关本身损坏	1. 检查开关位置是否正常; 2. 检查开关接线是否错误; 3. 检查元件是否损坏
启动信号异常	1. 按钮本身损坏; 2. 按钮接线回路异常	1. 检查"启动"按钮是否正常工作; 2. 检查"启动"按钮信号回路
料袋检测开关 1 故障	1. 开关安装位置不当; 2. 开关接线回路异常; 3. 开关本身损坏; 4. 开关表面被异物遮挡	1. 检查开关位置是否正常; 2. 检查开关接线是否错误; 3. 检查元件是否损坏; 4. 检查开关表面是否清洁

续表

故障名称		故障原因	处理方法
料袋检测开关2故障		1. 开关安装位置不当； 2. 开关接线回路异常； 3. 开关本身损坏； 4. 开关表面被异物遮挡	1. 检查开关位置是否正常； 2. 检查开关接线是否错误； 3. 检查元件是否损坏； 4. 检查开关表面是否清洁
夹袋确认信号异常		1. 按钮本身损坏； 2. 按钮接线回路异常	1. 检查"夹袋确认"按钮是否正常工作； 2. 检查"夹袋确认"按钮信号回路
弃袋信号异常		1. 按钮本身损坏； 2. 按钮接线回路异常	1. 检查"弃袋"按钮是否正常工作； 2. 检查"弃袋"按钮信号回路
故障确认信号异常		1. 按钮本身损坏； 2. 按钮接线回路异常	1. 检查"故障确认"按钮是否正常工作； 2. 检查"故障确认"按钮信号回路
料袋输送信号异常		1. 按钮本身损坏； 2. 按钮接线回路异常	1. 检查"料袋输送"按钮是否正常工作； 2. 检查"料袋输送"按钮信号回路
电动机过载		1. 热继电器未接通； 2. 保护电流设置不当； 3. 电动机过载	1. 确认电动机保护热继电器处于合闸位置； 2. 检查热继电器电流设定值是否正确； 3. 检查是否负载过重
急停		1. 急停开关未释放； 2. 急停回路连线异常； 3. 急停开关本身损坏	1. 检查急停开关是否处于释放状态； 2. 对照电气图检查急停回路是否正常； 3. 急停开关触点连接是否正常
轴承	声音异常、发热运行不平稳	磨损严重或到达使用寿命	更换
		需清洗或添加润滑脂	清洗、添加润滑脂
链条	声音异常	传动不好	检查传动系统,清洗链条
	张口、死节、爬齿	链节磨损严重	链节重新铆轴或换链节
气动系统	噪声太大	气动管路或接头有漏气	更换破损的气动软管及紧固接头
		消音器损坏或堵塞	更换或清理
	压力表指示值不稳定	压力表损坏	更换
		调压阀损坏	维修或更换
		气源压力不稳定	检查并处理
		过滤器堵塞	清理
	气缸运行过快或过慢	节流器开度不合理	调节
	气缸运动不平稳	气缓冲大小不合适	调整
	气缸爬行	气源压力过低	提高气源压力
	气缸内泄大	密封失效	更换密封圈或检查活塞配合面
	减压阀工作不正常	膜片或弹簧断裂	更换
		阀座有异物或伤痕	清理
		阀杆变形	更换
		复位弹簧损坏	更换

续表

	故障名称	故障原因	处理方法
气动系统	油雾器工作不正常	节流阀工作不正常	调整或更换
		不滴油或油量太小	清理油道,调整节流阀
	电磁阀主阀故障	弹簧、密封件、阀芯或阀套损坏	更换
		主阀内有异物	清理
		气源压力不合适	找出原因并处理
		密封件损坏	更换
	电磁阀先导阀的排气漏气	有异物	清理
		动铁芯或弹簧锈蚀	排放冷凝水
		电压太低	找出原因并处理
		环境温度过低	提高环境温度
		弹簧损坏	更换

项目二　喷码机喷头清洗

一、准备工作

(一)设备准备

喷码机1台。

(二)工具准备

螺丝刀1把,清洗壶1个,清洗液1瓶。

(三)人员

2人操作,持证上岗,按规定穿戴劳动保护用品。

二、操作步骤

(1)检查喷码机运行参数,确认喷码机无报警信息。
(2)拧开固定螺栓,卸下喷头,打开喷头护罩。
(3)使用清洗壶认真清洗喷头各部件,包括喷嘴、分裂槽、相位检测器和回收口。
(4)确认喷头清洗干净,装回护罩,将喷头装回支架。
(5)打开喷码机运行,确认喷印正常。

三、注意事项

(1)到现场要穿戴好劳动保护用品。
(2)喷码机耗材具有腐蚀性,注意安全。
(3)使用工具要注意安全。

四、技术要求

(1)能正确清洗喷码机喷头。

(2)正确使用喷码机操作面板。

(3)喷码机喷印清晰。

项目三　油雾器加注润滑油

一、准备工作

(一)设备准备

重膜包装系统。

(二)工具、材料准备

螺丝刀1把,油壶1个,220号矿物油若干。

(三)人员

2人操作,持证上岗,按规定穿戴劳动保护用品。

二、操作步骤

(1)检查油雾器油位,确认润滑油位不足。

(2)关闭气源球阀。

(3)按下油雾器上排气阀,将管线内仪表空气排空。

(4)从油雾器上拧下油杯,使用油壶向油杯内加注润滑油。

(5)确认油杯内油位达到2/3。

(6)将油杯回装到油雾器上。

(7)打开气源球阀恢复供气。

三、注意事项

(1)到现场要穿戴好劳动保护用品。

(2)加注油品前关闭气源。

(3)使用工具要注意安全。

四、技术要求

(1)油雾器无漏气、漏油。

(2)正确拆装油杯。

(3)加注油位适当。

(4)油雾器正常使用。

项目四　电子定量秤零点标定

一、准备工作

(一)设备准备
重膜包装系统。

(二)工具准备
扳手1把,螺丝刀1把。

(三)人员
2人操作,持证上岗,按规定穿戴劳动保护用品。

二、操作步骤

(1)检查定量秤,确认定量秤运行正常。
(2)停止称重,将秤内物料排空。
(3)进入"系统标定"界面,长按"零点标定"按钮。
(4)返回"自动运行"界面,检查称重显示为"0"。
(5)启动定量秤,检查称重达标。

三、注意事项

(1)到现场要穿戴好劳动保护用品。
(2)检查前要确认电源切断。
(3)使用工具要注意安全。

四、技术要求

(1)正确设定定量秤运行参数。
(2)排净定量秤内物料。
(3)零点标定正确。

项目五　包装秤不能启动故障的原因分析

一、准备工作

(一)设备准备
重膜包装系统。

(二)工具准备
扳手1把,螺丝刀1把。

(三)人员

2人操作,持证上岗,按规定穿戴劳动保护用品。

二、操作步骤

(1)检查定量秤是否启动。

(2)打开定量秤箱体,检查料门气缸、连杆有无卡涩。

(3)检查仪表空气阀门是否打开。

(4)检查定量秤料门是否未初始化,按下"伺服初始化"按钮,使"伺服初始化"按钮黄灯亮起。

(5)启动称重,确认定量秤运行正常。

三、注意事项

(1)到现场要穿戴好劳动保护用品。

(2)检查前要确认电源切断。

(3)使用工具要注意安全。

四、技术要求

(1)正确设定定量秤参数。

(2)称量斗、加料阀开合到位。

(3)电气仪表元件接线完好。

项目六　手动热合机不封口故障的原因分析

一、准备工作

(一)设备准备

重膜包装系统。

(二)工具准备

扳手1把,螺丝刀1把。

(三)人员

1人操作,持证上岗,按规定穿戴劳动保护用品。

二、操作步骤

(1)检查手动热合机电源。

(2)检查手动热合机气源。

(3)检查手动热合机加热时间设定在2s以上。

(4)检查热合机加热温度旋钮不在"0"位。

(5)检查热合机加热条、四氟布安装是否正确。

三、注意事项

(1)到现场要穿戴好劳动保护用品。
(2)检查前要确认电源切断。
(3)使用工具要注意安全。

四、技术要求

(1)掌握热合机的结构组成。
(2)热合机温度控制的原理。
(3)热合机各部件完好。

项目七　拣选机卡袋处理

一、准备工作

(一)设备准备
重膜包装系统。

(二)工具准备
扳手1把,螺丝刀1把。

(三)人员
1人操作,持证上岗,按规定穿戴劳动保护用品。

二、操作步骤

(1)观察拣选机卡袋位置。
(2)停止皮带输送机,并切断电源。
(3)手动将卡住的料袋从挡板处取出,应注意不要将料袋拉破。
(4)恢复电源,按下控制柜上"复位"按钮,将故障复位。
(5)启动皮带输送机正常运行。

三、注意事项

(1)到现场要穿戴好劳动保护用品。
(2)处理前要确认电源切断。
(3)使用工具要注意安全

四、技术要求

(1)准确判断故障。
(2)设备部件完好。
(3)拣选机动作正确。

项目八　平皮带跑偏处理

一、准备工作

(一) 设备准备

重膜包装系统。

(二) 工具准备

扳手 2 把,螺丝刀 1 把。

(三) 人员

1 人操作,持证上岗,按规定穿戴劳动保护用品。

二、操作步骤

(1) 仔细观察,根据跑偏方向判断平皮带松紧边。
(2) 使用扳手调整皮带辊涨紧螺栓,使皮带找正。
(3) 确定皮带运行正常。

三、注意事项

(1) 到现场要穿戴好劳动保护用品。
(2) 处理前要确认电源切断。
(3) 使用工具要注意安全

四、技术要求

(1) 准确确认跑偏原因。
(2) 正确调整螺栓的螺母。
(3) 皮带位置调整正确。

第三部分

中级工操作技能及相关知识

模块一　工艺操作

项目一　相关知识

一、开车操作

FFS 膜线工艺原理、吨包线工作原理、脱粉工艺原理、FFS 膜线工艺流程、喷码机开车、重膜包装机开车和高位码垛机开车的相关知识见初级工操作技能及相关知识中"模块一　工艺操作"的相关内容。

二、停车操作

冷拉伸套膜停车操作程序、定量包装秤停车操作程序、各输送机的停车操作、重膜包装线紧急停车的操作、重膜包装机线停车程序、停车后落地料的处理、喷码机停车操作和重膜包装线停气、停气操作的相关知识见初级工操作技能及相关知识中"模块一　工艺操作"的相关内容。

项目二　实施开车步骤

一、准备工作

（一）设备准备

重膜包装系统。

（二）工具准备

扳手 2 把，螺丝刀 2 把。

（三）人员

2 人操作，持证上岗，按规定穿戴劳动保护用品。

二、操作步骤

（1）确认方案中有开车前设备检查调试的内容。
（2）确认方案中有确认产品牌号的要求。
（3）确认方案中有包装材料的准备与安装内容。
（4）确认方案中有本岗位与相关岗位的生产协调内容及方法。
（5）确认有水电气真空等公用工程的投用方案。
（6）确认方案中有设备开车程序及开车方法。

(7)确认方案中有开车后设备运行状况的检查内容及要求。
(8)确认开车方案准确完整,能指导现场开车。

三、注意事项

(1)现场着装规范。
(2)观察环境温度条件变化。
(3)注意其他条件变化。

四、技术要求

能够正确进行操作,确保设备稳定运行。

项目三　底封操作

一、准备工作

(一)设备准备
重膜包装系统。
(二)工具准备
扳手2把,螺丝刀2把。
(三)人员
2人操作,持证上岗,按规定穿戴劳动保护用品。

二、操作步骤

(1)确认底封机构调整方案经过审批,准许实施,能指导岗位开车。
(2)确认重膜包装机已停车,可交付调整。
(3)确认调节导向板的位置,使料袋能准确地送至底封机构中。
(4)确认调整夹持杆的位置,使两夹持杆平行,且两夹持杆的中心在所输送料袋的中心。
(5)确认调整左加热组件和右加热组件的位置,使其平行,且两加热组件的中心与两夹持杆的中心重合。
(6)确认调整使左加热组件和右加热组件,使其与安装基板平行,从而保证底封的封口效果良好。
(7)确认聚四氟布完好,现场可正常生产。

三、注意事项

(1)现场着装规范。
(2)观察环境温度条件变化。
(3)注意其他条件变化。

四、技术要求

能够正确进行操作,确保设备稳定运行。

项目四　包装线停车

一、准备工作

(一)设备准备
重膜包装系统。

(二)工具准备
扳手2把,螺丝刀2把。

(三)人员
2人操作,持证上岗,按规定穿戴劳动保护用品。

二、操作步骤

(1)确认方案中有停车前设备检查内容。
(2)确认方案中有设备停车程序及停车方法。
(3)确认方案中有安全操作规程。
(4)确认方案中有紧急情况的处理措施。
(5)确认方案中有停车后设备状况的检查内容及要求。
(6)确认停车方案准确完整,能指导现场停车。

三、注意事项

(1)现场着装规范。
(2)观察环境温度条件变化。
(3)注意其他条件变化。

四、技术要求

能够正确进行操作,确保设备稳定运行。

模块二　使用设备

项目一　相关知识

一、电子定量秤系统的使用

重膜包装线所采用的电子定量秤为单秤结构,由一台称重控制器控制伺服驱动器,驱动给料门开闭向称重箱内给料称重,并根据允许卸料联锁信号的有无,控制卸料门开闭,完成卸料。

电子定量秤系统中的控制器采用内置操作系统的嵌入式控制器为中央处理单元模块,功能更加强大,由于该嵌入式控制器专为工业现场应用设计,故可适应很恶劣的现场环境。采用高稳定性的 A/D 采集模块,使采集的数据更加稳定可靠。人机操作界面采用工业级的液晶触摸屏,使设置参数等操作更加简单方便。控制器提供一个全双工的 RS422 串行通信接口,可方便地与上位机或其他设备进行远端数据通信。控制器内部各主要功能单元均按模块化设计,提高了系统的可靠性和在工业现场中的抗干扰性。

二、重膜包装机供膜机构使用

供膜机构是重膜包装机的重要组成部分,其作用是固定重膜卷,并通过送膜电动机、膜卷展开电动机向重膜包装机输送膜卷,完成 FFS 重膜包装机的制袋功能。

供膜送膜及角封机构包括膜卷举升油泵电动机(M2)、膜卷下降阀(YVP24)、送膜电动机(M4)、膜卷展开电动机(M3)。

检测元件有膜卷用尽光电(SG1)位于膜卷支架支撑座附近、供袋辊上位(SQ15)、下位(SQ16)接近开关位于供袋辊支架旁。

三、光电开关的使用

光电开关是光电接近开关的简称,它是利用被检测物对光束的遮挡或反射,由同步回路接通电路,从而检测物体的有无。重膜包装线常用光电开关分为对射型、反射板型及直接反射型。其使用应注意检查对射式光电开关发射与接收端是否对正,反射板式光电开关与反射板是否对正。如果不对正,调整使其对正;检查直接反射式光电与被检测物体的距离是否合适,如果不合适,及时调整,检查其是否损坏的方法及步骤:首先检查光电开关是否有DC24V 电源,检测接近开关的棕色和蓝色线芯间电压,是否为 DC24V 左右,如果是,表明开关电源正常。检查光电开关是否有输出信号,判断光电开关已经有电后,把蓝色线上的黑表笔拿下,接触到黑色线(信号线)芯上。将一个物体放在光电开关前面适当位置,这时表的指示为 DC24V 左右,拿开物体指示 DC0V 左右,反复几次都如此,说明光电开关是好的,反之,若表的指示一直不变,说明开关已损坏。

四、接近开关的使用

接近开关是一种无须与运动部件进行机械直接接触而可以操作的位置开关。接近开关又称无触点接近开关,是理想的电子开关量传感器。当物体接近开关的感应面到动作距离时,不需要机械接触及施加任何压力即可使开关动作,从而驱动直流电器或给计算机(PLC)装置提供控制指令。接近开关是种开关型传感器(即无触点开关),它既有行程开关、微动开关的特性,同时具有传感性能,且动作可靠,性能稳定,频率响应快,应用寿命长,抗干扰能力强等,并具有防水、防震、耐腐蚀等特点。产品有电感式,电容式,霍尔式,交流型、直流型。

当金属检测体接近开关的感应区域,开关就能无接触、无压力、无火花、迅速发出电气指令,准确反映运动机构的位置和行程,即使用于一般的行程控制,其定位精度、操作频率、使用寿命、安装调整的方便性和对恶劣环境的适用能力,是一般机械式行程开关所不能相比的。它广泛地应用于机床、冶金、化工、轻纺和印刷等行业。

五、气缸的使用

气压传动中将压缩气体的压力能转换为机械能的气动执行元件。气缸可在恶劣条件下可靠地工作,且操作简单,基本可实现免维护。在重膜包装线中大量使用气缸完成各执行机构的直线或往复运行。

六、SEW 电动机的使用

SEW 电动机带负载正常运转时转速均匀,声音适中,发热适当。但要经常注意铝壳电动机温升情况,若发现严重发热及其他不良症状必须拉闸停止运行。风罩的避风口不能堵塞,电动机外壳应良好接地等。电容器损坏更新时,新电容器的电压值不得低于旧电容器的电压值,其做法数相等。

七、可编程控制器使用

可编程控制器简称 PC 或 PLC,是一种数字运算操作的电子系统,专门在工业环境下应用而设计。它采用可以编制程序的存储器,用来在执行存储逻辑运算和顺序控制、定时、计数和算术运算等操作的指令,并通过数字或模拟的输入(I)和输出(O)接口,控制各种类型的机械设备或生产过程。

八、PLC 系统的组成

PLC 的存储器包括系统存储器和用户存储器两种。系统存储器用于存放 PLC 的系统程序,用户存储器用于存放 PLC 的用户程序。PLC 一般均采用可电擦除的 E2PROM 存储器作为系统存储器和用户存储器。

九、重膜包装机的使用

FFS 包装机是 20 世纪 90 年代初由欧洲发展起来的一种高速包装技术,包装效率高且成本低。它采用膜厚不大于 200μm 的重包装筒膜卷成的膜卷制袋,这种膜卷称为 FFS 袋用薄膜卷。在欧美发达国家,该薄膜产品已成功地应用于多种工业包装,特别在合成树脂包装领域,几乎已经替代了复合编织袋。

十、电控系统的使用

操作面板作为操作人员与设备之间的交互界面,接受来自操作人员的操作指令并指示设备的运行状态。PLC 与温控器通过 PROFIBUS 总线连接,根据控制过程决定温控器是否加热,加热的温度可以在操作界面中设定,由温控器控制封口温度保证料袋的热封效果,从而完成整个包装流程的自动控制。

十一、热封控制系统的使用

FFS 包装机采用两个温度控制器,用于底封、口封加热控制。该控制器具有控制加热速度快、温度控制精度高等特点,同时具有加热回路的诊断及故障代码输出功能。温度控制器提供一个 PROFIBUS 总线接口,通过总线可以控制热封控制器的所有功能并且查询热封控制器的所有信息。PLC 通过 PROFIBUS 总线对温度控制器的目标温度、加热启停等进行设定与控制,并读取实际温度及故障代码等信息,这些功能与信息在与 PLC 相连的触摸屏上可方便地进行设定与监视。

十二、码垛机控制系统的工作过程

整形压平机之前的输送机完成料袋的输送。压平机和整形输送机相互配合,完成料袋的压平整形。加速输送机用于拉大料袋间距,以便于转位机有足够的时间完成转位动作。在部分部机出口处设有光电开关,用于实现输送的逐级缓停功能。即当下级部机缓停时,如果本节部机光电检测到料袋,本节部机随之缓停。光电开关也用于堵袋检测,当料袋堆积时,系统报警停车。转位输送机、转位机、编组缓停机(根据实际设备配置)和编组机,在码垛过程中完成转位和编组功能。输送机、转位旋转机构和转位夹持机构,依次由普通电动机、伺服电动机、气缸驱动。转位的目的是满足编组的要求,实现料袋输送、转位功能。

如果进入编组机的料袋不是一组中的最后一袋,当料袋到达编组光电开关 1 时,编组机启动,直到料袋完全通过编组光电开关 1 时编组机停止;如果进入编组机的料袋是一组中的最后一袋,当料袋到达编组光电开关 1 时,编组机启动,直到该料袋完全通过编组光电开关 2 时编组机停止。码垛机由停止状态进入自动运行状态时,推袋小车应处于推袋后位,且推袋板为打开状态;若小车不在推袋后位,则推袋机自动完成停止前记忆的动作后,再返回推袋后位。

十三、套膜机控制系统的使用

套膜机控制系统的使用的相关知识见初级工操作技能及相关知识中"模块二　包装设备的使用"的相关内容。

十四、复检秤控制系统的使用

复检秤控制系统的使用的相关知识见初级工操作技能及相关知识中"模块二　包装设

备的使用"的相关内容。

十五、喷码机的使用

喷码机的使用的相关知识见初级工操作技能及相关知识中"模块二 包装设备的使用"的相关内容。

十六、脱粉控制系统的使用

(一)正常(自动)操作模式

装置正常生产操作时,脱粉系统的相关操作,应由操作人员在 PLC 操作站上完成,其涉及的设备及阀门均应在"正常(自动)"模式下,通过控制程序联锁操作;"正常(自动)"模式下,所有涉及的电气设备现场操作柱均应在"远程"位。

(二)维护(手动)操作模式

"维护(手动)"操作模式仅用于检修、维护及紧急状态时的操作,相关设备及阀门可在没有控制系统联锁的情况下,通过操作站相应控制开关进行操作。

(三)电气设备的现场操作柱

脱粉系统中相关电气设备(电动机)均配置带有"就地/远程"选择开关的现场操作柱;当现场操作柱上的选择开关位于"就地"位置时,该电气设备将不再受控制系统的联锁。操作人员可通过现场操作柱,手动对该设备进行维护启停;如果脱粉系统在正常运行过程中,其中涉及的相关电气设备(电动机)切换至"就地"位置时,控制系统将依据联锁执行相关的停止程序。

十七、重膜包装热封组件的使用

重膜包装机的热封过程是利用电加热使塑料薄膜的封口部分变成熔融的流动状态,并借助热封时外界的压力,使两薄膜彼此融合为一体,冷却后保持一定的强度。包装袋的热封质量对包装过程、运输过程、储存过程及产品分销等各个环节都有很大的影响。因此,包装袋的热封强度和热封口完整性是薄膜包装生产控制产品质量的重要因素。热封温度的控制是加热片的电阻值随温度变化来实现的,因此,环境温度是重膜包装机热封温度的基点,它的变化直接影响热封温度的准确性,在包装机控制系统中设有专门校准环境温度的功能,手动对环境温度进行校准。

十八、重膜包装机的气动系统工作过程

气动系统是由气源处理装置、电磁换向阀、调速阀、气缸、消音器、气动软管以及各种快速接头等组成,其中气源处理装置由空气过滤器、减压阀(调压阀)及油雾器组成,其上带有压力表。压缩空气(仪表风)经主干线进入气源处理装置的空气过滤器,空气过滤器对压缩空气中的杂质进行过滤,过滤后的压缩空气经减压阀减压和稳压后进入油雾器,油雾器将雾化后的润滑油注入到压缩空气中,含有润滑油雾的压缩空气经电磁换向阀提供给执行元件—气缸,通过电气系统控制电磁换向阀阀芯的动作,使压缩空气分别从气缸的两端交替进入气缸内,从而使气缸完成伸出或缩回的动作。含有润滑油雾的压缩空气可对气缸的密封

件进行润滑,减少密封件的磨损,同时可防止管道及金属的腐蚀。从气缸排出的压缩空气经过消音器后排放到大气中,减小了压缩空气快速排放时产生的噪声,因此使整个气动系统的噪声降低到最低程度。

十九、吨包装机控制系统的使用

(一)手工上袋、称重控制、卸袋

大袋包装秤为单体挂袋秤结构,料袋提升到位并完成充气后启动称重,由称重控制器控制其称重过程,完成所包装物料的称重计量。包装机启动后,升降机构(含夹袋机构、吊钩机构)位于下位,人工将四角吊带挂在吊钩上,把空袋袋口套在下料口上,按下"夹袋确认"按钮,固定袋口。若袋子没有套好,可按下"弃袋"按钮,将袋子卸下。料袋固定完成延时后,升降机构上升至上位,将料袋吊起,同时充气阀打开,排气阀关闭,向包装袋内充气,使包装袋膨胀,以利于物料装袋。充气时间到,充气系统停止,充气阀关闭。

(二)启动称重

进入粗给料状态(称重控制器粗给料、精给料信号同时为ON),粗给料阀、精给料阀同时得电,给料门打开至最大开度,物料快速落入料袋内。当料袋内的物料重量达到粗给料预置点时,进入精给料状态(粗给料信号变为OFF,精给料信号继续为ON),粗给料阀断电,精给料阀继续得电,给料门关小至精给料开度,进行精给料。当料袋内的物料重量达到精给料预置点时,精给料信号变为OFF,精给料阀断电,给料门完全关闭。如果重量合格,夹袋装置打开,袋口脱开,料袋被卸下。如果重量超差,则发出报警信号,需按下"弃袋"按钮,将料袋卸下。人工将空袋套到下料口,等待下一次放料过程。

(三)复检秤输送及料袋输送

装袋完毕的料袋释放在料袋输送机1上,料袋输送机将料袋最终输送至叉车位,由叉车运走。料袋输送机1~3均由电动机驱动。每个输送机上都有检测开关,用于控制输送机的启停动作。

(四)控制过程

当包装完成卸袋后(如果下游料袋输送机有空位),料袋输送机运行。料袋到达料袋输送机2(复检秤)上停止,对料袋进行称重;如料袋合格,按动"复检输送"按钮,将料袋输送至下线;如料袋超差,系统则发出报警信号,经人工处理后按动"料袋输送"按钮,将料袋输送至下线。

项目二 复检秤标定

一、准备工作

(一)设备准备
重膜包装系统。

(二)工具准备
扳手2把,螺丝刀2把。

(三)人员
2人操作,持证上岗,按规定穿戴劳动保护用品。

二、操作步骤

(1)检查电气接线是否完好。
(2)检查相应的控制器的参数设置。
(3)检查复检秤运行机构是否正常。
(4)校准零点、满度。
(5)清除复检秤上杂物。
(6)标定零点。
(7)在复检秤中心放置25kg砝码,标定满度。
(8)开车运行,检查袋重是否符合要求。

三、注意事项

(1)到现场要穿戴好劳动保护用品。
(2)检查前要确认电源切断。
(3)使用工具要注意安全。

四、技术要求

(1)接线无松动。
(2)零点、满度正确标定。

项目三 从喷码机键盘输入批号

一、准备工作

(一)设备准备
重膜包装系统。

(二)工具准备
送料单1张,中性笔1支。

(三)人员
1人操作,持证上岗,按规定穿戴劳动保护用品。

二、操作步骤

(1)对照送料单输入批号。
(2)将输入的批号保存。
(3)将输入的批号打印。
(4)使废弃袋或纸板通过光电开关,核对批号是否与送料单上的批号相符合。

(5)检验通过喷码机的前几袋料,检验批号打印质量。

三、注意事项

(1)到现场要穿戴好劳动保护用品。
(2)喷码机耗材具有腐蚀性,注意安全。
(3)使用工具要注意安全。

四、技能要求

(1)能正确输入料单批号。
(2)会正常使用喷码机操作面板。
(3)喷码机喷印清晰。

项目四　油雾器油的添加及滴油速度的调节

一、准备工作

(一)设备准备

油雾器。

(二)材料、工具准备

油壶1个,扳手1把,220号矿物油若干。

(三)人员

1人操作,持证上岗,按规定穿戴劳动保护用品。

二、操作步骤

(1)检查油雾器油位,确认润滑油位不足。
(2)关闭气源球阀。
(3)按下油雾器上排气阀,将管线内仪表空气排空。
(4)从油雾器上拧下油杯,使用油壶向油杯内加注润滑油。
(5)确认油杯内油位达到2/3。
(6)将油杯回装到油雾器上。
(7)调节油雾器上滴油速度调节旋钮,调节滴油速度。
(8)打开气源球阀恢复供气。

三、注意事项

(1)到现场要穿戴好劳动保护用品。
(2)拆卸前要确认加热组件温度,防止烫伤。
(3)使用工具要注意安全。

四、技能要求

(1) 正确选取润滑油。
(2) 正确加注润滑油。
(3) 会正确调整滴油速度。

项目五　包装机立袋输送机高度调整

一、准备工作

(一) 设备准备
重膜包装系统。

(二) 工具准备
扳手1把,螺丝刀1把。

(三) 人员
1人操作,持证上岗,按规定穿戴劳动保护用品。

二、操作步骤

(1) 检查膜袋底封是否能被底封冷却板夹住。
(2) 检查立袋输送机上的膜袋是否堆起。
(3) 检查下料门处料袋能否被振板托起。
(4) 调整立袋输送机。
(5) 停止包装机。
(6) 进入手动界面,调整立袋输送机高度。
(7) 启动包装机。
(8) 观察膜袋位置是否正常。

三、注意事项

(1) 到现场要穿戴好劳动保护用品。
(2) 拆卸前要确认加热组件温度,防止烫伤。
(3) 使用工具要注意安全。

四、技术要求

(1) 能正确判断出故障。
(2) 会正常使用操作面板。
(3) 膜袋底位置应距离底封冷却板5cm左右。

项目六　清理喷码机

一、准备工作

(一)设备准备

喷码机1台。

(二)材料、工具准备

清洗剂1瓶,喷壶1个,抹布1块。

(三)人员

1人操作,持证上岗,按规定穿戴劳动保护用品。

二、操作步骤

(1)使用喷码机专用清洗液。

(2)喷码机内清理:将清洗液从油墨管压入喷头,挤出喷头油墨残液,查看喷头喷出液体为干净的清洗液。

(3)喷码机外清理:先用清洗液冲洗外喷头,再用无纱布将外喷头沾干,喷头周围要保持整洁。

(4)清理完毕,将喷码机固定。

三、注意事项

(1)到现场要穿戴好劳动保护用品。

(2)喷码机耗材具有腐蚀性,注意安全。

(3)使用工具要注意安全。

四、技能要求

(1)能正确清洗喷码机。

(2)会正常使用喷码机操作面板。

(3)喷码机喷印清晰。

项目七　气动系统日常维护

一、准备工作

(一)设备准备

重膜包装系统。

(二)工具准备

扳手1把,螺丝刀1把。

(三)人员

1人操作,持证上岗,按规定穿戴劳动保护用品。

二、操作步骤

(1)检查气水分离器中冷凝水的多少,沉积过多时排放。
(2)检查压力表指示的空气压力是否正确,否则调整。
(3)检查各接头处的连接是否牢固、漏气。
(4)检查各气缸动作速度是否正常。
(5)检查气缸密封垫处是否漏气。
(6)检查过滤器是否清洁,否则清理过滤器上的污物。
(7)检查油雾器的滴油量,若少于规定量,应添加。

三、注意事项

(1)到现场要穿戴好劳动保护用品。
(2)检查前要确认电源切断。
(3)使用工具要注意安全。

四、技术要求

(1)油雾器运行正常。
(2)气缸无漏气。
(3)过滤器无污物。

模块三　维护设备

项目一　相关知识

维护设备相关知识见初级工操作技能及相关知识中"模块四　包装设备故障的判断与处理"的相关内容。

项目二　分析包装机吹袋的因素

一、准备工作

(一)设备准备

重膜包装系统。

(二)工具准备

扳手1把,螺丝刀1把。

(三)人员

2人操作,持证上岗,按规定穿戴劳动保护用品。

二、操作步骤

(1)分析真空系统故障因素。

(2)分析压力检测故障因素。

(3)分析压力检测故障因素。

(4)分析机械部件故障因素。

(5)检查开袋速度与夹袋爪缩口速度是否协调。

(6)检查横向送袋装置是否到位。

三、注意事项

(1)到现场要穿戴好劳动保护用品。

(2)检查前要确认电源切断。

(3)使用工具要注意安全。

四、技术要求

(1)机械部件运行正常。

(2)真空压力表设置正确。

(3)真空统确认正常。

项目三　分析引起包装机真空度不足的因素

一、准备工作

(一)设备准备
重膜包装系统。

(二)工具准备
扳手1把,螺丝刀1把。

(三)人员
1人操作,持证上岗,按规定穿戴劳动保护用品。

二、操作步骤

(1)分析真空泵因素。
(2)分析真空管道因素。
(3)分析过滤器因素。
(4)分析吸袋器因素。
(5)分析真空表因素。
(6)检查真空表是否损坏。

三、注意事项

(1)到现场要穿戴好劳动保护用品。
(2)检查前要确认电源切断。
(3)使用工具要注意安全。

四、技术要求

(1)真空泵运行正常。
(2)真空过滤器无杂物。
(3)真空压力正常。

项目四　分析引起气缸活塞不动作的因素

一、准备工作

(一)设备准备
重膜包装系统。

(二)工具准备

扳手1把,螺丝刀1把。

(三)人员

1人操作,持证上岗,按规定穿戴劳动保护用品。

二、操作步骤

(1)检查空气压力有无不足。

(2)分析气缸本身因素。

(3)检查排气口有无堵塞。

(4)检查气缸内部有无黏结。

(5)检查气缸润滑状况。

(6)检查活塞密封有泄漏。

三、注意事项

(1)到现场要穿戴好劳动保护用品。

(2)检查前要确认电源切断。

(3)使用工具要注意安全。

四、技术要求

能够正确分析判断活塞不动作的各种因素。

模块四　判断故障

项目一　相关知识

判断故障相关知识见初级工操作技能及相关知识中"模块四　包装设备故障的判断与处理"的相关内容。

项目二　电子秤不能启动故障处理

一、准备工作

(一)设备准备
重膜包装系统。

(二)工具准备
扳手1把,螺丝刀1把。

(三)人员
1人操作,持证上岗,按规定穿戴劳动保护用品。

二、操作步骤

(1)检查空气压力。
(2)检查控制信号。
(3)检查按钮。
(4)检查机械机构。
(5)检查机械部件有无故障。

三、注意事项

(1)到现场要穿戴好劳动保护用品。
(2)检查前要确认电源切断。
(3)使用工具要注意安全。

四、技术要求

(1)检查空气压力是否太低。
(2)检查启动按钮是否损坏,若损坏,处理。
(3)检查紧急停车按钮是否复位,若是,复位。

项目三　称量不准确故障处理

一、准备工作

(一)设备准备

重膜包装系统。

(二)工具准备

扳手1把,螺丝刀1把。

(三)人员

1人操作,持证上岗,按规定穿戴劳动保护用品。

二、操作步骤

(1)检查空气压力是否稳定。
(2)控制仪表检查。
(3)检查称重传感器及控制仪表有无故障。
(4)料斗定时、控制仪表未复零位。
(5)检查进入秤的物料流量是否均匀。
(6)执行机构检查。

三、注意事项

(1)到现场要穿戴好劳动保护用品。
(2)检查前要确认电源切断。
(3)使用工具要注意安全。

四、技术要求

(1)会正确使用万用表。
(2)接线无松动。
(3)称重传感器安装正确。

项目四　设备撞击故障处理

一、准备工作

(一)设备准备

重膜包装系统。

(二)工具准备

扳手1把,螺丝刀1把。

(三)人员

1人操作,持证上岗,按规定穿戴劳动保护用品。

二、操作步骤

(1)检查气缸杆伸缩速度是否太快。
(2)检查驱动电动机及其制动器有无故障。
(3)检查机械部件有无磨损。
(4)检查传动带或链条及其驱动轮有无磨损。
(5)检查控制元件有无故障。
(6)检查控制元件位置是否正确。

三、注意事项

(1)到现场要穿戴好劳动保护用品。
(2)检查前要确认电源切断。
(3)使用工具要注意安全。

四、技术要求

(1)检查机械部件有无磨损。
(2)检查传动带或链条及其驱动轮有无磨损。

项目五　码垛机散垛故障处理

一、准备工作

(一)设备准备
重膜包装系统。

(二)工具准备
扳手1把,螺丝刀1把。

(三)人员
1人操作,持证上岗,按规定穿戴劳动保护用品。

二、操作步骤

(1)检查整形板定位是否准确。
(2)调整侧整形板。
(3)检查袋长。
(4)调整立袋输送机。
(5)导向机构检查。
(6)检查输送导向机构有无不协调。

(7)调整导向机构。

三、注意事项

(1)到现场要穿戴好劳动保护用品。
(2)处理前要确认电源切断。
(3)使用工具要注意安全。

四、技术要求

(1)整形板定位准确。
(2)袋长合适。
(3)输送导向机构协调。

项目六　包装机排气孔位置错位故障处理

一、准备工作

(一)设备准备
重膜包装系统。
(二)工具准备
扳手1把,螺丝刀1把。
(三)人员
1人操作,持证上岗,按规定穿戴劳动保护用品。

二、操作步骤

(1)确认包装袋排气孔位置错位。
(2)进入"手动操作"界面,使用"袋长补偿"调节排气孔位置。
(3)启动包装机观察排气孔位置。
(4)反复调整,直至排气孔位置正确。

三、注意事项

(1)到现场要穿戴好劳动保护用品。
(2)处理前要确认电源切断。
(3)使用工具要注意安全。

四、技术要求

排气孔应在包装袋四个角上,不能在同一边。

项目七　码垛计数错乱处理

一、准备工作

(一)设备准备

重膜包装系统。

(二)工具准备

扳手1把,螺丝刀1把。

(三)人员

1人操作,持证上岗,按规定穿戴劳动保护用品。

二、操作步骤

(1)袋数预置。
(2)检查袋数预置有无错误。
(3)重新预置袋数。
(4)检查光电开关。
(5)检查用于袋数检测的光电开关位置是否正确。
(6)检查用于袋数检测的光电开关有无故障。

三、注意事项

(1)到现场要穿戴好劳动保护用品。
(2)处理前要确认电源切断。
(3)使用工具要注意安全。

四、技术要求

(1)正确预置袋数。
(2)光电开关位置正确。
(3)光电开关检测正常。

项目八　包装机底封冷却故障处理

一、准备工作

(一)设备准备

重膜包装系统。

(二)工具准备

扳手1把,螺丝刀1把。

(三)人员

1人操作,持证上岗,按规定穿戴劳动保护用品。

二、操作步骤

(1)检查膜袋底封是否能正确进入冷却板。
(2)检查膜袋底封有无打折、被物料冲开现象。
(3)调整吹袋管方向及立袋输送机高度。
(4)调整吹袋管方向。
(5)调整立袋输送机高度。

三、注意事项

(1)到现场要穿戴好劳动保护用品。
(2)调整前要确认停电停气。
(3)使用工具要注意安全。

四、技术要求

(1)准确判断底封冷却故障。
(2)正确调整输送机高度。
(3)底封有无打折、被物料冲开现象。

项目九　包装机环境温度不准确故障处理

一、准备工作

(一)设备准备
重膜包装系统。

(二)工具准备
扳手1把,螺丝刀1把。

(三)人员
1人操作,持证上岗,按规定穿戴劳动保护用品。

二、操作步骤

(1)停止包装机运行。
(2)进入"热封监控"界面。
(3)根据现场实际温度设置"环境温度"。
(4)按下"口封校准""底封校准",口封温度、底封温度降至0。
(5)等待口封温度、底封温度升至与环境温度一致,返回"自动运行"界面。
(6)启动包装机运行。

三、注意事项

(1) 到现场要穿戴好劳动保护用品。
(2) 调整前要确认停电停气。
(3) 使用工具要注意安全。

四、技术要求

(1) 熟悉热封机构的组成。
(2) 熟悉环境温度校准原理。
(3) 环境温度的正确校准。

第四部分

高级工操作技能及相关知识

模块一　工艺操作

项目一　相关知识

一、PLC 的结构

PLC(可编程控制器)主要由 CPU、电源、储存器和输入输出接口电路等组成。

PLC 的输入接口电路可分为直流输入电路和交流输入电路。直流输入电路的延迟时间比较短,可以直接与接近开关,光电开关等电子输入装置连接;交流输入电路适用于在有油雾、粉尘的恶劣环境下使用。输出接口电路通常有 3 种类型:继电器输出型、晶体管输出型和晶闸管输出型。继电器输出型、晶体管输出型和晶闸管输出型的输出电路类似,只是晶体管或晶闸管代替继电器来控制外部负载。PLC 的扩展接口的作用是将扩展单元和功能模块与基本单元相连,使 PLC 的配置更加灵活,以满足不同控制系统的需要;通信接口的功能是通过这些通信接口可以和监视器、打印机、其他的 PLC 或是计算机相连,从而实现"人-机"或"机-机"之间的对话。PLC 一般使用 220V 交流电源或 24V 直流电源,内部的开关电源为 PLC 的中央处理器、存储器等电路提供 5V、12V、24V 直流电源,使 PLC 能正常工作。

二、重膜包装机工作原理

包装机控制系统控制 FFS 包装机各部分的动作,包括膜卷展开送袋、封角封底等制袋过程、取袋开袋、协调电子定量秤与包装机动作配合进行装袋、封口等一系列动作,使包装机按照设定的工艺流程来完成整个生产过程。

三、重膜包装机电控系统的工作原理

控制系统以可编程控制器 PLC CPU 为核心,通过 CPU 一体化数字量 I/O 模块、PROFI-BUS 总线连接的分布式 I/O(包括总线分布式数字量 I/O 模块、模拟量 I/O 模块)连接检测、控制元件以及操作盘;并通过总线连接现场阀岛及支持 PROFIBUS 总线通信的控制器(包括温控器和伺服驱动器)。

检测元件包括光电开关、接近开关、正负压力检测开关等;控制元件包括变频器、伺服驱动器、温控器、接触器、固态继电器和电磁阀等;操作盘由触摸式人机界面、带灯按钮开关、指示灯等组成。

四、重膜包装机热封控制系统原理

FFS 包装机采用两个温度控制器,用于底封、口封加热控制。该控制器具有控制加热速度快、温度控制精度高等特点,同时具有加热回路的诊断及故障代码输出功能。温度控制器

提供一个 PROFIBUS 总线接口,通过总线可以控制热封控制器的所有功能并且查询热封控制器的所有信息。PLC 通过 PROFIBUS 总线对温度控制器的目标温度、加热启停等进行设定与控制,并读取实际温度及故障代码等信息,这些功能与信息在与 PLC 相连的触摸屏上可方便地进行设定与监视。

五、电子定量秤控制系统使用

FFS 重膜包装线定量秤控制系统采用博实公司的 ME2000A 型称重控制器,控制器的称重控制参数、重量判断参数及标定参数可根据实际应用进行设置。

电子定量秤是供散装颗粒状物品装卸作业流水线用的自动计量装置。

当粗流进料由时间方式控制时,若系统重新上电,或称重停止时间超过 15min,粗流时间自动调节为设定值。当粗流进料阶段,粗流进料由时间方式控制时,粗流时间自动调节不会超过粗流时限所设定的值。当称重方式为重量控制方式,粗流开始后在该设定时间内不进行重量检测,躲过物料冲击带来的波动干扰。当系统进行自动置零时允许零点偏移的范围。当零点偏移超过这个范围时,系统放弃本次置零操作,在精流进料阶段如果检测的重量达到此值则关闭精流下料门。此参数通常由系统自动调整,但如果精流调整选为否,则系统不再自动调整精流阈值。在称重模式二中,粗流控制为时间控制时,此参数作为系统在自动调整粗流时间的参考量。系统自动调整粗流时间,使控制过程在精流下料阶段的时间接近精流时间。如果此参数设置过大时,控制器会自动调整粗流时间,使精流下料时间加长,称重速度慢,但称重精度变高、重复性变好。如果此参数设置过小时,控制器会自动调整粗流时间,使精流下料阶段的时间变小,称重速度快,但称重精度变低、重复性变差。设定卸料门打开的时间,卸料时间要保证足以卸掉所有被称好的物料。设定称重超时的时间,表示当称重持续时间超过该设定值时,称重过程停止。设置自动置零和精流值调整的称重间隔。在高速模式自动调整和自动置零是同步进行的,即在到达置零的前一袋,系统首先自动把该袋卸料时间加 200ms,进行一次彻底清空,然后进行自动置零,在本袋称重完成后自动计算出补偿偏差,进行精流阈值的自动调整,其后的一个置零间距内使用这些计算好的参数。称重控制器上电后或重新开始称重,第一袋进行自动置零,运行到第 15 袋再进行一次自动置零,其后每间隔一个置零间距进行一次自动置零。系统自动置零过程为,延时采零延时,检测当前重量,如果采集的当前重量偏差小于零点范围,判断当前秤体是否稳定,如稳定,进行自动置零。以上如有一项为否定,则本次置零被放弃。系统在粗流门关闭后的延时时间,在此时间内禁止比较采集数据。系统在精流门关闭后的延时时间,在此时间内空中飞料应完全落入称重箱并且秤体应稳定下来。

当系统所称出的物料的实际重量平均值低于所要求重量值,则可以手动调节增加袋重使称出的物料的实际重量接近于所要求重量值。当系统所称出的物料的实际重量平均值高于所要求重量值,则可以手动调节减少袋重使称出的物料的实际重量接近于所要求重量值。如果本系统显示为 24.99kg,假定包装袋重为 0.15kg,则在包装好后检测重量应为 24.99+0.15=25.14kg,如果实际称量为 25.18kg,应减少袋重 0.04kg。当精流称重结束后,如果重量未达到设定值,则控制器重新打开精流门,进行补料过程。如设定为 -1,则检测料斗底门关闭检测开关信号,直到确认关闭状态信号有效后才可以进行下载进料称重。如果将该值设定在 0~5000,则每次称重前不检测底门信号,而是在前一次称重卸料完毕后关闭卸料门,按设定时间延时后再进行该下次称重过程。此方式在高速称重或底门检测开关损坏情况下使用。设置系统称重合格范围的上限。设置系统称重合格范围的下限。可选择"时间控制"和"重量控制"方式。设置为"时间控制"时,则粗流门打开,经过粗流时间后关闭;设置为"重量控制"时,则粗流门打开,当重量值达到粗流阈值后粗流门关闭。

六、码垛机控制系统的使用

码垛机是料袋按一定排列码放在托盘,进行自动堆码,可堆码多层,然后推出,便于叉车运至仓库储存。

在自动运行状态下,按下零袋排出按钮,可将编组输送机、过渡板、分层板上的料袋假定为一层,码到垛盘上,将垛盘排出,同时层数计数器、编组计数器、转位计数器清零,垛数加"1"。在自动运行状态下,按下强制排垛按钮,可以把当前垛盘强制排出,垛数加"1",层数清零,其他计数不变。按下计数复位按钮按钮超过 3s,将清除"总垛数"计数。在停止状态下,按下转位初始化按钮,伺服电动机自动进行初始化操作,寻找初始位置。

七、套膜机控制系统的使用

套膜机是一种高效的托盘货物集成包装设备,上游垛盘输送机将垛盘输送至进垛输送机。若整形输送机上空闲无垛盘,则进垛输送机和整形输送机运行,将垛盘输送到整形输送机上。当整形输送位置检测开关由 OFF 转为 ON 后,整形输送电动机停止运行。整形输送电动机停止后,垛盘右定位阀和左定位阀得电,带动定位板至定位位置将垛盘定位。定位完成后,定位板返回至定位回位,整形输送机启动将垛盘输送至套垛输送机上。套膜机启动运行后,进膜电动机 M6 工作,带动膜卷转动,直到薄膜端部运动至成型开袋机构中的两对吸盘之间,当达到所需长度时,电动机停止工作;当升降机构位于升降机初始位时,吸盘阀得电,向中间运动合拢,当吸盘阀到达关位时真空阀得电,开膜真空检测开关为 ON,建立真空,吸住薄膜;进膜电动机少量进膜后,吸盘阀失电,将薄膜拉开至吸盘开位,开膜夹手阀得电,夹住膜的侧边(此时如果开膜检测真空为 OFF,则真空建立失败,系统报警开膜失败),同时真空阀失电。进膜电动机第三次进膜,当达到设置长度时,再次停止,夹手摆臂机构电动机 M7 运转,摆臂向下运动到下限位置。摆臂到达下限位置后,如果有新的垛盘到达套垛位置,则拉膜装置平移机构向内合拢,至接膜位置后停止,升降机向上运动到上限位;收膜轮压紧,夹手阀失电,薄膜落到拉膜弧板上;收膜轮压紧,进膜电动机和卷膜电动机同时运转将薄膜收入拉膜弧板底部后收膜轮打开;拉膜装置平移机构再次打开到预设位置二,收膜轮再压紧,进膜电动机和卷膜电动机同时运转,当进膜至制袋长度时,进膜和卷膜电动机停止,热封夹持阀得电,将薄膜夹住,热封组件阀得电,热封组件到达关位,切刀开始切膜,切断薄膜后,温控器开始按设定温度加热,加热时间到,热封阀失电打开,同时冷却阀得电,使薄膜封口处速度冷却。冷却时间到,热封夹持阀失电打开,卷膜电动机运转收膜至设定长度。膜袋被收入四个拉膜弧板处,横纵向机构将薄膜拉伸到预设位置三后,升降机构下降,并根据位置设定值自动套垛,且卷膜电动机同时放膜(如果垛型不规整或垛盘定位整形不准确,导致套垛过程中横向或纵向轮廓检测被触发,设备将中断套垛,自动进行修正尺寸后,再继续套垛),当升降机构到达升降下限位时,升降机构停止,收膜滚轮打开回到初始位置,膜袋脱离;套膜动作完成后,横向机构、纵向机构向四角运动到全开极限位置,整个拉伸升降机构重新向上运动,返回至初始位置。

八、复检秤控制系统的使用

重量复检秤是一种高速度、高精度的在线称重设备,在金属检测输送机的输送过程中,金属检测器对料袋进行金属颗粒检测,当检测到料袋内含有金属颗粒时,检测器向PLC发出报警信号。

九、喷码机的使用

喷码机是一种通过软件控制,使用非接触方式在产品上进行标识的设备。适用于多种材料,包括玻璃、涂层卡片、塑料(聚乙烯、聚丙烯和聚碳酸酯)、橡胶、PVC电缆及管道、金属等。

十、脱粉控制系统的使用

脱粉系统在目前化工企业对聚烯烃产品粉尘颗粒脱除中应用较广泛,脱粉系统的脱粉线设备及气动阀门,均有"正常(自动)"及"维护(手动)"两种操作模式。操作人员可在操作站上选择相应的操作模式。"正常(自动)"操作模式用于装置正常生产操作,系统通过控制系统联锁操作。"维护(手动)"操作模式仅用于系统检修、维护、试车及紧急状态时的操作,设备及阀门可在没有逻辑控制的情况下,通过现场操作柱及操作站相应控制开关进行操作。装置正常生产操作时,脱粉系统的相关操作,应由操作人员在PLC操作站上完成,其涉及的设备及阀门均应在"正常(自动)"模式下,通过控制程序联锁操作;"正常(自动)"模式下,所有涉及的电气设备现场操作柱均应在"远程"位。脱粉系统中相关电气设备(电动机)均配置带有"就地/远程"选择开关的现场操作柱;当现场操作柱上的选择开关位于"就地"位置时,该电气设备将不再受控制系统的联锁。操作人员可通过现场操作柱,手动对该设备进行维护启停;如果脱粉系统在正常运行过程中,其中涉及的相关电气设备(电动机)切换至"就地"位置时,控制系统将依据联锁执行相关的停止程序。

十一、吨包装机控制系统的使用

吨袋包装机用于大袋包装物料的大型称重的包装设备,自动化程度高,包装速度可控可调。

包装机启动后,升降机构(含夹袋机构、吊钩机构)位于下位,人工将四角吊带挂在吊钩上,把空袋袋口套在下料口上,按下"夹袋确认"按钮,固定袋口。若袋子没有套好,可按下"弃袋"按钮,将袋子卸下。

项目二　安装热封组件

一、准备工作

(一) 设备准备

重膜包装系统。

(二) 工具准备

扳手 2 把,螺丝刀 2 把,热封组件 1 套。

(三) 人员

1 人操作,持证上岗,按规定穿戴劳动保护用品。

二、操作步骤

(1) 在拆卸前关闭电源、气源,待加热部件冷却后拆卸。
(2) 先拆除加热部件上的电气连接,再拆卸热封组件。
(3) 检查电气接线是否完好,安装热封组件。
(4) 检查相应的热封控制器的参数设置并校准。
(5) 更换聚四氟布或加热片。
(6) 清洁聚四氟布粘贴面,清洁加热片。
(7) 检查加热片的表面质量,看有无疵点。
(8) 检查硅胶条是否有破损,聚四氟布要粘平。

三、注意事项

(1) 到现场要穿戴好劳动保护用品。
(2) 拆卸前要确认加热组件温度,防止烫伤。
(3) 使用工具要注意安全。

四、技术要求

(1) 熟悉加热片安装方式。
(2) 熟悉聚四氟布应卷方式。
(3) 熟悉左右加热组件安装位置。

项目三　检修电磁阀

一、准备工作

(一) 设备准备

重膜包装系统。

(二)工具准备

扳手 2 把,螺丝刀 2 把。

(三)人员

2 人操作,持证上岗,按规定穿戴劳动保护用品。

二、操作步骤

(1)确认电磁阀故障原因。

(2)检查电磁阀是否能手动换向。

(3)若手动时电磁阀能正常工作,则检查电磁阀的电路。

(4)若手动电磁阀,电磁阀换向不灵活,则检查电磁阀阀体。

(5)检查电磁阀控制线路。

(6)检查电磁阀的电路连接处是否松动,电缆是否损伤。

(7)紧固松动连接处,更换损伤的电缆。

(8)检查电磁阀阀体。

(9)拆开电磁阀进行清洁处理。

(10)检查弹簧、密封件、阀芯与阀套有无被腐蚀、损伤。

(11)检查气路有无堵塞或接错。

三、注意事项

(1)到现场要穿戴好劳动保护用品。

(2)拆卸前要确认电源、气源切断。

(3)使用工具要注意安全。

四、技术要求

(1)熟悉电磁阀电路控制过程。

(2)熟悉电磁阀工作原理。

(3)熟悉气路流程。

项目四 检修重膜包装系统电动机

一、准备工作

(一)设备准备

重膜包装系统。

(二)工具准备

扳手 2 把,螺丝刀 2 把。

(三)人员

2 人操作,持证上岗,按规定穿戴劳动保护用品。

二、操作步骤

（1）检查对应的电动机空气开关是否因过载或短路而跳闸，如果是，查明原因，排除故障，然后将电动机空气开关闭合。

（2）检查对应的交流接触器是否发生故障，如果是，查明原因，排除故障或更换新的接触器。

（3）检查各连接端子处接头是否松动、断开，电动机电缆是否损坏，紧固松动的连接处、更换损坏的电缆。

（4）检查制动电动机的制动器部分是否有杂物。

（5）检查制动器的气隙。

（6）检查电动机制动器控制回路的接线情况。

（7）调整电动机传动链条的松紧。

（8）检查传动系统的润滑情况。

三、注意事项

（1）到现场要穿戴好劳动保护用品。

（2）拆卸前要确认电源切断。

（3）使用工具要注意安全。

四、技术要求

（1）熟悉电动机接线方式。

（2）熟悉电动机制动器制动原理。

（3）熟悉传动系统运行方式。

项目五　检修光电开关

一、准备工作

（一）设备准备

重膜包装系统。

（二）工具准备

扳手2把，螺丝刀2把。

（三）人员

2人操作，持证上岗，按规定穿戴劳动保护用品。

二、操作步骤

（1）检查光电开关本身的状态指示灯是否正常。

（2）检查PLC对应输入点的状态有无异常。

(3)检查光电开关的电源及信号线路,连接处是否松动脱落,信号电缆是否损坏,紧固松动的连接处,更换损坏的电缆。

(4)检查光电开关的位置是否正确。

(5)检查光电开关镜头表面是否清洁。

(6)检查光电开关灵敏度是否适当。

(7)检查光电开关的动作设置(LO 或 DO)是否有错误。

三、注意事项

(1)到现场要穿戴好劳动保护用品。

(2)拆卸前要确认电源切断。

(3)使用工具要注意安全。

四、技术要求

(1)熟悉光电开关与反射板相应位置。

(2)熟悉光电开关接线方式。

(3)熟悉光电开关检测方法。

项目六　检修接近开关

一、准备工作

(一)设备准备

重膜包装系统。

(二)工具准备

扳手 2 把,螺丝刀 2 把。

(三)人员

2 人操作,持证上岗,按规定穿戴劳动保护用品。

二、操作步骤

(1)检查接近开关本身的状态指示灯或 PLC 对应输入点的状态显示。

(2)检查电感式接近开关检测的金属物体或感应片的位置是否与接近开关对正,金属物体或感应片与接近开关的距离是否适当。

(3)检查磁感式接近开关安装是否牢固,位置是否有偏移。

(4)检查接近开关的电源及信号线路,连接处是否松动脱落,信号电缆是否损坏,紧固松动的连接处,更换损坏的电缆。

三、注意事项

(1)到现场要穿戴好劳动保护用品。

(2)拆卸前要确认电源切断。
(3)使用工具要注意安全。

四、技术要求

(1)熟悉光电开关与反射板相应位置。
(2)熟悉光电开关接线方式。
(3)熟悉光电开关检测方法。

项目七　维护电控系统

一、准备工作

(一)设备准备
重膜包装系统。

(二)工具准备
扳手2把,螺丝刀2把。

(三)人员
2人操作,持证上岗,按规定穿戴劳动保护用品。

二、操作步骤

(1)检查电控柜内的接线端子是否松动。
(2)检查电控设备的接地线是否松动。
(3)检查电控柜内开关。
(4)检查漏电保护开关是否有效。
(5)检查光控开关表面是否清洁。
(6)检查接近控制开关是否松动,反应是否灵敏。
(7)检查操作盘及触摸屏的按钮开关和选择开关是否灵活有效。

三、注意事项

(1)到现场要穿戴好劳动保护用品。
(2)检查前要确认电源切断。
(3)使用工具要注意安全。

四、技术要求

(1)熟悉控制原理。
(2)熟悉操作控制过程。
(3)熟悉电控开关工作原理。

模块二　包装设备的维护

项目一　相关知识

一、电子定量秤的日常维护

电子定量称日常维护主要是对秤料斗、给料门与卸料门运行机构进行检查维护,对系统运行数据进行标定。

秤料斗的检查主要是观察秤料斗表面平滑无杂物。

给料门与卸料门要检查运行机构的开合要灵活,可通过给定量秤加入输出信号,检测给料门与卸料门开合情况。

二、重膜包装机的日常维护

重膜包装机的日常维护是指对包装机的运行机构的部件进行维护检测。启动升降机构的检查维护,机架运行应平稳无异响,其中心与包装中心应对正。检测光电开关、接近开关的信号传输应准确快速。调整底封机构工作高度到固定位无松动,合适后,紧固螺栓。调节导向板的位置,使料袋能准确地送至底封机构中。调整打孔刀的水平伸进位置,使角封的排气孔大小合适,位置适中。调整气缸的关节轴承的旋入长度及摆杆上气缸铰轴安装孔的变换,确保开袋机构的半开位和全开位的位置合适。调整缩袋气缸的螺杆,使两手爪的间距适合料袋的宽度,使料门插入料袋,当料门打开时,料袋与料门能够很好地配合且无缝隙。调整夹持弯板气缸,使夹持弯板能够夹紧料袋。调整料门的气缸,保证料门升降时顺畅,无卡阻现象。料门打开时能与料袋配合紧密。调节冷却翻转压板的气缸,使翻转压板开合动作适中,压袋效果良好,从而达到良好的包装效果。

三、喷码机的日常维护

喷码机的日常维护主要是对喷码机流程进行维护检查。通过执行"墨路引灌"功能,执行墨路系统排气操作,确保机器状态处于"喷码机关闭",在"墨路维护"界面下按"F6"键,然后按"Enter"键,喷码机会自动执行墨路引灌,"墨路引灌"不会自动停止,如果需要停止"墨路引灌",再次按"F6"键,然后按"Enter"键即可。"墨路引灌"流程最后会打开墨线,可以观察下墨线状态,这时即使墨线不正常也没关系,配合喷头维护和自动清洗就可保证墨线正常。完成墨路引灌后,必须执行"自动清洗"功能,以保证清洗回路充满溶剂。在"墨路维护"界面下按"F9"键,然后按"Enter"键,喷码机会自动执行"自动清洗"流程,"自动清洗"不会自动停止,需要再次按"F9"键,然后按"Enter"键结束该流程。可以多次执行此操作,保证喷码机正常运行。

四、输送检测单元的日常维护

输送检测单元的日常维护是确保系统平稳运行的有效方法,通过系统联动/调试按钮:进行系统调试和系统联动之间的转换。在系统上电后,屏上默认设置为联动状态。系统设置为调试状态时,输送检测单元独立运行,不受外部设备启停控制,此时屏上手动操作无效;若处于联动状态,输送检测单元将根据外部设备的联锁信号而启停。"手动操作""历史故障""主画面"为换画面按钮。

只有在联锁停车状态下才能进行手动操作。

计数显示:金(金属袋数)—显示金属检测器检测到含金属的总袋数;重(超差袋数)—显示重量复检秤检测到的超差总袋数;总计—显示输送料袋的总袋数。

五、码垛机的日常维护

码垛机的日常维护是对码垛机的运行机构的部件进行维护检测。首先对升降机进行维护检查,观察升降机高速上升、低速上升之间的转换是否平稳无异响;其次当升降机到达上位停止时,当分层板打开应准确无延迟,完成压袋动作后,排垛启动,将垛盘排出,进入下一码垛循环。检查托盘仓中的托盘是由叉车放入的,按设计标准放置托盘数量。当托盘仓中的托盘数量少于3个时,声光报警器发出声光报警信号,报告托盘仓中托盘不足,托盘底缸阀得电,托盘叉阀得电,仓体两侧的四个托盘叉同步打开,托盘托架托住仓内托盘,延时后,托盘底缸阀失电,托盘托架下降,当托盘托架降至中位时,托盘叉气缸电磁阀失电,托盘叉收拢,插入托盘的叉孔中,保证托盘托架上仅剩一个托盘,并将其上的托盘支撑住。托盘托架继续下降到初始位置,并把托盘放置在托盘输送机上。满足排垛条件,将垛盘输送至下一垛盘输送位;每节垛盘输送机都有逐级缓停功能。

六、套膜机的日常维护

套膜机的日常维护主要是检测拉膜装置的框架水平,使拉膜装置保持一定的水平,通过调整辊轮处的偏心法兰使拉膜装置的辊轮沿导板滑动顺畅无卡滞现象。通过松开M10×30螺栓,调整偏心法兰,使外侧的上偏心轮与内侧的下偏心轮与立柱面压紧,另外两个偏心轮调整使其滑动顺畅。偏心法兰的偏心量为4mm。偏心轮属易损件,磨损严重或损坏时应予以更换。

其次保证可靠卷膜的维护检查,进行卷膜动作时,挂胶胶辊应压在拉膜弧板的滚轮上,带动滚轮转动,维修维护人员应在每72个工作小时检查此处挂胶胶辊是否与滚轮压紧,从触摸屏手动操作检测是否压紧并带动滚轮转动,如果未压紧,调整气缸杆旋入关节轴承的距离,使挂胶胶辊有效带动滚轮转动,从而实现可靠卷膜。

七、吨包装机的日常维护

吨包装机的日常维护必须保证电缆无破损且连接可靠,设备运行的禁入区内没有杂物;气动装置完好,无漏气现象;各控制开关及指示灯灵活有效;光电开关镜头清洁,作用范围适当,没有无关物体遮挡;接近开关位置准确,安装牢固,无松动,没有无关金属物体靠近;系统参数设置正确;触摸屏及报警装置无报警信息。

检查生产线上所有部机的动作是否符合功能要求。检查料袋的充排气效果是否良好:料袋充气后,膨胀是否适当。物料进入料袋后,排气是否顺畅。如果不合适,调整触摸屏内相关参数。生产线运行平稳,无不正常噪声。料袋重量在合格范围内。包装速度达到生产能力要求。

八、光电开关的日常维护

光电开关在日常维护中,首先定期对灵敏度进行检查,对光电开关进行遮挡,观察信号反馈速度应快速准确,其次对光电开关进行定期保养,擦洗清除表面的一些污垢,杜绝因此对灵敏度的影响。最后对光电开关进行信号进行定期检查。

九、接近开关的日常维护

接近开关是种开关型传感器(即无触点开关),是一种无需与运动部件进行机械直接接触而可以操作的位置开关,接近开关是靠磁感应来实现动作的,在日常维护中检查接近开关周围无强烈磁场物体存在,因为磁场一旦超过本身开关的磁场就会造成开关不动作或者误动作。定期时检测电压、电流的数值,确保其不会超过开关输入的要求;如果长期超值,开关寿命就会大大地减少,甚至出现一接就会损坏;定期检查接近开关固定位置,避免在使用中出现误碰造成损伤失效。

十、气缸的日常维护

气缸日常维护检修时,拆除的零件必须清洗干净,拆卸、安装时要防止密封圈被损坏,同时注意密封圈的安装方向,避免将脏物带入气缸内。使用过程中应定期检查气缸运行状况,连接部位是否无松动,应定期对气缸的活动部位加注润滑油。气缸取下备用时,应对加工表面涂防锈油,进排气口处应加防尘塞。气缸运行时,注意调节活塞运行距离避免撞击缸盖,造成缸盖缓冲密封圈损坏,缓冲密封圈如果受损,将会使气缸缓冲柱塞与缓冲密封圈得不到良好的密封从而失去缓冲作用。

十一、SEW 电动机的日常维护

电动机在运行前,应不带负载进行空载试转一次,查看转动是否正常,转向是否符合要求。电动机启动运行中应观察,转速是否均匀,声音是否平稳适中,要经常注意铝壳电动机温升情况,若发现严重发热及其他不良症状必须拉闸停止运行。风罩的避风口不能堵塞,电动机外壳应良好接地等。电容器损坏更新时,新电容器的电压值不得低于旧电容器的电压值。

项目二　电动机热跳闸原因分析

一、准备工作

(一)设备准备

重膜包装系统。

(二)工具准备

扳手 2 把,螺丝刀 2 把,万用表 1 个。

(三)人员

2 人操作,持证上岗,按规定穿戴劳动保护用品。

二、操作步骤

(1)电动机的风扇检查是否运行正常。
(2)电动机的运行是否有杂音。
(3)电动机输入线路的检查,接线是否正常。
(4)电动机控制回路的检查,接线是否正常。
(5)使用万用表检测输入线路电压是否正常。
(6)检查电动机绝缘是否正常。
(7)检查电动机运行控制元件是否正常。

三、注意事项

(1)到现场要穿戴好劳动保护用品。
(2)检查前要确认电源切断。
(3)使用工具要注意安全。

四、技术要求

(1)熟悉电动机控制原理。
(2)会使用检测工具。
(3)熟悉电动机的结构。

项目三　电磁阀得电后不动作原因分析

一、准备工作

(一)设备准备

重膜包装系统。

(二)工具准备

扳手 2 把,螺丝刀 2 把,万用表 1 个。

(三)人员

2 人操作,持证上岗,按规定穿戴劳动保护用品。

二、操作步骤

(1)检查电磁阀外围工作条件。
(2)检查电磁阀电源电压是否正常。

(3)检查仪表风压力是否正常。
(4)检查电磁阀。
(5)电磁阀解体。
(6)查找电磁阀本身故障。
(7)电磁阀组装。

三、注意事项

(1)到现场要穿戴好劳动保护用品。
(2)检查前要确认电源切断。
(3)使用工具要注意安全。

四、技术要求

(1)会正确使用万用表。
(2)接线无松动。
(3)电磁阀组装无误。

项目四　称重传感器故障判断

一、准备工作

(一)设备准备
重膜包装系统。

(二)工具准备
扳手2把,螺丝刀2把,万用表1个。

(三)人员
2人操作,持证上岗,按规定穿戴劳动保护用品。

二、操作步骤

(1)检查称重传感器的安装位置是否正确。
(2)检查传感器的外观是否有破损。
(3)称重传感器的信号检查。
(4)检查称重传感器的接线是否正确。
(5)称重传感器的线路接地连接是否正确。
(6)称重传感器的信号传输检查。
(7)检查显示屏指示是否正确。
(8)检查传感器调整反馈是否正确。

三、注意事项

（1）到现场要穿戴好劳动保护用品。
（2）检查前要确认电源切断。
（3）使用工具要注意安全。

四、技术要求

（1）熟悉万用表使用方式。
（2）熟悉传感器接线方法。
（3）熟悉称重传感器安装方式。

项目五　喷码机不打印故障判断

一、准备工作

（一）设备准备
喷码机。
（二）工具准备
扳手2把，螺丝刀2把。
（三）人员
2人操作，持证上岗，按规定穿戴劳动保护用品。

二、操作步骤

（1）喷码机参数调整。
（2）观察故障现象。
（3）检查喷码机系统各元器件的指示状态是否正常。
（4）分析查找故障原因。
（5）查找故障点。

三、注意事项

（1）到现场要穿戴好劳动保护用品。
（2）检查前要确认电源切断。
（3）使用工具要注意安全。

四、技术要求

（1）熟悉码机故障判断方法。
（2）正常使用喷码机操作面板。
（3）正确完成喷码机喷印。

项目六　码垛机乱包故障原因分析

一、准备工作

（一）设备准备
码垛机。
（二）工具准备
扳手2把,螺丝刀2把。
（三）人员
2人操作,持证上岗,按规定穿戴劳动保护用品。

二、操作步骤

(1)观察确认故障现象。
(2)检查相关设备及元器件是否有明显异常现象。
(3)分析故障可能的原因。
(4)找出故障点。

三、注意事项

(1)到现场要穿戴好劳动保护用品。
(2)检查前要确认电源切断。
(3)使用工具要注意安全。

四、技术要求

(1)能分析出故障原因。
(2)会正常设置码垛机参数。
(3)正确操作码垛机。

项目七　编组机满时推袋机不动作故障原因分析

一、准备工作

（一）设备准备
重膜包装系统。
（二）工具准备
扳手2把,螺丝刀2把,万用表1个。
（三）人员
2人操作,持证上岗,按规定穿戴劳动保护用品。

二、操作步骤

(1)检查控制系统信号显示是否正常。
(2)检查控制系统元件动作是否正确。
(3)检查与该故障有关的各开关工作状态是否正常。
(4)检查触摸屏的袋数预置是否正确。
(5)故障分析判断。
(6)找出故障点。

三、注意事项

(1)到现场要穿戴好劳动保护用品。
(2)检查前要确认电源切断。
(3)使用工具要注意安全。

四、技术要求

(1)能分析出故障原因。
(2)会正常设置码垛机参数。
(3)会使用万用表。

项目八　接触器吸合时噪声大原因分析

一、准备工作

(一)设备准备
重膜包装系统。

(二)工具准备
扳手2把,螺丝刀2把,万用表1个。

(三)人员
2人操作,持证上岗,按规定穿戴劳动保护用品。

二、操作步骤

(1)检查接触器的结构是否完好。
(2)检查接触器的动作是否灵敏。
(3)检查接触器工作电压。
(4)使用万用表检查工作电源是否正常。
(5)检查接触器的线圈电压是否正常。
(6)检查接触器构件连接检查。
(7)接触器从电网拆除及解体。

(8) 检查接触器各构件连接是否正常。

(9) 分析判断故障原因。

(10) 接触器组装。

三、注意事项

(1) 到现场要穿戴好劳动保护用品。

(2) 检查前要确认电源切断。

(3) 使用工具要注意安全。

四、技术要求

(1) 熟悉接触器的结构及工作原理。

(2) 会使用万用表。

模块三　包装设备故障的判断

项目一　相关知识

包装设备故障的判断相关知识见初级工操作技能及相关知识中"模块四　包装设备故障的判断与处理"的相关内容。

项目二　套膜机构故障原因分析

一、准备工作

(一)设备准备

重膜包装系统。

(二)工具准备

扳手2把,螺丝刀2把。

(三)人员

2人操作,持证上岗,按规定穿戴劳动保护用品。

二、操作步骤

(1)制袋完成套垛无垛盘故障检查。
(2)检查套垛位置是否有垛。
(3)检查套垛位光电是否安装正确。
(4)检查套垛位光电是否损坏。
(5)检查真空泵未正常工作或未启动。
(6)检查真空泵控制点是否有输出或接线错误。

三、注意事项

(1)到现场要穿戴好劳动保护用品。
(2)检查前要确认安全销正确使用。
(3)使用工具要注意安全。

四、技术要求

(1)光电开关对齐,信号测试无误。
(2)真空检测开关测压正常。
(3)料垛在套垛位置定位准确。

项目三　套膜机开袋机构故障原因分析

一、准备工作

(一)设备准备

重膜包装系统。

(二)工具准备

扳手2把,螺丝刀2把。

(三)人员

2人操作,持证上岗,按规定穿戴劳动保护用品。

二、操作步骤

(1)确认设备是否在初始位置。
(2)进行初始化操作。
(3)检查吸盘开位和摆臂上位检测元件是否到位。
(4)调整检测元件安装位置。
(5)检查负压检测开关是否正常工作。
(6)检查真空阀是否正常。
(7)检查薄膜是否平整且位置正确。
(8)检查吸盘是否漏气。

三、注意事项

(1)到现场要穿戴好劳动保护用品。
(2)检查前要确认安全销正确使用。
(3)使用工具要注意安全。

四、技术要求

(1)负压检测开关设置正确,信号测试无误。
(2)吸盘安装到位。
(3)接近开关位置正确。

项目四　套膜机包装效果不好故障原因分析

一、准备工作

(一)设备准备

重膜包装系统。

(二)工具准备

扳手 2 把,螺丝刀 2 把。

(三)人员

2 人操作,持证上岗,按规定穿戴劳动保护用品。

二、操作步骤

(1)检查确认薄膜的尺寸参数与设置的技术参数是否不一致。
(2)更换膜卷。
(3)检查膜卷是否跑偏,造成吸盘无法吸膜。
(4)调整膜卷左右位置,向跑偏反方向调整膜卷位置。
(5)通过控制面板增加收膜长度。
(6)通过控制面板增加三次进膜长度。
(7)检查薄膜是否平整且位置正确。
(8)检查垛盘顶部膜袋是否正常。

三、注意事项

(1)到现场要穿戴好劳动保护用品。
(2)检查前要确认安全销正确使用。
(3)使用工具要注意安全。

四、技术要求

(1)控制参数设置正确。
(2)套膜平整且位置正确。
(3)垛盘顶部膜袋大小合适。

项目五 重膜包装机供袋位挤袋故障处理

一、准备工作

(一)设备准备

重膜包装系统。

(二)工具准备

扳手 2 把,螺丝刀 2 把。

(三)人员

2 人操作,持证上岗,按规定穿戴劳动保护用品。

二、操作步骤

(1)供袋机构检查。

(2)检查顺板是否变形。
(3)检查供膜辊是否压紧。
(4)检查左右底封距离是否过近。
(5)检查膜卷有无褶皱。
(6)检查新旧膜卷接缝处胶带是否平整。

三、注意事项

(1)到现场要穿戴好劳动保护用品。
(2)检查前要确认电源切断。
(3)使用工具要注意安全。

四、技术要求

(1)接膜时胶带粘接应平整、无翘起。
(2)供膜辊应夹紧膜卷。
(3)左右底封距离应大于30mm。

项目六　重膜包装时膜袋底冲开故障处理

一、准备工作

(一)设备准备
重膜包装系统。
(二)工具准备
扳手2把,螺丝刀2把,热封组件工具1套。
(三)人员
2人操作,持证上岗,按规定穿戴劳动保护用品。

二、操作步骤

(1)检查底封温度是否太高,若太高降低温度。
(2)降低包装速度。
(3)调整振板的运行时间。
(4)检查底封冷却是否到位。
(5)降低秤下料速度。

三、注意事项

(1)到现场要穿戴好劳动保护用品。
(2)检查前要确认电源切断。
(3)使用工具要注意安全。

四、技术要求

(1)立袋输送机高度调整后,底封应正确被夹入底封冷却板中。
(2)底封热封温度不应过高。
(3)下料速度调整为1100~1200m/s。

项目七 更换电动机轴承

一、准备工作

(一)设备准备
重膜包装系统。
(二)工具准备
扳手2把,螺丝刀2把,万用表1个。
(三)人员
2人操作,持证上岗,按规定穿戴劳动保护用品。

二、操作步骤

(1)拆卸前检查、记录拆引线。
(2)做好全面检查和记录。
(3)检查电动机转动情况。
(4)电动机拆卸解体。
(5)拆卸轴承。
(6)检查电动机拆卸解体过程中是否损坏部件及工具。
(7)更换新轴承。
(8)检查组装过程中是否损坏部件及工具。
(9)电动机组装完毕试运行是否正常。
(10)检查电动机组装过程中是否损坏部件及工具。

三、注意事项

(1)到现场要穿戴好劳动保护用品。
(2)检查前要确认电源切断。
(3)使用工具要注意安全。

四、技术要求

(1)轴承安装准确到位。
(2)电动机安装正确。
(3)电动机运行无杂音。

项目八　气缸漏气故障处理

一、准备工作

(一)设备准备
重膜包装系统。

(二)工具准备
扳手2把,螺丝刀2把,万用表1个。

(三)人员
2人操作,持证上岗,按规定穿戴劳动保护用品。

二、操作步骤

(1)观察气缸故障现象。
(2)确认气缸外漏气点。
(3)判断漏气原因。
(4)气缸拆卸解体。
(5)查找故障点。
(6)检查部件维修或更换是否正确。
(7)检查气缸组装顺序、方法是否正确。
(8)气缸组装完毕试运行是否正常。
(9)检查气缸组装过程中是否损坏部件及工具。

三、注意事项

(1)到现场要穿戴好劳动保护用品。
(2)检查前要确认电源切断。
(3)使用工具要注意安全。

四、技术要求

(1)气缸组装正确。
(2)气缸无漏气。
(3)气缸运行正常。

项目九　夹袋电磁阀不得电故障处理

一、准备工作

(一)设备准备
重膜包装系统。

(二)工具准备

扳手2把,螺丝刀2把,万用表1个。

(三)人员

2人操作,持证上岗,按规定穿戴劳动保护用品。

二、操作步骤

(1)观察故障现象。

(2)PLC上夹袋电磁阀输出点状态指示检查。

(3)检查测量控制回路。

(4)找出故障点。

(5)检查测量过程中是否损坏部件及工具。

(6)检查故障处理方法是否正确。

(7)检查故障处理过程中是否损坏元器件及工具。

(8)故障处理完毕试运行是否正常。

三、注意事项

(1)到现场要穿戴好劳动保护用品。

(2)检查前要确认电源切断。

(3)使用工具要注意安全。

四、技术要求

(1)夹袋电磁阀输出点状态指示检查正确。

(2)万用表使用正确。

(3)电磁阀运行正常。

模块四　包装系统故障的处理

项目一　相关知识

包装系统故障的处理相关知识见初级工操作技能及相关知识中"模块四　包装设备故障的判断与处理"的相关内容。

项目二　控制编组机电动机的接触器不吸合故障处理

一、准备工作

(一)设备准备

重膜包装系统。

(二)工具准备

扳手2把,螺丝刀2把,万用表1个。

(三)人员

2人操作,持证上岗,按规定穿戴劳动保护用品。

二、操作步骤

(1)检查编组电动机运行有无异常。
(2)检查接触器有无损坏。
(3)检查接触器连接点有无脱落。
(4)检查测量控制回路。
(5)检测控制电源。
(6)测量控制回路查找故障点。
(7)检测损坏部件。

三、注意事项

(1)到现场要穿戴好劳动保护用品。
(2)检查前要确认电源切断。
(3)使用工具要注意安全。

四、技术要求

(1)接触器输入输出点查找正确。
(2)接触器正确接线测量正确。
(3)正确使用万用表。

项目三　码垛机无法启动故障处理

一、准备工作

(一)设备准备

重膜包装系统。

(二)工具准备

扳手2把,螺丝刀2把。

(三)人员

2人操作,持证上岗,按规定穿戴劳动保护用品。

二、操作步骤

(1)码垛机电源输入观察。
(2)码垛机操作控制信号观察。
(3)码垛机触摸屏异常指示确认。
(4)检查测量控制回路。
(5)码垛机输入电源测量。
(6)控制回路测量,查找故障点。
(7)检测控制回路损坏部件。
(8)恢复码垛机电源输入。
(9)排除控制回路故障。
(10)修复或更换损坏部件。
(11)试运行正常。

三、注意事项

(1)到现场要穿戴好劳动保护用品。
(2)检查前要确认电源切断。
(3)使用工具要注意安全。

四、技术要求

(1)故障点查找准确。
(2)恢复运行操作正确。

项目四　开袋机构吸盘不吸袋故障处理

一、准备工作

(一)设备准备

重膜包装系统。

(二)工具准备

扳手 2 把,螺丝刀 2 把,万用表 1 个。

(三)人员

2 人操作,持证上岗,按规定穿戴劳动保护用品。

二、操作步骤

(1) 检查吸盘是否损坏。
(2) 检查真空管线有无真空或是否有漏点。
(3) 检查真空压力表指示是否正确。
(4) 检查测量控制回路,找出故障点。
(5) 检测 PLC 输入。
(6) 检测 PLC 输出。
(7) 检查测量查找损坏部件。
(8) 正确消除漏点。
(9) 修复损坏元器件,调试运行正常。

三、注意事项

(1) 到现场要穿戴好劳动保护用品。
(2) 检查前要确认电源切断。
(3) 使用工具要注意安全。

四、技术要求

(1) 吸盘正确安装。
(2) PLC 检测正确。
(3) 调试运行顺序正确。

项目五　包装机弃袋故障处理

一、准备工作

(一)设备准备
重膜包装系统。

(二)工具准备
扳手 2 把,螺丝刀 2 把,万用表 1 个。

(三)人员
2 人操作,持证上岗,按规定穿戴劳动保护用品。

二、操作步骤

(1) 检查真空系统运行是否正常。

(2)检查仪表风系统运行是否正常。
(3)检查压力检测开关指示值。
(4)调整压力检测开关参数。
(5)检查真空检测压力表指示值。
(6)调整真空检测开关参数。
(7)检查装袋机各机构动作是否协调。
(8)检查是否部件损坏。

三、注意事项

(1)到现场要穿戴好劳动保护用品。
(2)检查前要确认电源切断。
(3)使用工具要注意安全。

四、技术要求

(1)真空压力检测开关设置正确。
(2)仪表风压力调整正确。
(3)运行机构调整正确。

项目六　包装机加热组件温度不升故障处理

一、准备工作

(一)设备准备
重膜包装系统。
(二)工具准备
扳手2把,螺丝刀2把,万用表1个,加热组件调整工具1套。
(三)人员
2人操作,持证上岗,按规定穿戴劳动保护用品。

二、操作步骤

(1)合上电源开关,观察电路故障现象;观察加热组件安装是否正确。
(2)观察参数设置是否正常。
(3)检查测量电气回路,查找故障点。
(4)检查接地是否正确。
(5)PLC的输出指示是否准确。
(6)检查测量有无部件损坏。
(7)排除电气回路故障点。
(8)修复损坏元器件。

(9)试运行程序准确。

三、注意事项

(1)到现场要穿戴好劳动保护用品。
(2)检查前要确认电源切断。
(3)使用工具要注意安全。

四、技术要求

(1)回路故障点查找正确。
(2)加热组件安装正确。
(3)参数设置正确。

项目七　分层机的分层板不打开故障处理

一、准备工作

(一)设备准备
重膜包装系统。
(二)工具准备
扳手2把,螺丝刀2把,万用表1个。
(三)人员
2人操作,持证上岗,按规定穿戴劳动保护用品。

二、操作步骤

(1)观察分层板信号指示是否正确。
(2)观察分层机各机械部件是否有卡塞现象。
(3)观察PLC上控制分层电动机的状态指示。
(4)检查测量电气回路,查找故障点。
(5)检测控制元件反馈信号。
(6)检测PLC的输出。
(7)检测PLC输入。
(8)检测量指示部件是否损坏。
(9)排除测量电气回路故障点。
(10)修复损坏元器件。

三、注意事项

(1)到现场要穿戴好劳动保护用品。
(2)检查前要确认电源切断。

(3)使用工具要注意安全。

四、技术要求

(1)分层机机械部件运行准确确认。
(2)电气控制回路故障正常确认。
(3)试运行操作顺序正确。

项目八　电动机运行中声音不正常故障处理

一、准备工作

(一)设备准备
重膜包装系统。

(二)工具准备
扳手2把,螺丝刀2把,万用表1个。

(三)人员
2人操作,持证上岗,按规定穿戴劳动保护用品。

二、操作步骤

(1)电动机停机后重新启动,如果是缺相运行,电动机将不再转动,找出缺相原因,并排除故障。
(2)检查三相电流的不平衡原因,是电源电压引起的还是电动机本身造成三相电流不平衡,找出原因并排除。
(3)检查地基是否稳定,拧紧底脚螺栓,检查转子平衡情况。
(4)检查联轴器是否上紧,若是,上紧联轴器。
(5)检查轴承有无磨损。
(6)清洗轴承,加新油。

三、注意事项

(1)到现场要穿戴好劳动保护用品。
(2)检查前要确认电源切断。
(3)使用工具要注意安全。

四、技术要求

(1)确认电动机接线正确。
(2)确认地脚螺栓紧固。
(3)确认联轴器安装正确。

项目九　电动机温度过高或冒烟故障处理

一、准备工作

(一)设备准备

重膜包装系统。

(二)工具准备

扳手 2 把,螺丝刀 2 把,万用表 1 个。

(三)人员

2 人操作,持证上岗,按规定穿戴劳动保护用品。

二、操作步骤

(1)检查电动机电源,如果是缺相运行,电动机将不再转动,找出缺相原因,并排除故障。

(2)检查三相电流的不平衡原因,是电源电压引起的还是电动机本身造成三相电流不平衡,找出原因并排除。

(3)检查定子绕组间有无短路,若有,排除。

(4)检查对地有无短路,若有,排除。

(5)检查电动机通风是否良好。

(6)检查负载是否过重。

三、注意事项

(1)到现场要穿戴好劳动保护用品。

(2)检查前要确认电源切断。

(3)使用工具要注意安全。

四、技术要求

(1)确认电动机接线正确。

(2)确认电动机通风良好。

(3)确认控制回路正常。

项目十　电动机绝缘低故障处理

一、准备工作

(一)设备准备

重膜包装系统。

(二)工具准备

扳手 2 把,螺丝刀 2 把,万用表 1 个。

(三)人员

2 人操作,持证上岗,按规定穿戴劳动保护用品。

二、操作步骤

(1)检查电动机绕组有无受潮,若受潮,进行处理。
(2)检查绕组上灰尘及碳化物质是否太多,若是清除灰尘。
(3)检查电动机绕组是否因过热而老化。
(4)检查引出线绝缘,若绝缘差重新包扎。
(5)检查接线盒内绝缘,若绝缘差重新包扎。
(6)检查输入接线绝缘,若绝缘差重新包扎。

三、注意事项

(1)到现场要穿戴好劳动保护用品。
(2)检查前要确认电源切断。
(3)使用工具要注意安全。

四、技术要求

(1)确认电动机接线正确。
(2)确认电动机绕组无受潮。
(3)确认电动机绕组无老化现象。

项目十一 异步电动机三相电流不平衡故障处理

一、准备工作

(一)设备准备

重膜包装系统。

(二)工具准备

扳手 2 把,螺丝刀 2 把,万用表 1 个。

(三)人员

2 人操作,持证上岗,按规定穿戴劳动保护用品。

二、操作步骤

(1)检查绕组间有无短路,短路的一相电流高于其他两相现象。
(2)检查三相绕组首尾有无接错,一组绕组有无反接现象。
(3)检查三相绕组中,有无一相短路现象。

(4)检查启动设备的触点有无接触不良现象。

(5)检查导线有无接触不良现象。

(6)检查接触器的触点有无接触不良现象。

三、注意事项

(1)到现场要穿戴好劳动保护用品。

(2)检查前要确认电源切断。

(3)使用工具要注意安全。

四、技术要求

(1)确认电动机接线正确。

(2)确认电动机绕组无短路。

(3)确认控制回路无接触不良现象。

模块五　绘图与计算

项目一　绘图知识

一、剖视图知识

剖面图是假想用一个剖切平面将物体剖开,移去介于观察者和剖切平面之间的部分,对于剩余的部分向投影面所做的正投影图。在剖视图中,被剖切物体的断面应该用剖面线表示。剖视图的种类有全剖视图、半剖视图、局部剖视图。剖面线的绘制要求有:各剖视图的剖面线间隔相等;各剖视图剖面线的方向相同且与水平成45°;细实线绘制。

二、断面图知识

假想用平面将机件某处切断,仅画出断面的图形,画上剖面符号,这种图称为断面图。断面图可分为移出断面图和重合断面图。

画在视图外面的断面图称为移出断面图;移出断面图的轮廓线用粗实线画出。画在视图之内的断面图称为重合断面图;画重合断面图时,轮廓线是细实线。一般在断面图上方标注断面图的名称"X-X"(X 为大写拉丁字母),在相应的视图上用剖切符号表示剖切位置和投射方向,并标注相同字母。

三、化工设备结构特点

(1)化工设备必须具备足够的强度、密封性、耐腐蚀性、稳定性等结构特点。
(2)化工设备的选材应考虑材料的力学性能、化学性能、物理性能和工艺性能。
(3)化工设备常见的结构形状有球形、圆筒形、箱形、圆锥形。
(4)化工生产装置由化工设备、化工机器、化工仪表、化工管路与阀门等组成。
(5)圆筒形压力容器是化工生产装置使用最普遍的一种化工设备。
(6)为保证化工生产装置安稳运行,要求化工设备在正常的温度、压力、流量、物料腐蚀性等操作条件下,在结构材质等方面有足够的密封性能和机械强度。
(7)化工设备具有长时间连续运行的特点,因此在结构上要充分考虑腐蚀、磨损等方面的因素,保证足够长的正常使用寿命。

四、化工设备图表达方法

化工设备图是表达化工设备的结构、形状、大小、性能和制造、安装等技术要求的工程图样。化工设备图由装配图、零部件图、管口方位图等图样组成的一组视图。化工设备装配图是表示化工设备全貌、组成、特性的图样。绘制流程中的设备图形及相对位置,一般按一定比例进行缩小来绘制。化工设备图上的汉字部分应写成仿宋体。化工设备图上的尺寸是制造、装配、安装和检验设备的重要依据。

五、工艺配管单线图知识

(1) 工艺配管单线图的厂房、设备、管件、阀门均用细实线绘制。

(2) 管子交叉重叠时,可采用把上面管子投影断开的绘制方法表示。

(3) 工艺配管单线图是单根管道或管段的立体图,它详细注明管道、阀门或其他管件的尺寸,并附有详细的材料表。

(4) 对于管道转折处发生重叠的单线图,可采用被遮部分断开画法或折断显露法表示。

六、仪表联锁图知识

(1) 仪表联锁回路中,联锁继电器得电或失电时,带动其触点动作,常开触点闭合,常闭触点断开。

(2) 仪表联锁回路由输入、逻辑和输出三部分组成:输入部分由现场开关、控制盘开关、按钮、选择开关等组成;逻辑部分由建立输入输出关系的继电器触点电路与可编程控制器组态的联锁程序组成;输出部分由驱动装置、电磁阀、电动机启动器、指示灯等组成。

(3) 联锁逻辑关系常用的有与门电路、或门电路和非门电路。

(4) 仪表联锁图中,继电器带电时接点闭合,这个接点是常开接点;反之,是常闭接点。

项目二 计算实例

一、电磁计算

当交流电通过线圈时,在线圈中产生自感电动势。根据电磁感应定律(楞次定律),自感电动势总是阻碍电路内电流的变化,形成对电流的"阻力"作用,这种"阻力"作用称为电感电抗,简称感抗。电磁计算举例如下。

【例 4-5-1】 一导体棒长 $l=40$cm,在磁感应强度 $B=0.1$T 的匀强磁场中作切割磁感线运动,运动的速度 $v=5$m/s,若速度方向与磁力线方向夹角 $\beta=30°$,求导体棒中感应电动势的大小。

解:

根据感生电动势公式 $\varepsilon = Blv\sin\beta$ 得:

$$\varepsilon = 0.1 \times 0.4 \times 5 \times \sin30°$$
$$= 0.1(\text{V})$$

答:导体棒中感应电动势的大小为 0.1V。

【例 4-5-2】 一个线圈的电流强度在 0.001s 内有 0.02A 的变化时,产生 50V 的自感电动势,求线圈的自感系数。

解:

由自感电动势的公式 $\varepsilon = L\dfrac{\Delta I}{\Delta t}$ 变换得自感系数:

$$L = \varepsilon \frac{\Delta t}{\Delta I}$$

将数值代入公式：

$$L = 50 \times \frac{0.001}{0.02} = 2.5 (\text{H})$$

答：线圈的自感系数是2.5H。

二、电功计算

电功是指电流在一段时间内通过某一电路时，电场力所做的功。相应计算举例如下。

【例4-5-3】 一台12极的三相异步电动机，额定频率50Hz，若额定转差率$S_N = 0.06$，求这台电动机的额定转速n_N。

$$p = 12 \div 2 = 6$$

解：

由公式 $n_N = 60 f_1 (1 - S_N)/p$ 得：

$$n_N = 60 \times 50 \times (1 - 0.06) \div 6$$
$$= 3000 \times 0.94 \div 6$$
$$= 470 (\text{r/min})$$

答：这台电动机的额定转速n_N为470r/min。

三、反应平衡计算

化学反应平衡是指在宏观条件一定的可逆反应中，化学反应正逆反应速率相等，反应物和生成物各组分浓度不再改变的状态。化学平衡的建立是以可逆反应为前提的。相关计算举例如下。

【例4-5-4】 28g镁与足量的稀硫酸反应，写出反应方程式并计算生成多少摩尔氢气（Mg相对原子质量为24，H_2分子量为2）？

解：

镁与硫酸的反应方程式：

$$Mg + H_2SO_4 = MgSO_4 + H_2 \uparrow$$

由上式可以看出，氢气摩尔数与镁摩尔数相同

$$n = \frac{m}{M}$$
$$= \frac{28}{24}$$
$$= 1.67 (\text{mol})$$

答：生成氢气1.67mol。

【例4-5-5】 36g铝与稀盐酸完全反应，写出反应方程式并求需要多少升2mol/L的盐酸（Al相对原子质量27）？

解：

铝与硫酸的反应方程式为：

$$2Al+6HCl =\!=\!= 2AlCl_3+3H_2\uparrow$$

$$n_{铝}=\frac{m}{M}=\frac{36}{27}=1.33(mol)$$

$$n_{盐酸}=3n_{铝}=3\times1.33=4(mol)$$

盐酸的体积：

$$V=\frac{4}{2}=2(L)$$

答：需要 2mol/L 的盐酸 2L。

四、离心泵的简单计算

离心泵是利用叶轮旋转而使水产生的离心力来工作的。离心泵在启动前，必须使泵壳和吸水管内充满水，然后启动电动机，使泵轴带动叶轮和水做高速旋转运动，水在离心力的作用下，被甩向叶轮外缘，经蜗形泵壳的流道流入水泵的压水管路。水泵叶轮中心处，由于水在离心力的作用下被甩出后形成真空，吸水池中的水便在大气压力的作用下被压进泵壳内，叶轮通过不停地转动，使得水在叶轮的作用下不断流入与流出，达到了输送水的目的。相关计算举例如下。

【**例 4-5-6**】 用水对一离心泵进行性能测定，测得水的流量为 $10m^3/h$，扬程为 18.5m，求泵的有效功率为多少？

解：

泵的有效功率：

$$\begin{aligned}N_{有效}&=QH\rho g\\&=\frac{10}{3600}\times18.5\times1000\times9.81\\&=504.125(W)\end{aligned}$$

答：泵的有效功率为 504.125W。

【**例 4-5-7**】 用 20℃清水测定某离心泵的扬程 H。泵的转速为 2900r/min，测得流量为 $10m^3/h$ 时，泵吸入处真空表上读数为 21.3kPa，泵出口压力表上读数为 170kPa，已知出入管截面积间垂直距离为 0.3m，20℃清水的密度为 $998.2kg/m^3$。

解：

已知 $\rho=998.2kg/m^3$，$h_0=0.3m$，则：

$$p_1=p_0-真空度=p_0-21.3$$
$$p_2=p_0+表压=p_0+170$$
$$p_2-p_1=170+21.3=191.3(kPa)$$

$$\begin{aligned}H&=h_0+\frac{p_2-p_1}{\rho g}\\&=0.3+\frac{191.3\times10^3}{998.2\times9.81}=19.8(m)\end{aligned}$$

答：用20℃清水测定某离心泵的扬程为19.8m。

【例4-5-8】 某苯酐泵的轴功率为230kW，有效功率是184kW，求其效率是多少？

解：

泵的效率

$$\eta = N_{有效}/N_{轴}$$
$$= 184 \div 230$$
$$= 80\%$$

答：此泵的效率是80%。

五、间壁两侧流体的热交换计算知识

间壁式换热参与传热的两种流体被隔开在固体间壁的两侧，冷、热两流体在不直接接触的条件下通过固体间壁进行热量的交换。热量传递是由物体内或系统内两部分之间的温度差引起的。热量传递方法，按其工作原理和设备类型可分为间壁式、混合式和蓄热式三类。间壁式换热器主要换热方式为对流和热传导相结合。间壁两侧流体的热交换计算举例如下。

【例4-5-9】 在列管式换热器中用锅炉给水冷却原油，原油流量为8.33kg/s，温度要求由150℃降到65℃；锅炉给水流量为9.17kg/s，其进口温度为35℃；原油与水之间呈逆流传热。已知换热器的传热面积为100m²，换热器的传热系数为250W/(m²·℃)，原油的平均比热容为2160J/(kg·℃)，水的平均比热容为4187J/(kg·℃)。若忽略换热器的散热损失，试问该换热器是否可用？

解：

根据热量衡算，换热器要求的传热速率：

$$Q = m_h C_{ph}(T_1 - T_2) = 8.33 \times 2160 \times (150-65) = 1529 \times 10^3 (W)$$

$$t_2 = \frac{Q}{m_c C_{pc}} + t_1 = \frac{1529.4 \times 10^3}{9.17 \times 4187} + 35 = 74.8(℃)$$

逆流传热时：

$$\Delta t_1 = T_1 - t_2 = 150 - 74.8 = 75.2(℃)$$
$$\Delta t_2 = T_2 - t_1 = 65 - 35 = 30(℃)$$
$$\Delta t_m = \frac{\Delta t_1 - \Delta t_2}{\ln\frac{\Delta t_1}{\Delta t_2}} = \frac{75.2 - 30}{\ln\frac{75.2}{30}} = 49.2(℃)$$

换热器实际传热速率：

$$Q = KA\Delta t_m$$
$$= 250 \times 100 \times 49.2$$
$$= 1230 \times 10^3 (W)$$

答：由于换热器的实际传热速率小于所要求的传热速率，因此，该换热器不可用。

六、连续干燥过程物料衡算的计算

在连续干燥过程中，空气消耗量随着进干燥器的空气湿度的增大而增多。加入干燥系

统的总热量等于补充的热量与干燥器损失的热量之和,即加入干燥系统的总热量用于加热空气、蒸发物料中的水分、加热物料、补偿周围热损失。干燥过程中湿空气的焓可以通过湿物料温度、干基含水量、绝干料的平均比热容、液态水的平均比热容来计算。

【例 4-5-10】 某糖厂利用一个干燥器干燥白糖,每小时处理湿料为 2000kg,干燥前后糖中的湿基含水量从 1.27% 减小到 0.18%。求每小时蒸发的水量,以及干燥收率为 90% 时的产品量。

解:
每小时蒸出的水量:

$$W_\text{水} = G_\text{水}(W_1 - W_2)/(1 - W_2)$$
$$= 2000 \times (0.0127 - 0.0018) \div (1 - 0.0018)$$
$$= 21.84 \, (\text{kg/h})$$

理论产品量:

$$G_2 = G_1 \times (1 - W_1)/(1 - W_2) = 2000 \times (1 - 0.0127) \div (1 - 0.0018)$$
$$= 1978.2 \, (\text{kg/h})$$

干燥率:

$$\eta = 实际产品量/理论产品量 = 90\%$$
$$实际产品量 = 理论产品量 \times 干燥率 = 1978 \times 90\%$$
$$= 1780 \, (\text{kg/h})$$

答:每小时蒸发的水量为 21.84kg/h,干燥收率为 90% 时的产品量为 1780kg/h。

七、蒸汽消耗量的计算

在精馏塔中蒸汽消耗量的计算举例如下。

【例 4-5-11】 在常压连续精馏塔内分离苯—氯苯混合物。已知进料量为 85kmol/h,组成为 0.45(易挥发组分的摩尔分数,下同),泡点进料。塔顶馏出液的组成为 0.99,塔底釜残液组成为 0.02。操作回流比 R 为 3.5。塔顶采用全凝器,泡点回流。苯、氯苯的汽化热分别为 30.65kJ/mol 和 36.52kJ/mol。水的比热容为 4.187kJ/(kg·℃)。若冷却水通过全凝器温度升高 15℃,加热蒸气绝对压力为 500kPa(饱和温度为 151.7℃,汽化热为 2113kJ/kg)。试求冷却水和加热蒸气的流量(忽略组分汽化热随温度的变化)。

解:
由题设条件,可求得塔内的气相负荷,即:

$$q_{(n,D)} = q_{(n,F)}(x_F - x_W)/(x_D - x_W)$$
$$= 85 \times (0.45 - 0.02)/(0.99 - 0.02)$$
$$= 37.68 \, (\text{kmol/h})$$

对于泡点进料,精馏段和提馏段气相负荷相同,则:

$$q_{(n,v)} = q_{(n,v')}$$
$$= q_{(n,D)}(R + 1)$$
$$= 37.68 \times 4.5$$
$$= 169.56 \, (\text{kmol/h})$$

① 冷却水流量,由于塔顶苯的含量很高,可按纯苯计算,即:

$$Q_C = q_{(n,v)} \gamma_A$$
$$= 169.56 \times 10^3 \times 30.65 \times 10^3$$
$$= 5.197 (kJ/h)$$
$$q_{(m,c)} = Q_C / [C_{(p,c)}(t_2 - t_1)]$$
$$= (5.197 \times 10^6) / (4.187 \times 15)$$
$$= 8.27 \times 10^4 (kg/h)$$

② 加热蒸气流量,釜液中氯苯的含量很高,可按纯氯苯计算,即:

$$Q_B = q_{(n,v')} \gamma_B$$
$$= 169.56 \times 10^3 \times 36.52 \times 10^3$$
$$= 6.192 (kJ/h)$$
$$q_{(mh)} = Q_B / \gamma_B$$
$$= (6.192 \times 10^6) / 2113$$
$$= 2.93 \times 10^3 (kg/h)$$

答:冷却水流量为 $8.27 \times 10^4 kg/h$,加热蒸汽流量为 $2.93 \times 10^3 kg/h$。

八、传热面积的计算

换热器的热负荷计算方法有焓差法、显热法、潜热法。通常认为换热器的热负荷在数值上等于传热速率。若换热器的热损失只在冷流体这一边,则通过传热面上的热量为 $Q_热 = Q_冷 + Q_损$。

潜热法计算换热器热负荷用于载热体在热交换中仅发生相变化的情况。

换热器热负荷的计算举例如下。

【例 4-5-12】 有一冷却器,用 $\phi 25mm \times 2.5mm$ 无缝钢管制成,用来冷却某种反应气体。气体走管程,流量为 $2.4 kg/s$,入口温度 $320K$,出口温度 $290K$,平均温度下的比热容为 $0.8 kJ/(kg \cdot K)$;冷却水流量 $1.1 kg/s$,比热容 $4.2 kJ/(kg \cdot K)$,进口温度为 $280K$,已知气体对壁面的传热膜系数 $\alpha_1 = 50 W/(m^2 \cdot K)$,壁面对水的传热膜系数 $\alpha_2 = 1200 W/(m^2 \cdot K)$,钢的传热膜系数 $\lambda = 46.5 W/(m^2 \cdot K)$,若忽略垢层影响,试求逆流传热时所需的换热面积。

解:
根据热量衡算:

$$Q = m_h C_{ph}(T_1 - T_2)$$
$$= m_c C_{pc}(t_2 - t_1)$$
$$Q = m_h C_{ph}(T_1 - T_2)$$
$$= 2.4 \times 0.8 \times 10^3 \times (320 - 290)$$
$$= 5.76 \times 10^4 (W)$$

冷却水出口温度:

$$t_2 = \frac{Q}{m_c C_{pc}} + t_1$$

$$=\frac{5.76\times10^4}{1.1\times4.2\times10^3}+280$$

$$=292.5(\text{K})$$

逆流传热时的平均温度差 Δt_m：

$$\Delta t_1 = T_1 - t_2$$
$$= 320 - 292.5$$
$$= 27.5(\text{K})$$

$$\Delta t_2 = T_2 - t_1$$
$$= 290 - 280$$
$$= 10(\text{K})$$

$$\Delta t_m = \frac{\Delta t_1 - \Delta t_2}{\ln\frac{\Delta t_1}{\Delta t_2}}$$

$$= \frac{27.5 - 10}{\ln\frac{27.5}{10}}$$

$$= 17.3(\text{K})$$

计算换热器的传热系数 K：

$$K = \frac{1}{\frac{1}{\alpha_1} + \frac{\delta}{\lambda} + \frac{1}{\alpha_2}} = \frac{1}{\frac{1}{50} + \frac{0.0025}{46.5} + \frac{1}{1200}} = 47.88(\text{W/m}^2\cdot\text{K})$$

计算传热面积 A：$A = \dfrac{Q}{K\Delta t_m}$

$$= \frac{5.76\times10^4}{47.88\times17.3}$$

$$= 69.54(\text{m}^2)$$

答：换热器的传热面积为 69.54m²。

理论知识练习题

初级工理论知识练习题及答案

一、单项选择题(每题有4个选项,其中只有1个是正确的,请将正确的选项号填入括号内)

1. AA001　可燃物着火的下限越低,火灾出现的危险性就(　　)。
   A. 越大　　　　　　　　　　　B. 越小
   C. 不变　　　　　　　　　　　D. 以上选项均不对

2. AA001　没有火焰的缓慢燃烧现象称为(　　)。
   A. 闪燃　　　　B. 自燃　　　　C. 阴燃　　　　D. 爆燃

3. AA001　油品的闪点与其蒸气压有关,同时与其馏分组成有关,油品的沸点越高、馏分越重、分子量越大,其闪点(　　)。
   A. 越高　　　　　　　　　　　B. 越低
   C. 越稳定　　　　　　　　　　D. 以上选项均不对

4. AA002　以下不属于燃烧反应的三个阶段的是(　　)。
   A. 扩散混合阶段　　　　　　　B. 感应阶段
   C. 化学反应阶段　　　　　　　D. 物理反应阶段

5. AA002　燃烧是生活中的一种常见现象,下列有关燃烧的说法不正确的是(　　)。
   A. 硫在氧气中燃烧和在空气中燃烧现象不同,是因为氧气的含量不同
   B. 将燃着的木柴架空,燃烧会更旺,是因为增大了木柴与氧气的接触面积
   C. 蜡烛一吹就灭,是因为空气的流动带走了热量,使温度降至蜡烛的着火点以下
   D. 做饭时,燃气灶的火焰呈现橙色,锅底出现黑色,则灶具的调整方法是减少空气的进气量

6. AA002　燃烧应具备(　　)、放热和发光等三个特征。
   A. 化学反应　　B. 物理反应　　C. 光电反应　　D. 分解反应

7. AA003　可燃液体挥发的蒸气与空气混合达到一定浓度遇明火发生一闪即逝的燃烧,或者将可燃固体加热到一定温度后,遇明火会发生一闪即灭的燃烧现象称为(　　)。
   A. 闪点　　　　B. 闪燃　　　　C. 燃点　　　　D. 爆燃

8. AA003　气体燃料与氧化剂在发生燃烧反应之前不进行混合的燃烧方式称为(　　)。
   A. 扩散燃烧　　B. 集中燃烧　　C. 闪燃　　　　D. 爆炸燃烧

9. AA003　凡能与可燃物发生氧化反应并引起燃烧的物质称为(　　)。
   A. 助燃物　　　B. 可燃物　　　C. 燃烧产物　　D. 氧化物

10. AA004　液体物质的燃烧形式有多种,(　　)不属于液体物质的燃烧形式。
    A. 动力燃烧　　B. 直接燃烧　　C. 沸溢燃烧　　D. 喷溅燃烧

11. AA004　可燃物质在空气中与火源接触,达到某一温度时,开始产生有火焰的燃烧,并在火源移去后仍能持续并不断扩大的燃烧现象称为(　　)。
    A. 燃点　　　　B. 闪燃　　　　C. 着火　　　　D. 爆燃

12. AA004　对于介质为硫化氢等液化气泄放量大的压力容器应选用(　　)。
    A. 微启式安全阀　　　　　　　　　B. 全启式安全阀
    C. 封闭式安全阀　　　　　　　　　D. 以上选项均不对
13. AA005　爆炸现象的最主要特征是(　　)。
    A. 温度升高　　　　　　　　　　　B. 压力急剧升高
    C. 周围介质振动　　　　　　　　　D. 由于介质振动而产生声响
14. AA005　凡使物质开始燃烧的外部热源,统称为(　　)。
    A. 引火源　　　B. 助燃物　　　C. 点火能　　　D. 火源
15. AA005　在规定的试验条件下,液体挥发的蒸气与空气形成混合物,遇火源能够产生闪燃的液体最低温度称为(　　)。
    A. 自燃点　　　B. 闪点　　　C. 自燃　　　D. 燃点
16. AA006　闪燃往往是可燃液体发生(　　)的先兆。
    A. 着火　　　B. 爆炸　　　C. 自燃　　　D. 沸溢
17. AA006　在装置检维修过程中,为做好隔离保护,须在设备或管道上加装盲板进行隔离,盲板应加装在来料阀的(　　)。
    A. 前法兰处　　　　　　　　　　　B. 后法兰处
    C. 密封法兰处　　　　　　　　　　D. 以上选项均不对
18. AA006　木炭燃烧属于(　　)。
    A. 蒸发燃烧　　　B. 分解燃烧　　　C. 表面燃烧　　　D. 阴燃
19. AA007　根据化学品的危险性分类标准,自燃液体是即使数量小也能在与空气接触后(　　)之内引燃的液体。
    A. 5min　　　B. 10min　　　C. 15min　　　D. 20min
20. AA007　按化学品的危险性分类,氧化性气体是指一般通过提供(　　),比空气更能导致或促使其他物质燃烧的任何气体。
    A. 空气　　　　　　　　　　　　　B. 氧气
    C. 按一定比例混合的空气、氧气　　D. 氯气
21. AA007　燃烧过程中的氧化剂主要是氧,空气中氧的含量(体积分数)大约为(　　)。
    A. 14%　　　B. 21%　　　C. 78%　　　D. 87%
22. AA008　(　　)是消除静电危害最常见的措施。
    A. 接地　　　　　　　　　　　　　B. 擦拭
    C. 绝缘　　　　　　　　　　　　　D. 佩戴防护设施
23. AA008　化工生产中,使用(　　)可防止静电。
    A. 铁制物　　　B. 静电消除器　　　C. 塑料制物　　　D. 织物
24. AA008　一定的可燃物浓度、一定的氧气含量、(　　)和相互作用是燃烧发生的充分条件。
    A. 一定强度的引火源　　　　　　　B. 一定的点火能量
    C. 引燃温度　　　　　　　　　　　D. 引燃能量
25. AA009　(　　)的伤害程度决定于通过人体电流的大小、途径和时间的长短。
    A. 电击　　　B. 烧伤　　　C. 灼伤　　　D. 触电

26. AA009 触电对人体的伤害主要有电击和( )两种。
    A. 烧伤　　　　　B. 灼伤　　　　　C. 辐射　　　　　D. 电伤
27. AA009 一般人体通过交流电流( )手指开始感觉发麻无感觉。
    A. 50~80mA　　　B. 20~25mA　　　C. 0.6~1.5mA　　D. 5~7mA
28. AA010 成年男性的平均摆脱电流为( )。
    A. 8mA　　　　　B. 12mA　　　　　C. 16mA　　　　　D. 10mA
29. AA010 成年女性的平均摆脱电流为( )。
    A. 10mA　　　　　B. 12mA　　　　　C. 6mA　　　　　D. 16mA
30. AA010 当通过人体的电流达到( )以上时,心脏会停止跳动,可能导致死亡。
    A. 10mA　　　　　B. 20mA　　　　　C. 40mA　　　　　D. 50mA
31. AA011 人体触电主要有直接或间接触电以及( )。
    A. 单相触电　　　　　　　　　　B. 多相触电
    C. 同相触电　　　　　　　　　　D. 跨步电压触电
32. AA011 人碰到带电的导线,( )就要通过人体,这就称为触电。
    A. 电压　　　　　B. 电弧　　　　　C. 电流　　　　　D. 电阻
33. AA011 ( )是指电流通过人体时,使内部组织受到较为严重的损伤。
    A. 电击　　　　　B. 电伤　　　　　C. 触电　　　　　D. 灼伤
34. AA012 静电消除器的种类有自感应式静电消除器、( )、放射线式静电消除器和离子流式静电消除器。
    A. 内接电源式静电消除器　　　　B. 外接电源式静电消除器
    C. 移动电源式静电消除器　　　　D. 固定电源式静电消除器
35. AA012 静电消除器主要用来消除( )的静电。
    A. 导体　　　　　B. 金属　　　　　C. 非金属　　　　D. 非导体
36. AA012 一般介质的温度越高,产生的静电荷越多,而( )的特性相反,温度越低,产生的静电荷越多。
    A. 汽油　　　　　B. 煤油　　　　　C. 柴油　　　　　D. 甲苯
37. AA013 着火的( )可能是带电的,扑救时要防止人员触电。
    A. 纸张　　　　　B. 棉花　　　　　C. 电气设备　　　D. 木柴
38. AA013 ( )电气设备着火后可能发生喷油或爆炸,造成火势蔓延。
    A. 一般　　　　　B. 充油　　　　　C. 高温　　　　　D. 高压
39. AA013 进行( )灭火时应根据起火场所和电气装置的具体情况,采取必要的安全措施。
    A. 设备　　　　　B. 电气设备　　　C. 管架　　　　　D. 建筑
40. AA014 在石油化工生产中,( )对防火防爆起着重要的作用。
    A. 稀有气体　　　B. 惰性气体　　　C. 蒸汽　　　　　D. 消防水
41. AA014 使用惰性气体应根据不同的( )采用不同的惰性介质和供气装置,不能乱用。
    A. 物料系统　　　B. 供气系统　　　C. 运输系统　　　D. 压力

42. AA014　易燃易爆生产系统需要检修,在拆开设备前或需动火时,用(　　)进行吹扫和置换。
　　A. 惰性气体　　　B. 水蒸气　　　　C. 压缩空气　　　D. 冷凝汽

43. AA015　液化石油气的临界量为(　　)。
　　A. 10t　　　　　B. 1t　　　　　　C. 5t　　　　　　D. 50t

44. AA015　化工生产的火灾特点是爆炸与(　　)并存,易造成人员伤亡。
　　A. 燃烧　　　　　B. 电击　　　　　C. 辐射　　　　　D. 中毒

45. AA015　化工生产的火灾特点是(　　)、火势发展迅猛、易形成立体火灾、扑救困难。
　　A. 中毒严重　　　B. 窒息损伤　　　C. 不易疏散　　　D. 燃烧速度快

46. AA016　灭火器的种类,按其移动方式可分为(　　)和推车式。
　　A. 手提式　　　　B. 储压式　　　　C. 储气瓶式　　　D. 化学反应式

47. AA016　灭火器的种类,按驱动灭火剂动力来源可分为储气瓶式、储压式和(　　)。
　　A. 手提式　　　　B. 推车式　　　　C. 固定式　　　　D. 化学反应式

48. AA016　(　　)适用于扑救石油及其产品、可燃气体、易燃液体和电气设备初起火灾。
　　A. 二氧化碳灭火器　　　　　　　　B. 消防水
　　C. 一般生活用水　　　　　　　　　D. 干粉灭火器

49. AA017　一些易产生(　　)的电气设备应采取接地和避雷设施。
　　A. 火花　　　　　B. 静电　　　　　C. 短路　　　　　D. 磁场

50. AA017　对化学危险物品的处理,要根据其(　　)采取相应的防火防爆措施。
　　A. 不同结构　　　B. 不同形状　　　C. 不同性质　　　D. 不同场合

51. AA017　下列属于遇水放出易燃气体的物质是(　　)。
　　A. 黄磷　　　　　B. 金属钠　　　　C. 三氯化钛　　　D. 氯酸铵

52. AA018　静电并不是静止时的电,是宏观(　　)停留在某处的电。
　　A. 长期　　　　　B. 不定期　　　　C. 暂时　　　　　D. 随时

53. AA018　静电现象是一种常见的(　　)现象。
　　A. 放电　　　　　B. 发电　　　　　C. 带电　　　　　D. 吸能

54. AA018　在运输汽油的汽车尾部拖一根铁链与大地相连,以防止静电的积累发生放电现象产生而引起(　　)。
　　A. 事故　　　　　B. 火灾　　　　　C. 中毒　　　　　D. 腐蚀

55. AA019　静电主要是由(　　)的紧密接触和分离,或者互相摩擦,发生了电荷的转移,破坏了物体原子中正电荷、负电荷的平衡,使两种物质在接触面上形成电位差而产生的。
　　A. 物体和空气之间　　　　　　　　B. 分子和分子之间
　　C. 分子和原子之间　　　　　　　　D. 物体与物体之间

56. AA019　产生静电的三个主要原因是(　　)、接触分离和感应起电。
　　A. 空气干燥　　　B. 无接地　　　　C. 摩擦起电　　　D. 无绝缘

57. AA019　固体、液体甚至气体都会因(　　)而带上静电。
　　A. 摩擦起电　　　B. 环境干燥　　　C. 感应起电　　　D. 接触分离

58. AA020　化工生产中,采取屏蔽的措施限制非导体带电引起的(　　　)。
   A. 放电　　　　　B. 断电　　　　　C. 无电　　　　　D. 静电

59. AA020　空腔导体所带电荷只分布在导体外表面,空腔内表面的带电量为(　　　)。
   A. 零　　　　　　B. 一　　　　　　C. 三　　　　　　D. 七

60. AA020　静电屏蔽是指导体(　　　)对它的内部起到保护作用,使它的内部不受外部电场的影响。
   A. 内壁　　　　　B. 本身　　　　　C. 结构　　　　　D. 外壳

61. AA021　一般环境条件下允许持续接触的"安全特低电压"是(　　　),安全电流是 10mA。
   A. 220V　　　　　B. 36V　　　　　C. 360V　　　　　D. 60V

62. AA021　电击对人体的损害程度与通电(　　　)长短有关。
   A. 周期　　　　　B. 时间　　　　　C. 频率　　　　　D. 因素

63. AA021　当电气设备的电压超过(　　　)时,必须采取防直接接触带电体的保护措施。
   A. 12V　　　　　B. 36V　　　　　C. 220V　　　　　D. 24V

64. AA022　单相触电是指人体触及单相(　　　)的触电事故。
   A. 导线　　　　　B. 母线　　　　　C. 导体　　　　　D. 带电体

65. AA022　电击是指电流通过人体内部,破坏(　　　)、肺和神经系统的正常工作,可危及生命。
   A. 心脏　　　　　B. 大脑　　　　　C. 内脏　　　　　D. 肝脏

66. AA022　触电急救的第一步是使触电者迅速脱离(　　　),第二步是现场救护。
   A. 电压　　　　　B. 电流　　　　　C. 电源　　　　　D. 现场

67. AA023　如果导线搭落在触电者身上或压在身上,这时可用(　　　)、竹竿等挑开导线或用干燥的绝缘绳套拉导线或触电者,使之脱离电源。
   A. 手　　　　　　　　　　　　　　B. 金属物件
   C. 干燥的木棒　　　　　　　　　　D. 潮湿的木棒

68. AA023　脱离(　　　)的方法可用"拉""切""拽"和"垫"四字来概括。
   A. 蓄电池　　　　B. 电源开关　　　C. 低压电源　　　D. 高压电源

69. AA023　"切"是指用带用绝缘柄的利器(　　　)电源线。
   A. 切断　　　　　B. 拉开　　　　　C. 脱离　　　　　D. 连接

70. AA024　接地装置是由埋入土中的金属(　　　)和连接用的接地线构成。
   A. 角钢　　　　　B. 接地体　　　　C. 扁钢　　　　　D. 钢管

71. AA024　保护接地适用于(　　　)电网。
   A. 接地　　　　　B. 不接地　　　　C. 低压　　　　　D. 高压

72. AA024　跨步电压达到(　　　)时,将使人有触电危险,特别是跨步电压会使人摔倒进而加大人体的触电电压,甚至会使人发生触电死亡。
   A. 10～20V　　　B. 60～80V　　　C. 100～120V　　D. 40～50V

73. AA025　通常说的安全电压,是指(　　　)以下的电压。
   A. 12V　　　　　B. 36V　　　　　C. 24V　　　　　D. 110V

74. AA025　在潮湿和易触及带电体场所的照明电源电压不得大于（　　）。
　　　A. 36V　　　　　　B. 240V　　　　　　C. 110V　　　　　　D. 24V

75. AA025　在特别潮湿的场所，导电良好的地面、锅炉或金属容器内工作的照明电源电压不得大于（　　）。
　　　A. 110V　　　　　　B. 36V　　　　　　C. 24V　　　　　　D. 12V

76. AA026　化工厂的腐蚀是指材料在（　　）作用下所产生的破坏。
　　　A. 脱碳　　　　　　B. 高温　　　　　　C. 周围介质　　　　　　D. 高压

77. AA026　金属与周围介质发生化学作用而引起的破坏称为（　　）。
　　　A. 电化学腐蚀　　　B. 化学腐蚀　　　C. 生物腐蚀　　　D. 应力腐蚀

78. AA026　腐蚀的分类方法较多，按腐蚀机理可分（　　）和电化腐蚀。
　　　A. 土壤腐蚀　　　　B. 海洋腐蚀　　　C. 生物腐蚀　　　D. 化学腐蚀

79. AA027　腐蚀防护做好正确选材，防止或（　　）腐蚀。
　　　A. 减缓　　　　　　B. 加快　　　　　　C. 停止　　　　　　D. 提高

80. AA027　腐蚀防护除考虑一般经济技术指标外，还需考虑（　　）及其在生产过程中的变化。
　　　A. 环境　　　　　　B. 材料　　　　　　C. 结构　　　　　　D. 工艺条件

81. AA027　腐蚀按环境可分为大气腐蚀、土壤腐蚀、（　　）、海洋腐蚀和液态金属腐蚀及非水溶液腐蚀等。
　　　A. 电化腐蚀　　　　B. 生物腐蚀　　　C. 化学腐蚀　　　D. 点腐蚀

82. AA028　易燃固体在储存、运输过程中，应当注意轻拿轻放，避免出现摩擦、撞击等，是因为它具有（　　）的危险特性。
　　　A. 燃点低，易点燃　　　　　　B. 遇酸、氧化剂易燃易爆
　　　C. 本身或燃烧产物有毒　　　　D. 自燃性

83. AA028　车间空气中一般粉尘的最高允许浓度为（　　）。
　　　A. 15mg/m³　　　B. 5mg/m³　　　C. 10mg/m³　　　D. 20mg/m³

84. AA028　皮肤黏膜沾染接触性中毒，应马上离开毒源，脱去污染衣物，用（　　）冲洗体表、毛发、指甲缝等。
　　　A. 清水　　　　　　B. 碱水　　　　　　C. 消毒水　　　　　　D. 氨水

85. AA029　皮肤接触腐蚀性毒物时，要求清水冲洗至少（　　）。
　　　A. 20min　　　　　B. 40min　　　　　C. 10min　　　　　D. 30min

86. AA029　对于接触（　　）或大量粉尘等环境的工作，企业应分别给生产人员发放专用的防尘口罩、防毒面具等防护用品。
　　　A. 有毒有害液体　　　　　　B. 废弃物
　　　C. 辐射　　　　　　　　　　D. 有毒有害气体

87. AA029　常用的止血方法有加压包扎法、（　　）和止血带止血法。
　　　A. 填塞止血法　　　　　　　B. 放平肢体止血法
　　　C. 指压止血法　　　　　　　D. 以上选项均不对

88. AA030　易燃气体是指在 20℃ 和 101.3kPa 条件下与空气的混合物按体积分数占（　　）或更少时可点燃的气体。
　　A. 5%　　　　　　B. 10%　　　　　　C. 13%　　　　　　D. 15%

89. AA030　热不稳定物质或混合物,容易放热自加速分解的是(　　)。
　　A. 遇水放出易燃气体的物质　　　　B. 氧化性液体
　　C. 氧化性固体　　　　　　　　　　D. 有机过氧化物

90. AA030　下列不属于危险化学品的是(　　)。
　　A. 硝化甘油　　B. 菜油　　　　C. 液氨　　　　D. 汽油

91. AA031　爆炸品主要危险特性不包含(　　)。
　　A. 爆炸性　　　B. 敏感性　　　C. 殉爆　　　　D. 蒸发性

92. AA031　下列关于易燃气体的说法不正确的是(　　)。
　　A. 易燃气体的主要危险特性就是易燃易爆
　　B. 处于燃烧浓度范围之内的易燃气体,遇着火源都能着火或爆炸,有的甚至只需极微小能量就可燃爆
　　C. 易燃气体与易燃液体相比,更容易燃烧,且燃烧速度快,一燃即尽
　　D. 复杂成分组成的气体比简单成分组成的气体易燃、燃速快、火焰温度高、着火爆炸危险性大

93. AA031　下列选项中,不具有腐蚀毒害性的气体是(　　)。
　　A. 氢气　　　　B. 氧气　　　　C. 氨气　　　　D. 硫化氢

94. AA032　下列关于易燃液体流动性的说法正确的是(　　)。
　　A. 液体的黏度越小,其流动性就越强
　　B. 液体的黏度越大,其流动性就越强
　　C. 黏度大的液体随着温度升高而降低其流动性
　　D. 黏度小的液体随着温度升高而增强其流动性

95. AA032　下列关于易燃液体的说法不正确的是(　　)。
　　A. 易燃液体的沸点都很低,很容易挥发出易燃蒸气
　　B. 易燃液体挥发性越强,爆炸的危险就越大
　　C. 易燃液体的膨胀系数一般都较小
　　D. 多数易燃液体在灌注、输送、流动过程中能够产生静电

96. AA032　易燃液体主要危险特性不包含(　　)。
　　A. 易燃性　　　B. 蒸发性　　　C. 热膨胀性　　D. 窒息性

97. AA033　氧化性最弱的气体是(　　)。
　　A. 氯气　　　　B. 氢气　　　　C. 氟气　　　　D. 氧气

98. AA033　一些含(　　)的气体具有腐蚀作用。
　　A. 氦、氩　　　B. 钠、钾　　　C. 氢、硫　　　D. 乙烷、乙炔

99. AA033　下列关于易燃液体的毒害性说法正确的是(　　)。
　　A. 饱和碳氢化合物比不饱和的碳氢化合物的毒性大
　　B. 不饱和碳氢化合物比饱和的碳氢化合物的毒性大

C. 不易挥发的石油产品比易挥发的石油产品的毒性大

D. 芳香族碳氢化合物大多不具有毒害性

100. AA034 下列关于氧化性物质的说法不正确的是（　　）。
   A. 有机氧化剂除具有强氧化性外，本身还是可燃的，遇火会引起燃烧
   B. 碱金属、碱土金属的盐或过氧化基所组成的化合物，易分解，有极强的氧化性
   C. 氧化性物质与强酸混合接触后会生成游离的酸或酸酐，呈现极强的氧化性，当与有机物接触时，能发生爆炸或燃烧
   D. 氧化性物质相互之间接触不能引起燃烧或爆炸

101. AA034 下列关于有机过氧化物的说法不正确的是（　　）。
   A. 有机过氧化物具有分解爆炸性
   B. 有机过氧化物具有易燃性
   C. 有机过氧化物具有伤害性
   D. 有机过氧化物危险性的大小与分解温度无关

102. AA034 下列关于毒性物质的说法不正确的是（　　）。
   A. 锑、汞、铅等金属的氧化物大都具有氧化性
   B. 萘酚、酚钠等化合物，遇高热、明火、撞击有发生燃烧爆炸的危险
   C. 无机毒害品具有可燃性，遇明火、热源与氧化剂会着火爆炸，同时放出有毒气体
   D. 大多数毒性物质遇酸、受热分解放出有毒气体或烟雾

103. AA035 下列属于常见易燃物的是（　　）。
   A. 酒精　　　　B. 蒸馏水　　　　C. 食盐　　　　D. 砖头

104. AA035 下列属于氧化性物质的是（　　）。
   A. 氯酸铵　　　B. 过氧化苯甲酰　　C. 氰化钾　　　D. 三氯化钛

105. AA035 下列属于有机过氧化物的是（　　）。
   A. 氯酸铵　　　B. 过氧化苯甲酰　　C. 氰化钾　　　D. 三氯化钛

106. AA036 下列不属于毒害物质的是（　　）。
   A. 氰化钠　　　B. 砷化物　　　C. 化学农药　　D. 病毒蛋白

107. AA036 根据危险货物分类标准，将危险品分成（　　）。
   A. 七大类　　　B. 八大类　　　C. 九大类　　　D. 十大类

108. AA036 易燃固体是指（　　）低，对热、撞击、摩擦敏感，易被外部火源点燃，迅速燃烧，能散发有毒烟雾或有毒气体的固体。
   A. 闪点　　　　B. 燃点　　　　C. 自燃点　　　D. 沸点

109. AA037 人类活动排放的污染物进入水体，引起水质下降，利用价值降低或丧失的现象称为（　　）。
   A. 大气污染　　B. 噪声污染　　C. 放射性污染　　D. 水体污染

110. AA037 造成水污染的主要原因有（　　）和自然因素。
   A. 人为因素　　B. 气候因素　　C. 环境因素　　D. 社会因素

111. AA037 淮河、（　　）和辽河是我国目前受污染最重的三条河。
   A. 黄河　　　　B. 珠江　　　　C. 海河　　　　D. 黑龙江

112. AA038　按化学品的危险性分类,氧化性液体是指本身未必燃烧,但通常因放出(　　),可能引起或促使其他物质燃烧的液体。
　　A. 氢气　　　　B. 氮气　　　　C. 氧气　　　　D. 氯气

113. AA038　被浓碱烧伤后,应用大量水冲洗,再用1%~2%的(　　)洗,最后用清水洗。
　　A. 碳酸氢钠溶液　　　　　　B. 硼酸溶液
　　C. 碳酸钠溶液　　　　　　　D. 氯化钠溶液

114. AA038　下列(　　)是点火源。
　　A. 电火花　　　B. 纸　　　　C. 空气　　　　D. 水

115. AA039　腐蚀发生的根本原因是材料与周围环境发生了(　　)。
　　A. 化学或电化学反应　　　　B. 物理变化
　　C. 位置变化　　　　　　　　D. 数量变化

116. AA039　电解腐蚀是(　　)在电解质溶液中发生的腐蚀,这类腐蚀是较为普遍的腐蚀现象。
　　A. 土壤　　　　B. 大气　　　　C. 金属　　　　D. 木材

117. AA039　对于化学腐蚀的设备,需进行(　　),如涂刷保护漆层,电镀,喷粉等。
　　A. 连接　　　　B. 隔断　　　　C. 保温　　　　D. 接地

118. AA040　(　　)是焊接过程中污染环境的化学有害因素。
　　A. 热辐射　　　B. 噪声　　　　C. 焊接弧光　　D. 焊接烟尘

119. AA040　观看电焊工人进行作业,容易引起(　　)。
　　A. 电光性眼炎　B. 沙眼　　　　C. 青光眼　　　D. 白内障

120. AA040　从事电焊工作的工人,严禁不戴(　　)进行电焊操作。
　　A. 口罩　　　　B. 耳塞　　　　C. 防护眼镜　　D. 防毒面具

121. AB001　通常把增加(　　)能量的机械称为泵。
　　A. 润滑油　　　B. 液体　　　　C. 流体　　　　D. 固体

122. AB001　容积式泵是利用泵缸体内(　　)的连续变化输送液体的泵。
　　A. 活塞　　　　B. 液体密度　　C. 容积　　　　D. 体积

123. AB001　液体动力泵是依靠另一种工作流体的(　　)抽送液体或压送液体的动力装置。
　　A. 压力、流速　　　　　　　B. 流量、压力
　　C. 动力、流量　　　　　　　D. 流量、流速

124. AB002　铸铁管是化工管路中常用的管道之一,由于性脆及连接紧密性较差,只适用于输送(　　)介质。
　　A. 常压　　　　B. 低压　　　　C. 中压　　　　D. 高压

125. AB002　铜管传热效果好,因此主要应用于换热设备和深冷装置的管路,仪表测压管或传送有压力的流体,但温度高于(　　)时,不宜在压力下使用。
　　A. 150℃　　　B. 200℃　　　C. 250℃　　　D. 350℃

126. AB002　有缝钢管一般用于输送水、煤气、取暖蒸汽、(　　)、油等压力流体。
　　A. 压缩空气　　B. 受压气体　　C. 硫酸　　　　D. 二氧化碳

127. AB003　铅管最高使用温度为(　　)。
　　　A. 150℃　　　　B. 200℃　　　　C. 120℃　　　　D. 300℃
128. AB003　(　　)具耐压及延展性,适合在狭窄及转弯的角落地方使用,常用于输送水、瓦斯、酸性液体等。
　　　A. 水泥管　　　B. 塑料管　　　C. 玻璃管　　　D. 铅管
129. AB003　铅管是(　　)管材。
　　　A. 有色金属　　B. 塑料　　　　C. 玻璃　　　　D. 木质
130. AB004　在化工设备和管路的检修中,为确保安全,常采用钢板制成的实心圆片插入两个法兰之间,用来暂时将设备或管路与生产系统(　　)。
　　　A. 隔离　　　　B. 分离　　　　C. 隔绝　　　　D. 断开
131. AB004　当管路装配中短缺一小段,或因检修需要在管路中置一小段可拆的管段时,经常采用(　　)。
　　　A. 连接管　　　B. 连通管　　　C. 短接管　　　D. 软接管
132. AB004　为清理和检查,需要在(　　)上设置手孔盲板或在管端装盲板。
　　　A. 管路　　　　B. 线路　　　　C. 回路　　　　D. 阀门
133. AB005　球阀利用一个中间开孔的(　　)作阀芯,依靠球体的旋转来控制阀门的开或关。
　　　A. 阀板　　　　B. 钢珠　　　　C. 阀杆　　　　D. 球体
134. AB005　截止阀因结构简单,制造维修方便,在(　　)管路中应用广泛。
　　　A. 中高压　　　B. 中低压　　　C. 常压　　　　D. 真空
135. AB005　阀门是用来开闭管路、(　　)和控制输送介质参数(温度、压力、流量)的管路附件。
　　　A. 转换　　　　B. 密封　　　　C. 调节　　　　D. 摩擦
136. AB006　弹簧式安全阀主要依靠(　　)的作用力来达到密封。
　　　A. 电压　　　　B. 杠杆　　　　C. 弹簧　　　　D. 活塞
137. AB006　杠杆式安全阀主要靠(　　)上重锤的作用力达到密封。
　　　A. 杠杆　　　　B. 阀杆　　　　C. 阀芯　　　　D. 阀座
138. AB006　安全阀必须经过(　　)试验才能使用。
　　　A. 流量　　　　B. 流速　　　　C. 阻力　　　　D. 压力
139. AB007　止逆阀主要的作用是防止介质(　　)。
　　　A. 流动　　　　B. 倒流　　　　C. 层流　　　　D. 湍流
140. AB007　止逆阀安装在管路中使流体向(　　)方向流动,(　　)反向流动。
　　　A. 多个;允许　　　　　　　　　B. 一个;可以
　　　C. 一个;不允许　　　　　　　　D. 多个;不允许
141. AB007　非金属垫片质地柔软、耐腐蚀、价格(　　),但耐温和耐压性能差。
　　　A. 便宜　　　　B. 合理　　　　C. 偏高　　　　D. 较低
142. AB008　容积式压缩机是依靠工作容积的(　　)变化吸入和排出气体。
　　　A. 阶段性　　　B. 连续性　　　C. 周期性　　　D. 同期性

143. AB008　活塞式压缩机主要是通过增加单位体积内分子数目来达到提高气体的(　　)。
　　　A. 压力　　　　　B. 速度　　　　　C. 体积　　　　　D. 容积
144. AB008　速度式压缩机利用(　　)和气体的相互作用以提高气体的压力。
　　　A. 温度　　　　　B. 旋转　　　　　C. 活塞　　　　　D. 叶片
145. AB009　带传动的优点有(　　),安装和维护方便,传动效率较高。
　　　A. 结构复杂　　　B. 结构简单　　　C. 载荷大　　　　D. 转矩大
146. AB009　啮合传动分为链传动、(　　)和涡轮蜗杆传动。
　　　A. 交叉传动　　　B. 半交叉传动　　C. 齿轮传动　　　D. 开口传动
147. AB009　带传动的缺点是传动比不准确、寿命低和(　　)。
　　　A. 速率低　　　　B. 速率高　　　　C. 效率高　　　　D. 效率低
148. AB010　机械密封是用来防止旋转轴与(　　)之间流体泄漏的密封。
　　　A. 壳体　　　　　B. 机体　　　　　C. 密封　　　　　D. 填料
149. AB010　旋转轴和装在轴上的(　　)环一起旋转,静环安装在壳体上。
　　　A. 密封　　　　　B. 静密封　　　　C. 动密封　　　　D. 转动
150. AB010　动环与轴或轴套之间的密封是(　　)。
　　　A. 补偿密封面　　B. 辅助密封面　　C. 动密封面　　　D. 静密封面
151. AB011　化工容器一般由筒体、封头、支座、(　　)及各种开孔组成。
　　　A. 螺栓　　　　　B. 法兰　　　　　C. 管道　　　　　D. 平盖
152. AB011　考虑容器压力与容积乘积大小,又考虑介质危险性以及容器在生产过程中的作用,可以将压力容器分为(　　)。
　　　A. 三类　　　　　B. 四类　　　　　C. 五类　　　　　D. 六类
153. AB011　容器按壁厚可分为薄壁容器和厚壁容器,当筒体外径与内径之比(　　)时称为薄壁容器。
　　　A. ≈1.2　　　　　B. <1.2　　　　　C. =1.2　　　　　D. >1.2mm
154. AB012　无缝钢管的规格:最大直径为650mm,最小直径为(　　)。
　　　A. 3mm　　　　　B. 0.3mm　　　　 C. 30mm　　　　　D. 10mm
155. AB012　按照断面形状,无缝钢管可分为圆形管和(　　)两种。
　　　A. 厚壁管　　　　B. 薄壁管　　　　C. 异形管　　　　D. 轴承管
156. AB012　根据用途不同,无缝钢管可分为(　　)和薄壁无缝钢管。
　　　A. 热轧钢管　　　B. 异性钢管　　　C. 圆形钢管　　　D. 厚壁无缝钢管
157. AB013　滚动轴承使用维护方便,工作可靠,启动性能好,在(　　)速度下承载能力较强。
　　　A. 较高　　　　　B. 中等　　　　　C. 平均　　　　　D. 较低
158. AB013　滚动轴承与滑动轴承相比,消耗润滑剂(　　),便于密封,易于维护。
　　　A. 不变　　　　　　　　　　　　　B. 多
　　　C. 少　　　　　　　　　　　　　　D. 以上选项均不对
159. AB013　滚针轴承具有(　　)较高、刚性较高、能承受较高径向载荷和不能承受轴向载荷的特点。
　　　A. 转速　　　　　B. 弹性　　　　　C. 韧性　　　　　D. 刚性

160. AB014　机械噪声按声源的不同可分为空气动力性噪声、机械性噪声和(　　)。
　　A. 平衡性噪声　　　　　　　　　B. 电磁性噪声
　　C. 震动性噪声　　　　　　　　　D. 干扰性噪声

161. AB014　工业企业的生产车间和作业场所的工作地点的噪声标准为(　　)。
　　A. 60dB　　　B. 40dB　　　C. 85dB　　　D. 70dB

162. AB014　凡是妨碍到人们正常休息、学习和工作的声音,以及对人们要听的声音产生干扰的声音,都属于(　　)。
　　A. 干扰　　　B. 屏蔽　　　C. 障碍　　　D. 噪声

163. AB015　所有投射影线从投影(　　)出发的投影法,称为中心投影法。
　　A. 前部　　　B. 中心　　　C. 中部　　　D. 上部

164. AB015　平行直线的平行投影是(　　)或重合的直线。
　　A. 重叠　　　B. 交叉　　　C. 平行　　　D. 分开

165. AB015　平面(或直线)与投影面垂直时,投影积聚为一条直线(或一个点),这种投影性质称为(　　)。
　　A. 积聚性　　B. 立体性　　C. 重叠性　　D. 转移性

166. AB016　点在两面投影的连线,必须(　　)于相应的投影轴。
　　A. 交叉　　　B. 垂直　　　C. 平行　　　D. 重叠

167. AB016　只垂直于(　　)投影面的平面,称为投影面垂直面。
　　A. 一个　　　B. 立体　　　C. 重叠　　　D. 两个

168. AB016　对(　　)投影面都倾斜的平面称为一般位置平面。
　　A. 一般　　　B. 两个　　　C. 所有　　　D. 三个

169. AB017　主视图反映形体(　　)方向的高度尺寸和(　　)方向的长度尺寸。
　　A. 上下;前后　B. 左前;右后　C. 上下;左右　D. 左上;右下

170. AB017　主视图、俯视图中相应投影(整体或局部)的(　　)相等,并且对正。
　　A. 长度　　　B. 宽度　　　C. 高低　　　D. 前后

171. AB017　三视图能够直接反映所示物体的(　　)。
　　A. 前、上、左　B. 后、上、右　C. 正、侧、下　D. 长、宽、高

172. AB018　零件图中倒角尺寸应标注其(　　)与角度。
　　A. 长度　　　B. 宽度　　　C. 形状　　　D. 样式

173. AB018　一张完整的零件图应包括一组视图、完整的(　　)、标题栏和技术要求四项内容。
　　A. 尺寸　　　B. 形状　　　C. 数据　　　D. 结构

174. AB018　零件图是在制造和(　　)机器零件时所用的图样,又称零件工作图。
　　A. 核对　　　B. 查找　　　C. 组装　　　D. 检验

175. AB019　分析装配图中的视图时,一般先从(　　)着手,对照其他视图全面分析,领会该图的表达意图。
　　A. 侧视图　　B. 前视图　　C. 主视图　　D. 俯视图

176. AB019 装配图中的( )图形表达该机器或部件的工作原理、零件之间的装配关系和零件的主要结构形状。
 A. 多组 B. 连接 C. 一组 D. 固定

177. AB019 装配图中的技术要求是用文字、符号表达出机器(或部件)的质量、装配、检验和( )等方面的要求。
 A. 使用 B. 维护 C. 制作 D. 结构

178. AB020 钢是含碳量低于( )的一种铁碳合金。
 A. 3.11% B. 2.11% C. 2.22% D. 3.25%

179. AB020 40号钢,"40"表示钢中平均含碳量为( )的优质碳素结构钢。
 A. 40% B. 0.04% C. 0.40% D. 4%

180. AB020 铸铁与钢相比,含有较多的( )。
 A. 碳 B. 锰 C. 磷 D. 硫

181. AC001 库仑是表示( )的单位。
 A. 电流 B. 电荷量 C. 电压 D. 电场

182. AC001 电荷的大小决定了( )强度的大小。
 A. 电场 B. 电磁 C. 电流 D. 电路

183. AC001 为了研究的方便,规定丝绸摩擦过的玻璃棒带的电荷为( ),毛皮摩擦过的橡胶棒带的电荷为( )。
 A. 负电荷;正电荷 B. 负电荷;负电荷
 C. 正电荷;正电荷 D. 正电荷;负电荷

184. AC002 电位是( )的、电路中某点电位的大小,与参考点(即零电位点)的选择有关。
 A. 绝对 B. 相对 C. 平衡 D. 任意的

185. AC002 电压的国际单位制为( )。
 A. kV B. μV C. V D. mV

186. AC002 电压的方向规定为从( )电位指向( )电位的方向。
 A. 高;低 B. 低;高 C. 高;高 D. 低;低

187. AC003 导体中电子的流动方向与电流的方向( )。
 A. 相同 B. 相反 C. 一致 D. 不同

188. AC003 电流常用字母( )表示。
 A. C B. U C. I D. A

189. AC003 电流单位是安培,简称"安",符号为( )。
 A. C B. U C. I D. A

190. AC004 电动势的方向规定为电源力推动( )的运动方向。
 A. 负电荷 B. 正电荷 C. 正离子 D. 负离子

191. AC004 电源电动势的表达式为$E=A/q$,其中( )表示电源力所做的功。
 A. A B. U C. E D. q

192. AC004　电动势的方向规定为从电源的(　　)经过电源内部指向电源的(　　),即与电源两端电压的方向相反。
　　A. 正极;正极　　　B. 负极;负极　　　C. 正极;负极　　　D. 负极;正极

193. AC005　电流通过导体产生的热量与导体运动速度(　　)。
　　A. 相同　　　　　B. 成正比　　　　　C. 无关　　　　　D. 成反比

194. AC005　不同的导体,电阻一般(　　)。
　　A. 不同　　　　　B. 相同　　　　　　C. 不变　　　　　D. 无法确定

195. AC005　电场强度的方向总是跟正电荷所受(　　)的方向一致。
　　A. 感应力　　　　B. 电磁力　　　　　C. 电动力　　　　D. 电场力

196. AC006　串联电路的特点是电流(　　)。
　　A. 处处不等　　　B. 处处相等　　　　C. 不断减少　　　D. 不断增加

197. AC006　闭合回路中,某一部分发生(　　),使电流不能导通的现象,称为断路。
　　A. 断线　　　　　B. 掉线　　　　　　C. 脱线　　　　　D. 开路

198. AC006　构成一个电路必须具备(　　)和连接导线三种部件。
　　A. 电源、电压　　B. 电流、负载　　　C. 电流、电压　　D. 电源、负载

199. AC007　在没有铁磁物质存在时,电路的电感是一个(　　)。
　　A. 变数　　　　　B. 常数　　　　　　C. 变量　　　　　D. 定值

200. AC007　线圈的电感(　　),交流电的频率(　　),则其感抗就越大。
　　A. 越大;越高　　B. 越大;越低　　　C. 越小;越高　　D. 越小;越低

201. AC007　电感量的基本单位是(　　)。
　　A. mH　　　　　　B. μH　　　　　　　C. kH　　　　　　D. H

202. AC008　当交流电通过线圈时,会在线圈中产生(　　)。
　　A. 电源电动势　　　　　　　　　　　　B. 自感电动势
　　C. 电感电压　　　　　　　　　　　　　D. 互感电动势

203. AC008　下列说法正确的是(　　)。
　　A. 电路中有了电源就形成电流　　　　　B. 电路中有了用电器就有电流
　　C. 要开关闭合,电路中就有电流　　　　D. 在闭合电路中要得到电流,必须有电源

204. AC008　当金属丝有电流通过时,下列说法正确的是(　　)。
　　A. 是电子定向移动形成的　　　　　　　B. 是自由电子定向移动形成的
　　C. 是电子移动形成的　　　　　　　　　D. 是自由电子移动形成的

205. AC009　电容器每个电极所带电量的(　　)称为电容器所带电量。
　　A. 相对值　　　　B. 绝对值　　　　　C. 平均值　　　　D. 初始值

206. AC009　下面关于电容的说法正确的是(　　)。
　　A. 电容不能产生电子,它只是存储电子　　B. 电容可以产生电子
　　C. 电容不能储存电子　　　　　　　　　D. 电容的单位是

207. AC009　电容器必须在外加(　　)的作用下才能储存电荷。
　　A. 电阻　　　　　B. 电流　　　　　　C. 动力　　　　　D. 电压

208. AC010 电磁感应产生的条件是(　　)。
   A. 通过闭合电路磁通量很大   B. 通过闭合电路磁通量很小
   C. 通过闭合电路磁通量不变   D. 通过闭合电路磁通量改变

209. AC010 (　　)是由线圈本身的特性决定的,与磁通和电流无关。
   A. 磁通量   B. 自感电动势   C. 电感电压   D. 自感系数

210. AC010 线圈中产生的自感电动势与原电流的关系是(　　)。
   A. 与线圈内的原电流方向相同   B. 与线圈内的原电流方向相反
   C. 阻碍线圈内原电流的变化   D. 以上选项均不对

211. AC011 电路或电路中的一部分被短接称为(　　)。
   A. 断路   B. 直流   C. 短路   D. 交流

212. AC011 短路时电源提供的(　　)将比通路时提供的电流大得多。
   A. 电压   B. 电阻   C. 压力   D. 电流

213. AC011 发生短路严重时会烧坏(　　)或设备。
   A. 线路   B. 接头   C. 绝缘层   D. 接地线

214. AC012 电路图是用(　　)表示电路连接的图。
   A. 缩略图   B. 数字   C. 符号   D. 字母

215. AC012 电路图主要由符号、连线、(　　)和注释四大部分组成。
   A. 电器   B. 位号   C. 字母   D. 结点

216. AC012 电路图便于详细理解电路的作用,(　　)和计算电路。
   A. 设计   B. 解释   C. 分析   D. 推敲

217. AC013 电功率反映了电场力移动电荷做功的(　　)。
   A. 频率   B. 速度   C. 周期   D. 时间

218. AC013 电功表达式为 $W=Pt$,式中 P 是电功率,W 是(　　),t 是时间。
   A. 焦耳   B. 瓦特   C. 电能   D. 电量

219. AC013 电功率表示消耗电能的(　　)。
   A. 快慢   B. 多少   C. 大小   D. 周期

220. AC014 公式 $R=\rho l/s$,其中 ρ 为电阻率;l 为材料的(　　),单位为 m;s 为面积,单位为 m^2。
   A. 电流   B. 电阻   C. 长度   D. 直径

221. AC014 电阻的(　　)与导体的截面积、长度及温度有关。
   A. 大小   B. 面积   C. 长度   D. 温度

222. AC014 在电场力的作用下,电流在导体中流动所受到的(　　)称为电阻。
   A. 静力   B. 推力   C. 动力   D. 阻力

223. AC015 交流电具有随(　　)变化的特点。
   A. 周期   B. 时间   C. 电压   D. 电流

224. AC015 交流电的有效值约等于其(　　)的 0.707 倍。
   A. 最大值   B. 平均值   C. 有效值   D. 最小值

225. AC015　交流电的频率与(　　)互为倒数关系。
　　　A. 电阻　　　　　B. 电流　　　　　C. 电压　　　　　D. 周期
226. AC016　熔断器在电路中起(　　)保护作用。
　　　A. 断路　　　　　B. 短路　　　　　C. 断线　　　　　D. 短接
227. AC016　熔断器的额定电流应(　　)或等于熔体的额定电流。
　　　A. 大于　　　　　B. 小于　　　　　C. 接近　　　　　D. 无法确定
228. AC016　线路中各级熔断器熔体额定电流要相应配合,保持前一级熔体额定电流必须(　　)下一级熔体额定电流。
　　　A. 匹配　　　　　B. 小于　　　　　C. 等于　　　　　D. 大于
229. AC017　通常用(　　)来计算交流电的实际效应。
　　　A. 平均值　　　　B. 最大值　　　　C. 最小值　　　　D. 有效值
230. AC017　交流电在一个周期中有(　　)瞬间能达到最大值。
　　　A. 一个　　　　　B. 三个　　　　　C. 两个　　　　　D. 四个
231. AC017　通常用有效值来计算(　　)的实际效应。
　　　A. 直流电　　　　B. 高压电　　　　C. 交流电　　　　D. 低压电
232. AC018　在交流电路中,(　　)的大小随着时间做周期性变化。
　　　A. 电流　　　　　B. 电压　　　　　C. 电阻　　　　　D. 电容
233. AC018　交流电(　　)最大值 U_m 与有效值 U 的关系是 $0.707U_m=U$。
　　　A. 电阻　　　　　B. 电压　　　　　C. 电流　　　　　D. 电量
234. AC018　正弦交流电的有效值等于最大值的(　　)。
　　　A. $1/\sqrt{2}$　　　B. $1/2$　　　C. $1/\sqrt{8}$　　　D. $1/4$
235. AC019　三相交流电是由三个频率相同、电势振幅相等、相位差互差(　　)的交流电路组成的电力系统。
　　　A. 150°　　　　　B. 120°　　　　　C. 110°　　　　　D. 90°
236. AC019　世界各国普遍使用(　　)发电、供电。
　　　A. 正弦交流电　　B. 双相交流电　　C. 三相交流电　　D. 非正弦交流电
237. AC019　三相交流电是三个相位差互为120°的(　　)正弦交流电的组合。
　　　A. 平行　　　　　B. 不对称　　　　C. 交叉　　　　　D. 对称
238. AC020　电路是(　　)的通路,是为了某种需要由某些电工设备或元件按一定的方式结合起来的。
　　　A. 电压　　　　　B. 电流　　　　　C. 电阻　　　　　D. 电容
239. AC020　在一个电路中,若想单独控制一个电器,可使用(　　)电路。
　　　A. 串联　　　　　B. 短接　　　　　C. 并联　　　　　D. 接地
240. AC020　任何一个电路都可能具有(　　)三种状态。
　　　A. 通路、断路和短路　　　　　　　　B. 高压、低压和无压
　　　C. 高电阻、低电阻和无电阻　　　　　D. 低频、高频和短波
241. AC021　串联电路总功率(　　)各功率之和。
　　　A. 大于　　　　　　　　　　　　　　B. 等于
　　　C. 小于　　　　　　　　　　　　　　D. 以上选项均不对

242. AC021 串联电路总电压等于各处( )之和。
 A. 电流 B. 电压 C. 电阻 D. 电容
243. AC021 在串联电路中,电路的等效电阻等于各电阻( )。
 A. 之差 B. 乘积 C. 之和 D. 平均值
244. AC022 ( )各支路两端的电压相等,且都等于电源电压。
 A. 串联电路 B. 并联电路
 C. 混连电路 D. 以上选项均不对
245. AC022 并联电阻中等效电阻的倒数,等于各并联电路电阻的( )。
 A. 倒数之差 B. 倒数之和 C. 和 D. 平方
246. AC022 并联电路总功率等于( )。
 A. 各功率之差 B. 各功率之和 C. 各电压之和 D. 各电压之差
247. AD001 离解时生成( )的化合物称为盐。
 A. 金属离子和酸根离子 B. 金属离子
 C. 酸根离子 D. 氢离子
248. AD001 离解时生成的阳离子( )是氢离子的化合物称为酸。
 A. 少部分 B. 大部分
 C. 全部 D. 以上选项均不对
249. AD001 0.01mol/L 氢氧化钠溶液的 pH 值为( )。
 A. 12 B. 11 C. 10 D. 2
250. AD002 下列化合物中,属于稠杂环化合物的有( )。
 A. 吡啶 B. 嘌呤 C. 嘧啶呋 D. 呋喃
251. AD002 C_2H_4 是表示乙烯的( )。
 A. 分子式 B. 结构简式 C. 电子式 D. 离子式
252. AD002 有机化合物中碳原子可以以( )相互连接结成碳链或碳环。
 A. 单键 B. 双键
 C. 三键 D. 单键、双键、三键
253. AD003 一般来说,活泼金属与活泼非金属之间通过电子得失所形成的化学键都是( )。
 A. 离子键 B. 共价键 C. 配位键 D. 金属键
254. AD003 离子键( )饱和性,共价键( )饱和性。
 A. 无;有 B. 有;无 C. 无;无 D. 有;有
255. AD003 下列叙述不正确的是( )。
 A. 活泼金属与活泼非金属化合时,能形成离子键
 B. 阴、阳离子通过静电引力所形成的化学键称为离子键
 C. 离子所带电荷的符号和数目与原子成键时得失电子有关
 D. 阳离子半径比相应的原子半径小,而阴离子半径比相应的原子半径大
256. AD004 原子间通过共用电子对形成的化学键称为( )。
 A. 分子键 B. 共价键 C. 离子键 D. 金属键

257. AD004 共价键按成键过程分为一般共价键和(　　)。
    A. 普通共价键　　B. 非极性共价键　　C. 极性共价键　　D. 配位共价键
258. AD004 共价键的本质是原子轨道(　　),高概率地出现在两个原子核之间的电子与两个原子核之间的电性作用。
    A. 交叉后　　B. 重叠后　　C. 平行后　　D. 弯曲后
259. AD005 同一液体,当外压升高时,其沸点(　　);当外压升降低,其沸点(　　)。
    A. 升高;降低　　B. 降低;升高　　C. 升高;升高　　D. 降低;降低
260. AD005 沸点升高系数与溶剂的(　　)有关。
    A. 性质　　B. 温度　　C. 颜色　　D. 多少
261. AD005 溶液的蒸气压力低于纯溶剂的蒸气压力时,溶液的沸点会(　　)。
    A. 升高　　B. 降低　　C. 不变　　D. 消失
262. AD006 晶体在溶液中形成的过程称为(　　)。
    A. 结晶　　B. 升华　　C. 凝固　　D. 液化
263. AD006 热饱和溶液(　　)后,溶质以晶体的形式析出,这一过程称为结晶。
    A. 蒸发　　B. 固化　　C. 升华　　D. 冷却
264. AD006 结晶方法一般为蒸发结晶和(　　)两种。
    A. 降温结晶　　B. 高压结晶　　C. 水凝结晶　　D. 挥发结晶
265. AD007 下列关于液化的说法错误的是(　　)。
    A. 液化指物质由气态转变为液态的过程
    B. 液化时,系统会对外界放热
    C. 实现液化有两种手段,一是降低温度,二是压缩体积
    D. 临界温度是气体能液化的最低温度
266. AD007 气态物质转变为液态物质的过程称为(　　)。
    A. 升华　　B. 凝固　　C. 液化　　D. 结晶
267. AD007 液化过程一般是(　　)过程。
    A. 吸热　　B. 分解　　C. 放热　　D. 挥发
268. AD008 下列关于升华的说法错误的是(　　)。
    A. 升华是指固态物质不经液态直接转变成气态的现象
    B. 固体物质的蒸气压与外压相等时的温度,称为该物质的升华点
    C. 升华现象可作为一种应用固—气平衡进行分离的方法
    D. 升华只能在常压下进行
269. AD008 在某溶质的饱和溶液中,加入一些该溶质的晶体,则(　　)。
    A. 晶体质量减少　　B. 溶质的质量分数增大
    C. 晶体质量不变　　D. 溶质的溶解度变化
270. AD008 (　　)的结晶过程是在冷却曲线上的水平线段内发生的。
    A. 液体　　B. 固体　　C. 纯金属　　D. 气体
271. AD009 沸点是液态物质(　　)时的温度。
    A. 蒸发　　B. 汽化　　C. 沸腾　　D. 雾化

272. AD009 不同液体在同一外界压强下,( )不同。
 A. 质量 B. 密度 C. 沸点 D. 形状
273. AD009 液体的蒸气压( )外界压力时液体的温度称为沸点。
 A. 大于 B. 小于 C. 等于 D. 大于等于
274. AD010 化学元素是根据原子核电荷的( )对原子进行分类的一种方法。
 A. 重量 B. 大小 C. 多少 D. 结构
275. AD010 元素周期表是1869年俄国科学家( )首创的。
 A. 伽利略 B. 门捷列夫
 C. 阿莫迪欧·阿伏伽德罗 D. 达维多维奇
276. AD010 用元素符号来表示物质组成称为( )。
 A. 分子式 B. 化学式 C. 原子式 D. 电子式
277. AD011 原子由( )构成。
 A. 原子核 B. 核外电子
 C. 原子核与核外电子 D. 离子
278. AD011 原子核由( )构成。
 A. 质子 B. 中子 C. 电子 D. 中子和质子
279. AD011 元素原子的( )称为原子量。
 A. 绝对质量 B. 实际质量 C. 相对质量 D. 平均质量
280. AD012 水分子由( )组成。
 A. 氢元素 B. 氧元素
 C. 氢元素和氧元素 D. 氢元素和碳元素
281. AD012 下列物质中含有氧分子的是( )。
 A. 二氧化碳 B. 液态空气 C. 高锰酸钾 D. 水
282. AD012 物质中能够独立存在并保持该物质一切化学性质的最小微粒是( )。
 A. 电子 B. 原子 C. 分子 D. 元素
283. AD013 分子量等于组成该分子的各原子的( )总和。
 A. 原子个数 B. 相对原子质量
 C. 体积 D. 质量
284. AD013 在化合物里,元素的正负化合价之和为( )。
 A. 正数 B. 负数 C. 正数和负数 D. 零
285. AD013 化合价是元素的一种性质,它决定该元素的( )与其他原子化合的能力。
 A. 一个分子 B. 一个中子 C. 一个质子 D. 一个原子
286. AD014 1mol 任何物质都含有( )原子或分子。
 A. $6.02×10^{-23}$ 个 B. 1 个 C. $6.0×10^{23}$ 个 D. $6.02×10^{23}$ 个
287. AD014 在标准状况下,1mol 任何气体所占的体积均为( )。
 A. $22.4m^3$ B. 1L C. $1m^3$ D. 22.4L
288. AD014 理想气体状态方程的表达式为( )。
 A. $RT=pVn$ B. $pn=VRT$ C. $pV=nRT$ D. $n=RT/pV$

289. AD015　单质是由(　　)元素组成的纯净物。
   A. 一种　　　　B. 二种　　　　C. 三种　　　　D. 三种以上
290. AD015　由两种或两种以上不同元素的原子组成的纯净物是(　　)。
   A. 化合物　　　B. 混合物　　　C. 纯净物　　　D. 单质
291. AD015　下列物质中,不是纯净物的是(　　)。
   A. 氧化镁　　　　　　　　　　　B. 氧气
   C. 空气　　　　　　　　　　　　D. 二氧化碳气体
292. AD016　气体的溶解度随温度升高而(　　),随压强的增大而(　　)。
   A. 增大;减小　B. 减小;增大　C. 增大;增大　D. 减小;减小
293. AD016　下列选项中,可以作为溶质的是(　　)。
   A. 只有固体　　　　　　　　　　B. 只有液体
   C. 只有气体　　　　　　　　　　D. 气体、液体、固体都可以
294. AD016　溶解度是物质(　　)的定量表示。
   A. 溶化性　　　B. 挥发性　　　C. 熔融性　　　D. 溶解性
295. AE001　己烷的同分异构体是(　　)。
   A. 正戊烷　　　B. 异戊烷　　　C. 2-甲基戊烷　D. 新戊烷
296. AE001　戊烷有(　　)同分异构体。
   A. 2 种　　　　B. 3 种　　　　C. 4 种　　　　D. 5 种
297. AE001　下列说法中正确的是(　　)。
   A. 烷烃包括饱和链烃和环烷烃
   B. 具有同一通式的不同物质一定属于同系物
   C. 分子式相同而结构不同的有机物一定是同分异构体
   D. 置换反应和取代反应都是单质跟化合物之间的反应
298. AE002　CH≡CH 是表示乙炔的(　　)。
   A. 分子式　　　B. 结构简式　　C. 电子式　　　D. 离子式
299. AE002　实验测定,甲烷为正(　　)结构。
   A. 三面体　　　B. 四面体　　　C. 五面体　　　D. 六面体
300. AE002　甲烷中碳原子的四个杂化轨道的能量比 S 轨道(　　)、比 P 轨道(　　)。
   A. 高;低　　　B. 低;高　　　C. 高;高　　　D. 低;低
301. AE003　烷烃的密度都(　　)1g/cm^3。
   A. 大于　　　　B. 小于　　　　C. 等于　　　　D. 小于或等于
302. AE003　烷烃的熔点随着分子量的增加而有规律地(　　)。
   A. 升高　　　　B. 降低　　　　C. 升高或降低　D. 不变
303. AE003　由共价键结合形成的化合物称为(　　)。
   A. 离子化合物　B. 有机物　　　C. 无机物　　　D. 共价化合物
304. AE004　下列烯烃中采用系统命名法的是(　　)。
   A. 正丁烯　　　　　　　　　　　B. 异丁烯
   C. 3-甲基-1-丁烯　　　　　　　　D. 甲基乙烯

305. AE004 烯烃一般采用( )命名。
A. 衍生物命名法 B. 系统命名法
C. 普通命名法 D. 顺反异构体的命名方法
306. AE004 炔烃碳碳之间是以( )的形式进行连接的。
A. 单键 B. 三键 C. 双键 D. 多键
307. AE005 所有的有机化合物都含有( )元素。
A. 氢 B. 氧 C. 氮 D. 碳
308. AE005 有机化合物可以从( )获得。
A. 有机体 B. 实验室中
C. 有机体或实验室中 D. 其他方法
309. AE005 多数有机化合物难溶于水的原因是( )。
A. 极性小 B. 极性大
C. 无极性 D. 极性小或无极性
310. AF001 研究流体在外力作用下的平衡规律的是( )。
A. 流体动力学 B. 流体静力学 C. 力学 D. 流体力学
311. AF001 流体静力学基本方程式为( )。
A. $P = P_0 + \rho g$ B. $P = P_0 + gh$ C. $P_2 = P_1 + \rho g h$ D. $P = \rho g h - P_0$
312. AF001 流体静力学方程式 $P_2 = P_1 + \rho g h$ 中的 P_2 指的是( )。
A. 所测液柱下底面压强 B. 所测液柱上底面压强
C. 容器内绝对压强 D. 容器底部所受压强
313. AF002 在静止的液体中,液体任一点的压力与液体的( )和其深度有关。
A. 密度 B. 质量 C. 体积 D. 状态
314. AF002 在静止的液体内部各点的静压强相等的必要条件是( )。
A. 同一种流体内部 B. 连接着的两种流体
C. 同一种连续流体 D. 同一水平面上,同一种连续的液体
315. AF002 在重力作用下,静止液体中,等压面是水平面的条件是( )。
A. 同一种液体 B. 相互连通
C. 不连通 D. 同一种液体,相互连通
316. AF003 通常所说的流速是指( )。
A. 管中心流速 B. 在管中心与管壁间的最大流速
C. 在管中心与管壁间的最小流速 D. 在整个管截面上的平均流速
317. AF003 质量流速与流速的关系为( )。
A. $G = \rho u$ B. $G = ms/A$ C. $u = S/A$ D. $ms = \rho VS$
318. AF003 质量流速与( )有关。
A. 质量流量和流体温度 B. 质量流量和压强
C. 管道截面积和流体温度 D. 质量流量和管道截面积
319. AF004 如果以 Q 表示流量,t 表示时间(s 或 h),V 表示单位时间内流过某一截面的流体体积,则体积流量的表达式为( )。
A. $Q = Vt$ B. $Q = w/\rho$ C. $Q = V/t$ D. $Q = V\rho$

320. AF004 若密度为 ρ，时间为 t，质量流量（ms）转换为体积流量（Vs）的表达式为（　　）。
    A. $VS = ms\rho$　　　　B. $VS = ms/\rho$　　　　C. $VS = \rho/ms$　　　　D. $VS = v/t$

321. AF004 液体的黏度随温度升高而（　　）。
    A. 减小　　　　B. 增大　　　　C. 不变　　　　D. 不确定

322. AF005 化工生产中供给和移走热量的过程，称为（　　）过程。
    A. 物料加热　　　　B. 物料冷却　　　　C. 物料冷凝　　　　D. 热量传递

323. AF005 传热的基本方式有（　　）和辐射三种。
    A. 强制对流、传导　　　　　　　　B. 传导、对流
    C. 传导、换热　　　　　　　　　　D. 对流、自然对流

324. AF005 间壁式换热器主要换热方式为（　　）。
    A. 对流和辐射相结合　　　　　　　B. 热辐射和热传导相结合
    C. 热辐射和强制对流相结合　　　　D. 对流和热传导相结合

325. AF006 热传递的方式有传导、对流和（　　）。
    A. 照射　　　　B. 加热　　　　C. 烘烤　　　　D. 辐射

326. AF006 热通过流动介质将热量由空间中的一处传到另一处的现象称为（　　）。
    A. 对流　　　　B. 传导　　　　C. 辐射　　　　D. 照射

327. AF006 火灾发生、发展的整个过程始终伴随着（　　）过程。
    A. 热辐射　　　　B. 热对流　　　　C. 热传导　　　　D. 热传播

328. AF007 物体的温度只要在（　　）以上，就能发射辐射能。
    A. 1000K　　　　B. 100K　　　　C. 10K　　　　D. 绝对零度

329. AF007 热量从高温部分自动流向低温部分，直至整个物体的各部分温度相等时的传热方式称为（　　）。
    A. 热辐射　　　　　　　　　　　　B. 热对流
    C. 热传导　　　　　　　　　　　　D. 热传导和热对流

330. AF007 导热性不错但是导电性不好的物质是（　　）。
    A. 钢　　　　B. 铁　　　　C. 绝缘橡胶　　　　D. 陶瓷

331. AF008 傅里叶定律中的负号表示热流方向与（　　）方向相反。
    A. 流动　　　　B. 导热　　　　C. 对流　　　　D. 温度梯度

332. AF008 对流传热仅发生在（　　）中。
    A. 液体　　　　B. 流体　　　　C. 气体　　　　D. 固体

333. AF008 由于流体中质点发生相对位移而引起的热交换方式称为（　　）传热。
    A. 辐射　　　　B. 辐射和对流　　　　C. 辐射和传导　　　　D. 对流

334. AF009 按操作压力不同，干燥可分为常压干燥和（　　）干燥。
    A. 低压　　　　B. 中压　　　　C. 真空　　　　D. 加压

335. AF009 载热体（又称干燥介质）与湿物料直接接触，将热能传给湿物料的干燥，称为（　　）。
    A. 对流干燥　　　　　　　　　　　B. 传导干燥
    C. 辐射干燥　　　　　　　　　　　D. 介电加热干燥

336. AF009 按热能传给湿物料的方式不同,干燥可分为传导干燥、对流干燥、辐射干燥和（　　）。
  A. 机械干燥　　　　　　　　　　B. 物理去湿干燥
  C. 加热干燥　　　　　　　　　　D. 介电加热干燥

337. AF010 按蒸馏操作方式不同,蒸馏可分为简单蒸馏、精馏和（　　）。
  A. 双组分蒸馏　　B. 间歇蒸馏　　C. 连续蒸馏　　D. 特殊蒸馏

338. AF010 蒸馏操作中的传质是在气液两项均为（　　）进行的。
  A. 气化状态下　　　　　　　　　　B. 液化状态下
  C. 非饱和状态下　　　　　　　　　D. 饱和状态下

339. AF010 当有机化合物溶液在常压下沸点较高时,为防止分解,可采用（　　）进行分离。
  A. 常压蒸馏　　B. 加压蒸馏　　C. 间歇蒸馏　　D. 减压蒸馏

340. AF011 塔顶液相回流和塔底气相回流是精馏操作能稳定连续进行的（　　）。
  A. 分离依据　　B. 理论基础　　C. 必要条件　　D. 操作过程

341. AF011 以混合液中各组分挥发性的差异,采用多次部分气化和多次部分冷凝为分离手段是精馏操作的（　　）。
  A. 分离依据　　B. 理论基础　　C. 必备条件　　D. 操作过程

342. AF011 塔板上溢流堰的作用是（　　）。
  A. 提供气液接触的场所　　　　　　B. 为液相回流提供通道
  C. 保持降液管的液位高度　　　　　D. 保持塔板上一定液层高度

343. AF012 潜热的单位为（　　）。
  A. J/m^3　　B. J/m^2　　C. J/kg　　D. J/g

344. AF012 在一定温度下,气液两相处于动态平衡的状态称为（　　）。
  A. 饱和蒸汽状态　　　　　　　　　B. 饱和状态
  C. 平衡状态　　　　　　　　　　　D. 饱和压力状态

345. AF012 在一定温度下,气液达到动态平衡时,气相部分所具有的压力称为（　　）。
  A. 静压强　　B. 蒸气压强　　C. 饱和蒸气压　　D. 平衡

346. AF013 物体表现为冷或热是由于物体（　　）的结果。
  A. 分子运动　　　　　　　　　　　B. 分子扩散
  C. 热量传递　　　　　　　　　　　D. 内部结构改变

347. AF013 当物体质量增大时,物体所含热量（　　）。
  A. 减小　　B. 增大　　C. 不变　　D. 减小或不变

348. AF013 物体的热量（　　）。
  A. 与物体质量有关,与温度无关　　B. 与物体温度有关,与物体质量无关
  C. 仅与物体质量有关　　　　　　　D. 与物体的质量和温度有关

349. AF014 沸点与外界压强的关系是：当外界压强升高,其沸点（　　）。
  A. 升高　　　　　　　　　　　　　B. 降低
  C. 不变　　　　　　　　　　　　　D. 先升高后降低

350. AF014 在外界压力相同的情况下,水与酒精沸点的关系是:水( )酒精。
 A. 小于 B. 等于 C. 大于 D. 无法比较

351. AF014 在一定压力下,液体加热至沸腾时的温度称为( )。
 A. 沸腾 B. 沸点 C. 蒸发 D. 泡点

352. AF015 当两个对流给热系数相差很大时,要想提高传热系数 K,必须提高( )一侧流体的给热系数,才能有显著效果。
 A. 值小的
 B. 值大的
 C. 值大的和值小的
 D. 值大的或值小的

353. AF015 金属液体的导热系数比一般的液体要( )。
 A. 高 B. 低 C. 强 D. 弱

354. AF015 大多数非金属液体的导热系数随温度的升高而( )。
 A. 先提高,后下降
 B. 提高
 C. 降低
 D. 不变

355. AF016 按冷、热流体的传热方式不同,换热器分为两流体直接接触式、蓄热式和( )。
 A. 夹套式换热器
 B. 列管式换热器
 C. 板式换热器
 D. 间壁式换热器

356. AF016 按冷、热流体的传热方式不同,固定管板式换热器属于( )。
 A. 列管式 B. 间壁式 C. 套管式 D. 蓄热式

357. AF016 换热器是实现化工生产过程中( )交换和传递不可缺少的设备。
 A. 介质 B. 能量 C. 质量 D. 热量

358. AF017 生产中冷却水经换热后的最终温度一般要求低于( ),以防结垢严重。
 A. 80℃ B. 70℃ C. 60℃ D. 50℃

359. AF017 冷却的主要特征是( )。
 A. 只改变物质的温度,不改变物质的聚集状态
 B. 既改变物质的温度,也改变物质的聚集状态
 C. 既不改变物质的温度,也不改变物质的聚集状态
 D. 只改变物质聚集状态

360. AF017 冷却是使热物体的温度( )而不发生相变化的过程。
 A. 升高 B. 降低 C. 不变 D. 为零

361. AF018 冷、热流体经固体壁进行无相变的热交换,使热流体温度降低的过程称为( )。
 A. 冷凝 B. 冷却 C. 加热 D. 热交换

362. AF018 冷凝的主要特征是( )。
 A. 只改变物质的温度,不改变物质的聚集状态
 B. 既改变物质的温度,也改变物质的聚集状态
 C. 既不改变物质的温度,也不改变物质的聚集状态
 D. 只改变物质聚集状态

363. AF018 蒸汽冷凝时放出的热量(　　)以导热方式通过冷凝膜的热量(不计热损失)。
A. 大于 B. 小于 C. 大于等于 D. 等于

364. AF019 质量的国际单位是(　　)。
A. kg B. g C. mg D. t

365. AF019 重力的属性为(　　)。
A. 仅有大小,没有方向 B. 仅有方向,没有大小
C. 既有大小,也有方向 D. 均没有大小和方向

366. AF019 惯性质量和引力质量是表征物体内在(　　)的同一个物理量的不同表现。
A. 位置 B. 质量 C. 状态 D. 性质

367. AF020 物体所受的重力称为(　　)。
A. 质量 B. 重量 C. 能量 D. 量度

368. AF020 物体重量是由(　　)而产生的。
A. 自身重量 B. 自身质量 C. 地球排斥力 D. 地球吸引力

369. AF020 在地球引力下,(　　)和质量是等值的,但是度量单位不同。
A. 压力 B. 动力 C. 重量 D. 推力

370. AF021 物体所占(　　)的大小称为物体的体积。
A. 空间 B. 质量 C. 容积 D. 面积

371. AF021 常用体积单位有 cm³、dm³ 和(　　)。
A. m B. cm² C. m³ D. m²

372. AF021 计量液体的体积,如水、油等,常用容积单位(　　)和 mL。
A. m B. m² C. L D. cm

373. AF022 单位体积流体所具有的(　　)称为流体的密度。
A. 质量 B. 重量 C. 体积 D. 压强

374. AF022 密度的单位为(　　)。
A. kg B. m³ C. kg/m³ D. g/m³

375. AF022 每种物质都有一定的密度,不同物质的密度一般(　　)。
A. 相同 B. 相似 C. 接近 D. 不同

376. AF023 一定温度下,某液体的密度为 900kg/m³,则该液体的相对密度为(　　)(277K 纯水的密度为 1000kg/m³)。
A. 1 B. 10 C. 0.9 D. 0.1

377. AF023 流体的密度和比容之间成(　　)关系。
A. 正比 B. 反比 C. 倒数 D. 倍数

378. AF023 液体相对密度是指其密度与标准大气压下(　　)纯水的密度的比值。
A. 0℃ B. -10℃ C. 10℃ D. 4℃

379. AF024 被测流体的绝对压强低于大气压强的数值称为(　　)。
A. 真空度 B. 表压 C. 绝压 D. 大气压

380. AF024 流体垂直作用于(　　)上的压力称为流体的压强。
A. 面积 B. 体积 C. 单位面积 D. 单位体积

381. AF024 压强用来比较压力产生的效果,压强(　　),压力的作用效果越明显。
    A. 越大　　　　　B. 越小　　　　　C. 相同　　　　　D. 不变

382. AF025 1atm=(　　)。
    A. 1.033Pa　　　B. 1.33Pa　　　　C. 10.33Pa　　　　D. 1.013×10⁵Pa

383. AF025 当容器液面上方的压强一定时,静止液体内部任一点的压强与(　　)有关。
    A. 与容器粗细和液体自身的密度　　　B. 与容器粗细和该点距液面的深度
    C. 只与液体自身密度　　　　　　　　D. 与液体自身密度和该点距液面的深度

384. AF025 液体的压强跟液体的密度有关,在深度相同时,液体的密度越大,压强(　　)。
    A. 越小　　　　　B. 越大　　　　　C. 不变　　　　　D. 为零

385. AF026 气体压强是气体分子对器壁碰撞的平均效果,(　　)是气体分子平均移动能的度量。
    A. 压力　　　　　B. 温度　　　　　C. 气体分子　　　D. 气体分子数

386. AF026 气体压强的大小与单位体积内的分子数和分子的平均(　　)有关。
    A. 速度　　　　　B. 密度　　　　　C. 黏度　　　　　D. 压力

387. AF026 封闭在气缸内一定质量的气体,如果保持气体体积不变,当温度升高时,下列说法正确的是(　　)。
    A. 气体的密度变大
    B. 气体的压强增大
    C. 分子的平均动能减小
    D. 气体在单位时间内撞击器壁单位面积的分子数增多

388. AF027 在相同条件下,气体与液体的膨胀关系为(　　)。
    A. 气体大于液体　　　　　　　　　　B. 气体小于液体
    C. 气体等于液体　　　　　　　　　　D. 气体小于液体或气体等于液体

389. AF027 在压强不变情况下,使一定量气体温度增加1℃时,它的体积的增长量等于气体在0℃时体积的(　　)。
    A. 273倍　　　　B. 173倍　　　　 C. 1/173　　　　　D. 1/273

390. AF027 1mol 理想气体在恒压下升温 1k 时,气体与环境交换的功等于(　　)。
    A. 摩尔气体压力 p　　　　　　　　B. 摩尔气体体积变化量 ΔV
    C. 摩尔气体常数 R　　　　　　　　D. 摩尔气体温度变化量 ΔT

391. AF028 道尔顿分压定律的内容是混合液体上方的蒸气总压(　　)该温度下各组分蒸气压之和。
    A. 小于　　　　　B. 大于　　　　　C. 等于　　　　　D. 大于等于

392. AF028 水蒸气蒸馏只能用于(　　)的场合。
    A. 所得产品几乎与水全溶　　　　　　B. 所得产品与水半溶
    C. 任何蒸馏　　　　　　　　　　　　D. 所得产品几乎与水不溶

393. AF028 水蒸气蒸馏法需要将原料加热,不适用于(　　)不稳定组分的提取。
    A. 物理性质
    B. 化学性质
    C. 物理化学性质
    D. 以上选项均不对

394. AF029　拉乌尔定律说明了气-液达平衡时,某组分的蒸气分压与其在液相中(　　)的关系。
　　　A. 体积　　　　　B. 浓度　　　　　C. 密度　　　　　D. 挥发度

395. AF029　在一定温度下,气体在液体中的溶解度与液体上方的(　　)成正比。
　　　A. 蒸气分压　　　B. 平衡分压　　　C. 压力分率　　　D. 气体压强

396. AF029　拉乌尔定律广泛应用于(　　)和吸收等过程的计算中。
　　　A. 分解　　　　　B. 结晶　　　　　C. 萃取　　　　　D. 蒸馏

397. BA001　重膜包装机组采用哈尔滨博实自动化设备有限责任公司提供的(　　)全自动称重包装检测机组。
　　　A. FSS　　　　　B. FSF　　　　　C. FFS　　　　　D. SFF

398. BA001　FFS 包装线包装能力为(　　)。
　　　A. 10t/h　　　　B. 20t/h　　　　C. 25t/h　　　　D. 30t/h

399. BA001　装置包装线用的仪表空气的压力是(　　)。
　　　A. 0.7MPa　　　B. 0.4~0.7MPa　　C. 0.5MPa　　　D. 0.4MPa

400. BA002　包装装置真空系统的真空度是(　　)。
　　　A. >0.03MPa　　　　　　　　　　B. 0.05~0.08MPa
　　　C. 0.08~0.1MPa　　　　　　　　　D. 0.1~0.3MPa

401. BA002　金属检测机可以在(　　)的过程中检测出料袋中的物料是否被金属物质污染。
　　　A. 包装料袋　　　B. 码垛料袋　　　C. 切割料袋　　　D. 输送料袋

402. BA002　FFS 全自动重膜包装机采用制袋-填充-封口一体化技术,实现物料的称重、制袋、装袋和(　　)等作业的自动化。
　　　A. 封口　　　　　B. 检测　　　　　C. 运输　　　　　D. 码垛

403. BA003　喷码机墨水应添加至墨箱上下标线(　　)。
　　　A. 下限　　　　　B. 中间　　　　　C. 上限　　　　　D. 最高

404. BA003　等待约 120s 后,喷码机会进入(　　)状态。
　　　A. 喷码完成　　　B. 喷码检测　　　C. 喷码就绪　　　D. 自动运行

405. BA003　等待约(　　)后,喷码机会进入喷码机就绪状态。
　　　A. 60s　　　　　B. 30s　　　　　C. 120s　　　　　D. 90s

406. BA004　零点标定用于标定(　　)的零点。
　　　A. 称重控制器　　B. 复检秤　　　　C. 摆臂　　　　　D. 料门

407. BA004　称重值显示有偏移应(　　)。
　　　A. 继续包装　　　B. 手动调整　　　C. 重新标定　　　D. 断电重启

408. BA004　标定完成后(　　),否则重新上电后恢复上次标定结果。
　　　A. 必须保存标定　　　　　　　　　B. 可直接包装
　　　C. 投自动运行　　　　　　　　　　D. 断电重启

409. BA005　包装机开车前需将口、底封的(　　)卷至完好面。
　　　A. 加热片　　　　B. 胶条　　　　　C. 云母片　　　　D. 聚四氟布

410. BA005 自动码垛机的码垛式样是(　　)。
    A. 10 层/垛盘   B. 15 层/垛盘   C. 8 层/垛盘   D. 12 层/垛盘

411. BA005 包装机开车前需进行口封、底封(　　)。
    A. 温度调节   B. 温度校准   C. 温度冷却   D. 温度控制

412. BB001 定量包装秤停车时须确认包装料仓(　　)。
    A. 满仓   B. 空仓   C. 高位报警   D. 低位报警

413. BB001 定量包装秤停车时下料(　　)闸板阀关闭。
    A. 手动   B. 自动   C. 联动   D. 半自动

414. BB001 FFS 所用膜卷是(　　)共挤薄膜。
    A. 一层   B. 二层   C. 三层   D. 四层

415. BB002 料袋热封过度应降低热封温度、减少加热时间和(　　),待加热片降至环境温度后重新标定。
    A. 更换云母片   B. 更换损坏的聚四氟布
    C. 更换加热片   D. 更换胶条

416. BB002 料袋热封不均时,调整两个热封组件使其各处的(　　)完全一致。
    A. 温度   B. 夹紧力   C. 加热性能   D. 加热时间

417. BB002 包装机在生产运行过程中,按下操作盘上的"急停"按钮停车后,必须确认(　　)、断气,方可处理故障。
    A. 停气   B. 断电   C. 打开   D. 停车

418. BB003 当更换物料时需要将码垛上料袋清除,将操作屏幕上(　　)界面的"操作选项"打开,点击"零袋排除",可将前一批物料排出码垛,避免两种物料混淆。
    A. 零袋排除   B. 自动运行   C. 安全阀   D. 强制排袋

419. BB003 码垛机停车时,操作界面上的(　　)置于断开位置。
    A. 转换开关   B. 光电开关   C. 钥匙开关   D. 限位开关

420. BB003 码垛机需要检修时,应按下(　　),并确认停电、停气后,方可交出。
    A. 急停按钮   B. 启动按钮   C. 停止按钮   D. 复位按钮

421. BB004 包装线停车顺序是先停包装机,再停码垛机,最后停(　　)。
    A. 输送带   B. 电子秤   C. 除尘系统   D. 套膜机

422. BB004 除尘器停车前要确认排空(　　)内的粉尘粒子。
    A. 套膜机   B. 电子秤   C. 输送带   D. 除尘器

423. BB004 包装线输送检测单元的运行方式有联动运行、(　　)运行、停止。
    A. 调试   B. 实验   C. 就地   D. 联锁

424. BB005 重膜包装机停车后应及时清洁(　　),防止封口冷却不好。
    A. 加热组件   B. 伺服电动机   C. 冷风管气孔   D. 摆臂

425. BB005 生产操作记录不允许(　　)。
    A. 真实填写   B. 用仿宋体填写
    C. 用草书填写   D. 按时填写

426. BB005　现场操作原始记录由(　　)填写。
　　　A. 操作者　　　　B. 单位指定专人　　C. 值班长　　　　D. 技术人员
427. BC001　PLC 基本结构主要由 CPU、电源和(　　)等组成。
　　　A. 储存器　　　　B. 存储卡　　　　C. U 盘　　　　　D. 内存
428. BC001　CPU 通过地址总线、数据总线和(　　)与储存单元相应接口相连。
　　　A. 内存　　　　　B. 硬盘　　　　　C. 控制总线　　　D. 电缆
429. BC001　输出接口电路类型通常有继电器输出型、晶体管输出型和(　　)。
　　　A. 电阻器输出型　　　　　　　　　B. 二极管输出型
　　　C. 中继器输出型　　　　　　　　　D. 晶闸管输出型
430. BC002　在输入采样阶段,PLC 以(　　)方式依次读入所有输入状态和数据。
　　　A. 复制　　　　　B. 记录　　　　　C. 采样　　　　　D. 扫描
431. BC002　程序执行阶段,PLC 依次地(　　)用户程序梯形图。
　　　A. 复制　　　　　B. 记录　　　　　C. 采样　　　　　D. 扫描
432. BC002　当 PLC 投入运行后,其工作过程一般分为三个阶段,即输入采样、用户程序执行和(　　)。
　　　A. 信号输入　　　B. 采样输出　　　C. 程序输入　　　D. 输出刷新
433. BC003　包装机启动后可按预定程序自动完成供袋送袋、(　　)及其冷却、制袋的过程。
　　　A. 取袋制袋　　　B. 封口包装　　　C. 自动装料　　　D. 封角封底
434. BC003　摆臂前行时与(　　)一起把料袋送到冷却位冷却。
　　　A. 立袋输送机　　B. 冷却位机构　　C. 开袋机构　　　D. 装袋机构
435. BC003　摆臂前行将制袋位的空袋、(　　)的满袋、装袋位的空袋、封口位的料袋、冷却位的料袋依次向下传递一个工位。
　　　A. 立袋输送机　　B. 开袋位　　　　C. 开袋机构　　　D. 装袋机构
436. BC004　检测元件包括光电开关、接近开关和(　　)等。
　　　A. 动力开关　　　　　　　　　　　B. 正负压力检测开关
　　　C. 弹性开关　　　　　　　　　　　D. 变送开关
437. BC004　重膜包装机操作面板可以指示设备的(　　)。
　　　A. 工艺指令　　　B. 语音指令　　　C. 运行状态　　　D. 行动指令
438. BC004　重膜包装机控制元件包括(　　)、伺服驱动器、温控器、接触器、固态继电器和电磁阀等。
　　　A. 变频器　　　　B. 控制器　　　　C. 变压器　　　　D. 反馈器
439. BC005　重膜包装机控制器具有加热回路的诊断及(　　)代码输出功能。
　　　A. 供电　　　　　B. 输入　　　　　C. 故障　　　　　D. 控制
440. BC005　当热封系统校准时需要设定校准温度,该温度大致接近(　　)即可。
　　　A. 加热温度　　　B. 环境温度　　　C. 热封温度　　　D. 检测温度
441. BC005　热封控制器发生故障时发出的信号是(　　)。
　　　A. ALARM(故障报警信号)　　　　　B. 热启动信号 START(ST)
　　　C. 复位信号 RESET(RS)　　　　　　D. 自校准信号 AUTOCAL(AC)

442. BC006　FFS重膜包装机电子定量秤为( )。
　　　A. 叠加结构　　　B. 双秤结构　　　C. 单秤结构　　　D. 平衡结构
443. BC006　启动称重控制器进入运行状态,若满足称重( )条件,开始称重,给料门完全打开,物料快速落入称重料斗。
　　　A. 下料　　　　　B. 包装　　　　　C. 开机　　　　　D. 启动
444. BC006　电子定量秤称重过程分为( )过程和精给料过程。
　　　A. 粗给料　　　　B. 启动　　　　　C. 卸料　　　　　D. 结束
445. BC007　定量秤的( )采用模块化设计。
　　　A. 分布器　　　　B. 采集器　　　　C. 控制器　　　　D. 收集器
446. BC007　定量秤控制器采用智能控制策略,在称重控制中采用自寻优( )方法。
　　　A. 智能控制　　　B. 模糊控制　　　C. 定向控制　　　D. 分布控制
447. BC007　定量秤控制器中粗流阈值为( )的目标值。
　　　A. 精进料　　　　B. 称重　　　　　C. 放料　　　　　D. 粗进料
448. BC008　在( )运行状态下,按下强制排垛按钮,可以把当前垛盘强制排出。
　　　A. 启动　　　　　B. 停止　　　　　C. 自动　　　　　D. 手动
449. BC008　在自动运行状态下,按下零袋排出按钮,可将编组输送机、过渡板、分层板上的料袋假定为( )。
　　　A. 一袋　　　　　B. 零袋　　　　　C. 清零　　　　　D. 一层
450. BC008　码垛机转位( )部分在码垛过程中完成转位和编组功能。
　　　A. 编组　　　　　B. 转位　　　　　C. 缓停　　　　　D. 输送
451. BC009　套膜机启动运行后进膜电动机工作,带动膜卷( ),当达到所需长度时电动机停止工作。
　　　A. 转动　　　　　B. 升降　　　　　C. 压缩　　　　　D. 拉伸
452. BC009　套膜动作完成后,返回至( )位置。
　　　A. 最高　　　　　B. 最底　　　　　C. 初始　　　　　D. 套膜
453. BC009　套膜机套膜过程包括( )、供膜、开袋和拉伸套膜。
　　　A. 切袋　　　　　B. 送袋　　　　　C. 吸袋　　　　　D. 卷膜
454. BC010　金属检测器检测到含有金属颗粒料袋时向PLC发出( )信号。
　　　A. 拣选　　　　　B. 停机　　　　　C. 报警　　　　　D. 检测
455. BC010　当含金属料袋或( )料袋(PLC记忆跟踪)到达拣选位置,拣选输送机暂停,由PLC控制拣选电动机正转或反转,带动拣选板分别向两侧剔除料袋。
　　　A. 输送　　　　　B. 重量超差　　　C. 检测　　　　　D. 复检
456. BC010　料袋在经过( )输送过程中将内部物料压展均匀。
　　　A. 金检输送　　　B. 复检输送　　　C. 拣选输送　　　D. 整形压平
457. BC011　重膜包装线采用的喷码机为( )。
　　　A. 非接触式打印　　　　　　　　　B. 接触式打印
　　　C. 非接触式喷印　　　　　　　　　D. 接触式喷印

458. BC011 喷码机墨线应在充电槽正中,第一个( )的墨点称为断点。
　　A. 停止　　　　B. 断开　　　　C. 分裂　　　　D. 调制

459. BC011 断点位置及形状与加在晶振线上的( )、墨水黏度、墨水温度以及墨路压力有关。
　　A. 调制电压　　B. 墨路温度　　C. 墨路黏度　　D. 调制电流

460. BC012 卧式脱粉器颗粒物料通过( )定量给料阀,经重力方式进入流化定向多孔板上。
　　A. 手动　　　　B. 自动　　　　C. 调节　　　　D. 改变

461. BC012 卧式脱粉器的颗粒物料,通过静电消除设施提供的带( )离子风,消除颗粒物料所带的静电。
　　A. 电压　　　　B. 静电　　　　C. 电荷　　　　D. 物料

462. BC012 脱粉系统的( )阀门,均有自动及手动两种操作模式。
　　A. 双向　　　　B. 单向　　　　C. 气动　　　　D. 自动

463. BC013 重膜包装机的热封过程是利用电加热使塑料薄膜的( )部分变成熔融的流动状态。
　　A. 中间　　　　B. 表面　　　　C. 四角　　　　D. 封口

464. BC013 重膜包装机热封时间是指薄膜在( )下停留的时间。
　　A. 封口夹持　　B. 加热片　　　C. 下料门　　　D. 冷却板

465. BC013 影响重膜包装机热封效果的因素有热封的压力、时间、( )及冷却时间。
　　A. 温度　　　　B. 电压　　　　C. 热量　　　　D. 速度

466. BC014 包装机用于自动制袋、开袋、物料装袋及袋口( )。
　　A. 送膜　　　　B. 切袋　　　　C. 封合　　　　D. 制膜

467. BC014 重膜包装机的( )系统以真空压力为动力源。
　　A. 气动　　　　B. 压力　　　　C. 真空　　　　D. 动力

468. BC014 FFS重膜包装机是一种结构紧凑、( )运行的包装机。
　　A. 紧密　　　　B. 合理　　　　C. 整齐　　　　D. 自动

469. BC015 吨包装机启动后,升降机构位于( ),人工将四角吊带挂在吊钩上。
　　A. 上位　　　　B. 下位　　　　C. 左位　　　　D. 右位

470. BC015 如果重量合格,吨包装机夹袋装置打开,( )脱开,料袋被卸下。
　　A. 料门　　　　B. 抓手　　　　C. 袋口　　　　D. 料袋

471. BC015 吨包装机升降机构包含( )和吊钩机构。
　　A. 夹袋机构　　B. 称重机构　　C. 装袋机构　　D. 输送机构

472. BD001 重膜包装机电子( )零点标定用于标定称重控制器的零点。
　　A. 控制器　　　B. 复检秤　　　C. 定量秤　　　D. 温控器

473. BD001 重膜包装机电子定量秤零点标定时应保持称重料斗空载和( )。
　　A. 满载　　　　B. 开启　　　　C. 关闭　　　　D. 静止

474. BD001 重膜包装机电子定量秤系统操作包括( )标定、满度标定和保存标定等操作。
　　A. 清零　　　　B. 零点　　　　C. 系统　　　　D. 指标

475. BD002 重膜包装机安装膜卷时应转动手轮,调整其中心与( )中心对正。
　　A. 定量秤　　　　B. 压平机　　　　C. 拣选机　　　　D. 包装机
476. BD002 重膜包装机袋长的调整通过触摸屏界面的( )按钮设定。
　　A. 热封监控　　　B. 当前袋长　　　C. 辅助设备　　　D. 排袋停止
477. BD002 重膜包装机检查角封的热封效果不好,调节( )和角封气缸的压力。
　　A. 角封加热时间　　　　　　　　　B. 角封加热温度
　　C. 角封气缸角度　　　　　　　　　D. 角封冷却效果
478. BD003 喷码机( )黏度过高则需要将墨箱墨水抽出。
　　A. 空气　　　　　B. 溶剂　　　　　C. 墨水　　　　　D. 混合液
479. BD003 喷码机状态参数表中喷头( )的正常值为 0 左右。
　　A. 低压　　　　　B. 电压　　　　　C. 压力　　　　　D. 高压
480. BD003 新机器墨路排气操作应执行( )功能。
　　A. 墨路清洗　　　B. 墨路引灌　　　C. 墨路打通　　　D. 墨路清空
481. BD004 复检秤计数显示中显示金属检测器检测到含金属的( )。
　　A. 当月累计袋数　　　　　　　　　B. 总袋数
　　C. 当日累计袋数　　　　　　　　　D. 当班累计袋数
482. BD004 复检秤可以通过按住"计数复位"按钮保持 3s 可( )计数数据。
　　A. 记录　　　　　B. 清零　　　　　C. 保持　　　　　D. 上传
483. BD004 复检秤系统设置为( )状态时,输送检测单元独立运行,不受外部设备启停控制。
　　A. 停止　　　　　B. 联锁　　　　　C. 调试　　　　　D. 运行
484. BD005 码垛机系统中的推袋机、分层机及升降机等电动机由( )驱动。
　　A. 控制器　　　　B. 变频器　　　　C. 伺服器　　　　D. 继电器
485. BD005 码垛机系统运行时,变频器通过( )控制电动机的正反转及转速。
　　A. CPU　　　　　 B. 接触器　　　　C. PLC　　　　　 D. 控制器
486. BD005 变频器驱动可以实现( )运转方向、速度的控制与调节。
　　A. 转位机　　　　B. 电动机　　　　C. 分层机　　　　D. 升降机
487. BD006 拉膜装置框架的水平是通过( )检测的。
　　A. 水平仪　　　　B. 光谱仪　　　　C. 千分表　　　　D. 高度表
488. BD006 通过调整( )处偏心法兰可使拉膜装置的辊轮沿导板滑动顺畅无卡滞现象。
　　A. 拉膜　　　　　B. 辊轮　　　　　C. 导板　　　　　D. 轴承
489. BD006 套膜机穿膜时应将薄膜由( )与扳手之间穿过。
　　A. 拉杆　　　　　B. 压紧辊　　　　C. 主动辊　　　　D. 轴辊
490. BD007 吨包装机电子定量秤,对其进行( )的标定是重要的维护工作。
　　A. 行程　　　　　B. 重量　　　　　C. 量程　　　　　D. 质量
491. BD007 吨包装机( )标定时依次在秤体四角加载 100kg 砝码,重量偏差在 100g 以内。
　　A. 满度　　　　　B. 零点　　　　　C. 称重　　　　　D. 指标

492. BD007 吨包装机定量秤接通称重控制器电源,设置初始参数,然后分别进行(　　)标定和满度标定。
　　A. 清零　　　　　B. 称重　　　　　C. 零点　　　　　D. 指标
493. BD008 对射式光电开关无信号应检查光电开关发射与(　　)端是否对正。
　　A. 反射　　　　　B. 接收　　　　　C. 对射　　　　　D. 镜面
494. BD008 直接反射式光电开关无信号应检查(　　)光电开关与被检测物体的距离是否合适。
　　A. 反射板式　　　B. 对射式　　　　C. 直接反射式　　D. 镜面反射式
495. BD008 光电开关电源电压为(　　)。
　　A. DD24V　　　　B. AV24V　　　　C. AC24V　　　　D. DC24V
496. BD009 接近开关无信号应检查(　　)与感应板是否距离不适当。
　　A. 运行部件　　　B. 接近开关　　　C. 部件　　　　　D. 物料
497. BD009 接近开关电源电压为(　　)。
　　A. DC24V　　　　B. DC220V　　　　C. AC220V　　　　D. AC24V
498. BD009 接近开关的类型有电感式、电容式、(　　)和交直流式。
　　A. 反射式　　　　B. 接触式　　　　C. 霍尔式　　　　D. 感应式
499. BD010 控制气缸的电磁阀不换向,可能是(　　)故障。
　　A. 阀芯　　　　　B. 阀体　　　　　C. 密封环　　　　D. 阀杆
500. BD010 气缸检修重新装配时特别要防止(　　)被剪切、损坏。
　　A. 活塞　　　　　B. 连杆　　　　　C. 缸体　　　　　D. 密封圈
501. BD010 做(　　)运动的气缸可分为单作用气缸、双作用气缸、膜片式气缸和冲击气缸。
　　A. 前后　　　　　B. 上下　　　　　C. 往复直线　　　D. 往复摆动
502. BD011 SEW电动机在(　　)首先应进行机械方面的检查。
　　A. 检修前　　　　B. 运行中　　　　C. 停止后　　　　D. 启动前
503. BD011 SEW电动机在投用前,应进行空载试转,查看(　　)是否符合要求等。
　　A. 振动　　　　　B. 声音　　　　　C. 转向　　　　　D. 电流
504. BD011 当电动机出现无法启动或异常停止等故障时,首先应检查(　　)、接触器和各端子接线。
　　A. 保护热继电器　B. 电源开关　　　C. 电动机转轴　　D. 电动机外壳
505. BE001 电子定量秤称重传感器损坏首先应检查(　　)。
　　A. 控制器　　　　B. 称重传感器　　C. 伺服控制器　　D. 伺服电动机
506. BE001 电子定量秤称重传感器损坏应在(　　)情况下分别测量传感器的SG+、SG-端电压(正常电压值在0~20mV),对比每个传感器的这个电压值是否有异常情况。
　　A. 料门打开　　　B. 料门关闭　　　C. 定量秤空载　　D. 定量秤满载
507. BE001 电子定量秤卸料门(　　)无信号应检查电磁阀。
　　A. 称重传感器　　B. 磁环开关　　　C. 伺服控制器　　D. 控制器

508. BE002 重膜包装机膜卷已用尽未报警,应及时调整( )位置。
 A. 光电及反射板 B. 膜卷
 C. 接近开关 D. 角封

509. BE002 重膜包装机膜卷未用尽时发生报警故障,应调整( )位置。
 A. 光电及反射板 B. 膜卷
 C. 接近开关 D. 角封

510. BE002 定量秤启动前应对( )进行复位,否则无法启动。
 A. 故障复位按钮 B. 启动按钮
 C. 初始化按钮 D. 停止按钮

511. BE003 重膜包装机( )应及时调整角片光电开关位置。
 A. 装袋位扔袋 B. 不开袋 C. 膜卷用尽 D. 下料检测

512. BE003 重膜包装机( )设置不当会造成不制袋,报空袋检测光电故障。
 A. 热封温度 B. 真空压力检测值
 C. 振板频率 D. 袋长

513. BE003 因料门里有料未排空造成重膜包装机( )故障,应及时手动清空料斗物料。
 A. 接近开关 B. 料门升降 C. 光电开关 D. 料门机构

514. BE004 ( )会造成电子定量秤称重传感器损坏。
 A. 控制器损坏 B. 传感器型号不正确
 C. 伺服控制器损坏 D. 伺服电动机损坏

515. BE004 ( )故障会造成电子定量秤卸料门磁环开关无信号故障。
 A. 称重传感器 B. 电磁阀 C. 伺服控制器 D. 控制器

516. BE004 下列选项中,不属于临时分析计划的是( )。
 A. 新建、改扩建装置开工初期试运行时的分析计划
 B. 装置正常运行期间,根据生产或质量考察的需要,临时增加的分析计划
 C. 装置正常运行时用于监控产品质量状况的分析计划
 D. 新产品试生产时的分析计划

517. BE005 重膜包装机膜卷( )故障时,应调整接近开关位置。
 A. 破损 B. 用尽 C. 跑偏 D. 角封

518. BE005 紧急停车系统的( )功能可分辨引起机组故障的原因及连锁开关动作的先后顺序。
 A. 连锁控制 B. 事件顺序记录
 C. 信号报警 D. 回路调节

519. BE005 下列选项中,关于重膜包装机料袋封口冷却故障的处理方法不正确的是( )。
 A. 调整导向风的大小及方向 B. 调整冷却板的压紧度及气缸运行速度
 C. 调整冷却风的流量 D. 调整夹持时间

520. BE006 ( )光电开关不到位会造成重膜包装机开袋后到装袋位扔袋的现象。
 A. 角片 B. 膜袋检测 C. 膜卷用尽 D. 下料检测

521. BE006 重膜包装机开袋后到装袋位扔袋应检查更换、清理( )及过滤器。
   A. 导向风喷嘴   B. 进膜辊残留胶带
   C. 真空管路   D. 料斗物料

522. BE006 因料门里有料未排空会造成重膜包装机( )故障。
   A. 接近开关   B. 料门升降   C. 光电开关   D. 机构运行

523. BE007 因导向板不在中心,或彼此距离太远会造成重膜包装机( )。
   A. 卷筒未充分紧固   B. 卷筒不位于中心
   C. 薄膜被缠绕   D. 堵袋

524. BE007 真空度未完全达到要求,造成重膜包装机袋子没有正确打开的原因是( )未及时清理。
   A. 吸盘被堵   B. 吸盘关闭
   C. 真空系统   D. 薄膜被堵或带静电

525. BE007 重膜包装机袋子输送中出现倾斜现象的处理方法是( )和调整摆臂行程(行程为330mm)。
   A. 调整导向板   B. 检查移动自由度
   C. 调整摆臂   D. 检查驱动元件

526. BE008 重膜包装机二次料门下料口与料袋间的放料间隙是( )。
   A. 0~5mm   B. 5~10mm
   C. 10~20mm   D. 以上选项均不对

527. BE008 重膜包装机装袋时发生故障原因是( )振动、延迟时间调节过小。
   A. 开袋机构   B. 装袋机构   C. 敦实机构   D. 封口机构

528. BE008 调节( )是重膜包装机装袋时发生故障的原因之一。
   A. 敦实机构振动延迟时间   B. 袋子长度
   C. 立袋输送机高度   D. 切刀高度

529. BE009 重膜包装机加热组件上的( )不清洁,料袋封口突出部分会出现不规则现象。
   A. 硅胶条   B. 云母片   C. 加热片   D. 聚四氟布

530. BE009 重膜包装机气缸夹持压力为( )。
   A. 4~5kPa   B. 4~5MPa   C. 6~7kPa   D. 6~7MPa

531. BE009 重膜包装机封口时,热封口破损而开口的调整方法有( )。
   A. 提高封口设定温度   B. 增加热封时间
   C. 更换薄膜   D. 检查口封、底封冷却

532. BE010 重膜包装机袋子边缘变形应首先检查( )。
   A. 送袋机构   B. 开袋机构   C. 缩袋机构   D. 封口机构

533. BE010 重膜包装机切刀位置,使袋口距离热封线( )左右。
   A. 5mm   B. 10mm   C. 20mm   D. 30mm

534. BE010 在DCS结构中,用于控制功能组态和系统维护的是( )。
   A. 操作站   B. 控制站
   C. 工程师站   D. 管理计算机

535. BE011　复检秤的(　　)有误,会造成复检秤在系统正常运行条件下未正常启动。
　　A. 联锁　　　　　　B. 电动机　　　　　C. 轴承　　　　　　D. 链条

536. BE011　金属检测器的(　　)有误会造成金属检测器在系统正常运行条件下报故障。
　　A. 联锁　　　　　　B. 电动机　　　　　C. 轴承　　　　　　D. 链条

537. BE011　复检秤在系统正常运行条件下,未正常启动的故障处理方法有(　　)、检查与复检秤的联锁是否有误。
　　A. 检查复检秤是否正常　　　　　B. 检查与复检秤是否有误
　　C. 调整传动电动机　　　　　　　D. 调整对正上秤架与下秤架

538. BE012　(　　)之间的间距过小会造成拣选机料袋间距故障。
　　A. 轴辊　　　　　　　　　　　　B. 料袋
　　C. 输送带　　　　　　　　　　　D. 以上选项均不对

539. BE012　(　　)光电反射板破损会造成复检秤出口光电故障。
　　A. 金属检测器出口　　　　　　　B. 金属检测器入口
　　C. 复检秤出口　　　　　　　　　D. 复检秤入口

540. BE012　如调节阀不能垂直安装,有下列四种安装方法,最优选择是(　　)位置安装。
　　A. 向上倾斜22.5°　　　　　　　B. 向上倾斜45°
　　C. 向上倾斜67.5°　　　　　　　D. 水平

541. BE013　(　　)会引起码垛机推袋电动机故障报警。
　　A. 变频器启动　　　　　　　　　B. 热继电器跳闸
　　C. 热继电器过大　　　　　　　　D. 以上选项均不对

542. BE013　码垛机伺服初始位(　　),检测距离过大会出现伺服故障。
　　A. 光电开关　　　　　　　　　　B. 接近开关
　　C. 磁环开关　　　　　　　　　　D. 以上选项均不对

543. BE013　仪表用电缆、电线、补偿导线的敷设与保温的工艺设备、工艺保温层表面之间的距离要大于(　　)。
　　A. 100mm　　　　B. 200mm　　　　C. 250mm　　　　D. 400mm

544. BE014　调整(　　),可以使间距合适改善码垛机料袋的压平效果。
　　A. 输送带涨紧程度　　　　　　　B. 电动机速度
　　C. 拉簧的变形量　　　　　　　　D. 以上选项均不对

545. BE014　气动双气缸控制阀调节稳定后,定位器的两路输出(　　)。
　　A. 气压为零　　　　　　　　　　B. 气压相等
　　C. 一路有输出,一路输出无输出　　D. 气压最大

546. BE014　离心式压缩机机组启动时,润滑油温的范围一般为(　　)。
　　A. 5~15℃　　　　B. 15~30℃　　　　C. 35~45℃　　　　D. 65℃以上

547. BE015　码垛机分层机开超时,应检查分层机(　　)开关是否故障。
　　A. 开限位接近　　　　　　　　　B. 关限位接近
　　C. 开限位光电　　　　　　　　　D. 关限位光电

548. BE015 码垛机推袋超时故障是( )未启动。
   A. 推袋电动机　　　　　　　　B. 分层电动机
   C. 分层变频器　　　　　　　　D. 编组电动机

549. BE015 料袋未通过( )会造成码垛机编组机动作超时。
   A. 编组出口　　B. 编组入口　　C. 转位机出口　　D. 转位机入口

550. BE016 码垛机料袋堵在( )中无法通过,会出现转位传输堵袋故障。
   A. 压平机　　　B. 转位机　　　C. 编组机　　　　D. 推袋机

551. BE016 ( )接近开关故障会造成码垛机转位旋转超时。
   A. 分层机开限位　　　　　　　B. 分层机关限位
   C. 伺服初始位　　　　　　　　D. 推袋机回限位

552. BE016 码垛缓停机堵袋(超时)应检查是否有料袋堵在( )或整形输送机中无法通过。
   A. 加速输送机　B. 转位机　　　C. 编组机　　　　D. 推袋机

553. BE017 未及时补充( ),码垛机托盘会仓空报警。
   A. 托盘　　　　B. 垛盘　　　　C. 膜卷　　　　　D. 料袋

554. BE017 码垛机托盘输送机上( )光电损坏会造成托盘等待位光电故障。
   A. 托盘不足　　B. 托盘到位　　C. 托盘等待位　　D. 输送压平

555. BE017 码垛机托盘( )与反射板未对正会造成垛盘动作超时。
   A. 托盘不足光电　　　　　　　B. 托盘等待位光电
   C. 托盘到位光电　　　　　　　D. 输送光电

556. BE018 升降上升减速( )与感应片间距离过大会造成码垛机升降上升减速开关故障。
   A. 光电开关　　B. 拉近开关　　C. 磁环开关　　　D. 真空开关

557. BE018 码垛机升降下降( )故障是由升降机配重的导向块与导向槽间距离过大导致的。
   A. 减速开关　　B. 加速开关　　C. 光电开关　　　D. 磁环开关

558. BE018 码垛机升降临界开关故障的处理方法是( )。
   A. 检查临界两对对射光电是否对正　B. 检查临界光电接线是否错误
   C. 检查上升临界光电间是否有异物　D. 检查临界光电是否损坏

559. BE019 码垛机推袋( )故障应检查推袋回减速接近开关与感应片间距离是否过大。
   A. 减速开关　　B. 加速开关　　C. 光电开关　　　D. 回减速开关

560. BE019 为防止管道内的介质倒流一般应选用( )。
   A. 调节蝶阀　　B. 调节闸阀　　C. 偏心旋转阀　　D. 单向阀

561. BE019 气动滑阀阀杆无卡涩现象而阀杆振动的原因是( )。
   A. 定位器增益太小　　　　　　B. 放大器喷嘴不畅
   C. 定位器增益太大　　　　　　D. 气管路泄漏

562. BE020 套膜机支架平移电动机外限位(　　)故障会造成纵向机构打开超时。
　　A. 变频器　　　　B. 光电开关　　　　C. 接近开关　　　　D. 抱闸

563. BE020 套膜机(　　)平移电动机支架外限位开关故障是由横向机构打开超时造成的。
　　A. 支架　　　　　B. 升降　　　　　　C. 收膜轮　　　　　D. 输送

564. BE020 电液执行器校验的第一步是先校验(　　)的零点和范围。
　　A. 控制部分　　　B. 阀位反馈　　　　C. 偏差　　　　　　D. 伺服阀

565. BE021 套膜机(　　)光电开关未对正,会出现制袋完成出现套垛无垛盘故障。
　　A. 套垛位　　　　B. 整形位　　　　　C. 输送位　　　　　D. 出垛位

566. BE021 真空检测开关无信号超(　　)会造成故障报警。
　　A. 3s　　　　　　B. 5s　　　　　　　C. 8s　　　　　　　D. 10s

567. BE021 套膜机真空阀动作超时的原因是(　　)。
　　A. 负压检测开关接线错误　　　　　　B. 检测开关未设定
　　C. 负压调整不合适　　　　　　　　　D. 皮带偏

568. BE022 套膜机启动时未对套膜机进行(　　)操作,会出现未在初始位报警故障。
　　A. 重新启动　　　B. 初始化　　　　　C. 复位　　　　　　D. 升降

569. BE022 套膜机进膜开始出现(　　)故障,应检查切刀左位检测元件是否到位。
　　A. 吸盘闭位　　　B. 吸盘开位　　　　C. 吸盘没到位　　　D. 切刀右位

570. BE022 造成套膜机真空开膜失败报警的原因是(　　)真空开膜失败。
　　A. 一次　　　　　B. 两次　　　　　　C. 三次　　　　　　D. 四次

571. BE023 套膜机热封夹持阀ON且热封夹持关位OFF超过(　　)将造成热封夹持阀动作超时故障。
　　A. 2s　　　　　　B. 4s　　　　　　　C. 6s　　　　　　　D. 8s

572. BE023 套膜机(　　)会造成热封阀动作超时故障。
　　A. 气源压力波动　　　　　　　　　　B. 电压不稳定
　　C. 热封控制器不正常　　　　　　　　D. 存在机械故障

573. BE023 套膜机热封电磁阀损坏会出现(　　)。
　　A. 夹持阀动作超时故障　　　　　　　B. 气源漏气故障
　　C. 开关报警故障　　　　　　　　　　D. 机械故障

574. BE024 套膜机薄膜袋切边不齐应调整(　　)气缸伸出量调整压紧力。
　　A. 卷膜　　　　　B. 热合　　　　　　C. 切刀　　　　　　D. 抓手

575. BE024 套膜机薄膜袋(　　)应及时更换切刀。
　　A. 切边不齐　　　B. 加热片　　　　　C. 聚四氟布　　　　D. 云母片

576. BE024 套膜机封口处中间两层膜部分被扯薄甚至撕裂,应调整(　　)。
　　A. 热封温度　　　B. 热封时间　　　　C. 热封压力　　　　D. 冷却时间

577. BE025 通过调整拉膜框架,使其(　　),可以提高套膜机套膜效果。
　　A. 垂直　　　　　B. 水平　　　　　　C. 平行　　　　　　D. 铅直

578. BE025 通过控制面板增加收膜长度,可以解决套膜后垛盘顶部膜袋(　　)的问题。
　　A. 宽松过大　　　B. 不平整　　　　　C. 折叠　　　　　　D. 弯曲

579. BE025　在智能变送器的检测部件中,除了压力传感元件外,一般还有(　　)传感元件。
　　A. 温度　　　　　B. 湿度　　　　　C. 流量　　　　　D. 黏度
580. BE026　(　　)会使气动系统噪声过大。
　　A. 消音器损坏或堵塞　　　　　B. 气动管路漏气
　　C. 接头漏气　　　　　D. 以上选项均不对
581. BE026　故障关型电液调节阀的显示卡发生故障无显示后,电液调节阀(　　)。
　　A. 停在故障前位置　　　　　B. 全开位置
　　C. 全关位置　　　　　D. 动作正常
582. BE026　(　　)磨损泄漏会造成气缸内漏。
　　A. 端盖　　　　　B. 密封圈　　　　　C. 活塞杆　　　　　D. 接头
583. BE027　调整泵的(　　)可以解决液压系统工作压力不足的故障。
　　A. 电流　　　　　B. 电压　　　　　C. 转速　　　　　D. 流量
584. BE027　液压系统溢流阀调整不正确会导致(　　)。
　　A. 油位降低　　　　　B. 无工作压力　　　　　C. 流量过低　　　　　D. 工作压力不足
585. BE027　液压系统的三个基本"致病"因素有污染、过热和(　　)。
　　A. 保养不当　　　　　B. 进入空气　　　　　C. 腐蚀　　　　　D. 磨损
586. BE028　用吹球将(　　)清洗并吹干,可避免喷码机高压泄漏故障。
　　A. 喷头　　　　　B. 回收口　　　　　C. 墨管　　　　　D. 喷头盖
587. BE028　喷码机相位检测异常应在墨水(　　)正常的情况下调制。
　　A. 稠度　　　　　B. 饱和度　　　　　C. 黏度　　　　　D. 稀度
588. BE028　喷码机喷头堵塞须进行(　　)及打通喷嘴操作。
　　A. 喷嘴清洗　　　　　B. 添加墨水
　　C. 降低墨水深度　　　　　D. 添加溶剂
589. BE029　(　　)开度过大,会使脱粉器的粉尘中含有颗粒物料多。
　　A. 进风阀　　　　　B. 出风阀　　　　　C. 给料阀　　　　　D. 闸板阀
590. BE029　脱粉器脱粉效果差,产品中粉尘多的原因是(　　)。
　　A. 脱粉器　　　　　B. 风机入口过滤器
　　C. 给料阀　　　　　D. 闸板阀
591. BE029　电磁阀在安装前应进行校验检查,铁芯应无卡涩现象,接线端子间以及与地的(　　)应合格。
　　A. 间隙　　　　　B. 距离　　　　　C. 位置　　　　　D. 绝缘电阻
592. BE030　气缸运动不平稳的原因是(　　)。
　　A. 气缸密封环破损　　　　　B. 气缸漏气
　　C. 气缸壁刮伤　　　　　D. 气缸缓冲大小调整不合适
593. BE030　造成气缸过快或过慢的原因是(　　)。
　　A. 堆袋偏移　　　　　B. 料袋间距小　　　　　C. 压力波动　　　　　D. 回位磁环
594. BE030　气缸爬行的原因是(　　)。
　　A. 气缸密封漏气　　　　　B. 气源压力过低
　　C. 气缸壁刮伤　　　　　D. 气缸密封环破损

595. BE031　液压系统内有(　　)吸入,油箱内的油会产生泡沫。
　　　A. 空气　　　　B. 金属　　　　C. 水　　　　D. 塑料

596. BE031　油泵反转或油泵没有输出液会造成压力系统无(　　)。
　　　A. 流量　　　　B. 流速　　　　C. 压力　　　　D. 阻力

597. BE031　溢流阀、电磁换向阀内泄漏大的原因是有(　　)进入。
　　　A. 金属　　　　B. 水　　　　　C. 塑料　　　　D. 空气

598. BE032　吨包装机减压阀工作不正常是(　　)有异物造成的。
　　　A. 阀芯　　　　B. 阀座　　　　C. 密封面　　　D. 阀体

599. BE032　吨包装机料袋检测开关(　　)故障是由光电开关表面被异物遮挡造成。
　　　A. 面2　　　　B. 面1　　　　C. 面3　　　　D. 面4

600. BE032　吨包装机提升机构上位故障可能原因是开关安装位置不当、开关接线回路异常和(　　)。
　　　A. 开关损坏　　　　　　　　　B. 按钮接线回路异常
　　　C. 开关表面被异物遮挡　　　　D. 保护电流设置不当

二、判断题(对的画"√",错的画"×")

(　)1. AA001　闪点是评定液体火灾危险性的主要依据。物质的闪点越高,火灾危险性就越大;反之则越小。

(　)2. AA002　烟气是物质燃烧和热解的产物。火灾过程所产生的气体,剩余空气和悬浮在大气中可见的固体或液体微粒的总和称为烟气。

(　)3. AA003　燃烧过程的发生和发展都必须具备以下三个必要条件:可燃物、助燃物和引火源。

(　)4. AA004　燃烧的发生和持续,必须具备必要和充分条件,只要消除燃烧条件中的任何一条,燃烧就不会发生或不能持续,这就是防火与灭火的基本原理。

(　)5. AA005　爆炸可分为物理爆炸、化学爆炸、核爆炸三种。

(　)6. AA006　设备清理必须断开电源,但不需关闭气源。

(　)7. AA007　凡使物质开始燃烧的热源,统称为引火源。

(　)8. AA008　接地是消除静电危害唯一的措施。

(　)9. AA009　电击对人体的危害程度,主要取决于通过人体电流的大小和通电时间长短。

(　)10. AA010　成年男性的平均摆脱电流约为16mA,成年女性的平均摆脱电流约为10mA。

(　)11. AA011　发现有人触电后,应立即关闭开关、切断电源。若无法及时断开电源,可用铁棒、皮带、橡胶制品等绝缘物口挑开触电者身上的带电物品。

(　)12. AA012　登罐、装卸、采样、检尺等作业前作业人员不用触摸静电消除器。

(　)13. AA013　监护人应掌握有限空间作业的人数,同作业人员拟定联络信号,在出入口处保持与作业人员的联系,发现异常应及时制止作业并立即采取救护措施或报警。

(   )14. AA014　惰性气体作为一种中间气体,和煤气混合会发生危险,和空气混合不会发生危险。

(   )15. AA015　化工火灾危险性可以根据生产中使用或产生的物质性质及其数量等因素分为甲、乙、丙、丁、戊五类。

(   )16. AA016　对于一般可燃固体,将其冷却到其燃点以下,燃烧反应就会中止。

(   )17. AA017　两种不同性质的金属接触摩擦时不会起静电。

(   )18. AA018　静电是指静止的电。

(   )19. AA019　彼此相近的两物体,若一物体带电,则另一物体不会带电。

(   )20. AA020　空腔导体所带电荷只分布在导体外表面,空腔内表面的带电量为零。

(   )21. AA021　金属容器内、特别潮湿处等特别危险环境中使用的手持照明灯应采用12V特低电压。

(   )22. AA022　电气设备金属外壳不需要接地。

(   )23. AA023　脱离低压电源最简单的方法就是切断电源。

(   )24. AA024　接零保护是借助接零线路使设备漏电形成双相短路,对线路起到保护装置动作,以及切断故障设备的电源。

(   )25. AA025　安全电压值取决于人体的电阻值和人体允许通过的电流值。

(   )26. AA026　化工厂所用原材料生产过程中的中间产品、最终产品等大部分具有腐蚀性。

(   )27. AA027　腐蚀防护除考虑一般经济技术指标外,还需考虑材料及其在生产过程中的变化。

(   )28. AA028　粉尘爆炸大致有三步发展形成过程,其中有一过程是可燃气体与氧气混合而燃烧。

(   )29. AA029　凡是以气体、蒸气、雾、烟、粉尘形式存在的毒物,均可经呼吸道侵入体内。

(   )30. AA030　使用过的空气呼吸器按规定放回规定位置即可。

(   )31. AA031　危险品化学品指有爆炸、易燃、毒害、感染、腐蚀、放射性等危险特性,在运输、储存、生产、经营、使用和处置中,容易造成人身伤亡、财产损毁或环境污染而需要特别防护的化学品。

(   )32. AA032　可燃气体、液化烃和可燃液体的地上罐组宜按防火堤内面积每 $400m^2$ 配置一个手提式灭火器,但每个储罐配置的数量不宜超过3个。

(   )33. AA033　按照环境要素来分类,可以分为大气环境、水环境、地质环境、土壤环境及生物环境。

(   )34. AA034　人为因素是造成生态平衡失调的次要原因。

(   )35. AA035　常用的废气净化方法有吸收法、吸附法、燃烧法三种。

(   )36. AA036　工业废气包括有机废气和无机废气。

(   )37. AA037　水体受有毒有害化学物质污染后,通过饮水或食物链便可能造成中毒。

(   )38. AA038　闪燃是指易燃或可燃液体挥发出来的蒸汽与空气混合后,遇火源发生一闪即灭的燃烧现象。

(   )39. AA039   金属腐蚀按照腐蚀过程的机理分为两大类:化学腐蚀和电化学腐蚀。
(   )40. AA040   电焊容易引起电光性眼炎,双眼出现剧烈疼痛、畏光、流泪、眼睑痉挛、结膜混合充血、角膜上皮点状或片状脱落等。
(   )41. AB001   对化工泵的特殊要求有:适应化工工艺条件,耐腐蚀、耐高温或低温,耐磨损、耐冲刷、无泄漏。
(   )42. AB002   铸铁管不宜输送高温高压蒸汽及有毒、易爆性物质。
(   )43. AB003   铝管不耐碱,不能用于输送碱性溶液及含氯离子的溶液。
(   )44. AB004   插入盲板的大小可与插入处法兰的密封面外径相同。
(   )45. AB005   用来控制流体在管路内流动的装置称为阀门。
(   )46. AB006   弹簧式安全阀,主要依靠弹簧的作用力来达到密封。
(   )47. AB007   按止逆阀结构的不同,分为升降式和旋启式二类。
(   )48. AB008   容积式压缩机根据工作机构的运动特点可分为往复式压缩机和回转式压缩机两种。
(   )49. AB009   同步带传动可靠,不打滑,价格比普度通带传动较高。
(   )50. AB010   在旋转轴的各种机械密封类型中,尽管结构形式不相同,但其工作原理是一样的。
(   )51. AB011   压力容器按压力等级分类可分为内压容器、中压容器和外压容器。
(   )52. AB012   无缝钢管的优点是质量均匀强度较高,其材质有碳钢、优质钢、低合金钢、不锈钢、耐热钢。
(   )53. AB013   滚动轴承按其滚动体分类壳不同可分为球轴承和滚子轴承两种类型。
(   )54. AB014   只要生产设备不停止运转,噪声就不会停止,工人和外界环境就会受到持久的噪声干扰。
(   )55. AB015   投影按照投影几何形体的不同投影可分为点的投影、直线的投影、平面的投影。
(   )56. AB016   点是组成物体的基本几何要素。
(   )57. AB017   主视图的上下、左右方位与形体的上下、左右方位一致。
(   )58. AB018   零件图是指导制造零件用的图。
(   )59. AB019   装配图是表达装配体的图样。
(   )60. AB020   金属材料按组成成分可分为纯金属和合金两大类。
(   )61. AC001   电荷分为两种,并且同种电荷相互排斥,异种电荷相互吸引。
(   )62. AC002   电路两端的电位的差称为电压。
(   )63. AC003   电流单位是安培,简称"安",符号为 A。
(   )64. AC004   把其他形式的能量转变为电能并提供电能的设备,称为电源。
(   )65. AC005   表示导体导电能力的物理参数是电阻。
(   )66. AC006   电路由电源、负载、连接导线与控制设备组成。
(   )67. AC007   电感是导线内通过交流电流时,在导线的内部及其周围产生交变磁通,导线的磁通量与生产此磁通的电流之比。
(   )68. AC008   电流与线圈的相互作用关系称为电的感抗,也就是电感,单位是亨利。

( )69. AC009　如果电感器在有电流通过的状态下,电路断开时它将试图维持电流不变。

( )70. AC010　电容器就是能够储存电荷的容器。

( )71. AC011　短路易造成电路损坏、电源瞬间损坏、如温度过高烧坏导线、电源等。

( )72. AC012　用导线将电源、开关(电键)、用电器、电流表、电压表等连接起来组成电路,再按照统一的符号将它们表示出来,这样绘制出的图称为电路图。

( )73. AC013　单位时间内电路中电场驱动电流所做的功称为电功率。

( )74. AC014　电阻的大小与导体的截面积、长度及温度无关。

( )75. AC015　在我国,电力工业上所用的交流电的频率规定为60Hz。

( )76. AC016　当发电机的转子在定子里每转动一周就是一个工作循环,切割磁感线的方向改变两次,电流的方向也相应地改变两次,就产生了交流电。

( )77. AC017　电流的大小和方向随时间做周期性变化的称为交流电。

( )78. AC018　交流电电流最大值 U_m 与有效值 U 的关系是 $0.707U_m = U$。

( )79. AC019　为保证发电机的稳定运行,发电机至少需要三个绕组。

( )80. AC020　串联电路中电流处处相等。

( )81. AC021　在串联电路中总电阻等于各个电阻之和。

( )82. AC022　在并联电路中总电阻的倒数等于各支路电阻的倒数和。

( )83. AD001　溶液的pH=7时溶液呈中性,pH<7时溶液呈酸性。

( )84. AD002　乙烯分子是平面形的,C═C双键不能绕键转动。

( )85. AD003　金属晶体中,由于自由电子不停地运动,把金属原子和离子联系在一起,这种化学键称为金属键。

( )86. AD004　由阴阳离子相互作用而构成的化合物,称为共价化合物。

( )87. AD005　水溶液的冰点比纯水的高。

( )88. AD006　热的饱和溶液冷却后,溶质以晶体的形式析出,这一过程称为结晶。

( )89. AD007　物质由气相转变成液相的过程为气体液化。

( )90. AD008　同一种晶体,凝点与压强有关。

( )91. AD009　同一液体,当外压升高时,其沸点升高;当外压升降低,其沸点降低。

( )92. AD010　对于元素,可以说是一个、两个或几个。

( )93. AD011　原子是组成分子的最小微粒。

( )94. AD012　分子间引力的作用使分子彼此趋向分离,排斥力使分子彼此趋向结合。

( )95. AD013　有机化合物中碳原子总是4价。

( )96. AD014　在保持压强不变的条件下,几乎所有气体的体膨胀系数都不相同。

( )97. AD015　氧气、氮气和氯化钾都不是纯净物。

( )98. AD016　溶液中溶剂的蒸气压低于不同温度下纯溶剂的饱和蒸气压,这一现象称为溶剂的蒸气压下降。

( )99. AE001　对于碳原子数相等的烷烃,支链越多则沸点越高。

( )100. AE002　烯烃的普通命名法适用于多数结构复杂的高级烯烃。

( )101. AE003　酸和碱起中和反应,生成盐和水。

(　　)102. AE004　长链烷基苯氧化通常发生在苯环侧链的 α-氢原子上。

(　　)103. AE005　有机化合物分子中不活泼、不易发生化学反应的部分称为官能团。

(　　)104. AF001　静止流体是没有发生运动的流体。

(　　)105. AF002　当液体上方的压强有变化时,液体内部各点的压强也发生同样大小的变化。

(　　)106. AF003　单位时间内流体在流动方向上所流过的距离称为流速,以 u 表示,单位为 m/s。

(　　)107. AF004　单位时间内流过管道的流体的量称为流量。

(　　)108. AF005　在化工连续生产过程中的开、停车阶段及间歇生产中的传热均属于稳定传热。

(　　)109. AF006　在单位时间里单位传热面积上所传递的热量,称为热流强度。

(　　)110. AF007　热传导的特点是物体内的分子和质点做相对运动。

(　　)111. AF008　在风机或搅拌等外力作用下导致流体质点运动的称为对流。

(　　)112. AF009　用加热的方法使固体物料中的湿分汽化并除去的操作,称为干燥。

(　　)113. AF010　蒸馏塔内设立降液管是为了让液体顺利流向下层塔板。

(　　)114. AF011　间壁两侧流体传热的总热阻等于两侧流体的对流传热热阻和管壁导热热阻之和。

(　　)115. AF012　温度的表示方法有摄氏温度和开氏温度两种。

(　　)116. AF013　热量是热能的量度。

(　　)117. AF014　水与酒精分别在同一温度下,当达到汽液动态平衡时,酒精的饱和蒸气压大于水的饱和蒸气压。

(　　)118. AF015　传热系数是衡量换热器性能的一个重要指标,K 值越大,说明传热热阻越大,单位面积上传递的热量越小。

(　　)119. AF016　由管子组成传热面的换热器,如套管式、列管式、蛇管式、翅片管式和螺纹管式换热器均属于管式换热器。

(　　)120. AF017　生产上冷却水经换热后的最终温度与其用量无关。

(　　)121. AF018　温度越低,冷凝速度越慢,效果越好。

(　　)122. AF019　质量是度量物体在不同地点重力势能和动能大小的物理量。

(　　)123. AF020　同一种物体,在地球上不同的地方,它的重量相同。

(　　)124. AF021　体积或称容量、容积是指物件占有多少空间的量,其国际单位制是立方米。

(　　)125. AF022　流体密度的表达式为 $\rho = m/v$。

(　　)126. AF023　SI 制中的相对密度与工程制中的比重在数值上相等。

(　　)127. AF024　绝对压强=大气压强+表压。

(　　)128. AF025　流体压强的表达式为 $P = FA$。

(　　)129. AF026　把零压强作为起点计算的压强称为绝对压强。

(　　)130. AF027　分压定律:混合气体的总压等于混合气体中各组分气体的分压之和,某组分气体的分压大小则等于其单独占有与气体混合物相同体积时所产

(   )131. AF028　精馏操作一般用于对混合物分离要求不高或分离提纯不严格的物系。

(   )132. AF029　相变热可分别称为汽化热、冷凝热、熔化热和凝固热等。

(   )133. BA001　重膜包装线主要由重膜包装单元、物料回收系统、除尘系统单元、输送检测单元、码垛机单元、套膜机单元及其控制系统组成。

(   )134. BA002　FFS 全自动重膜包装机采用填充—封口一体化技术,实现物料的称重、制袋、装袋和封口等作业的自动化。

(   )135. BA003　喷码机开机后需等待约 60s 后,进入"喷码机就绪"状态,开机流程结束。

(   )136. BA004　操作屏幕上的"停止"按钮按一次,则设备完全停止。

(   )137. BA005　重膜包装线正常停车遵循"由后至前"的原则。即停车顺序为"称重控制系统"→"包装控制系统"→"除尘控制系统"→"码垛控制系统"。

(   )138. BB001　收到停工指令后按以下程序进行停车操作:(1)通知调度和前装置造粒掺合岗位内操停止送料;(2)确认包装料仓空仓;(3)下令停重膜包装机;(4)将储料斗内产品包空;(5)将称重箱内料包空;(6)停下料电动阀;(7)停下料手动闸板阀;(8)确认计量秤清空;(9)关闭计量秤。

(   )139. BB002　输送机停车时应确认复检称重仪表电源、复检称重仪表空气气源、金属检测器电源关闭。

(   )140. BB003　高位码垛机停车时需确认码垛单元各垛盘机输送机上无产品垛盘。

(   )141. BB004　除尘器停车操作时不得关闭气源。

(   )142. BB005　重膜包装机停车前必须将码垛机上最后一个垛盘排至下线位后,方可进行停车。

(   )143. BC001　PLC 的输出电路是将输出的信号转换成驱动信号。

(   )144. BC002　在用户执行程序阶段,PLC 由下到上的顺序依次地扫描用户程序。

(   )145. BC003　包装机电控系统控制各部分的动作。

(   )146. BC004　PLC 程序循环扫描各个输入输出点的状态。

(   )147. BC005　热封控制器发出信号为复位信号 RESET(RS)。

(   )148. BC006　电子定量秤称收到定量秤的允许卸料信号,卸料门停止卸料。

(   )149. BC007　粗流进料由重量方式控制时,粗流时间自动调节不会超过粗流时限所设定的值。

(   )150. BC008　转位的目的是为了改变料袋输送、编组功能。

(   )151. BC009　套膜机套垛可自动进行修正尺寸并进行套垛。

(   )152. BC010　料袋可直接进行金属颗粒含量和包装重量的检测。

(   )153. BC011　重膜包装线采用的喷码机为接触式喷印。

(   )154. BC012　卧式脱粉器的作用是将物料中的颗粒料经风送方式送入脱粉系统。

(   )155. BC013　加热片在第一次使用时不必进行初始化操作即可使用。

(   )156. BC014　FFS 重膜包装机是可一次完成制袋、填充和封口、码垛工作的自动化包装机。

( ) 157. BC015　吨包袋升起后膨胀,利于物料装袋。
( ) 158. BD001　称重料斗满载时可进行电子定量秤零点标定。
( ) 159. BD002　重膜包装机通过调整封口机构两滑道的间距,使撑袋的幅度减小。
( ) 160. BD003　进行打通喷嘴操作应在完成墨路引灌前。
( ) 161. BD004　调试状态时应进行手动操作。
( ) 162. BD005　转位机在操作控制中由变频器控制。
( ) 163. BD006　套膜机正常进行卷膜动作时,挂胶胶辊带动滚轮转动。
( ) 164. BD007　物料进入料袋后,应检查充气是否适当。
( ) 165. BD008　低合金钢随着强度的提高,缺口敏感性提高,塑性和可焊性下降。
( ) 166. BD009　接近开关是一种接触型位置开关。
( ) 167. BD010　气缸按运动方式可分为做往复直线和单作用气缸两种类型。
( ) 168. BD011　电动机的熔断值应比电动机的额定值高 5%~10%。
( ) 169. BE001　电子定量秤称重装置重心偏移,需清除余料。
( ) 170. BE002　称重装置重心偏移,会导致电子秤零点漂移过大,称重单元不称重。
( ) 171. BE003　导向风喷嘴堵会造成重膜包装机装袋位扔袋现象。
( ) 172. BE004　称重装置内余料过多可造成重心偏移。
( ) 173. BE005　重膜包装料袋切口不齐机首先应自动运行切刀。
( ) 174. BE006　重膜包装机不开袋扔袋,应清理导向风喷嘴。
( ) 175. BE007　薄膜卷筒未充分紧固在支撑轴承上不会造成薄膜弯曲。
( ) 176. BE008　重膜包装机装袋时发生满袋故障时可适量调整袋长。
( ) 177. BE009　重膜包装机手抓运行位置是靠气缸调整。
( ) 178. BE010　重膜包装机支撑未插入料袋,应调整送袋机构的夹持弯板与落料中心的距离。
( ) 179. BE011　电子复检秤静态时重传感器故障,称重仪表会显示结果波动较大。
( ) 180. BE012　系统压缩空气压力过高会造成拣选气缸动作缓慢。
( ) 181. BE013　伺服驱动器 I/O 模块接线有误会造成码垛机伺服故障。
( ) 182. BE014　码垛机托盘输送机链条工作噪声大应向链条添加润滑剂。
( ) 183. BE015　有料袋未通过编组出口会有码垛机编组机动作超时故障。
( ) 184. BE016　码垛机加速输送和整形压平光电无信号会造成压平机堵袋(超时)故障。
( ) 185. BE017　垛盘仓空仓造成码垛机托盘仓空报警。
( ) 186. BE018　码垛机升降下降减速开关故障可能是因为感应片间与减速开关距离过小。
( ) 187. BE019　码垛机推袋中位开关与感应片间距离过大,会使分层关减速开关故障报警。
( ) 188. BE020　套膜机支架平移电动机打开过程发生机械故障将造成纵向机构打开超时故障。
( ) 189. BE021　进套膜机进膜机构转动超时故障是由膜电动机正向转动超过 10s 造

成的。

(   ) 190. BE022　套膜机真空开膜失败报警是由一次真空开膜失败造成的。
(   ) 191. BE023　切刀阀动作超时故障是由套膜机切刀左右限位都 ON 超过 15s 引起的。
(   ) 192. BE024　调整热合气缸伸出量调整压紧力是解决套膜机袋口热合效果不好的唯一方法。
(   ) 193. BE025　通过控制面板调节减小收膜长度可解决套膜后垛盘顶部膜袋较松大问题。
(   ) 194. BE026　调节节流阀开度大小可解决气动系统气缸运行不平稳的现象。
(   ) 195. BE027　油液温度过高的原因是液压系统压力过低。
(   ) 196. BE028　喷码机高压电压故障主要是因现场电压不稳定和电磁干扰严重引起的，正常关机重新启动即可。
(   ) 197. BE029　调整闸板阀开度可减少脱粉器脱除的粉尘中含有颗粒物料。
(   ) 198. BE030　节流器开度不合理会造成气缸运行过快或过慢。
(   ) 199. BE031　泵转速是否过低会造成泵工作压力不足。
(   ) 200. BE032　吨包装机"弃袋"按钮损坏会造成吨包装机弃袋信号异常。

答　案

一、单项选择题

1. A	2. C	3. A	4. D	5. D	6. A	7. B	8. A	9. A	10. B
11. C	12. C	13. B	14. A	15. B	16. A	17. B	18. C	19. A	20. C
21. B	22. A	23. B	24. B	25. D	26. D	27. C	28. C	29. A	30. D
31. A	32. C	33. A	34. B	35. D	36. C	37. C	38. B	39. B	40. B
41. A	42. A	43. D	44. A	45. D	46. A	47. D	48. D	49. B	50. C
51. B	52. C	53. C	54. B	55. D	56. C	57. D	58. A	59. A	60. D
61. B	62. B	63. D	64. D	65. A	66. C	67. C	68. C	69. A	70. B
71. B	72. D	73. B	74. D	75. D	76. C	77. B	78. D	79. A	80. D
81. B	82. D	83. C	84. A	85. D	86. D	87. C	88. C	89. D	90. B
91. D	92. D	93. B	94. A	95. D	96. D	97. B	98. C	99. B	100. D
101. D	102. D	103. A	104. D	105. B	106. D	107. D	108. B	109. D	110. A
111. C	112. C	113. B	114. A	115. A	116. C	117. B	118. D	119. A	120. C
121. C	122. C	123. D	124. B	125. C	126. A	127. D	128. D	129. A	130. C
131. C	132. A	133. D	134. B	135. C	136. C	137. A	138. D	139. B	140. C
141. A	142. C	143. A	144. D	145. B	146. C	147. D	148. B	149. C	150. D
151. B	152. A	153. B	154. B	155. C	156. D	157. B	158. C	159. A	160. B
161. C	162. D	163. B	164. C	165. A	166. B	167. A	168. D	169. C	170. A
171. D	172. B	173. A	174. D	175. B	176. C	177. A	178. B	179. C	180. A
181. B	182. A	183. D	184. B	185. C	186. A	187. B	188. C	189. D	190. B
191. A	192. D	193. C	194. A	195. D	196. B	197. A	198. D	199. B	200. A
201. D	202. B	203. D	204. B	205. C	206. A	207. D	208. D	209. D	210. C
211. C	212. D	213. A	214. C	215. D	216. C	217. B	218. C	219. A	220. C
221. A	222. D	223. B	224. A	225. D	226. B	227. A	228. D	229. D	230. C
231. C	232. B	233. B	234. A	235. B	236. C	237. D	238. B	239. A	240. A
241. B	242. B	243. C	244. B	245. B	246. B	247. A	248. C	249. C	250. C
251. A	252. D	253. A	254. A	255. D	256. B	257. D	258. B	259. A	260. A
261. A	262. A	263. D	264. A	265. D	266. C	267. C	268. D	269. C	270. C
271. C	272. C	273. C	274. C	275. B	276. B	277. C	278. D	279. C	280. C
281. B	282. C	283. B	284. D	285. D	286. D	287. D	288. B	289. A	290. A
291. C	292. B	293. D	294. D	295. C	296. B	297. C	298. B	299. B	300. A
301. B	302. A	303. D	304. C	305. B	306. C	307. D	308. C	309. D	310. B

311. C	312. A	313. A	314. D	315. D	316. D	317. A	318. D	319. C	320. B
321. A	322. D	323. B	324. D	325. D	326. A	327. D	328. D	329. C	330. D
331. D	332. B	333. D	334. C	335. A	336. D	337. D	338. D	339. D	340. C
341. B	342. D	343. C	344. B	345. C	346. A	347. B	348. D	349. A	350. C
351. B	352. A	353. A	354. C	355. D	356. B	357. D	358. C	359. A	360. B
361. B	362. B	363. D	364. A	365. C	366. D	367. B	368. D	369. C	370. A
371. C	372. C	373. A	374. C	375. D	376. C	377. C	378. D	379. A	380. C
381. A	382. D	383. D	384. B	385. B	386. A	387. D	388. A	389. D	390. C
391. C	392. D	393. B	394. B	395. B	396. D	397. C	398. D	399. D	400. A
401. D	402. A	403. B	404. C	405. C	406. A	407. C	408. A	409. C	410. C
411. B	412. B	413. A	414. C	415. B	416. B	417. B	418. B	419. C	420. A
421. C	422. D	423. C	424. C	425. C	426. A	427. A	428. C	429. C	430. D
431. C	432. D	433. D	434. A	435. B	436. B	437. C	438. A	439. C	440. B
441. A	442. C	443. D	444. A	445. C	446. B	447. D	448. C	449. C	450. C
451. A	452. C	453. D	454. C	455. B	456. D	457. C	458. B	459. A	460. A
461. C	462. C	463. D	464. B	465. A	466. C	467. C	468. C	469. B	470. C
471. A	472. C	473. D	474. B	475. D	476. B	477. B	478. C	479. A	480. B
481. B	482. B	483. C	484. C	485. C	486. B	487. B	488. C	489. C	490. C
491. A	492. C	493. B	494. C	495. D	496. B	497. B	498. C	499. A	500. D
501. C	502. D	503. C	504. A	505. B	506. C	507. B	508. A	509. C	510. C
511. A	512. D	513. B	514. B	515. B	516. C	517. B	518. B	519. C	520. A
521. C	522. B	523. D	524. C	525. D	526. A	527. C	528. B	529. C	530. A
531. D	532. C	533. B	534. C	535. A	536. A	537. A	538. B	539. C	540. A
541. B	542. B	543. B	544. C	545. B	546. C	547. A	548. C	549. C	550. B
551. C	552. A	553. A	554. C	555. C	556. B	557. A	558. C	559. D	560. D
561. C	562. C	563. C	564. B	565. A	566. C	567. A	568. B	569. C	570. B
571. C	572. A	573. A	574. B	575. A	576. D	577. B	578. A	579. A	580. B
581. D	582. B	583. C	584. D	585. B	586. A	587. C	588. A	589. C	590. B
591. D	592. D	593. C	594. B	595. A	596. C	597. D	598. C	599. B	600. A

二、判断题

1. √ 2. √ 3. √ 4. √ 5. √ 6. × 正确答案:设备清理必须断开电源、关闭气源。 7. √ 8. × 正确答案:接地是消除静电危害最常见的措施。 9. √ 10. √ 11. × 正确答案:发现有人触电后,应立即关闭开关、切断电源。若无法及时断开电源,可用干木棒、皮带、橡胶制品等绝缘物口挑开触电者身上的带电物品。 12. × 正确答案:登罐、装卸、采样、检尺等作业前作业人员应触摸静电消除器。 13. √ 14. × 正确答案:惰性气体作为一种中间气体,和煤气混合不发生危险,和空气混合也不会发生危险,是一种较理想的安全可靠的置换方法。 15. √ 16. √ 17. × 正确答案:两种不同性质的金属接触摩擦时会起静电。 18.× 正确答案:静电是宏观上暂时停留在某处的电。 19.× 正确答案:彼此相近的两物体,若一物体带电,则另一物体会出现带电现象。 20.√ 21.√ 22.× 正确答案:电气设备金属外壳一定要有效接地。 23.√ 24.× 正确答案:接零保护是借助接零线使设备漏电形成单相短路,对线路起到保护装置动作,以及切断故障设备的电源。 25.√ 26.√ 27.× 正确答案:腐蚀防护除考虑一般经济技术指标外,还需考虑工艺条件及其在生产过程中的变化。 28.× 正确答案:粉尘爆炸大致有三步发展形成过程,其中有一过程是可燃气体与空气混合而燃烧。 29.√ 30.× 正确答案:使用过的空气呼吸器应在登记卡登记并送气防站校验、充装。 31.√ 32.√ 33.√ 34.× 正确答案:人为因素是造成生态平衡失调的主要原因。 35.× 正确答案:常用的废气净化方法有:吸收法,吸附法,冷凝法和燃烧法四种。 36.√ 37.√ 38.√ 39.√ 40.√ 41.√ 42.√ 43.√ 44.√ 45.√ 46.√ 47.√ 48.√ 49.√ 50.√ 51.× 正确答案:压力容器按压力等级分类可分为内压容器与外压容器。 52.√ 53.√ 54.√ 55.√ 56.√ 57.√ 58.√ 59.√ 60.√ 61.√ 62.√ 63.√ 64.√ 65.√ 66.√ 67.√ 68.√ 69.√ 70.√ 71.√ 72.√ 73.√ 74.× 正确答案:电阻的大小与导体的截面积、长度及温度有关。 75.× 正确答案:在我国,电力工业上所用的交流电的频率规定为50Hz。 76.√ 77.√ 78.× 正确答案:交流电电压最大值 U_m 与有效值 U 的关系是 $0.707U_m=U$。 79.√ 80.√ 81.√ 82.√ 83.√ 84.√ 85.√ 86.× 正确答案:以共用电子对形成分子的化合物,称为共价化合物。 87.× 正确答案:水溶液的冰点比纯水的低。 88.√ 89.√ 90.√ 91.√ 92.× 正确答案:对于元素,只有一种,而同种元素下,可以有不同的原子,如H,D,T(氕氘氚)(氢的同位素)。 93.√ 94.× 正确答案:分子间引力的作用使分子彼此趋向结合,排斥力使分子彼此趋向分离。 95.× 正确答案:有机化合物中碳原子不总是4价。 96.× 正确答案:在保持压强不变的条件下,几乎所有气体的体膨胀系数都相同。 97.× 正确答案:氧气、氮气和氯化钾都是纯净物。 98.× 正确答案:溶液中溶剂的蒸气压低于同温度下纯溶剂的饱和蒸气压,这一现象称为溶剂的蒸气压下降。 99.× 正确答案:对于碳原子数相等的烷烃,支链越多则沸点越低。 100.× 正确答案:烯烃的普通命名法适用于少数结构简单的低级烯烃。 101.√ 102.√ 103.× 正确答案:有机化合物分子中决定化合物的化学性质的原子或原子团称为官能团。 104.× 正确答案:静止流体是表观没有发生运动的流体,但其内部分子一直处于运动状态。 105.√ 106.√ 107.× 正确答案:单位时间内流过管道任一截面积的流体的量称为流量。 108.× 正确答案:在化工连续生产过程中的开、停车阶段及间歇生产中的传热均属于不稳定传热。 109.√ 110.× 正确答案:热传导的特点是物体各部分之间不发生宏观的相对位移,而微观气液固各相导热机理各不相同。 111.× 正确答案:在风机或搅拌等外力作用下导致流体质点运动的称为强制对流。 112.√ 113.√ 114.√ 115.× 正确答案:温度的表示方法有摄氏温度、开氏温度和华氏温度三种。 116.√ 117.√ 118.× 正确答案:传热系数是衡量换热器性能的一个重要指标,K 值越大,说明传热热阻越小,单位面积上传递的热量越多。 119.√ 120.× 正确答案:生产上冷却水经换热后的最终温度与其用量有关。 121.× 正确答案:温度越低,冷凝速度越快,效果越好。 122.× 正确答案:质量是度量物体在同一地点重力势能和动能大小的物理量。　　123. ×　正确答案：同一种物体，在地球上不同的地方，它的重量不相同。　　124. √　125. √　126. √　127. √　128. ×　正确答案：流体压强的表达式为 $P=F/A$。　　129. ×　正确答案：把绝对零压作起点所计算的压强称绝对压强，通常所指的大气压强为101kPa，就是大气的绝对压强。　　130. √　131. ×　正确答案：精馏操作一般用于对液体混合物分离要求很高或分离提纯很严格的物系。　　132. √　133. ×　正确答案：重膜包装线主要由自动称重单元、重膜包装单元、物料回收系统、除尘系统单元、输送检测单元、码垛机单元、套膜机单元及其控制系统组成。　　134. ×　正确答案：FFS 全自动重膜包装机采用制袋—填充—封口一体化技术，实现物料的称重、制袋、装袋和封口等作业的自动化。　　135. ×　正确答案：喷码机开机后需等待约120s后，进入"喷码机就绪"状态，开机流程结束。　　136. ×　正确答案：操作屏幕上的"停止"按钮按一次，屏幕上显示的是"系统暂停状态"，长按"停止"按钮6s以上，则设备完全停止。　　137. ×　正确答案：重膜包装线正常停车遵循"由前至后"的原则。即停车顺序为"称重控制系统"→"包装控制系统"→"除尘控制系统"→"码垛控制系统"。　　138. √　139. √　140. √　141. ×　正确答案：操作时必须确认关闭气源。　　142. √　143. ×　正确答案：PLC的输出电路是将输出的信号转换成可以驱动外部执行元件的信号。　　144. ×　正确答案：在用户执行程序阶段，PLC按由上到下的顺序依次地扫描用户程序。　　145. ×　正确答案：包装机控制系统可自动控制包装机各部分元器件的运行步骤。　　146. ×　正确答案：PLC程序自动循环扫描各个输入输出点的当前状态。　　147. ×　正确答案：热封控制器发出信号为 ALARM（故障报警信号）。　　148. ×　正确答案：电子定量秤称收到定量秤的允许卸料信号，卸料门打开卸料。　　149. ×　正确答案：粗流进料由时间方式控制时，粗流时间自动调节不会超过粗流时限所设定的值。　　150. ×　正确答案：转位的目的是为了实现料袋输送、转位功能。　　151. ×　正确答案：套膜机套垛定位整形不准确，将中断套垛。　　152. ×　正确答案：料袋在经过整形压平输送过程中将内部物料压展均匀，以便金属颗粒含量和包装重量的检测。　　153. ×　正确答案：重膜包装线采用的喷码机为非接触式喷印。　　154. ×　正确答案：卧式脱粉器的作用是将物料中的粉料经风送方式送入脱粉系统。　　155. ×　正确答案：加热片在第一次使用时必进行初始化操作后，才可使用。　　156. ×　正确答案：FFS重膜包装机是可一次完成制袋、填充和封口工作的自动化包装机。　　157. ×　正确答案：吨包袋升起后充气膨胀，利于物料装袋。　　158. ×　正确答案：称重料斗空载才可进行电子定量秤零点标定。　　159. ×　正确答案：重膜包装机通过调整缩袋机构两滑道的间距，使撑袋的幅度加大。　　160. ×　正确答案：进行打通喷嘴操作应在完成墨路引灌后。　　161. ×　正确答案：联锁停车状态下方可手动操作。　　162. ×　正确答案：转位机在操作控制中由伺服控制器控制。　　163. √　164. ×　正确答案：物料进入料袋后，应检查排气是否顺畅。　　165. √　166. ×　正确答案：接近开关是一种感应型位置开关。　　167. ×　正确答案：气缸有做往复直线和做往复摆动两种类型。　　168. ×　正确答案：电动机的熔断值应比电动机的额定值高 10%~25%。　　169. ×　正确答案：电子定量秤称重装置重心偏移，需调整机械结构。　　170. √　171. ×　正确答案：真空管理及过滤器堵会造成重膜包装机装袋位扔袋现象。　　172. ×　正确答案：称重装置内余料过多不会造成重心偏移。　　173. ×　正确答案：重膜包装料袋切口不齐机应检查切刀刀片磨损情况。　　174. ×　正确答案：重膜包装机不开袋扔袋，应更换真空吸盘。

175. ×　正确答案:薄膜卷筒未充分紧固在支撑轴承上不会造成薄膜弯曲。　176. √　177. ×　正确答案:重膜包装机手抓运行位置是靠气缸驱动。　178. ×　正确答案:重膜包装机支撑未插入料袋,应调整缩袋机构的夹持弯板与落料中心的距离。　179. √　180. ×　正确答案:系统压缩空气压力过低会造成拣选机拣选气缸动作缓慢。　181. √　182. √　183. ×　正确答案:有料袋未通过编组入口会有码垛机编组机动作超时故障。　184. ×　正确答案:码垛机加速输送和整形压平光电无信号造成缓停机堵袋(超时)故障。　185. ×　正确答案:托盘仓空仓造成码垛机托盘仓空报警。　186. ×　正确答案:码垛机升降下降减速开关故障可能是因为感应片间与减速开关距离过大。　187. ×　正确答案:码垛机分层关减速开关与感应片间距离过大,会使分层关减速开关故障报警。　188. ×　正确答案:套膜机收膜轮平移电动机打开过程发生机械故障将造成纵向机构打开超时故障。　189. ×　正确答案:进套膜机进膜机构转动超时故障是由膜电动机正向转动超过 30s 造成的。　190. ×　正确答案:套膜机真空开膜失败报警是由两次真空开膜失败造成的。　191. ×　正确答案:切刀阀动作超时故障是由套膜机切刀左右限位都 OFF 超 15s 引起的。　192. ×　正确答案:调整热合气缸伸出量调整压紧力是解决套膜机袋口热合效果不好的方法之一。　193. ×　正确答案:通过控制面板调节增加收膜长度可解决套膜后垛盘顶部膜袋较松大问题。　194. ×　正确答案:调节气缸缓冲大小可解决气动系统气缸运行不平稳的现象。　195. ×　正确答案:油液温度过高的原因是由液压系统压力过高造成的。　196. √　197. ×　正确答案:调整定量给料阀开度可减少脱粉器脱除的粉尘中含有颗粒物料。　198. √　199. √　200. √

中级工理论知识练习题及答案

一、单项选择题(每题有4个选项,其中只有1个是正确的,请将正确的选项号填入括号内)

1. AA001 燃烧的三个必要条件是具备助燃物、可燃物和(　　)。
   A. 温度　　　　　B. 化学反应　　　　C. 着火源　　　　D. 氧气

2. AA001 下列不属于燃烧三要素的是(　　)。
   A. 温度　　　　　B. 氧气　　　　　　C. 氧化剂　　　　D. 可燃物

3. AA001 凡与可燃物质相结合能导致燃烧的物质称为(　　)。
   A. 助燃物　　　　B. 可燃物　　　　　C. 燃烧产物　　　D. 氧化物

4. AA002 易燃(　　)是指易于挥发和燃烧的液态物质。
   A. 固体　　　　　B. 液体　　　　　　C. 气体　　　　　D. 离子态

5. AA002 衡量物质火灾危险性大小的重要参数是(　　)。
   A. 沸点　　　　　B. 闪点　　　　　　C. 自燃点　　　　D. 燃点

6. AA002 下列关于自燃特征的说法正确的是(　　)。
   A. 无须着火源作用　　　　　　　　B. 无须明火作用
   C. 无须加热　　　　　　　　　　　D. 无须氧化剂作用

7. AA003 电焊线破残应及时更换或修理,与(　　)生产设备有联系的金属件作为电焊接地线,以防止在电气通路不良的地方产生高温或电火花。
   A. 易燃易爆　　　　　　　　　　　B. 有毒有害
   C. 高温高压　　　　　　　　　　　D. 低温高压

8. AA003 引燃能是指释放能够触发初始燃烧化学反应的能量,也称最小点火能,影响其反应发生的因素不包括(　　)。
   A. 温度　　　　　　　　　　　　　B. 湿度
   C. 释放的能量　　　　　　　　　　D. 热量

9. AA003 在建筑火灾的发展过程中,轰燃发生于(　　)。
   A. 初起期　　　　B. 发展期　　　　　C. 最盛期　　　　D. 减弱期

10. AA004 石油化工生产中的(　　)主要是指生产过程中的加热用火、维修用火及其他火源。
    A. 加热　　　　　B. 燃烧　　　　　　C. 火源　　　　　D. 明火

11. AA004 燃烧与化学爆炸的区别在于(　　)的速度不同。
    A. 自燃　　　　　B. 燃点　　　　　　C. 氧化反应　　　D. 爆燃

12. AA004 在积存有可燃气体、蒸气的管沟、深坑、下水道内及其附近,在没有消除危险之前,不能有(　　)。
    A. 明火作业　　　B. 安全作业　　　　C. 登高作业　　　D. 电气作业

13. AA005　下列不是按驱动灭火剂动力来源来划分灭火器的是(　　)。
    A. 储气瓶式灭火器　　　　　　　　B. 储压式灭火器
    C. 化学反应式灭火器　　　　　　　D. 手提式和推车式灭火器

14. AA005　二氧化碳灭火剂尤其适用于扑救(　　)引起的火灾。
    A. 金属钾　　　　B. 精密仪器　　　　C. 金属钠　　　　D. 火药

15. AA005　使用二氧化碳灭火器时,下列做法正确的是(　　)。
    A. 将灭火器放在距燃烧物 5m 左右放下进行灭火
    B. 用手抓住喇叭筒外壁和金属连接线
    C. 使二氧化碳射流直接冲击可燃液面灭火
    D. 在室内使用时,灭火操作者可以等火灾完全熄灭后再离开

16. AA006　下列不属于灭火的基本方法的是(　　)。
    A. 冷却法　　　　B. 隔离法　　　　C. 窒息法　　　　D. 降温法

17. AA006　下列选项中,(　　)不适用于扑灭电气火灾。
    A. 二氧化碳灭火器　　　　　　　　B. 干粉剂灭火剂
    C. 泡沫灭火器　　　　　　　　　　D. 消防水

18. AA006　能用水扑灭的火灾是(　　)。
    A. 棉布、家具　　B. 金属钾、钠　　C. 木材、纸张　　D. 电气设备

19. AA007　燃料容器、管道直径越大,发生爆炸的危险性(　　)。
    A. 越小　　　　　B. 越大　　　　　C. 无关　　　　　D. 无规律

20. AA007　乙烷在空气中的爆炸下限浓度是(　　)。
    A. 38%　　　　　B. 38%　　　　　C. 10.7%　　　　D. 10.38%

21. AA007　一般来说,粉尘粒度越细,分散度越高,可燃气体和氧的含量越大,火源强度、初始温度越高,湿度越低,惰性粉尘及灰分(　　),爆炸极限范围(　　),粉尘爆炸危险性也就越大。
    A. 越多;越小　　B. 越多;越大　　C. 越少;越大　　D. 越少;越小

22. AA008　防止爆炸的一般方法不包括(　　)。
    A. 控制混合气体中的可燃物含量处在爆炸极限以外
    B. 使用惰性气体取代空气
    C. 使氧气浓度处于极限值以下
    D. 设计足够的泄爆面积

23. AA008　根据《生产过程危险和有害因素分类与代码》(GB/T 13861—2009),可将生产过程中的危险和有害因素分为 4 大类,下列选项中不属于 4 大类的是(　　)。
    A. 人的因素　　　B. 物的因素　　　C. 环境因素　　　D. 社会因素

24. AA008　当可燃性固体呈粉体状态,粒度足够细,飞扬悬浮于空气中,并达到一定浓度时,在相对密闭的空间内,遇到足够的点火能量就能发生粉尘爆炸。下列各组常见粉尘中,都能够发生爆炸的是(　　)。
    A. 纸粉尘、煤粉尘、粮食粉尘、石英粉尘
    B. 煤粉尘、粮食粉尘、水泥粉尘、棉麻粉尘

C. 饲料粉尘、棉麻粉尘、烟草粉尘、玻璃粉尘
D. 金属粉尘、煤粉尘、粮食粉尘、木粉尘

25. AA009 爆炸现象的最主要特征是爆炸过程进行得很快,爆炸点附近压力急剧升高,多数爆炸伴有(　　)升高。
    A. 压力　　　　B. 温度　　　　C. 体积　　　　D. 速率

26. AA009 发生粉尘爆炸的首要条件是(　　)。
    A. 粉尘本身自燃　　　　　　B. 浓度超过爆炸极限
    C. 起始能量　　　　　　　　D. 与空气混合

27. AA009 可燃性混合物的爆炸极限范围越大,则发生爆炸的危险性(　　)。
    A. 越小　　　　B. 越大　　　　C. 不变　　　　D. 无规律

28. AA010 有毒气体是在常温常压下呈(　　)的有毒物质,如氯气、硫化氢、氯乙烯等。
    A. 固态　　　　B. 气态　　　　C. 液态　　　　D. 游离态

29. AA010 下列关于液体可燃物起始燃烧过程的描述正确的是(　　)。
    A. 着火-燃烧-汽化　　　　　B. 燃烧-汽化-着火
    C. 汽化-燃烧-着火　　　　　D. 汽化-着火-燃烧

30. AA010 在着火点测定时,被测物需持续燃烧不少于(　　)。
    A. 4s　　　　B. 5s　　　　C. 6s　　　　D. 7s

31. AA011 安全评价危险性识别的内容有(　　)。
    A. 危险源辨识、计算风险率　　B. 判别指标、危险性控制
    C. 计算风险率、危险性控制　　D. 判别指标、危险源辨识

32. AA011 下列关于影响火焰传播速度的因素说法不正确的是(　　)。
    A. 管径增大,火焰传播速度也增大　　B. 初始温度增大,火焰传播速度增大
    C. 压力升高,火焰传播速度增大　　　D. 燃烧物的浓度有最佳值

33. AA011 液体的燃烧速度取决于(　　)。
    A. 液体的蒸发速度　　　　　B. 液体燃烧的速度
    C. 液体燃烧的平均速度　　　D. 液体的压力

34. AA012 环境消除或减少爆炸性混合物,保持良好通风,使现场易燃易爆气体、粉尘和纤维浓度(　　)到无法引起火灾和爆炸。
    A. 降低　　　　B. 升高　　　　C. 不变　　　　D. 快速降低

35. AA012 着火的电气设备可能是带电的,扑救时要(　　)。
    A. 防止人员触电　　　　　　B. 切断电源
    C. 采取安全措施　　　　　　D. 不用切断电源

36. AA012 如果发生过程报警,工艺人员可在(　　)中确认。
    A. 总貌画面　　B. 趋势画面　　C. 报警画面　　D. 控制组

37. AA013 可燃物(作为能源和原材料)以及氧化剂(空气)广泛存在于生产和生活中,因此(　　)是防火措施中最基本的措施。
    A. 消除着火源　　　　　　　B. 控制可燃物
    C. 灭火　　　　　　　　　　D. 防爆

38. AA013 以下不属于消除着火源措施的是( )。
    A. 静电防护
    B. 禁止烟火
    C. 安装非防爆灯具
    D. 接地避雷

39. AA013 在电石库防火条例中,通常采取( )和防止产生可燃物乙炔的有关措施。
    A. 静电防护
    B. 防止火源
    C. 引火源
    D. 氧化剂

40. AA014 化学爆炸的能量主要来自( )。
    A. 化学爆炸
    B. 化学反应能
    C. 物理爆炸
    D. 能量爆炸

41. AA014 物理爆炸是指( )引起的爆炸。
    A. 物理变化
    B. 化学变化
    C. 化学能
    D. 相变能

42. AA014 依据《石油化工企业设计防火规范(2018年版)》(GB 50160—2008),消防水泵的吸水管、出水管应符合规定,下列说法不正确的是( )。
    A. 每台消防水泵宜有独立的吸水管
    B. 两台以上成组布置时,其吸水管不应少于两条,当其中一条检修时,其余吸水管应能确保吸取全部消防用水量
    C. 泵的出水管道应设防止超压的安全设施
    D. 出水管道上,直径大于300mm的阀门应选用手动阀门

43. AA015 下列不属于消防设施范围的是( )。
    A. 火灾自动报警系统
    B. 消火栓系统
    C. 自动灭火系统
    D. 二氧化碳

44. AA015 碳酸氢钠干粉灭火器适用于易燃、可燃液体以及带电设备的( )。
    A. 中期火灾
    B. 初期火灾
    C. 末期火灾
    D. 严重火灾

45. AA015 依据《石油化工企业设计防火规范(2018年版)》(GB 50160—2008),可燃气体、液化烃和可燃液体的铁路装卸栈台应沿栈台每( )处上下各分别设置两个手提式干粉型灭火器。
    A. 15m
    B. 12m
    C. 10m
    D. 20m

46. AA016 依据《石油化工企业设计防火规范(2018年版)》(GB 50160—2008),生产污水管道的( )应设水封,且水封高度不得小于250mm。
    A. 工艺装置内的塔、加热炉、泵、冷换设备等区围堰的排水口
    B. 全厂性的支管与干管交汇处
    C. 工艺装置、罐组或其他设施及建筑物、构筑物、管沟等的排水出口
    D. 重力循环回水管道在工艺装置总出口处

47. AA016 依据《石油化工企业设计防火规范(2018年版)》(GB 50160—2008),消防水泵、稳压泵应分别设置备用泵,备用泵的能力( )最大一台泵的能力。
    A. 大于
    B. 大于等于
    C. 小于
    D. 小于等于

48. AA016 下列关于电缆的防火防爆知识的说法不正确的是( )。
    A. 用电缆桥架敷设时宜采用阻燃电缆
    B. 电缆埋地敷设时应设置标志

C. 电缆穿过道路或铁路时应有保护套管
D. 动力电缆发生火灾的可能性很小

49. AA017 二氧化碳灭火器利用其内部所充装的高压液态（　　）本身的蒸气压力作为动力喷出灭火。
    A. 二氧化碳   B. 一氧化碳   C. 二氧化硫   D. 干冰

50. AA017 二氧化碳灭火器内充装的是加压液化的（　　）。
    A. 一氧化碳   B. 一氧化氮   C. 二氧化碳   D. 氧化碳

51. AA017 二氧化碳灭火器有手提式和（　　）两种。
    A. 喷射式   B. 推车式   C. 瓶阀式   D. 筒体式

52. AA018 "带电部分"是指电气设备正常工作时带有（　　）的相线和中性线。
    A. 电压   B. 电阻   C. 电流   D. 跨步电压

53. AA018 不能解决气动系统噪声太大的措施是（　　）。
    A. 清理堵塞的消音器   B. 调低压力表压力
    C. 更换破损的气动软管   D. 检查各接头是否漏气

54. AA018 若气动系统噪声太大，可检查（　　）。
    A. 消音器是否损坏或堵塞   B. 气缸是否内漏
    C. 气缸润滑是否不良   D. 消音器是否太大

55. AA019 增设垂直接地极对于降低接触（　　）和跨步电压具有非常显著的作用。
    A. 电压   B. 电流   B. 电阻   D. 功率

56. AA019 增设垂直极后，大部分故障电流通过垂直极流入大地，相应减少了水平导体的散流量，因此地表面的水平方向电流密度大大减少，造成水平方向（　　）大大降低。
    A. 电流强度   B. 电磁强度   C. 电场强度   D. 磁通量

57. AA019 重复接地是指将中性线零线上的一点或多点与大地再次做（　　）的连接。
    A. 金属性   B. 绝缘性   B. 导电性   D. 保护性

58. AA020 （　　）可防止系统中的有毒和爆炸性气体向容器外逸散。
    A. 加压操作   B. 微正压操作   C. 负压操作   D. 高压操作

59. AA020 在负压下操作，由于系统密闭性差，要防止外界空气通过各种孔隙进入（　　）。
    A. 负压系统   B. 密闭系统   C. 高压系统   D. 真空系统

60. AA020 加压或减压在生产中都必须严格控制压力，防止（　　）。
    A. 高压   B. 超压   C. 低压   D. 真空

61. AA021 采取静电接地措施可以防止导体（　　）。
    A. 漏电   B. 带电   C. 失电   D. 放电

62. AA021 采用工作地面导电化，穿（　　）、防静电工作服可以防止人体带电。
    A. 防静电鞋   B. 防雨鞋   C. 防扎鞋   D. 绝缘靴

63. AA021 化工生产中防止静电危害措施包括合理选用生产设备的材质，（　　）或流速等。
    A. 降低摩擦速度   B. 减少摩擦时间
    C. 改变介质   D. 更换导体

64. AA022 如电源开关离触电现场不远,则可戴上绝缘手套,穿上绝缘靴,拉开高压断路器或用绝缘棒拉开高压跌落熔断丝以( )。
  A. 切断电源   B. 防止受伤   C. 远离现场   D. 打开电源

65. AA022 往架空线路抛挂裸金属软导线,人为造成线路( ),迫使继电保护装置动作,从而使电源开关跳闸。
  A. 短路   B. 开路   C. 闭合   D. 损坏

66. AA022 下列选项中,会导致触电事故的是( )。
  A. 使用绝缘合格的安全用具   B. 使用绝缘合格的工器具
  C. 按照操作票操作   D. 使用绝缘不合格的安全用具

67. AA023 接地保护一般用于配电变压器中性点不直接接地(三相三线制)的供电系统中,用以保证当电气设备因绝缘损坏而漏电时产生的对地( )不超过安全范围。
  A. 电流   B. 电阻   C. 电压   D. 电量

68. AA023 保护接地的作用就是将电气设备不带电的金属部分与接地体之间做良好的( )。
  A. 保护接地   B. 非金属连接   C. 软管连接   D. 金属连接

69. AA023 把正常情况下不带电,而在故障情况下可能带电的电气设备外壳、构架、支架通过接地和大地接连起来称为( )。
  A. 接零保护   B. 接地   B. 保护接地   D. 导电

70. AA024 如果触电者所受的伤害不太严重,神志尚清醒,只是心悸、头晕、出冷汗、恶心、呕吐、四肢发麻、全身无力,甚至一度昏迷,但未失去知觉,则应让触电者在通风暖和处静卧休息,并派人严密观察,同时请医生前来或送往( )。
  A. 医院诊治   B. 隔离   C. 家里   D. 单位

71. AA024 如果触电者已失去知觉,但呼吸和心跳尚正常,则应使其舒服地( ),解开衣服以利于呼吸。
  A. 坐着   B. 平卧   C. 侧卧   D. 趴着

72. AA024 若发现触电者呼吸困难或心跳失常,应立即进行( )或胸外心脏按压。
  A. 拨打电话   B. 远离触电者   C. 人工呼吸   D. 等待医生

73. AA025 如遇带电导线断落地面,应划出半径约( )的警戒区,避免跨步电压触电。
  A. 800m   B. 810m   C. 750m   D. 600m

74. AA025 对架空线路或空中电气设备进行灭火时,人体位置与带电体之间的仰角不应超过( ),以防导线断落威胁灭火人员的安全。
  A. 45°   B. 60°   C. 30°   D. 90°

75. AA025 带电灭火应使用不导电的灭火剂,不得使用泡沫灭火剂和喷射水流类导电灭火剂,灭火器喷嘴距离10000V带电体不应小于( )。
  A. 0.4m   B. 0.5m   C. 0.6m   D. 0.8m

76. AA026 发生电气火灾时,应先( ),而后再扑救。
  A. 打开电源   B. 切断电源   C. 远离火灾   D. 报警

77. AA026 高压停电应先拉开( )而后拉开隔离开关。
   A. 开关　　　　　B. 紧急切断装置　　C. 断路器　　　　D. 熔断器
78. AA026 电动机停电应先停止按钮释放接触器或磁力启动器而后再拉开闸刀开关,以免( )。
   A. 开路　　　　　B. 爆炸　　　　　　C. 弧光短路　　　D. 触电
79. AA027 毒物吸收后,会通过( )分布到全身各个组织或器官。
   A. 口腔　　　　　B. 血液循环　　　　C. 鼻腔　　　　　D. 呼吸系统
80. AA027 中毒可分为急性中毒、亚急性中毒和( )三种情况。
   A. 重型中毒　　　B. 慢性中毒　　　　C. 微型中毒　　　D. 血液中毒
81. AA027 人们在长期从事化工生产中,由于某些化学物质的致癌作用,可使人体产生( ),这种对机体能诱发癌变的物质称为致癌原。
   A. 病毒　　　　　B. 细菌　　　　　　C. 癌变　　　　　D. 肿瘤
82. AA028 个人防护器具是指作业人员在生产活动中,为了保证安全与健康,防止外界伤害或( )而佩戴的各种用具的总称。
   A. 舒适度　　　　B. 摩擦　　　　　　C. 碰撞　　　　　D. 职业性毒害
83. AA028 工业毒物通过( )进入人体是最常见、最危险的途径。
   A. 皮肤　　　　　B. 消化道　　　　　C. 口服　　　　　D. 呼吸道
84. AA028 尘毒物质对人体的危害与工作环境的( )等无关。
   A. 温度　　　　　B. 湿度　　　　　　C. 气压　　　　　D. 高度
85. AA029 由主干线来的含有水分和杂质的压缩空气,需经( )净化后,再经减压阀减压和稳压,最后经电磁换向阀提供给气缸。
   A. 油雾器　　　　　　　　　　　　　B. 执行元件
   C. 气水分离过滤器　　　　　　　　　D. 消音器
86. AA029 由气水分离过滤器净化后的压缩空气需经( )减压和稳压,最后经电磁换向阀提供给气缸。
   A. 安全阀　　　　B. 减压阀　　　　　C. 流量控制阀　　D. 单向节流阀
87. AA029 加氯作业场所必须保证良好的通风状态,氯气在空气中的最高允许浓度为( ),氯气泄漏时,抢修抢救人员必须戴正压自给式空气呼吸器,穿防毒服。
   A. $1mg/m^3$　　B. $5mg/m^3$　　　C. $10mg/m^3$　　D. $30mg/m^3$
88. AA030 化工安全考虑的不安全因素很多,可概括为( )。
   A. 八防　　　　　B. 五防　　　　　　C. 七防　　　　　D. 三防
89. AA030 ( )就是要把生产过程中潜在的不安全因素进行系统的辨识。
   A. 安全因素　　　B. 安全隐患　　　　C. 自然分离　　　D. 安全设计
90. AA030 对于不安全因素的辨识,既需要设计人员具体考虑,也需要( )的参与。
   A. 安全专业人员　B. 技术人员　　　　C. 全体人员　　　D. 设备专业人员
91. AA031 造成温室效应的气体有( ),还有氯氟烃、甲烷、氮氧化合物、臭氧等。
   A. 二氧化碳　　　B. 二氧化硫　　　　C. 氧气　　　　　D. 氮气

92. AA031 重点城市空气质量周报,目前主要有污染指数、首要污染物、空气质量级别三项内容,当污染指数为( )时,空气质量为3级,属于轻度污染。
    A. 50以下   B. 50~100   C. 101~200   D. 201~300

93. AA031 下列不属于生产经营单位的安全生产管理机构以及安全生产管理人员职责的是( )。
    A. 组织或者参与拟订本单位安全生产规章制度、操作规程
    B. 督促、检查本单位的安全生产工作,及时消除生产安全事故隐患
    C. 督促落实本单位重大危险源的安全管理措施
    D. 组织或者参与本单位应急救援演练

94. AA032 化工厂的事故可以采取防范措施使之( )。
    A. 增加   B. 恶化   C. 产生   D. 降低或避免

95. AA032 安全设计时要对生产安全周密考虑,使得厂址选择和装置布置( )。
    A. 随机选择   B. 经济适用   C. 无特殊要求   D. 科学合理

96. AA032 工业企业噪声卫生标准规定生产车间和工作场所的噪声标准最高不超过( )。
    A. 85dB   B. 95dB   C. 98dB   D. 115dB

97. AA033 对安全装置设计的基本要求是:能及时准确地对生产过程的各种参数进行检测、调节和控制;在出现异常情况时,能迅速地显示、报警和调节,使之恢复( )。
    A. 正常运行   B. 故障状态   C. 安全模式   D. 非报警状态

98. AA033 安全设计能保证预定的工艺指标和安全控制界限的要求;对火灾、爆炸危险性大的工艺过程和装置,应采取综合性的安全装置和控制系统,以保证其( )。
    A. 可靠性   B. 稳定性   C. 多变性   D. 实用性

99. AA033 声级在( )以上作业场所必须佩戴耳塞、耳罩防护用品,预防职业性耳聋的发生。
    A. 60dB   B. 80dB   C. 90dB   D. 10dB

100. AA034 装置清洁生产方案实施率达( )以上方可通过清洁生产审核验收。
    A. 75%   B. 80%   C. 85%   D. 90%

101. AA034 化工污染的特点是污染环境,难分离,危害大,易着火( ),漫延速度快。
    A. 易爆炸   B. 易扩散   C. 易腐蚀   D. 易降解

102. AA034 化工污染主要有水体污染、大气污染、噪声污染、( )和其他污染。
    A. 水质污染   B. 固体废弃物污染
    C. 气体污染   D. 危险化学品污染

103. AA035 人类与环境的关系是( )。
    A. 对立的统一   B. 人类改造环境   C. 和谐相处   D. 相互调节

104. AA035 《中华人民共和国环境保护法》实施的日期是( )。
    A. 2015年1月1日   B. 2015年10月1日
    C. 2015年11月1日   D. 2015年12月1日

105. AA035 一个社会的可持续发展必须首先重视( )。
    A. 生产技术现代化　　　　　　　B. 生产利润最大化
    C. 人力资源合理的调配　　　　　D. 生产资源的节约

106. AA036 大气污染主要是燃烧烟气污染、工艺废气污染、火炬废气污染、尾气污染、无组织排放的( )。
    A. 生活水污染　　B. 废水污染　　C. 食品污染　　D. 废气污染

107. AA036 在化工生产中除了大气污染、水污染及化工废渣、固体废弃物污染和其他污染之外,噪声污染防治、热污染防治及( )也是很重要的。
    A. 土壤污染防治　　　　　　　　B. 水体污染防治
    C. 电磁污染防治　　　　　　　　D. 核污染防治

108. AA036 生态保护和( )密不可分、相互作用。
    A. 污染防治　　B. 科技发展　　C. 节能环保　　D. 绿色低碳

109. AA037 ( )的基本任务:探索全球范围内自然环境演化的规律;探索全球范围内人与环境相互依存关系;协调人类的生产、消费活动同生态要求的关系;探索区域环境污染综合防治的技术与管理措施。
    A. 生态环境　　B. 生命科学　　C. 污染防治　　D. 环境科学

110. AA037 环境科学的基本任务包括( )的保护与合理利用;环境监测、分析技术与环境预报;环境区域规划与环境规划。
    A. 空气质量　　B. 生命科学　　C. 自然资源　　D. 节能环保

111. AA037 生态保护和( )密不可分、相互作用。
    A. 污染防治　　B. 科技发展　　C. 节能环保　　D. 绿色低碳

112. AA038 构建市场导向的绿色技术创新体系,强化产品全生命周期( )管理。
    A. 全面　　B. 受控　　C. 绿色　　D. 健康

113. AA038 污染按范围的分类不包括( )。
    A. 地方大气污染　　　　　　　　B. 局部地区污染
    C. 区域大气污染　　　　　　　　D. 全球大气污染

114. AA038 环境问题成因因素不包括( )。
    A. 全球变暖　　　　　　　　　　B. 自然地理因素
    C. 经济　　　　　　　　　　　　D. 人文社会

115. AA039 生态系统简称( )。
    A. BCO　　B. CBD　　C. ECO　　D. EOC

116. AA039 ( )的组成生产者、消费者(食用植物的生物或相互食用的生物)、无生命物质、分解者(各种具有分解有机质能力的微小生物,最主要的是细菌和真菌,也包括一些原生生物)。
    A. 生命物质　　B. 水系统　　C. 化合物　　D. 生态系统

117. AA039 生态系统的基本功能包括:生物生产、生态系统中的( )、生态系统中的物质循环和生态系统中的信息传递。
    A. 系统流动　　B. 能量流动　　C. 平衡　　D. 物质流动

118. AA040　生态系统中各部分所固定的能量是逐级（　　）的。
　　A. 递增　　　　　B. 流动　　　　　C. 递减　　　　　D. 稳定
119. AA040　在一定条件下，（　　）中能量流动和物质循环表现为稳定的状态。
　　A. 生态系统　　　B. 生物种类　　　C. 生态学　　　　D. 生物生产
120. AA040　系统中不断进行着物质交换和（　　）流动，动态平衡。
　　A. 化合物　　　　B. 生态　　　　　C. 生命　　　　　D. 能量
121. AB001　滚动轴承的接触式密封装置包括（　　）。
　　A. 机械密封　　　B. 填料密封　　　C. 垫圈密封　　　D. 皮碗密封
122. AB001　一滚动轴承的代号为6208，其中6表示的是（　　）。
　　A. 直径系列代号　　　　　　　　　B. 内径代号
　　C. 滚动轴承类型代号　　　　　　　D. 精度等级
123. AB001　以下不是按照滚动体的列数来分类的是（　　）。
　　A. 单列轴承　　　B. 双列轴承　　　C. 多列轴承　　　D. 推力轴承
124. AB002　铸铁管是化工管路中常用的管道之一。由于性脆及连接紧密性较差，只适用于输送（　　）。
　　A. 易爆性物质　　B. 低压介质　　　C. 超高压介质　　D. 高压介质
125. AB002　反应器分布板上角钢的角度为（　　）。
　　A. 30°　　　　　B. 45°　　　　　C. 60°　　　　　D. 23°
126. AB002　普通螺纹包括细牙螺纹和（　　）。
　　A. 连接螺纹　　　B. 传动螺纹　　　C. 转动螺纹　　　D. 粗牙螺纹
127. AB003　深沟球轴承主要承受纯径向载荷，也可以承受（　　）载荷。
　　A. 超载　　　　　B. 联向　　　　　C. 反向　　　　　D. 同向
128. AB003　深沟球轴承当其承受纯径向载荷的时候，其接触角为（　　）。
　　A. 二　　　　　　B. 一　　　　　　C. 三　　　　　　D. 零
129. AB003　深沟球轴承摩擦系数（　　）、极限转速高。
　　A. 大　　　　　　B. 唯一　　　　　C. 小　　　　　　D. 不确定
130. AB004　机械传动按工作原理可分为摩擦传动和啮合传动，属于啮合传动的是齿轮传动、（　　）和同步带传动。
　　A. 链轮传动　　　B. 三角带传动　　C. 链传动　　　　D. 带传动
131. AB004　下列属于摩擦传动的是（　　）。
　　A. 蜗杆传动　　　B. 三角带传动　　C. 同步带传动　　D. 链传动
132. AB004　机械传动传递转动时，主动件转速为n_1，被动件转速为n_2，那么传动比是（　　）。
　　A. n_1/n_2　　　B. $n_1 \cdot n_2$　　　C. n_2/n_1　　　D. n_2-n_1
133. AB005　钢材的主要性能包括（　　）。
　　A. 五大类　　　　B. 两大类　　　　C. 三大类　　　　D. 四大类
134. AB005　（　　）是钢材最重要的使用性能，包括抗拉性能、塑性、韧度及硬度等。
　　A. 化学性能　　　B. 工艺性能　　　C. 力学性能　　　D. 抗拉性能

135. AB005　(　　)是钢材在各加工过程中表现出的性能,包括冷弯性能和可焊性。
　　A. 化学性能　　　B. 工艺性能　　　C. 力学性能　　　D. 抗拉性能

136. AB006　静环与压盖之间的密封面属于(　　)。
　　A. 静密封面　　　B. 动密封面　　　C. 压盖封面　　　D. 局部封面

137. AB006　动环与轴或轴套之间的密封面属于(　　)。
　　A. 动密封面　　　B. 静密封面　　　C. 压盖封面　　　D. 局部封面

138. AB006　对于(　　)为补偿环的旋转式密封来讲,在端面跳动不同步及磨损时,该辅助密封可做较小的轴向移动,一般用弹簧和波纹管作为辅助密封元件。
　　A. 密封环　　　　B. 静环　　　　　C. 压盖环　　　　D. 动环

139. AB007　(　　)可以控制噪声往外传播。
　　A. 风扇　　　　　B. 空调　　　　　C. 消声器　　　　D. 耳塞

140. AB007　噪声在传播途径中常采用吸声、(　　)和隔场等技术控制。
　　A. 消声　　　　　B. 去除　　　　　C. 扩声　　　　　D. 保持

141. AB007　隔声屏障及(　　)能控制机械噪声。
　　A. 风扇　　　　　B. 封闭罩　　　　C. 空调　　　　　D. 耳塞

142. AB008　使用减速机的目的是降低(　　),增加转矩。
　　A. 电压　　　　　B. 电流　　　　　C. 转速　　　　　D. 电阻

143. AB008　减速机一般用于低转速、(　　)的传动设备。
　　A. 低压力　　　　B. 小扭矩　　　　C. 高压力　　　　D. 大扭矩

144. AB008　普通的减速机也会有几对相同原理齿轮达到理想的减速效果,大小齿轮的齿数之比,就是(　　)。
　　A. 传动比　　　　B. 流量比　　　　C. 速率比　　　　D. 速度比

145. AC001　开路也称(　　),即在闭合回路中,某一部分发生断线,使电流不能导通的现象。
　　A. 继电器　　　　B. 回路　　　　　C. 短路　　　　　D. 断路

146. AC001　断路因为电路中断,没有导体连接,(　　)无法通过,导致电路中电流消失,一般对电路无损害。
　　A. 电流　　　　　B. 电压　　　　　C. 电阻　　　　　D. 功率

147. AC001　一般的金属材料,温度升高后,导体的(　　)增加。
　　A. 电流　　　　　B. 电阻　　　　　C. 电压　　　　　D. 电感

148. AC002　右手定则是右手平展,使大拇指与其余四指(　　),并且都跟手掌在一个平面内。
　　A. 平行　　　　　B. 相交　　　　　C. 垂直　　　　　D. 不确定

149. AC002　把右手放入磁场中,若磁力线垂直进入手心(当磁感线为直线时,相当于手心面向 N 极),大拇指指向导线运动方向,则四指所指方向为导线中感应(　　)的方向。
　　A. 电压　　　　　B. 电阻　　　　　C. 电流　　　　　D. 磁场

150. AC002 右手定则判断的主要是与( )无关的方向。
 A. 力 B. 电 C. 磁场 D. 电流

151. AC003 判断通电导线在磁场中的受力方向应用( )。
 A. 左手定则 B. 右手定则 C. 安培定则 D. 螺线管

152. AC003 用右手定则判断在一通有向上电流的导线右侧平行放一矩形线圈,当线圈向右远离导线而去时,则线圈中将产生( )。
 A. 恒定电流 B. 电阻 C. 电压 D. 感应电流

153. AC003 用右手定则判断在一通有向上电流的导线右侧平行放一矩形线圈,当线圈向右远离导线而去时,则线圈中将产生感应电流,方向为( )。
 A. 平行 B. 顺时针 C. 逆时针 D. 不确定

154. AC004 电位就是( ),是衡量电荷在电路中某点所具有能量的物理量。
 A. 电流 B. 电势 C. 电压 D. 电荷

155. AC004 两种不同金属在溶液中直接接触,使电极电位较负的金属发生溶解腐蚀,此种腐蚀是( )。
 A. 全面腐蚀 B. 电化学腐蚀 C. 缝隙腐蚀 D. 孔蚀

156. AC004 垂直极的引入,降低了GPR,而接触及( )均与GPR有着直接的关系。
 A. 跨步电压 B. 电流 C. 电阻 D. 电势

157. AC005 左手定则主要判断与( )有关的定律。
 A. 方向 B. 电压 C. 力 D. 电流

158. AC005 闭合电路是产生( )现象的条件。
 A. 电磁感应 B. 磁通量 C. 电荷运动 D. 电场力

159. AC005 磁场的方向和强弱可以用( )来表示。
 A. 磁通量 B. 磁力线 C. 磁感应强度 D. 右手定则

160. AC006 关于磁感应强度的概念,下列说法正确的是( )。
 A. 磁感应强度越大,穿过闭合回路的磁通量也越大
 B. 磁感应强度越大,线圈面积越大,穿过闭合回路的磁通量也越大
 C. 磁通量发生变化时,磁感应强度也一定发生变化
 D. 穿过线圈的磁通量为零时,磁感应强度不一定为零

161. AC006 磁感应强度与垂直于磁场方向的面积的乘积,称为( )。
 A. 磁通 B. 磁势 C. 磁场 D. 磁路

162. AC006 直导体中感生电动势的方向可用( )来判断。
 A. 左手定则 B. 右手定则 C. 安培定则 D. 螺线管

163. AC007 电容器通常简称其为电容,用字母( )表示,国际单位是法拉(F)。
 A. A B. B C. C D. D

164. AC007 高压验电器的结构分为指示器和( )两部分。
 A. 绝缘器 B. 接地器 C. 支持器 D. 电容器

165. AC007 所谓电容器就是能够储存( )的"容器"。
 A. 电量 B. 电流 C. 电荷 D. 电压

166. AC008 电容器每个电极所带的绝对值称为电容器所带（　　）。
    A. 电荷　　　　　B. 电压　　　　　C. 电势　　　　　D. 电量

167. AC008 电容器所带电的量与它的两极间的（　　）的比值称为电容器的电容。
    A. 电势差　　　　B. 电压　　　　　C. 电阻　　　　　D. 电流

168. AC008 两个相互靠近彼此绝缘的人,虽然不带电,但它们之间有（　　）。
    A. 电流　　　　　B. 电容　　　　　C. 电压　　　　　D. 电势

169. AC009 交流电是指（　　）。
    A. 大小随时间作周期性变化的电流、电压、电势
    B. 方向随时间作周期性变化的电流、电压、电势
    C. 大小和方向都随时间作周期性变化的电流、电压、电势
    D. 大小和方向都随时间变化的电流、电压、电势

170. AC009 交流电的产生主要有（　　）方式。
    A. 一类　　　　　B. 三类　　　　　C. 四类　　　　　D. 两类

171. AC009 正弦交流电变化的快慢可用（　　）、频率、角频率来表示。
    A. 周期　　　　　B. 电流　　　　　C. 幅值　　　　　D. 初相位

172. AC010 实际应用的电路都比较复杂,因此,为了便于分析电路的实质,通常用符号表示组成电路实际原件及其连接线,即画成所谓的（　　）。
    A. 电路图　　　　B. 电路符号　　　C. 电场　　　　　D. 磁场

173. AC010 在电路图中,（　　）和辅助设备合称为中间环节。
    A. 导线　　　　　B. 电路符号　　　C. 电场　　　　　D. 磁场

174. AC010 （　　）由电源、负载、连接导线与控制设备组成。
    A. 电流　　　　　B. 电路　　　　　C. 电势　　　　　D. 电压

175. AC011 电场强度对距离的积分就是（　　）。
    A. 电场　　　　　B. 电势　　　　　C. 电压　　　　　D. 电势差

176. AC011 电势差和（　　）是有关系的,但是绝对不是简单的正比反比关系。
    A. 电荷　　　　　B. 电流　　　　　C. 电压　　　　　D. 电阻

177. AC011 电荷的大小决定了（　　）的大小。
    A. 电场强度　　　B. 磁场　　　　　C. 磁力强度　　　D. 电势差

178. AC012 基本电路由（　　）部件组成。
    A. 一个　　　　　B. 两个　　　　　C. 三个　　　　　D. 四个

179. 179. AC012 对于一级负荷,要求采用（　　）独立的电源供电。
    A. 一个以上　　　B. 五个　　　　　C. 两个以上　　　D. 八个

180. AC012 由（　　）交变电源激励的、处于稳态下的线性时不变的电路是交流电电路。
    A. 变化性　　　　B. 时间性　　　　C. 周期性　　　　D. 短期性

181. AC013 电路图中（　　）分布要均匀,不应画在拐角处。
    A. 电压　　　　　B. 电源　　　　　C. 元件　　　　　D. 电流

182. AC013 电路图整个电路最好呈（　　）,导线要横平竖直,有棱有角。
    A. 长方体　　　　B. 正方形　　　　C. 正方体　　　　D. 长方形

183. AC013　电路图按照一定(　　),有字母的,标出相应的字母。
    A. 顺序　　　　　　B. 空间　　　　　　C. 时间　　　　　　D. 方向

184. AC014　电路图中⏚表示(　　)。
    A. 继电器　　　　　B. 电位器　　　　　C. 接地　　　　　　D. 电阻器

185. AC014　电路图中⌐┐表示(　　)。
    A. 继电器　　　　　B. 电阻器　　　　　C. 电位器　　　　　D. 接地

186. AC014　电路图中─□─表示(　　)。
    A. 接触器联锁　　　B. 复合按钮联锁　　C. 熔断器保护　　　D. 限位开关联锁

187. AC015　下列关于电阻并联电路的描述错误的是(　　)。
    A. 并联的各个之路两端电压都相等
    B. 并联电路的总电流等于个支路电流之和
    C. 通过各个支路的电流与各支路的电阻值成正比
    D. 各并联电阻的倒数之和等于总电阻的倒数

188. AC015　两只定值电阻,甲标有 10Ω、1A,乙标有 15Ω、0.6A,把它们串联起来,两端允许加上的最高电压是(　　)。
    A. 10V　　　　　　B. 25V　　　　　　C. 19V　　　　　　D. 15V

189. AC015　常用的热继电器按结构和工作原理可分为热敏电阻式和(　　)。
    A. 带断相保护式　　　　　　　　　　B. 双金属片式
    C. 不带断相保护式　　　　　　　　　D. 二级式

190. AC016　一般的金属材料,温度升高后,导体的电阻(　　)。
    A. 减小　　　　　　B. 不变　　　　　　C. 增大　　　　　　D. 不确定

191. AC016　因为导体的(　　)是它本身的一种性质,取决于导体的长度、横截面积、材料和温度,即使它两端没有电压,没有电流通过,它也是一个定值。
    A. 电流　　　　　　B. 电压　　　　　　C. 电量　　　　　　D. 电阻

192. AC016　电阻温度系数是指当温度每升高(　　)时,导体电阻的增加值与原来电阻的比值。
    A. 1℃　　　　　　B. 2℃　　　　　　C. 3℃　　　　　　D. 4℃

193. AC017　部分电路欧姆定律基本公式是(　　)。
    A. $I=U/R$　　　　B. $U=I/R$　　　　C. $R=I/U$　　　　D. $I=U/r$

194. AC017　部分电路欧姆定律公式中电流的单位是(　　)。
    A. I　　　　　　　B. U　　　　　　　C. R　　　　　　　D. A

195. AC017　欧姆定律不适用于(　　)。
    A. 金属导电　　　　B. 电解液导电　　　C. 气体导电　　　　D. 铁导电

196. AC018　全电路欧姆定律的表达式为(　　)。
    A. $R=I/U$　　　　B. $I=E/(R+r)$　　C. $I=U/R$　　　　D. $U=I/R$

197. AC018　全电路欧姆定律电路中的电源内电阻表示为(　　)。
    A. I　　　　　　　B. U　　　　　　C. r　　　　　　　D. R

198. AC018 全电路欧姆定律的表达式中 $I=E/(R+r)$，r 代表(　　)。
    A. 电路中的电源内电阻　　　　　　B. 电路中的电源处电阻
    C. 电路中的电源处电压　　　　　　D. 电路中的电源处电流
199. AC019 导线常用的绝缘材料不包括(　　)。
    A. 铁线　　　　B. 黑胶布　　　　C. 黄蜡带　　　　D. 绝缘橡胶带
200. AC019 对于(　　)线路,应按导线的允许载流量来选择导线。
    A. 380V　　　　B. 360V　　　　C. 220V　　　　D. 240V
201. AC019 如果不正确使用导线,如导线选择太小,使导线处于(　　)运行,时间一长就容易使绝缘老化,导线过热引起火灾。
    A. 过载　　　　B. 低速　　　　C. 正常　　　　D. 高速
202. AC020 导线连接的(　　)关系着线路和设备运行的可靠性和安全程度。对导线连接的基本要求是:电接触良好,机械强度足够,接头美观,且绝缘性能正常。
    A. 方式　　　　B. 材料　　　　C. 质量　　　　D. 位置
203. AC020 导线的连接要求在连接部分不降低导线的性能,必须(　　)使用连接器具。
    A. 正确　　　　B. 反向　　　　C. 逆向　　　　D. 无要求
204. AC020 铝芯导线可采用(　　)连接方法。
    A. 螺栓压接　　B. 随意交叉　　C. 直线　　　　D. 曲线
205. AC021 熔断器也称(　　)。
    A. 配电器　　　B. 保险　　　　C. 保险丝　　　D. 保险箱
206. AC021 熔断器的作用是(　　)。
    A. 控制行程　　B. 控制速度　　C. 短路保护　　D. 弱磁保护
207. AC021 熔断器广泛应用于(　　)配电系统和控制系统,以及用电设备中,作为短路和过电流的保护器,是应用最普遍的保护器件之一。
    A. 低压　　　　B. 高压　　　　C. 高低压　　　D. 超高压
208. AC022 熔断器的熔体材料可分为低熔点和(　　)两类。
    A. 低电压　　　B. 高电压　　　C. 高熔点　　　D. 低电流
209. AC022 以金属导体作为熔体而分断电路的电器,(　　)于电路中,当过载或短路电流通过熔体时,熔体自身将发热而熔断,从而对电力系统、各种电工设备以及家用电器都起到一定的保护作用。
    A. 串联　　　　B. 并联　　　　C. 连接　　　　D. 双向连接
210. AC022 一般照明、电炉、烘箱、手持电动工具负载,熔断器熔体电流取负载的(　　)。
    A. 正常电流　　B. 电阻　　　　C. 额定电流　　D. 电压
211. AC023 熔断器的额定(　　)要适应线路电压等级,熔断器的额定电流要大于或等于熔体额定电流。
    A. 电压　　　　B. 电阻　　　　C. 电流　　　　D. 额定电压
212. AC023 熔断器的保护特性应与被保护对象的(　　)相适应,考虑到可能出现的短路电流,选用相应分断能力的熔断器。
    A. 运行特性　　B. 发热特性　　C. 过载特性　　D. 使用特性

213. AC023 封闭式熔断器可分为填料熔断器和( )两种。
　　A. 插入式熔断器　　B. 快速熔断器　　C. 无填料熔断器　　D. 螺旋式熔断器
214. AC024 线路中各级熔断器熔体额定电流要相应配合,保持前一级熔体额定电流必须大于( )熔体额定电流。
　　A. 下一级　　B. 上一级　　C. 同级　　D. 第二级
215. AC024 熔断器的熔体要按要求使用相配合的熔体,不允许随意( )熔体或用其他导体代替熔体。
　　A. 持续加大　　B. 不变　　C. 加大　　D. 降低
216. AC024 熔断器的额定电压是熔断器处于安全工作状态所在电路的( )工作电压。
　　A. 最高　　B. 最低　　C. 平均　　D. 有效
217. AC025 对于( )电动机的熔断器,其熔体电流按电动机额定电流的1.5~2.5倍选择。
　　A. 单台　　B. 两台　　C. 三台　　D. 四台
218. AC025 多台电动机的熔断器熔体额定电流按功率最大一台电动机额定电流的( )再加上其他电动机的额定电流进行选择。
　　A. 1.5~2.5倍　　B. 1~2倍　　C. 2.5~3.5倍　　D. 1.5~4.5倍
219. AC025 单台电动机空载启动时,熔体额定电流为电动机额定电流的( )左右。
　　A. 1.5倍　　B. 2倍　　C. 3.5倍　　D. 4.5倍
220. AD001 任何气体的1mol体积里都含有( )气体分子。
　　A. 6.02×10^{23}个　　B. 6.02×10^{24}个　　C. 3.01×10^{23}个　　D. 3.01×10^{24}个
221. AD001 实验测出,在标准状况下,1mol任何气体所占的体积都约为( ),这个体积称为气体的摩尔体积。
　　A. 22.4L　　B. 44.8L　　C. 11.2L　　D. 20L
222. AD001 ( )是单位质量的物质所具有的摩尔数。
　　A. 物质的量　　B. 质量　　C. 溶剂　　D. 体积
223. AD002 任何气体的( )都是随着温度和压力的变化而变化的。
　　A. 压力　　B. 物质的量　　C. 流量　　D. 体积
224. AD002 混合气体的总压等于混合气体中各组分气体的分压之和,某组分气体的分压大小则等于其单独占有与气体混合物相同体积时所产生的压强。这一经验定律称为( )。
　　A. 分压定律　　B. 总压定律　　C. 压强定律　　D. 摩尔定律
225. AD002 混合气体的总压( )混合气体中各组分气体的分压之和。
　　A. 小于　　B. 等于　　C. 大于　　D. 无关
226. AD003 系统内的( ),即系统内宏观上没有任何一种物质从一个相转移到另一个相。
　　A. 相平衡　　B. 动态平衡　　C. 能量平衡　　D. 热量平衡
227. AD003 相的定义是系统内( )完全相同的均匀部分。
　　A. 性质　　B. 质量　　C. 方向　　D. 物质

228. AD003　相平衡的状态是一个（　　）平衡的状态。
　　A. 能量　　　　　B. 热力学　　　　　C. 质量　　　　　D. 热量
229. AD004　化学键有（　　）类型。
　　A. 4种　　　　　B. 5种　　　　　　C. 3种　　　　　D. 6种
230. AD004　在离子化合物中一定含有（　　），可能含有共价键。
　　A. 能量键　　　B. 化合键　　　　C. 金属键　　　　D. 离子键
231. AD004　两个氢原子和一个氧原子是通过（　　）结合成一个水分子的。
　　A. 共价键　　　B. 化学键　　　　B. 金属键　　　　D. 离子键
232. AD005　下列说法正确的是（　　）。
　　A. 12g碳所含的原子数就是阿伏伽德罗常数
　　B. 阿伏伽德罗常数没有单位
　　C. 物质的量指的是物质的质量
　　D. 摩尔是质量单位
233. AD005　下列说法错误的是（　　）。
　　A. 1mol 氢　　　　　　　　　　　　B. 1mol 一氧化碳
　　C. 1mol 二氧化碳　　　　　　　　　D. 1mol 水
234. AD005　物质的量浓度定义为溶液中溶质（　　）的物质的量除以混合物的体积,简称浓度,用符号$c(B)$表示。
　　A. A　　　　　　B. B　　　　　　C. C　　　　　　D. D
235. AD006　化学反应速率随反应浓度增加而加快,其原因是（　　）。
　　A. 活化能降低
　　B. 反应速率常数增大
　　C. 活化分子数增加,有效碰撞次数增大
　　D. 活化分子百分数增加,有效碰撞次数增大
236. AD006　关于正催化剂,下列说法中正确的是（　　）。
　　A. 降低反应的活化能,增大正反应、逆反应速率
　　B. 增加反应的活化能,使正反应速率加快
　　C. 增加正反应速率,降低逆反应速率
　　D. 提高平衡转化率
237. AD005　下列物质中,由于发生化学反应而使酸性高锰酸钾褪色,又能使溴水因发生反应而褪色的是（　　）。
　　A. 苯　　　　　　B. 甲苯　　　　　C. 乙烯　　　　　D. 乙烷
238. AD007　影响化学反应平衡常数数值的因素是（　　）。
　　A. 反应物浓度　　B. 温度　　　　　C. 催化剂　　　　D. 产物浓度
239. AD007　影响氧化还原反应平衡常数的因素是（　　）。
　　A. 反应物浓度　　　　　　　　　　　B. 温度
　　C. 催化剂　　　　　　　　　　　　　D. 反应产物浓度

240. AD007　在 $CO(g)+H_2O(g) \rightleftharpoons CO_2(g)+H_2(g)$ 的平衡中,能同等程度的增加正反应、逆反应速度的是(　　)。
　　A. 加催化剂　　　　　　　　　　B. 增加 CO_2 的浓度
　　C. 减少 CO 的浓度　　　　　　　D. 升高温度

241. AD008　在标准物质下,相同质量的下列气体中体积最大的是(　　)。
　　A. 氧气　　　　B. 氮气　　　　C. 二氧化硫　　　　D. 二氧化碳

242. AD008　某工厂排放的酸性废水中,含有较多的 Cu^+,对农作物和人畜都有害,欲采用化学方法除去有害成分,最好加入(　　)。
　　A. 食盐和硫酸　　　　　　　　　B. 胆矾和石灰水
　　C. 铁粉和生石灰　　　　　　　　D. 苏打和盐酸

243. AD008　下列气体中不能用浓硫酸作为干燥剂的是(　　)。
　　A. NH_3　　　　B. Cl_2　　　　C. N_2　　　　D. O_2

244. AD009　下列反应中既表现了浓硫酸的酸性,又表现了浓硫酸的氧化性的是(　　)。
　　A. 与铜反应　　B. 使铁钝化　　C. 与碳反应　　D. 与碱反应

245. AD009　溴酸钾与酸作用可制取溴化氢,选用的酸是(　　)。
　　A. 浓盐酸　　　B. 浓硫酸　　　C. 浓硝酸　　　D. 浓磷酸

246. AD009　置于空气中的铝片能与(　　)反应。
　　A. 水　　　　　B. 浓冷硝酸　　C. 浓冷硫酸　　D. NH_4Cl 溶液

247. AD010　下列物质常温下可盛放在铁制或铝制容器中的是(　　)。
　　A. 浓盐酸　　　B. 浓硫酸　　　C. 硫酸铜　　　D. 稀硝酸

248. AD010　硫元素都是以(　　)、硫酸盐的形式存在。
　　A. 硫化物　　　B. 化合物　　　C. 硫离子　　　D. 硫元素

249. AD010　如果不小心将汞洒落在地面上,应立即洒上(　　)粉,防止汞挥发。
　　A. 硫　　　　　B. 碳　　　　　C. 钾　　　　　D. 铁

250. AD011　以下(　　)不是硝酸具备的特点。
　　A. 挥发性　　　B. 强酸性　　　C. 强氧化性　　D. 弱酸性

251. AD011　纯硝酸为(　　)透明液体,浓硝酸为淡黄色液体(溶有二氧化氮)。
　　A. 绿色　　　　B. 黄色　　　　C. 无色　　　　D. 蓝色

252. AD011　硝酸不太稳定,光照或受热时会分解,长期放置时变(　　),应保存在棕色瓶,并放置在冷暗处。
　　A. 黑色　　　　B. 绿色　　　　C. 紫色　　　　D. 黄色

253. AD012　硝酸盐在(　　)时是强氧化剂,但水溶液几乎没有氧化作用,但是在酸性环境中有氧化性。
　　A. 自然　　　　B. 化合反应　　C. 高压　　　　D. 高温

254. AD012　硝酸盐大量存在于自然界中,主要来源为固氮菌(　　)形成。
　　A. 合成　　　　B. 分解　　　　C. 固氮　　　　D. 化合

255. AD012　硝酸盐在高温或酸性水溶液中是(　　)。
　　A. 强氧化剂　　B. 氧化剂　　　C. 还原剂　　　D. 化合剂

256. AD013 甲烷是含碳量(　　)的烃。
   A. 最少　　　　B. 最多　　　　C. 较少　　　　D. 适量

257. AD013 有机化合物都是含碳化合物,但是含碳化合物不一定是有机化合物。最简单的有机化合物是(　　),在自然界的分布很广,是天然气、沼气、煤矿坑道气等的主要成分,俗称瓦斯。
   A. 甲烷　　　　B. 乙烷　　　　C. 丙烷　　　　D. 丁烷

258. AD013 天然气的主要成分是烷烃,其中以(　　)为主,通常是无色无味的,但有时可以闻到类似苹果的气味,这是由于芳香族的碳氢气体同天然气同时涌出的原因。
   A. 甲烷　　　　B. 乙烷　　　　C. 丙烷　　　　D. 丁烷

259. AE001 下列高聚物加工制成的塑料杯中(　　)对身体无害。
   A. 聚苯乙烯　　B. 聚氯乙烯　　C. 聚丙烯　　　D. 聚四氟乙烯

260. AE001 下列化合物与 $FeCl_3$ 发生显色反应的是(　　)。
   A. 对苯甲醛　　B. 对甲苯酚　　C. 对甲苯甲醇　D. 对甲苯甲酸

261. AE001 苯酚、甲苯、丙三醇在常温下不会被(　　)氧化。
   A. 二氧化碳　　B. 氧气　　　　C. 空气　　　　D. 一氧化碳

262. AE002 化合物①乙醇、②碳酸、③水、④苯酚的酸性由强到弱的顺序是(　　)。
   A. ①②③④　　B. ②③①④　　C. ④③②①　　D. ②④③①

263. AE002 将石油中的(　　)转变为芳香烃的过程,称为石油的芳构化。
   A. 烷烃或脂环烃　B. 乙烯　　　　C. 炔烃　　　　D. 醇

264. AE002 禁止用工业酒精配制饮料酒,是因为工业酒精中含有(　　)。
   A. 甲醇　　　　B. 乙二醇　　　C. 丙三醇　　　D. 异戊醇

265. AE003 下列各组化合物中,只用溴水就可鉴别的是(　　)。
   A. 丙烯、丙烷、环丙烷　　　　　B. 苯胺、苯、苯酚
   C. 乙烷、乙烯、乙炔　　　　　　D. 乙烯、苯、苯酚

266. AE003 酚、羟基(—OH)与芳烃核(苯环或稠苯环)直接相连形成(　　)。
   A. 有机化合物　B. 无机化合物　C. 芳香烃化合物　D. 烃类化合物

267. AE003 (　　)比醇的酸性强,是由于酚式羟基的 O—H 键易断裂,生成的苯氧基负离子比较稳定,使的离解平衡趋向右侧,而表现弱酸性。
   A. 苯酚　　　　B. 醇类　　　　C. 烃类　　　　D. 化合物

268. AE004 下列化合物中不溶于水的是(　　)。
   A. 醋酸　　　　B. 乙酸乙酯　　C. 乙醇　　　　D. 乙胺

269. AE004 下列物质中,在空气中能稳定存在的是(　　)。
   A. 苯胺　　　　B. 苯酚　　　　C. 乙醛　　　　D. 乙酸

270. AE004 下列物质中,属于酸碱指示剂的是(　　)。
   A. 钙指示剂　　B. 铬黑T　　　C. 甲基红　　　D. 二苯胺

271. AE005 沸腾的条件是达到沸点,能继续从外界(　　)。
   A. 放热　　　　B. 吸热　　　　C. 冷却　　　　D. 凝固

272. AE005　当液体上方的气压等于液体的饱和蒸气压时,液体就会开始(　　)。
　　　A. 蒸发　　　　　B. 沸腾　　　　　C. 散热　　　　　D. 吸热

273. AE005　当液体(　　)一定时,外界气压如果持续降低,最终降至液体饱和蒸气压以下时,液体也会发生沸腾。
　　　A. 体积　　　　　B. 温度　　　　　C. 质量　　　　　D. 颜色

274. AE006　蒸气压下降是含有非挥发性溶质的理想稀溶液的蒸气压低于同温度下纯溶剂蒸气压,且蒸气压降低的数值只取决于溶质的(　　)而与溶质性质无关的现象。
　　　A. 质量　　　　　B. 温度　　　　　C. 体积　　　　　D. 浓度

275. AE006　一定(　　)下,溶液的蒸气压低于纯溶剂的蒸气压,这一现象称为溶液蒸气压下降。
　　　A. 体积　　　　　B. 压力　　　　　C. 温度　　　　　D. 质量

276. AE006　(　　)越高,蒸发越快。
　　　A. 器皿高度　　　B. 温度　　　　　C. 湿度　　　　　D. 声音

277. AE007　蒸发是物质从液态转化为气态(　　)的过程。
　　　A. 质变　　　　　B. 量变　　　　　C. 相变　　　　　D. 突变

278. AE007　把酒精擦在手背上后,擦酒精的部位会感觉凉,这主要是因为酒精(　　)。
　　　A. 凝固放热　　　　　　　　　　　　B. 升华吸热
　　　C. 蒸发吸热　　　　　　　　　　　　D. 液化放热

279. AE007　蒸发量是指在一定时段内水分经蒸发而散布到空中的(　　)。
　　　A. 量　　　　　　B. 体积　　　　　C. 分子数　　　　D. 面积

280. AE008　凝点是指物质的固相纯溶剂的蒸气压与它的液相蒸气压相等时的(　　)。
　　　A. 湿度　　　　　B. 温度　　　　　C. 体积　　　　　D. 质量

281. AE008　当液体的蒸气压等于纯固体的蒸气压时,(　　)就发生了。
　　　A. 凝固　　　　　B. 蒸发　　　　　C. 散热　　　　　D. 相变

282. AE008　如果理想稀溶液在凝固时析出的是纯溶剂固体,则溶液的凝点一定(　　)纯溶剂的凝点,且凝点降低的数值只取决于溶质的浓度而与溶质性质无关。
　　　A. 低于　　　　　B. 大于　　　　　C. 不变　　　　　D. 不确定

283. AE009　溶液渗透压的大小取决于单位(　　)溶液中溶质微粒的数目。
　　　A. 体积　　　　　B. 质量　　　　　C. 空间　　　　　D. 面积

284. AE009　在一定温度下,溶液的渗透压与单位体积溶液中所含溶质的粒子数(分子数或离子数)(　　),而与溶质的本性无关。
　　　A. 成反比　　　　B. 成正比　　　　C. 无关　　　　　D. 相等

285. AE009　溶液的渗透压取决于(　　)分子和离子的数目。
　　　A. 溶质　　　　　B. 溶剂　　　　　C. 溶液　　　　　D. 分子

286. AE010　醋酸与醋酸钠的混合溶液就是(　　)。
　　　A. 缓冲溶液　　　　　　　　　　　　B. 溶质
　　　C. 溶剂　　　　　　　　　　　　　　D. 稀释溶液

287. AE010　(　)指的是由弱酸及其盐、弱碱及其盐组成的混合溶液,能在一定程度上抵消、减轻外加强酸或强碱对溶液酸碱度的影响,从而保持溶液的 pH 值相对稳定。
   A. 稀释溶液　　　B. 溶质　　　　　C. 缓冲溶液　　　D. 溶剂

288. AE010　缓冲溶液的缓冲能力与组成缓冲溶液的组分(　)有关。
   A. 体积　　　　　B. 比例　　　　　C. 质量　　　　　D. 浓度

289. AE011　下列物质中含羟基的官能团是(　)。
   A. 乙酸甲酯　　　B. 乙醛　　　　　C. 乙醇　　　　　D. 甲醚

290. AE011　下列选项中,最易溶于水的是(　)。
   A. 乙醚　　　　　B. 四氯化碳　　　C. 乙酸　　　　　D. 硝基苯

291. AE011　低级醚的沸点比(　)相近的醇的沸点低得多。
   A. 分子量　　　　B. 数量　　　　　C. 大小　　　　　D. 体积

292. AE012　工业甲醛溶液一般偏酸性,主要是由于该溶液中的(　)所造成的。
   A. CH_3OH　　　B. $HCHO$　　　C. $HCOOH$　　　D. H_2CO_3

293. AE012　下列方法能制备乙醇的是(　)。
   A. 乙烯通入水中
   B. 溴乙烷与水混合加热
   C. 淀粉在稀酸下水解
   D. 乙醛蒸气和氢气通过热的镍丝

294. AE012　下列选项中,不属于氧化反应的是(　)。
   A. 乙烯通入酸性高锰酸钾溶液中
   B. 烯烃催化加氢
   C. 天然气燃烧
   D. 醇在一定条件下反应生成醛

295. AE013　下列有机物质中,须保存于棕色试剂瓶中的是(　)。
   A. 丙酮　　　　　B. 氯仿　　　　　C. 四氯化碳　　　D. 二硫化碳

296. AE013　甲醛、乙醛、丙酮三种化合物可用(　)一步区分开。
   A. $NaHSO$试剂　B. 席夫试剂　　　C. 托伦试剂　　　D. 费林试剂

297. AE013　酮分子间不能形成(　),其沸点低于相应的醇,但羰基氧能和水分子形成氢键,所以低碳数酮(低级酮)溶于水。
   A. 氢键　　　　　B. 碳键　　　　　C. 共价键　　　　D. 离子键

298. AE014　SO_2 和 Cl_2 都具有漂白作用,若将等物质的量的两种气体混合,再作用于潮湿的有色物质,则可观察到有色物质的是(　)。
   A. 立即褪色　　　B. 慢慢褪色　　　C. 先褪色后恢复原色　D. 不褪色

299. AE014　在温度、容积恒定的容器中,含有 A 和 B 两种理想气体,它们的物质的量、分压和分体积分别为 n_A、p_A、V_A 和 n_B、p_B、V_B,容器中的总压力为 p,下列公式中正确的是(　)。
   A. $p_A V = n_A RT$
   B. $p_B V = (n_A + n_B)RT$
   C. $p_A V_A = n_A RT$
   D. $p_B V_B = n_B RT$

300. AE014　以单位体积溶液里所含溶质 B 的物质的量来表示溶液组成的物理量,称为溶质 B 的(　)。
   A. 体积　　　　　B. 物质的量浓度　C. 质量　　　　　D. 物质的量

301. AE015　高分子化合物,简称高分子,又称大分子,一般指分子量高达几千到几百万的(　　)。
　　　A. 聚合物　　　　B. 化合物　　　　C. 单质　　　　D. 分子
302. AE015　高分子化合物是由千百个原子以(　　)相互连接而成的,虽然它们的分子量很大,但都是以简单的结构单元和重复的方式连接的。
　　　A. 碳氢键　　　　B. 游离态　　　　C. 分子　　　　D. 共价键
303. AE015　高分子化合物中的原子连接成很长的线状分子时,称为(　　)。
　　　A. 体性高分子　　　　　　　　　　B. 线性高分子
　　　C. 合成高分子　　　　　　　　　　D. 化合物
304. AE016　高分子化合物的基本特征有分子量大,分子量分布具有分散性,分子结构(　　),可以为线形和体型。
　　　A. 简单　　　　B. 复杂　　　　C. 交叉　　　　D. 均匀
305. AE016　高分子由于其分子量很大,通常都处于固体或凝胶状态,有较好的(　　)。
　　　A. 拉升强度　　　B. 机械强度　　　C. 抗弯强度　　　D. 断裂强度
306. AE016　高分子化合物分为塑料、橡胶、纤维、(　　)及黏合剂五大类。
　　　A. 小分子　　　B. 化合物　　　C. 功能高分子　　　D. 聚合物
307. AE017　高聚物聚集态结构取决于(　　)的过程,它是决定高聚物制品使用性能的主要因素。
　　　A. 成型加工　　　B. 聚合　　　C. 合成　　　D. 形态变化
308. AE017　高分子材料的性能不仅与(　　)本身有关,还与加工过程、加工的工艺条件和产品特性有关。
　　　A. 材料　　　B. 聚合　　　C. 形态　　　D. 产品
309. AE017　高聚物聚集态结构取决于成型加工的过程,它是决定高聚物制品使用(　　)的主要因素。
　　　A. 性能　　　B. 材料　　　C. 形态　　　D. 产品
310. AE018　高分子重复单元的化学结构和立体结构合称为高分子的(　　)。它是构成高分子聚合物最底层、最基本的结构,又称高分子的结构。
　　　A. 近程结构　　　B. 单元　　　C. 化学结构　　　D. 立体结构
311. AE018　高分子重复单元是构成高分子聚合物最底层、最基本的结构,又称高分子的(　　)结构。
　　　A. 一级　　　B. 二级　　　C. 三级　　　D. 四级
312. AE018　高分子的近程结构包括化学结构和(　　)两个方面。
　　　A. 分子结构　　　B. 立体结构　　　C. 合成结构　　　D. 物理结构
313. AE019　高分子化合物的命名方法有根据原料命名法、(　　)和高分子化学结构命名法。
　　　A. 习惯命名法　　　B. 材料　　　C. 合成　　　D. 聚合
314. AE019　高分子的分子结构基本上只有两种,一种是线型结构,另一种高分子(　　)。
　　　A. 高聚物　　　B. 聚合物　　　C. 化合物　　　D. 单质

315. AE019　高分子化合物是(　　)结构。
    A. 立体　　　　　B. 化学　　　　　C. 体型　　　　　D. 分子
316. AE020　高分子化合物易于加工,且加工温度(　　)。由于具有可塑性,即在加热或加压后变形,在降温或压力消失后维持原形不变。
    A. 高　　　　　　B. 维持不变　　　C. 持续变化　　　D. 低
317. AE020　相对于金属和玻璃而言比较轻,因为高分子化合物是由碳、氢、氧、氮等较轻的元素组成的(　　)化合物。
    A. 有机　　　　　B. 无机　　　　　C. 分子　　　　　D. 离子
318. AE020　高分子化合物按来源来分类,可分为天然、半天然和(　　)高分子化合物。
    A. 成型加工　　　B. 人工合成　　　C. 聚合合成　　　D. 分离
319. AE021　以苯乙烯和丁二烯为原料合成的高聚物,常用的名称是(　　)。
    A. 丁苯橡胶　　　　　　　　　　　B. 合成橡胶
    C. 合成树脂　　　　　　　　　　　D. 橡胶
320. AE021　由单体异戊二烯聚合生成的高分子聚合物可以命名为(　　)橡胶。
    A. 异戊二烯　　　B. 正戊二烯　　　C. 戊二烯　　　　D. 聚乙烯
321. AE021　加聚反应制得的高分子化合物,其命名习惯是在原料名称之前加一个(　　)字。
    A. 聚　　　　　　B. 高　　　　　　C. 苯　　　　　　D. 化
322. AE022　自由基聚合的实施方法主要有本体聚合、溶液聚合、悬浮聚合和(　　)聚合。
    A. 高分子　　　　B. 乳液　　　　　C. 液相　　　　　D. 气相
323. AE022　根据聚合反应发生的相位变化,单体的聚合分为气相、(　　)和固相聚合。
    A. 分子态　　　　B. 液相　　　　　C. 游离态　　　　D. 化合态
324. AE022　根据聚合反应发生的(　　)变化,单体的聚合分为气相、液相和固相聚合。
    A. 相位　　　　　B. 时间　　　　　C. 分子　　　　　D. 单体
325. AF001　(　　)是空间位置的函数,称为流体的点速度。
    A. 速度　　　　　B. 流速　　　　　C. 流量　　　　　D. 流体
326. AF001　流体在管道内做(　　)流动时,流体阻力与管道材质、管壁粗糙度无关,流体阻力随流体流速的增大而增加。
    A. 滞留　　　　　B. 湍流　　　　　C. 过渡流　　　　D. 层流
327. AF001　点流速是描述液体质点在某瞬时的运动方向和运动快慢的矢量。其方向与质点轨迹的切线方向(　　)。
    A. 平行　　　　　B. 相反　　　　　C. 无关　　　　　D. 一致
328. AF002　流体力学是连续介质力学的一门分支,表示流体运动与作用于流体上的(　　)的相互关系。
    A. 方向　　　　　B. 运动　　　　　C. 质量　　　　　D. 力
329. AF002　流体的(　　)是流体的基本特性。
    A. 惯性　　　　　B. 状态　　　　　C. 速度　　　　　D. 流动性

330. AF002 理想流体的柏努利方程式是( )。

A. $\Delta U + g\Delta z + \dfrac{\Delta u^2}{2} + \Delta(pv) = Q_e + W_e$

B. $gz_1 + \dfrac{\Delta u_1^2}{2} + \dfrac{p_1}{\rho} + W_e = gz_2 + \dfrac{u_2}{2} + \dfrac{p_2}{\rho} + \sum h_f$

C. $gz_1 + \dfrac{\Delta u_1^2}{2} + \dfrac{p_1}{\rho} + W_e = gz_2 + \dfrac{u_2}{2} + \dfrac{p_2}{\rho}$

D. $gz_1 + \dfrac{\Delta u_1^2}{2} + \dfrac{p_1}{\rho} = gz_2 + \dfrac{u_2}{2} + \dfrac{p_2}{\rho}$

331. AF003 流体的连续性规律与( )有关。
  A. 管路的布置及管件、阀门　　B. 管径大小
  C. 流量是否稳定　　D. 输送设备

332. AF003 定态流动的连续性的含义是( )。
  A. 流体流量一定,各截面上的流速变化规律
  B. 流体流速一定,各截面上的流量变化规律
  C. 流体的密度一定,各截面上的流速变化规律
  D. 管路截面一定,流体在各段管路的流速变化规律

333. AF003 下列关于流体动力学的说法错误的是( )。
  A. 流体动力学是研究作为连续介质的流体在力作用下的运动规律及其与边界的相互作用
  B. 流体动力学与流体静力学的差别在于前者研究运动中的流体
  C. 流体动力学与流体运动学的差别在于前者考虑作用在流体上的力
  D. 流体动力学就是流体力学

334. AF004 理想流体稳定流动而又没有外功加入时,任一截面上单位质量流体所具有的动能、位能与静压能之和( )。
  A. 不变　　B. 变大　　C. 变小　　D. 无关

335. AF004 流体所具有的机械能如位能、动能、静压能等在流体流动过程中可以互相转变,也可转变为热或流体的( )。
  A. 位能　　B. 势能　　C. 动能　　D. 内能

336. AF004 "流体动力学基本方程"是将质量、动量和能量守恒定律用于( )所得到的联系流体速度、压力、密度和温度等物理量的关系式。
  A. 分子结构　　B. 流体运动　　C. 化合物　　D. 物质运动

337. AF005 流体在直管流动时,当 Re( ),流体流动类型为滞流。
  A. ≤2000　　B. ≥2000　　C. ≤4000　　D. ≥4000

338. AF005 当 $Re \geq 4000$,流体流动类型为( )。
  A. 过渡流　　B. 层流　　C. 滞留　　D. 湍流

339. AF005 工业上含硫废气的排放是造成大气污染的原因之一,其中( )是主要的污染物,它与空气中的水蒸气形成酸雾,遇到阴雨天形成酸雨。
  A. CS_2　　B. H_2S　　C. SO_2　　D. SO_3

340. AF006 流体的黏度增大,在相同流速下流动时产生的内摩擦力( )。
  A. 无关　　B. 相等　　C. 变大　　D. 变小

341. AF006 流体阻力产生的根本原因是(　　)。
   A. 流体中永远存在的质点摩擦的黏性和质点撞击的惯性
   B. 流体中有时存在的质点摩擦的黏性和质点撞击的惯性
   C. 流体中不定时存在的质点摩擦的黏性和质点撞击的惯性
   D. 流体中可能存在的质点摩擦的黏性和质点撞击的惯性
342. AF006 流体流动阻力大小与流体黏度、流道结构形状、流道壁面粗糙程度和(　　)等因素有关。
   A. 体积　　　　　B. 流量　　　　　C. 质量　　　　　D. 流速
343. AF007 流体流动的必要条件是系统两端有压强差或(　　)。
   A. 位差　　　　　B. 热量　　　　　C. 能量　　　　　D. 势能
344. AF007 流体流动的过程实质上是(　　)转化过程。
   A. 热量　　　　　B. 内能　　　　　C. 动能　　　　　D. 能量
345. AF007 流体做稳定流动时,有(　　)能量可能发生变化。
   A. 一种　　　　　B. 四种　　　　　C. 三种　　　　　D. 两种
346. AF008 不依靠物体内部各部分质点的宏观混合运动而借助于物体分子、原子、离子、自由电子等微观粒子的热运动产生的热量传递称为热传导,简称(　　)。
   A. 传热　　　　　B. 导热　　　　　C. 热能　　　　　D. 热量
347. AF008 热传递的基本公式为(　　),其中,ϕ 为热流量,K 为总导热系数,A 为传热面积。
   A. $\phi=KA$　　B. $\phi=3KA\Delta T$　　C. $\phi=2KA\Delta T$　　D. $\phi=KA\Delta T$
348. AF008 当温度梯度为1K/m时,每秒钟通过1m²的导热面积而传导的(　　),其单位为 W/(m·K)或 W/(m·℃)。
   A. 热量　　　　　B. 能量　　　　　C. 动能　　　　　D. 势能
349. AF009 对流传热系数是指流体与固体表面之间的(　　)能力。
   A. 对流　　　　　B. 传热　　　　　C. 换热　　　　　D. 转化
350. AF009 傅里叶定律中的负号表示热流方向与温度梯度方向(　　)。
   A. 相反　　　　　B. 相对　　　　　C. 相同　　　　　D. 无关
351. AF009 传热系数的物理意义表示,间壁两侧流体间温度差为1K时,单位时间内通过(　　)换热面积所传递的热量。
   A. 1m²　　　　　B. 2m²　　　　　C. 3m²　　　　　D. 4m²
352. AF010 热量传递方法,按其工作原理和设备类型可分为(　　)。
   A. 一类　　　　　B. 两类　　　　　C. 三类　　　　　D. 四类
353. AF010 间壁式换热器主要换热方式为(　　)和热传导相结合。
   A. 直流　　　　　B. 层流　　　　　C. 对流　　　　　D. 交流
354. AF010 下列不是热量传递的基本方式的是(　　)。
   A. 导热　　　　　B. 热对流　　　　C. 热辐射　　　　D. 热传导
355. AF011 在制冷系统中,(　　)是输送冷量的设备。
   A. 蒸发器　　　　B. 冷凝器　　　　C. 压缩机　　　　D. 节流阀

356. AF011 制冷剂通过( )被冷却物体的热量实现制冷。
    A. 吸收　　　　　B. 压缩　　　　　C. 输送　　　　　D. 增加

357. AF011 ( )是放出热量的设备,将蒸发器中吸收的热量连同压缩机功所转化的热量一起传递给冷却介质带走。
    A. 冷凝器　　　　B. 压缩机　　　　C. 节流阀　　　　D. 蒸发器

358. AF012 若要降低能耗,改善塔的易操作性,应( )塔板压降。
    A. 降低　　　　　B. 增加　　　　　C. 稳定　　　　　D. 增加或稳定

359. AF012 对于真空蒸馏,( )是主要性能指标。
    A. 温度　　　　　B. 塔板压降　　　C. 塔径　　　　　D. 塔板间距

360. AF012 对于精馏过程,若使干板压降增大,一般可使板效率( )。
    A. 降低　　　　　B. 不变　　　　　C. 提高　　　　　D. 降低或不变

361. AF013 轻度的雾沫夹带的生成,使气液接触面积( )。
    A. 增加　　　　　B. 不变　　　　　C. 降低　　　　　D. 降低或不变

362. AF013 当气流穿过塔板上液层时,( )的现象称为雾沫夹带。
    A. 产生大量雾状泡沫
    B. 将板上的液体带入上一层塔板
    C. 气体冲击上一层板上的液体产生泡沫
    D. 将板上的泡沫带入上一层塔板

363. AF013 为避免精馏塔雾沫夹带过量,在设计时通常采用的措施是( )。
    A. 增加塔径或增加塔板间距　　　　B. 减小塔径或增加塔板间距
    C. 减小塔径或降低塔板间距　　　　D. 增加塔径或降低塔板间距

364. AF014 采用较大的板间距,可( )液泛速度。
    A. 降低　　　　　B. 提高　　　　　C. 降低或提高　　D. 不改变

365. AF014 增大塔板间距和增大塔径会使液泛线( )移动。
    A. 向左　　　　　B. 向右　　　　　C. 向上　　　　　D. 向下

366. AF014 液泛时的空塔气速称为( ),为塔操作的极限速度。
    A. 流动速度　　　B. 液泛速度　　　C. 空塔极限速度　D. 气体流速

367. AF015 为了保持塔的正常操作,一般规定漏液量应( )。
    A. 低于液体流量的1%
    B. 低于液体流量的10%
    C. 大于液体流量的1%,低于液体流量的10%
    D. 大于液体流量的10%

368. AF015 发生漏液会使塔效率( )。
    A. 降低　　　　　　　　　　　　　B. 增加
    C. 漏液不严重时增加,漏液严重时降低　D. 不变

369. AF015 发生漏液的区域为( )。
    A. 塔板中央　　　　　　　　　　　B. 降液管
    C. 塔板液体入口　　　　　　　　　D. 塔板紧固点附近

370. AF016 下列流体的雷诺准数属于湍流流动的为(　　)。
    A. 5000　　　　　B. 3800　　　　　C. 2800　　　　　D. 1000
371. AF016 属于滞流流动的雷诺准数范围为(　　)。
    A. $Re \leqslant 2000$　　B. $Re \geqslant 2000$　　C. $Re \geqslant 3000$　　D. $Re \leqslant 3000$
372. AF016 流体层流内层的厚度随着雷诺准数的增大而(　　)。
    A. 增厚　　　　　B. 减薄　　　　　C. 不变　　　　　D. 增厚或不变
373. BA001 FFS重膜包装机开车前应对(　　)进行校准。
    A. 气源压力　　　B. 切刀平整度　　C. 定量秤满度　　D. 热封温度
374. BA001 重膜包装过程中,在经过(　　)后,再经斜坡带输送至高位码垛机进行整形、压平、编组后,码垛成型,经垛盘输送机运送至冷拉伸套膜机进行二次包装,再叉车运送至存储区域,完成重膜包装机运行全过程。
    A. 重量检测
    B. 金属检测
    C. 重量检测、金属检测、喷码机打印批号
    D. 喷码机打印批号
375. BA001 包装设备为FFS全自动重膜包装机,FFS全自动重膜包装机采用(　　)一体化技术,实现物料的称重、制袋、装袋和封口等作业的自动化。
    A. 制袋—填充—封口
    B. 制袋—封口
    C. 填充—封口
    D. 制袋—填充
376. BA002 吨包装过程中,来自上游的物料靠重力经储料斗投至给料箱中,给料箱(　　)给料至包装袋内,称重装置对包装袋内的物料进行定量称重。
    A. 粗
    B. 粗、精
    C. 精
    D. 以上选项均不对
377. BA002 吨包装线称重完毕,给料箱停止给料,经延时后,夹袋器(　　),称重装置释放吊带。
    A. 松开吨袋吊带
    B. 抓紧袋口
    C. 释放袋口
    D. 松开吨袋吊带
378. BA002 如果重量合格,吨包装机(　　)打开。
    A. 料门装置　　　B. 抓手装置　　　C. 夹袋装置　　　D. 输送装置
379. BA003 卧式脱粉器通过(　　)提供的带电荷离子风,消除颗粒物料所带的静电。
    A. 风机　　　　　B. 静电接地　　　C. 静电消除设施　　D. 物料
380. BA003 调节(　　)可控制脱粉器的进料量。
    A. 闸板阀　　　　B. 定量给料阀　　C. 风量　　　　　D. 风速
381. BA003 脱粉后的粒料从脱粉器下料口直接进入定量秤料斗,而粉尘经含尘管道进入(　　)并过滤后,脱粉风返回脱粉风机入口循环使用。
    A. 脉冲除尘器
    B. 脱粉器
    C. 粉尘下料口
    D. 粉尘收集系统
382. BA004 吨包装机控制过程包含(　　)上袋。
    A. 自动　　　　　B. 手工　　　　　C. 控制　　　　　D. 卸袋
383. BA004 吨包装机升降机构包含夹袋机构和(　　)。
    A. 装袋机构　　　B. 称重机构　　　C. 升降机构　　　D. 吊钩机构

384. BA004　如果吨包装袋重量超差,包装机发出报警信号,需按下(　　)按钮,将料袋卸下,人工将空袋套到下料口,等待下一次放料过程。
　　A. 弃袋　　　　　B. 停止　　　　　C. 急停　　　　　D. 停车

385. BA005　更换电子定量秤称重传感器首先应检查(　　)。
　　A. 控制器　　　　　　　　　　　　B. 传感器型号是否正确
　　C. 伺服控制器　　　　　　　　　　D. 伺服电动机

386. BA005　包装气源压力,主要通过总管压力调节来实现,生产中必须经过(　　)减压和稳压,再通过电磁阀,供给气缸。
　　A. 总阀　　　　　B. 导淋　　　　　C. 副线　　　　　D. 减压阀

387. BA005　重膜包装机定量秤长时间处于载荷状态,会使传感器的弹性应变片损坏,影响秤的(　　)。
　　A. 传感器　　　　B. 显示器　　　　C. 伺服电动机　　D. 称量精度

388. BB001　套膜停车前,需确认垛盘输送机上(　　)已运完。
　　A. 码垛机　　　　B. 套膜机上　　　C. 垛盘　　　　　D. 垛盘输送机

389. BB001　套膜机停止运行后,转动控制电源接通/断开钥匙开关至(　　)位置,切断包装机电源,并拔下钥匙。
　　A. 停车　　　　　B. 急停　　　　　C. 断开　　　　　D. 接通

390. BB001　套膜机停止运行后,需确认套膜机(　　)气源总阀门关闭。
　　A. 仪表空气　　　B. 工艺空气　　　C. 空气　　　　　D. 真空系统

391. BB002　重膜包装机输送机皮带托辊声音异常响的原因是托辊润滑油少、托辊(　　)损坏、辊轴头磨损。
　　A. 轴头　　　　　B. 轴承　　　　　C. 支架　　　　　D. 螺栓

392. BB002　输送检测系统通过压平输送机进入(　　)。
　　A. 金属检测输送机　　　　　　　　B. 重量检测
　　C. 输送机　　　　　　　　　　　　D. 过渡机

393. BB002　立袋输送机把封好口的料袋送到(　　)进行冷却。
　　A. 口封冷却位　　B. 底封冷却位　　C. 开袋位　　　　D. 装袋位

394. BB003　重膜包装线开车顺序是先启动(　　)、码垛机,再开启包装机。
　　A. 输送带　　　　B. 电子秤　　　　C. 喷码机　　　　D. 套膜机

395. BB003　重膜包装码垛机在生产运行过程中,按下操作盘上的急停按钮停车后,必须确认(　　)、断气,方可处理故障。
　　A. 停气　　　　　B. 断电　　　　　C. 打开　　　　　D. 停车

396. BB003　重膜包装机停车后,定量秤必须进行(　　)操作。
　　A. 保留　　　　　B. 待机　　　　　C. 排空卸料　　　D. 停电

397. BB004　喷码机墨仓空故障报警应及时添加(　　)。
　　A. 溶剂　　　　　B. 墨水　　　　　C. 清洗液　　　　D. 润滑油

398. BB004　(　　)标定功能用于标定称重控制的零点。
　　A. 满度　　　　　B. 零点　　　　　C. 偏差　　　　　D. 精度

399. BB004 喷码机开车前,溶剂液位必须加至( )位置后,方可开车。
　　A. 1/3~1/2　　　B. 1/2~2/3　　　C. 1/3 以上　　　D. 加满
400. BB005 电子计量秤可通过增加粗加料设定值加快称量速度,降低精加料设定值减小加料料门开度或关闭料门,保证料进入秤体内的( )稳定在规定值范围内。
　　A. 阀值　　　B. 单包重量　　　C. 零袋重量　　　D. 净重
401. BB005 码垛机在自动运行状态下,按下( )按钮,码到垛盘上,将垛盘排出。
　　A. 启动　　　B. 停止　　　C. 强制排垛　　　D. 零袋排出
402. BB005 码垛在系统自动运行时,( )按钮可以把当前未码满垛的垛盘强制排出。
　　A. 急停　　　B. 零袋排出　　　C. 停车　　　D. 停止
403. BC001 传感器型号不正确会造成( )称重误差。
　　A. 控制器显示　　　B. 包装定量秤　　　C. 显示器指示　　　D. 电子秤
404. BC001 包装定量秤空载时,可进行( )检测。
　　A. 料门控制器　　　　　　　B. 伺服控制器
　　C. 称重传感器　　　　　　　D. 定量传感器
405. BC001 重膜包装机定量秤称重后卸料门磁环开关信号由( )提供。
　　A. 称重传感器　　B. 电磁阀　　C. 伺服控制器　　D. 控制器
406. BC002 重膜包装机制袋工位弃袋的主要原因是( )。
　　A. 制袋工位光电开关未检测到有袋　　B. 切刀动作未到左侧或右侧
　　C. 底封夹持未打开　　　　　　　　D. 插片光电开关未检测到开袋成功
407. BC002 重膜包装机启动时,操作界面上若显示供袋辊下位故障,可按下( )按钮,使供袋辊复位。
　　A. 故障复位　　　B. 启动　　　C. 停止　　　D. 紧停
408. BC002 膜卷用尽光电(SG1)位于( )支撑座附近。
　　A. 膜卷光电及反射板附近　　　B. 供袋辊支架旁
　　C. 膜卷支架　　　　　　　　　D. 供袋辊上位(SQ15)
409. BC003 光电开关到位后无信号应检查光电开关发射与接收端( )。
　　A. 反射板　　B. 是否对正　　C. 直接式　　D. 镜面式
410. BC003 到位后光电开关( ),应检查光电开关是否对正反射板。
　　A. 无信号　　B. 对射板　　C. 反射板　　D. 镜面板
411. BC003 NPN 型光电开关无信号应检查与被( )的距离。
　　A. 板式　　　B. 镜面式　　　C. 检测物体　　　D. 反射块
412. BC004 重膜包装时,定量秤无下料信号时应调整此接近开关的( )距离使其对正。
　　A. 运行部件　　B. 感应板　　C. 反射板　　D. 物料
413. BC004 接近开关是一种( )与运动部件接触的位置开关。
　　A. 直接　　　B. 间接　　　C. 必须　　　D. 无需
414. BC004 重膜包装机中,最常用的接近开关类型为( )。
　　A. 电容式接近开关　　　　　　B. 无源接近开关
　　C. 涡流式接近开关　　　　　　D. 霍尔接近开关

415. BC005 阀芯故障会造成气缸（　　）不换向。
　　A. 电磁阀　　　　B. 阀体　　　　C. 阀芯　　　　D. 阀杆

416. BC005 （　　）是做往复直线运动的气缸。
　　A. 单气缸　　　　B. 作用气缸　　C. 膜气缸　　　D. 冲击气缸

417. BC005 重膜包装机气缸的驱动方式有（　　）。
　　A. 前后驱动　　　B. 上下驱动　　C. 往复直线运动　D. 往复上下运动

418. BC006 检查电动机重点应进行（　　）方面的检查。
　　A. 电气　　　　　B. 仪表　　　　C. 工艺　　　　D. 机械

419. BC006 SEW 电动机在运转时应查看转动是否正常，（　　）是否符合要求等。
　　A. 振动　　　　　B. 声音　　　　C. 转向　　　　D. 电流

420. BC006 （　　）损坏则电动机会无法启动或异常停止。
　　A. 保护熔断器　　B. 光电开关　　C. 接近开关　　D. 外壳

421. BC007 PLC 基本结构主要有（　　）和电源。
　　A. CPU　　　　　B. GPU　　　　 C. APU　　　　 D. 内存

422. BC007 PLC 的输入接口电路的作用是将信号输入（　　）。
　　A. 内存　　　　　B. CPU　　　　 C. 地址总线　　D. 电缆

423. BC007 PLC 的扩展接口的作用是将扩展单元和（　　）与基本单元相连。
　　A. 计算单元　　　B. 扩充单元　　C. 输出模块　　D. 功能模块

424. BC008 在输入采样阶段，（　　）以扫描方式依次地读入所有输入状态和数据。
　　A. CPU　　　　　B. GPU　　　　 C. APU　　　　 D. PLC

425. BC008 在用户程序（　　）执行阶段，PLC 总是按由上而下的顺序扫描。
　　A. 柱形图　　　　B. 鱼刺图　　　C. 梯形图　　　D. 逻辑图

426. BC008 PLC 的存储器包括系统存储器和（　　）两种。
　　A. 系统存储器　　B. 计算机存储器 C. 用户存储器　D. 设备存储器

427. BC009 定量包装秤启动后，物料由（　　）进入电子定量秤进行称重。
　　A. 一次料门　　　B. 二次料门　　C. 储料仓　　　D. 秤斗

428. BC009 重膜包装机采用制袋-填充-封口的一体化技术，实现物料的称重、制袋、装袋和（　　）等作业的自动化。
　　A. 封口　　　　　B. 底封　　　　C. 开袋　　　　D. 口封

429. BC009 重膜包装机运行时，摆臂前行将（　　）的空袋冷却位的料袋依次向下传递一个工位。
　　A. 制袋位　　　　B. 开位　　　　C. 装位　　　　D. 封口

430. BC010 重膜包装机操作面板接受来自操作人员的（　　）。
　　A. 工艺指令　　　B. 语音指令　　C. 操作指令　　D. 行动指令

431. BC010 重膜包装机组开车时，检查包装机（　　）制袋、取袋送袋、夹袋开袋等动作是否准确，如果动作不准确时，应观察是否检测开关位置需要调整。
　　A. 取袋机构　　　B. 送袋机构　　C. 上膜机构　　D. 供袋机构

432. BC010 重膜包装过程中，由（　　）控制封口温度保证料袋的热封效果。
　　A. 硅胶条　　　　B. 加热组件　　C. 操作面板　　D. 温控器

433. BC011 重膜包装机控制器同时具有（　　）的诊断及故障代码输出功能。
　　A. 供电回路　　　B. 输入回路　　　C. 加热回路　　　D. 输出回路
434. BC011 重膜包装机运行时,当热封控制器本身发生故障时,热封控制器发出信号为（　　）。
　　A. 自校准信号 AUTOCAL(AC)　　　B. 热启动信号 START(ST)
　　C. 复位信号 RESET(RS)　　　D. ALARM(故障报警信号)
435. BC011 重膜包装机温度控制器的作用是（　　）加热控制。
　　A. 底封、口封　　　B. 口封、角封　　　C. 底封　　　D. 口封
436. BC012 重膜包装机启动称重控制器进入运行状态,若满足（　　）条件,开始称重。
　　A. 下料　　　B. 包装　　　C. 开机启动　　　D. 称重启动
437. BC012 重膜包装机启动称重控制器进入运行状态,若满足称重启动条件,开始称重物料快速落入（　　）。
　　A. 称重料斗　　　B. 重膜包装机　　　C. 给料门　　　D. 料袋
438. BC012 定量包装秤称重过程包括（　　）。
　　A. 启动过程　　　B. 粗给料过程　　　C. 精流调整过程　　　D. 结束过程
439. BC013 定量包装秤控制器采用（　　）策略。
　　A. 智能控制　　　B. 模糊控制　　　C. 定向控制　　　D. 分布控制
440. BC013 定量包装秤控制器在时间控制方式中,系统在（　　）,与粗流阈值进行比较,自动调整粗流时间,控制粗进料的重量更加接近粗流阈值。
　　A. 精进料结束后　　　B. 称重结束后　　　C. 放料结束后　　　D. 粗进料结束后
441. BC013 定量包装秤控制器采用智能控制策略,在称重控制中采用自寻优（　　）控制方法。
　　A. 重量　　　B. 种类　　　C. 密度　　　D. 模糊
442. BC014 码垛机在自动运行状态下,整形压平机之前的输送机完成（　　）的输送。
　　A. 垛盘　　　B. 空袋　　　C. 料袋　　　D. 零袋排出
443. BC014 码垛机在自动运行状态下,压平机和整形输送机相互配合,完成料袋的（　　）。
　　A. 剔袋　　　B. 停止　　　C. 强制排垛　　　D. 压平整形
444. BC014 码垛机转位编组在码垛过程中完成转位和（　　）功能。
　　A. 输送　　　B. 转位　　　C. 缓停　　　D. 编组
445. BC015 套膜机启动运行后,（　　）工作,带动膜卷转动。
　　A. 进膜电动机　　　B. 升降电动机　　　C. 卷膜电动机　　　D. 拉伸电动机
446. BC015 套膜动作完成后返回至（　　）。
　　A. 最高位置　　　B. 最低位置　　　C. 初始位置　　　D. 套膜位置
447. BC015 套膜机整形输送电动机停止后,定位位置将（　　）定位。
　　A. 托盘　　　B. 垛盘　　　C. 料袋　　　D. 膜卷
448. BC016 复检秤检测到料袋重量超标时,检测器向（　　）发出报警信号。
　　A. 拣选机　　　B. 包装机　　　C. PLC　　　D. CPU

449. BC016 重膜包装过程中,复检秤输送检测系统是通过压平输送机进入(　　)。
　　A. 金属检验输送机　　　　　　　　B. 重量检验输送机
　　C. 码垛机　　　　　　　　　　　　D. 过渡机

450. BC016 重膜包装过程中,当料袋完全进入(　　)后称重控制器对料袋进行采样称重。
　　A. 入口光电开关　　　　　　　　　B. 金属检测器
　　C. 重量检验电开关　　　　　　　　D. 重量检验输送机

451. BC017 重膜包装料袋的批号采用(　　)。
　　A. 热升华打印　　B. 激光打印　　C. 非接触式喷印　　D. 接触式喷印

452. BC017 喷码机正常开机后等待约(　　)后,喷码机会进入喷码机就绪状态。
　　A. 30s　　　　　　B. 60s　　　　　C. 90s　　　　　　D. 120s

453. BC017 断点位置及形状与加在晶振线上的(　　)有关。
　　A. 调制电压　　　B. 黏度　　　　C. 温度　　　　　D. 压力

454. BC018 脱粉系统调节(　　)可控制脱粉器的进料量。
　　A. 闸板阀　　　　B. 定量给料阀　　C. 风量　　　　　D. 风速

455. BC018 卧式脱粉器颗粒物料经(　　)进入流化定向多孔板上。
　　A. 重力方式　　　B. 动力方式　　　C. 风送方式　　　D. 被动方式

456. BC018 卧式脱粉器维护(手动)操作模式仅用于(　　)的操作。
　　A. 检修维护　　　B. 停车清扫　　　C. 紧急状态时　　D. 正常工作时

457. BC019 重膜包装机的热封过程是利用(　　)使塑料薄膜的封口部分变成熔融的流动状态,冷却后保持一定的强度。
　　A. 高温加热　　　B. 蒸汽加热　　　C. 加热　　　　　D. 电加热

458. BC019 薄膜在加热片下停留的时间是(　　)时间。
　　A. 口封夹持　　　B. 热封夹持　　　C. 底封夹持　　　D. 冷却夹持

459. BC019 以下不是影响重膜包装机热封效果的因素的是(　　)。
　　A. 热封温度　　　B. 热封压力　　　C. 热封时间　　　D. 冷却时间

460. BC020 重膜包装机真空系统是以(　　)为动力源的。
　　A. 仪表空气　　　B. 水泵　　　　　C. 真空压力　　　D. 电力

461. BC020 (　　)可用来调节气缸的空气流速度。
　　A. 调速阀　　　　B. 电磁阀　　　　C. 球阀　　　　　D. 旋塞阀

462. BC020 重膜包装机气动系统中的气源处理装置由空气过滤器、减压阀及(　　)组成。
　　A. 气缸　　　　　B. 消音器　　　　C. 油雾器　　　　D. 气动软管

463. BC021 单体挂袋秤主要在(　　)中使用。
　　A. 单秤　　　　　B. 双秤　　　　　C. 双弧门秤　　　D. 吨包装秤

464. BC021 如果重量合格,吨包装机(　　)打开。
　　A. 料门装置　　　B. 抓手装置　　　C. 夹袋装置　　　D. 输送装置

465. BC021 吨包装机也称吨袋包装机,是用于大袋包装物料的大型称重的包装设备。它是集(　　)、自动脱袋、除尘于一体的多用途包装机。
　　A. 自动上袋　　　B. 电子称重　　　C. 称重控制　　　D. 自动卸袋

466. BD001　更换定量包装秤称重传感器首先应检查(　　)。
　　A. 控制器　　　　　　　　　　　　B. 传感器型号是否正确
　　C. 伺服控制器　　　　　　　　　　D. 伺服电动机

467. BD001　若定量包装秤卸料门磁环开关位置(　　),则应调整磁环开关位置或更换。
　　A. 移动或损坏　　　　　　　　　　B. 气缸卡住故障
　　C. 电磁阀有需要更换　　　　　　　D. 称重传感器故障

468. BD001　若定量包装秤(　　),须调整机械结构。
　　A. 称重重心偏移　　　　　　　　　B. 清除余料
　　C. 螺栓松动　　　　　　　　　　　D. 更换称重传感器

469. BD002　重膜膜卷输送光电未对正会出现(　　)报警。
　　A. 膜卷未用尽　　B. 无膜卷　　　C. 停车　　　　D. 无信号

470. BD002　重膜包装机角封位置变化应及时调整(　　)的间隙。
　　A. 角封　　　　　B. 接近开关　　C. 送袋辊　　　D. 光电开关

471. BD002　重膜包装机口封或底封加热不良可(　　)。
　　A. 调整温度　　　　　　　　　　　B. 调整时间
　　C. 调整组件　　　　　　　　　　　D. 调整重膜包装机运行机构

472. BD003　重膜包装机装袋位扔袋故障,应调整(　　)检测光电开关位置。
　　A. 角片　　　　　B. 膜袋检测　　C. 膜卷用尽　　D. 下料检测

473. BD003　重膜包装机开袋后到装袋位扔袋应及时清理(　　)。
　　A. 导向风喷嘴　　　　　　　　　　B. 进膜辊残留胶带
　　C. 真空管路　　　　　　　　　　　D. 料斗物料

474. BD003　重膜包装机应经常(　　)。
　　A. 检查真空管路,更换真空吸盘,清理真空管路及过滤器
　　B. 调整开关位置
　　C. 检查线路PLC输入点
　　D. 检查进膜辊是否堵袋

475. BD004　(　　)应及时清理真空系统。
　　A. 吸盘被堵　　　　　　　　　　　B. 吸盘关闭
　　C. 所需的真空度未完全达到要求　　D. 薄膜被堵或带静电

476. BD004　重膜包装机将薄膜卷筒充分紧固在(　　)。
　　A. 支撑轴承上　　B. 中心位　　　C. 薄膜　　　　D. 导向板

477. BD004　重膜包装机启动运行后,导向板不在中心或彼此距离太远,应及时调节(　　)。
　　A. 膜卷位置　　　B. 吸盘位置　　C. 导向板　　　D. 进膜机构

478. BD005　重膜包装机料门机构维护时,应先检查调节(　　)振动延迟时间。
　　A. 开袋机构　　　B. 装袋机构　　C. 敦实机构　　D. 封口机构

479. BD005　因(　　)不合适会造成重膜包装机装袋时发生故障。
　　A. 敦实机构振动延迟时间　　　　　B. 袋子长度
　　C. 立袋输送机高度　　　　　　　　D. 切刀高度

480. BD005 重膜包装机装袋时应检查并确认正常装填此产品时（　　）或者是否需要按规定尺寸改变袋宽。
　　A. 是否需要更长的袋子　　　　　　　B. 调节延长振动时间
　　C. 调节立袋输送机高度　　　　　　　D. 调节切刀高度

481. BD006 重膜包装机开车运行时,应及时调整重膜包装机加热组件上的（　　）。
　　A. 硅胶条　　　B. 云母片　　　C. 加热片　　　D. 聚四氟布

482. BD006 重膜包装机应及时清洁（　　）,防止封口冷却不好。
　　A. 加热组件　　B. 伺服电动机　　C. 冷风管气孔　　D. 摆臂

483. BD006 重膜包装机热封机构中满袋手爪将袋子突出部分夹得太紧/不够紧,或没有正确抓住袋子,需调节满袋手爪气缸压力,正常压力为（　　）。
　　A. 3~5kPa　　　B. 0~5kPa　　　C. 4~5kPa　　　D. 5~7kPa

484. BD007 重膜包装机角片运行不稳导致弃袋,需及时调整弃袋机构中的（　　）。
　　A. 送袋机构　　B. 开袋机构　　C. 缩袋机构　　D. 封口机构

485. BD007 重膜包装机切刀位置过低、袋口过小、吸盘吸袋时漏气导致弃袋,应及时调整切刀高度,使袋口距离热封线（　　）左右。
　　A. 5mm　　　B. 10mm　　　C. 20mm　　　D. 30mm

486. BD007 重膜包装机运行过程中,弃袋机构中的（　　）会造成真空系统故障,导致重膜包装机弃袋无法正常运行。
　　A. 更换吸盘　　B. 吸盘座滤网堵　　C. 设定真空度　　D. 调整切刀位置

487. BD008 若复检秤的（　　）有误,复检秤会在系统正常运行条件下报故障。
　　A. 联锁　　　B. 电动机　　　C. 轴承　　　D. 链条

488. BD008 （　　）称重,仪表显示结果会波动较大。
　　A. 调整传动电动机　　　　　　　　　B. 上秤架与下秤架未对正
　　C. 称重传感器故障　　　　　　　　　D. 调整纠正输送带

489. BD008 （　　）会造成复检秤未正常启动故障。
　　A. 复检秤不正常　　　　　　　　　　B. 复检秤的联锁有误
　　C. 调整传动电动机　　　　　　　　　D. 调整对正上秤架与下秤架

490. BD009 重膜包装机运行时,拣选阀动作异常,应先检查系统压缩空气是否（　　）。
　　A. 压力过高　　B. 压力过低　　C. 压力为零　　D. 无显示

491. BD009 重膜包装机运行时,倒袋光电在系统自动运行时长时间有信号,应检查（　　）是否损坏。
　　A. 相关光电接线　　B. 料袋处光电　　C. 倒袋光电　　D. 接近光电

492. BD009 （　　）会使拣选机拣选回位磁环故障。
　　A. 拣选回位磁环损坏　　　　　　　　B. 拣选电磁阀损坏
　　C. 机械故障　　　　　　　　　　　　D. 磁环接线不正确

493. BD010 （　　）会使码垛机推袋电动机故障。
　　A. 推袋变频器故障　　　　　　　　　B. 热熔断器跳闸
　　C. 热熔断器电流过大　　　　　　　　D. 以上选项均不对

494. BD010 重膜包装机开车准备时,未启动( ),码垛升降机将上升超时故障。
　　A. 变频器　　　　B. 伺服控制器　　C. 热熔断器　　　D. 继电器

495. BD010 重膜包装机运行,码垛机中升降机上升超时,应检查升降机电动机及上升( )是否故障。
　　A. 限位开关　　　　　　　　　B. 限位接近开关
　　C. 限位磁环开关　　　　　　　D. 以上选项均不对

496. BD011 重膜包装机运行时,( )会导致码垛机推袋压袋机推袋小车噪声过大。
　　A. 电动机损坏　　　　　　　　B. 输送带损坏
　　C. 接近开关损坏　　　　　　　D. 行走轮磨损

497. BD011 码垛机推袋压袋机推袋小车运行不平稳的原因是( )。
　　A. 张紧同步　　　　　　　　　B. 行走轮磨损
　　C. 传动带松　　　　　　　　　D. 更换接近开关

498. BD011 更换码垛机( )磨损的辊轮,可防止分层板偏移。
　　A. 接近开关　　　　　　　　　B. 同步带
　　C. 分层板　　　　　　　　　　D. 以上选项均不对

499. BD012 ( )故障会使码垛机分层机开机超时。
　　A. 开限位接近开关　　　　　　B. 关限位接近开关
　　C. 开限位光电开关　　　　　　D. 关限位光电开关

500. BD012 ( )未启动会使码垛机推袋超时。
　　A. 推袋电动机　　B. 分层电动机　　C. 分层变频器　　D. 编组电动机

501. BD012 ( )会使码垛机编组机动作超时故障。
　　A. 编组入口故障　　　　　　　B. 编组光电故障
　　C. 编组电动机动作异常　　　　D. 机械故障

502. BD013 ( )接近开关故障时,会使码垛机转位旋转超时。
　　A. 分层机开限位　　　　　　　B. 分层机关限位
　　C. 伺服初始位　　　　　　　　D. 推袋机回限位

503. BD013 有料袋堵在( )会使码垛机缓停机堵袋(超时)。
　　A. 加速输送机　　B. 转位机　　　　C. 编组机　　　　D. 推袋机

504. BD013 ( )会造成码垛机缓停机堵袋(超时)。
　　A. 整形输送机故障　　　　　　B. 加速输送故障
　　C. 电动机不正常　　　　　　　D. 转位输送机皮带断裂等机械故障

505. BD014 码垛机运行时无( ),会出现托盘仓空报警。
　　A. 托盘　　　　　B. 垛盘　　　　　C. 膜卷　　　　　D. 料袋

506. BD014 ( )与反射板未对正会使码垛机垛盘1动作超时。
　　A. 托盘不足光电　　　　　　　B. 托盘等待位光电
　　C. 托盘到位光电　　　　　　　D. 输送光电

507. BD014 码垛机运行时,( )会使码垛机托盘仓空报警。
　　A. 光电失效　　　　　　　　　B. 电动机故障
　　C. 托盘架空　　　　　　　　　D. 托盘空仓光电接线错误

508. BD015 上升临界（   ）损坏会出现码垛机升降临界开关故障。
    A. 光电开关   B. 拉近开关   C. 磁环开关   D. 真空开关

509. BD015 升降下降（   ）故障是因为升降机配重的导向块与导向槽间距离过大。
    A. 减速开关   B. 加速开关   C. 光电开关   D. 磁环开关

510. BD015 （   ），会使码垛机升降临界开关故障。
    A. 对射光电未对正   B. 光电错误
    C. 有异物   D. 光电损坏

511. BD016 推袋（   ）开关接线错误，会出现码垛机分层开减速开关故障。
    A. 分层开减速   B. 分层关减速
    C. 分层满光电   D. 推袋去减速

512. BD016 "空仓/满垛"报警器报警时，应检查托盘仓和（   ）。
    A. 托盘仓   B. 托盘升降输送电动机
    C. 下线位垛盘输送机   D. 托盘是否摆放到位

513. BD016 （   ）会出现码垛机分层满光电故障。
    A. 反射板不对正   B. 接线错误
    C. 反射板间有异物   D. 分层满光电损坏

514. BD017 套膜机纵向机构打开超时，会导致架平移电动机外限位（   ）失效。
    A. 变频器   B. 光电开关   C. 接近开关   D. 抱闸

515. BD017 套膜机横向机构打开超时故障是由于（   ）。
    A. 限位开关故障   B. 发生机械故障
    C. 收膜轮平移电动机变频器未启动   D. 支架平移电动机变频器未启动

516. BD017 造成套膜机套垛故障的原因可能是（   ）。
    A. 位置不正确   B. 接线不正确   C. 界限开关坏   D. 机械故障

517. BD018 （   ）接线不正确会引起套膜机夹手阀动作超时故障。
    A. 接近开关   B. 磁环开关   C. 光电开关   D. 真空开关

518. BD018 （   ）会产生套膜机真空阀动作超时故障。
    A. 负压检测开关接线错误   B. 负压检测开关设定错误
    C. 吸盘故障   D. 膜卷故障

519. BD018 （   ）会造成套膜机收膜轮阀动作超时故障。
    A. 电磁阀故障   B. 气源故障   C. 磁开关故障   D. 机械故障

520. BD019 （   ）真空开膜失败会造成失败报警。
    A. 一次   B. 两次   C. 三次   D. 四次

521. BD019 （   ）会使套膜机真空开膜失败报警。
    A. 负压检测开关故障   B. 真空阀故障
    C. 薄膜位置故障   D. 吸盘漏气

522. BD019 （   ）会造成套膜机进膜开始热封未到位故障。
    A. 切刀故障   B. 热封夹紧和热封阀检测元件不在开位
    C. 调整检测元件   D. 检测元件接线错误

523. BD020 套膜机封口机构中的吸盘阀超( )会引起吸盘阀动作超时故障。
    A. 1s   B. 3s   C. 5s   D. 7s
524. BD020 套膜运行过程中,套膜机封口机构中的切刀阀动作故障时应先( )。
    A. 检查电磁阀   B. 检查气源压力 C. 检查接近开关 D. 检查故障
525. BD020 套膜机热封夹持阀不动作的原因是( )。
    A. 电磁阀损坏   B. 检查气源
    C. 检查位置是否正确   D. 检查故障
526. BD021 套膜机热合机构运行时,薄膜袋( )不整齐会影响开袋及封口质量。
    A. 切边   B. 加热片   C. 切刀   D. 云母片
527. BD021 ( )不够会造成套膜机袋口热合效果不好。
    A. 热封温度   B. 热封时间   C. 热封压力   D. 冷却时间
528. BD021 ( )会造成套膜机袋口热合效果不好。
    A. 电加热片、云母片   B. 热合时间短
    C. 调整压紧力   D. 调整冷却时间
529. BD022 冷拉伸套膜运行时,收膜( )会造成套膜机薄膜拉伸时破裂。
    A. 过快   B. 过大   C. 多次   D. 过窄
530. BD022 调整拉膜框架,使其( )套膜效果改善。
    A. 垂直位   B. 水平位   C. 平行位   D. 铅直位
531. BD022 ( )可解决套膜机薄膜拉伸时破裂的问题。
    A. 穿膜   B. 换膜
    C. 减小收膜   D. 增加三次进膜长度
532. BD023 ( )会产生漏气声。
    A. 消音器堵塞   B. 气动管路漏气
    C. 接头破损   D. 以上选项均不对
533. BD023 气动系统气缸内泄漏应更换( )。
    A. 端盖   B. 密封圈   C. 活塞杆   D. 接头
534. BD023 ( )会造成气动系统电磁阀主阀故障。
    A. 更换弹簧或阀套   B. 主阀内有异物
    C. 调整气源压力   D. 排放冷凝水
535. BD024 ( )不够会造成液压系统工作压力不足。
    A. 电流   B. 电压   C. 转速   D. 流量
536. BD024 ( )会造成液压系统油液温度过高。
    A. 转速不正常   B. 油箱液位太低
    C. 流量太低   D. 以上选项均不对
537. BD024 ( )是液压系统运动不正常的处理方法之一。
    A. 确认油路正常 B. 调整油路压力 C. 更换换向阀   D. 更换液压油
538. BD025 ( )堵会造成喷码机高压泄漏故障。
    A. 喷头   B. 回收口   C. 相位检测   D. 喷头盖

539. BD025 喷码机相位检测异常应在墨水黏度正常的情况下将喷嘴调制值原数值加减（　　）。
　　A. 10　　　　　　B. 20　　　　　　C. 50　　　　　　D. 100

540. BD025 （　　）会引起喷码机高压电压故障，正常关机后重新启动即可。
　　A. 浓度过高　　　　　　　　　　　B. 现场电压不稳定
　　C. 干扰严重　　　　　　　　　　　D. 喷头脏

541. BD026 脱粉器的粉尘中含有颗粒物料应调整（　　）开度。
　　A. 进风阀　　B. 出风阀　　C. 给料阀　　D. 闸板阀

542. BD026 （　　）断电，脱粉器触摸屏数据显示为"？"。
　　A. 继电器　　　　　　　　　　　　B. PLC
　　C. 热熔断器　　　　　　　　　　　D. 以上选项均不对

543. BD026 （　　）可消除脱粉粉尘中的颗粒物。
　　A. 优化脱粉器设置　　　　　　　　B. 调整阀开度
　　C. 调整脱粉器　　　　　　　　　　D. 清理闸板阀

544. BE001 （　　）会使称重单元零点飘移过大。
　　A. 称重箱中有余料　　　　　　　　B. 称重控制器损坏
　　C. 物料流速过快　　　　　　　　　D. 称重参数设定错误

545. BE001 定量包装秤（　　）会使称重单元不称重。
　　A. 流速过快　　B. 无信号　　C. 零点偏移过大　　D. 参数损坏

546. BE001 （　　）会使称重单元卸料门磁环无信号。
　　A. 磁环损坏　　　　　　　　　　　B. 放料门气缸不在收回位
　　C. 料门位置偏移　　　　　　　　　D. 料门连杆松动

547. BE002 顺板距离调整不合适会造成封口（　　）。
　　A. 质量不好　　B. 堵膜　　C. 冷却不好　　D. 变化大

548. BE002 （　　）会造成送膜电动机送膜时堵膜。
　　A. 送袋辊上粘上胶　　　　　　　　B. 调整不合适
　　C. 膜未压紧　　　　　　　　　　　D. 膜辊粘上胶

549. BE002 底封冷却不到的原因是（　　）。
　　A. 未被冷却板夹到　　　　　　　　B. 压紧度不合适
　　C. 调整不合适　　　　　　　　　　D. 以上选项均不对

550. BE003 取袋机构运行时，（　　）是因为重膜膜卷筒未充分紧固在支撑轴承上。
　　A. 袋长过长　　B. 薄膜弯曲　　C. 袋长过短　　D. 封口不好

551. BE003 （　　）会造成薄膜跑偏。
　　A. 卷筒未充分紧固　　　　　　　　B. 薄膜不位于中心
　　C. 薄膜被缠绕　　　　　　　　　　D. 导向板不在中心

552. BE003 薄膜弯曲是因为（　　）未充分紧固在支撑轴承上。
　　A. 袋长过长　　B. 重膜膜卷　　C. 袋长过短　　D. 封口不好

553. BE004 送袋辊上粘上胶会造成膜卷（　　）。
　　A. 堵膜　　　　B. 不平整　　C. 未压紧　　　D. 跑偏

554. BE004 底封未被冷却板夹到会造成底封(   )。
    A. 未冷却   B. 未压紧
    C. 过热   D. 以上选项均不对
555. BE004 吸盘调整不正确会出现膜袋(   )。
    A. 未打开   B. 未吸紧
    C. 脱落   D. 以上选项均不对
556. BE005 重膜包装机步进计数检测信号异常会造成(   )。
    A. 输送带跑偏   B. 输送带打滑
    C. 料袋向前或是向后倾斜   D. 封口不好
557. BE005 (   )会出现输送带跑偏的现象。
    A. 轴线不平行   B. 输送带变形
    C. 输送带打滑   D. 步进错误
558. BE005 (   )会造成料袋向前或是向后倾斜。
    A. 步进电动机转动异常   B. 信号错误
    C. 触摸屏设定错误   D. 轴线不平行
559. BE006 堆袋拣选故障会造成(   )处堆袋。
    A. 金属检测机   B. 拣选机   C. 复检秤   D. 包装机
560. BE006 重膜包装机拣选机构中,(   )会使光电在系统自动运行时长时间有信号。
    A. 速度过快   B. 袋子之间间距过小
    C. 料袋破包撒料   D. 人工放置错误
561. BE006 重膜包装机复检秤(   )会造成拣选机构中的复检秤出口光电故障。
    A. 出口未对正   B. 光电接线断   C. 出口光电损坏   D. 连袋
562. BE007 浮动头组件(   )浮动头应沿铅直方向中心对正。
    A. 垂直   B. 平行   C. 上下   D. 切线
563. BE007 (   )会造成复检秤称重仪表静态显示波动大。
    A. 零点未校准   B. 上秤架不对正
    C. 称重传感器故障   D. 满度未校准
564. BE007 (   )会造成复检秤称重仪表动态显示波动大。
    A. 零点未校准   B. 满度未校准
    C. 输送机电动机松动   D. 动态系数未校准
565. BE008 喷码机墨水添加上下标线(   )为标准。
    A. 下限   B. 中间   C. 上限   D. 最高
566. BE008 喷码机墨水黏度过高可抽出部分(   )。
    A. 空气   B. 溶剂   C. 墨水   D. 混合液
567. BE008 喷码机(   )会出现高压电压故障。
    A. 喷头脏   B. 回收口脏   C. 电压稳定   D. 电磁干扰
568. BE009 码垛机推袋机返回超时是推袋(   )限位接近开关故障。
    A. 前位   B. 到位   C. 中位   D. 后位

569. BE009　(　)会出现码垛机系统低气压的故障。
　　A. 气源压力低　　B. 元件泄漏　　C. 开关故障　　D. 转位故障

570. BE009　(　)是码垛机压袋位开关故障的原因之一。
　　A. 压袋位开关故障　　　　　　B. 压袋控制器故障
　　C. 压袋机超时　　　　　　　　D. 机械结构卡住

571. BE010　套膜机薄膜袋切边不齐是由于(　)磨损严重造成的。
　　A. 切刀　　B. 偏心法兰　　C. 进膜辊　　D. 加热组件

572. BE010　套膜机吸盘无法正常吸膜的原因是(　),膜卷左右位置不正确。
　　A. 切刀损坏　　　　　　　　　B. 拉膜装置损坏
　　C. 套膜跑偏　　　　　　　　　D. 加热组件失效

573. BE010　(　)是套膜机薄膜包装效果不好的原因之一。
　　A. 拉膜装置框架不水平　　　　B. 穿膜不正确
　　C. 套膜末端弧板退出后堆褶　　D. 热合温度不合适

574. BE011　脱粉风机入口过滤器堵塞会造成产品中的(　)太多。
　　A. 物料　　B. 颗粒　　C. 粉尘　　D. 静电

575. BE011　脱除的粉尘中含有颗粒物料的原因有(　)。
　　A. 进风量过小　　　　　　　　B. 出风量过小
　　C. 设置不正确　　　　　　　　D. 定量给料阀开度错误

576. BE011　造成脱粉器产品中的粉尘太多的原因有(　)。
　　A. 设置不正确　　　　　　　　B. 风机入口过滤器堵塞
　　C. 脱粉器设置不正确　　　　　D. 定量给料阀开度错误

577. BE012　光电开关安装位置不当会造成(　)机构上位故障。
　　A. 称重　　B. 提升　　C. 复检　　D. 输送

578. BE012　吨包装机料袋检测开关1故障是由于(　)表面被异物遮挡造成的。
　　A. 接近开关　　B. 光电开关　　C. 磁环开关　　D. 真空开关

579. BE012　(　)是造成吨包装机提升机构下位故障的原因。
　　A. 位置不当　　B. 回路异常　　C. 开关损坏　　D. 光电损坏

580. BE013　电子定量秤(　)用于标定称重控制器的满度。
　　A. 控制器　　　　　　　　　　B. 称重传感器
　　C. 满度标定　　　　　　　　　D. 定量秤PLC

581. BE013　电子定量秤(　)标定时应保持称重料斗空载和静止。
　　A. 满载　　B. 零点　　C. 料门　　D. 开启

582. BE013　电子定量秤零点标定时应保持称重料斗(　)和空载。
　　A. 放料　　B. 静止　　C. 满载　　D. 稳定

583. BE014　重膜包装机袋长的调整通过(　)按钮设定所需袋长。
　　A. 热封监控　　B. 当前袋长　　C. 辅助设备　　D. 排袋停止

584. BE014　重膜包装机调整两加热组件的中心与两夹持杆的中心重合,使其(　)。
　　A. 同步　　B. 重合　　C. 平行　　D. 垂直

585. BE014 重膜包装机角封效果不好,应调节角封( )。
    A. 时间   B. 角度   C. 气缸的压力   D. 冷却效果
586. BE015 喷码机停机操作,等待约( )后,喷码机会进入"喷码机关闭"状态。
    A. 160s   B. 180s   C. 80s   D. 60s
587. BE015 需要对新机器( )操作时,可执行"墨路引灌"功能。
    A. 墨路清洗   B. 引灌墨水   C. 墨路系统   D. 喷头系统
588. BE015 喷码机喷头高压的正常值为( )。
    A. 0V 左右   B. 12V 左右   C. 24V 左右   D. 36V 左右
589. BE016 复检秤计数显示中显示检测到( )。
    A. 当前袋数   B. 总袋数
    C. 当日累计袋数   D. 当班累计袋数
590. BE016 复检秤系统设置为调试状态时,输送检测单元( )。
    A. 无法运行   B. 联锁运行   C. 独立运行   D. 正常运行
591. BE016 在喷码机和( )之间设置了拉绳开关是为了便于处理意外情况。
    A. 整形压平机 B. 拣选输送机 C. 输送机   D. 包装机
592. BE017 码垛机系统中的升降机等电动机由( )驱动。
    A. PLC   B. 变频器   C. 伺服器   D. 继电器
593. BE017 变频器接收( )的输出信号控制电动机。
    A. CPU   B. 伺服器   C. PLC   D. 称重器
594. BE017 重膜包装机停车操作时,当最后一个料袋进入编组机,按下码垛系统触摸屏上的( )按钮。当最后一个垛盘排出至下线位,按下码垛单元"停止"按钮,码垛单元停车。
    A. 套膜停止   B. 托盘仓停止 C. 码垛停止   D. 零袋处理
595. BE018 通过( )检测,使拉膜装置水平。
    A. 重垂线   B. 等高仪   C. 千分表   D. 水平仪
596. BE018 套膜机运行设备表面应( )进行一次清洁。
    A. 每周   B. 每天   C. 每班次   D. 每月
597. BE018 套膜机穿膜时应将薄膜由压紧辊与( )之间穿过。
    A. 拉杆   B. 压辊   C. 主动辊   D. 扳手
598. BE019 吨包装机满度标定时依次在秤体四角加载( )砝码。
    A. 25kg   B. 50kg   C. 100kg   D. 200kg
599. BE019 吨包装机定量秤接通称重控制器电源,设置初始参数,应先进行( )。
    A. 清零   B. 称重   C. 零点标定   D. 满度标定
600. BE019 吨包装机运行调试时应检查料袋的( )效果是否良好。
    A. 充排气   B. 排气   C. 形状   D. 进料

二、判断题(对的画"√",错的画"×")

(　　)1. AA001　发光发热的现象一定是燃烧。

(   )2. AA002　火灾是指在时间和空间上失去控制的燃烧造成的灾害。

(   )3. AA003　点火源又称着火源,是指具有一定能量,凡能够引起可燃烧的热能源。

(   )4. AA004　安装在爆炸危险场所的灯具应是防爆型的。

(   )5. AA005　灭火器的种类很多,按其移动方式可分为手提式和推车式。

(   )6. AA006　泡沫灭火器适用于扑灭电气火灾。

(   )7. AA007　二氧化碳灭火剂尤其适用于扑救精密仪器火灾。

(   )8. AA008　压力容器事故造成人员伤亡大于30人的划分为重大事故。

(   )9. AA009　对有火灾爆炸危险厂房,通风气体不能循环使用。

(   )10. AA010　生产条件下的化学物质,主要通过呼吸道侵入人体。

(   )11. AA011　蒸气云爆炸(VCE)是石油化工行业后果最严重的事故形式,也是发生频率最高的事故形式。

(   )12. AA012　电气线路引起火灾的原因主要有漏电、短路、接触电阻过大、负荷过大等。

(   )13. AA013　凡能引起可燃物质燃烧的能源,统称为着火源。

(   )14. AA014　化学爆炸是指物质发生急剧化学反应,产生高温、高压而引起的爆炸。

(   )15. AA015　碳酸氢钠干粉灭火器适用于易燃、可燃液体和气以及带电设备的初起火灾。

(   )16. AA016　依据《石油化工企业设计防火标准(2018年版)》(GB 50160—2008),可燃气体、液化烃和可燃液体的地上罐组宜按防火堤内面积每400m^2配置一个手提式灭火器,但每个储罐配置的数量不宜超过3个。

(   )17. AA017　二氧化碳灭火器利用其内部所充装的高压液态二氧化碳本身的蒸气压力作为动力喷出灭火。

(   )18. AA018　跨步电压触电,当带电体接地有电流流入地下时,电流在接地点周围产生电压降。

(   )19. AA019　重复接地是指将中性线零线上的一点或多点与大地再次作金属性的连接。

(   )20. AA020　负压操作可防止系统中的有毒和爆炸性气体向容器外逸散。

(   )21. AA021　作为防静电的接地,仅仅是防止带电的措施而不是防止产生静电的措施。

(   )22. AA022　电击伤会使人觉得全身发热、发麻,肌肉发生不由自主地抽搐,逐渐失去知觉,如果电流继续通过人体,将使触电者的心脏、呼吸机能和神经系统受伤,直到停止呼吸、心脏活动停顿而死亡。

(   )23. AA023　保证人员触及漏电设备的金属外壳时不会触电,通常采用保护接地或保护接零。

(   )24. AA024　如果触电者所受的伤害不太严重,神志尚清醒,存在心悸、头晕、出冷汗、恶心、呕吐、四肢发麻、全身乏力,甚至一度昏迷,但未失去知觉,则应让触电者在通风暖和处静卧休息,并派人严密观察,不用请医生前来或送往医院诊治。

(　　)25. AA025　火灾发生时,应先断电再灭火。

(　　)26. AA026　电气火灾有不同于其他火灾的特点是着火的电气设备可能是带电的,扑救时要防止人员触电。

(　　)27. AA027　现场中毒的急救通则是对有害气体吸入性中毒,应立即撤离现场、吸入新鲜空气、解开衣物、静卧,注意保暖。

(　　)28. AA028　对皮肤黏膜沾染接触性中毒,马上离开毒源,脱去污染衣物,用清水冲洗体表、毛发、甲缝等。

(　　)29. AA029　尘毒物质侵入人体的呼吸道,生产条件下的化学物质,主要通过消化道侵入人体。

(　　)30. AA030　安全设计就是要把生产过程中潜在的不安全因素进行系统的辨识,这些不安全因素能够在设计中消除的,则在设计中消除;不能消除的,就要在设计中采取相应的控制措施和事故防范措施。

(　　)31. AA031　确定安全系数时应考虑的因素有:环境条件的影响、使用中发生超负荷或误操作时的后果和为提高安全系数所付出的经济代价是否合算。

(　　)32. AA032　压块工序停循环水后,应立即停止压块机运行,人工将系统内积胶清理装袋。

(　　)33. AA033　对于不安全因素的辨识,既需要设计人员具体考虑,也需要安全专业人员的参与,同时,也要深入听取一线生产人员的意见,只有集思广益,才能最大限度地把不安全因素查清,以便在安全设计中消除与控制。

(　　)34. AA034　各级环境统计人员有权要求本单位有关部门和人员认真执行国家及上级有关环境统计制度,对违反统计法规的统计要求,统计人员有权拒绝执行,并向本单位领导报告。

(　　)35. AA035　人口与环境是一个完整的,具有一定结构和功能的系统。

(　　)36. AA036　环境科学的基本任务:探索全球范围内自然环境演化的规律;探索全球范围内人与环境相互依存关系;协调人类的生产、消费活动同生态要求的关系;探索区域环境污染综合防治的技术与管理措施。

(　　)37. AA037　帮助人类树立正确的科学发展观是环境科学的基本任务之一。

(　　)38. AA038　化工废气造成的大气污染通常是指由于人类活动和自然过程引起某种物质进入大气中,呈现出足够的浓度,达到了足够的时间并因此而危害了人体的舒适、健康和福利或危害了环境的现象。

(　　)39. AA039　在一定条件下,生态系统中能量流动和物质循环表现为流动的状态。

(　　)40. AA040　生态平衡有三种表现形式:相对静止、动态稳态和非平衡稳态。

(　　)41. AB001　触摸式密封有毡圈密封、密封圈密封等。

(　　)42. AB002　铸铁管是化工管路中常用的管道之一。由于性脆及连接紧密性较差,只适用于输送高压介质,不宜输送高温蒸汽及有毒、易爆性物质。

(　　)43. AB003　深沟球轴承摩擦系数大、极限转速低,所以当轴向载荷高速旋转时,它比推力轴承更具有优越性。

(　　)44. AB004　同步带传动具有传动可靠、打滑、价格比普通带传动低的特点。

(   )45. AB005 用于制造各种机械零件的钢为碳素钢。
(   )46. AB006 动环与轴或轴套之间的密封面是静密封面。
(   )47. AB007 噪声在传播途径中常采用吸声、消声、隔场等技术控制。
(   )48. AB008 减速机在原动机和工作机或执行机构之间起匹配转速和传递能量的作用,是一种相对精密的机械。
(   )49. AC001 电源未经过任何负载而直接由导线接通成闭合回路,易造成电路损坏、电源瞬间损坏。
(   )50. AC002 右手定则判断的主要是与力有关的方向。
(   )51. AC003 判断通电导线在磁场中的受力方向应用右手定则。
(   )52. AC004 电位是相对的,电路中某点电位的大小,与参考点(即零电位点)的选择无关。
(   )53. AC005 磁场力包括磁场对运动电荷作用的洛仑兹力和磁场对电流作用的安培力,安培力是洛仑兹力的宏观表现。
(   )54. AC006 当导体在马蹄形磁铁内水平转动60°后,切割磁力线并不产生电流,左手法则不适用。
(   )55. AC007 所谓电容器就是能够储存电量的"容器"。
(   )56. AC008 任何两块绝缘体,中间用不导电的绝缘材料隔开就形成了一个电容器。
(   )57. AC009 三相交流电就是在磁场中有三个平行的线圈同时转动产生的三个交变电动势,从而达到供电的目的。
(   )58. AC010 为了便于分析电路的实质,通常用数字表示组成电路实际原件及其连接线,即画成电路图。
(   )59. AC011 电流的大小决定了电场强度的大小。
(   )60. AC012 构成一个电路必须具备以下三种部件:电源、负载、连接导线。
(   )61. AC013 画电路图应注意整个电路最好呈正方形,导线要横平竖直,有棱有角。
(   )62. AC014 在电路图中,⎓表示电阻器。
(   )63. AC015 在同一电路中,导体中的电流跟导体两端的电压成反比,跟导体的电阻成正比,这就是欧姆定律。
(   )64. AC016 一般的金属材料,温度升高后,导体的电阻增加。
(   )65. AC017 部分电路欧姆定律公式为 $I = U/R$。
(   )66. AC018 全电路欧姆定律电阻两端电压用符号 V 表示。
(   )67. AC019 如果不正确使用导线,如导线截面积选择太小,使导线处于过载运行,时间一长就容易使绝缘老化,导线过热引起火灾。
(   )68. AC020 对导线连接的基本要求是:电接触良好,机械强度足够,接头美观,且绝缘恢复正常。
(   )69. AC021 熔断器广泛应用于高低压配电系统和控制系统,以及用电设备中,作为短路和过电流的保护器,是应用最普遍的保护器件之一。
(   )70. AC022 在一定过载电流范围内至电流恢复正常,熔断器不会熔断,可以继续使用。

( )71. AC023　熔断器的保护特性应与被保护对象的过载特性相适应,考虑到可能出现的短路电流,选用相应分断能力的熔断器。

( )72. AC024　熔断器的额定电压要适应线路电压等级。

( )73. AC025　对于单台电动机的熔断器,其熔体电流按电动机额定电流的 1.5~2.5 倍选择。

( )74. AD001　理想气体状态方程,又称理想气体定律,是描述理想气体在处于非平衡态时,压强、体积、物质的量、温度间关系的状态方程。

( )75. AD002　根据混合气体分压定律,各混合气体的分压等于其摩尔分数与总压的乘积。

( )76. AD003　相的定义是系统内性质完全相同的均匀部分。

( )77. AD004　两个氢原子和一个氧原子通过化学键结合成一个水分子。

( )78. AD005　物质的量是单位质量的物质所具有的分子数。

( )79. AD006　影响化学反应速度的主要因素有反应物的性质、反应物的浓度、温度和催化剂。

( )80. AD007　化学平衡是指在宏观条件一定的不可逆反应中,化学反应正逆反应速率相等,反应物和生成物各组分浓度不再改变的状态。

( )81. AD008　1L 浓硫酸中含 4mol 的硫酸,则浓度为 4mol。

( )82. AD009　硫元素都是以硫化物、硫酸盐的形式存在的。

( )83. AD010　H_2S 气体具有臭蛋气味,H_2S 能使人中毒是因为 H_2S 与血红素中的铁反应使其失去作用。

( )84. AD011　pH 值越大表示溶液的酸性越弱,碱性越强。

( )85. AD012　硝酸盐在高温或酸性水溶液中是强氧化剂,但在碱性或中性的水溶液中几乎没有氧化作用,所有硝酸盐都溶于水。

( )86. AD013　有机化合物都是含碳化合物,但是含碳化合物不一定是有机化合物。最简单的有机化合物,是甲烷(CH_4),在自然界的分布很广,是天然气、沼气、煤矿坑道气等的主要成分,俗称瓦斯。

( )87. AE001　苯在高温及催化剂作用下,发生氧化反应,苯环破裂,生成顺丁烯二酸酐。

( )88. AE002　醇是有机化合物的一大类,是脂肪烃、脂环烃或芳香烃侧链中的氢原子被羟基取代而成的化合物。

( )89. AE003　酚是羟基(—OH)与芳烃核(苯环或稠苯环)直接相连形成的有机物。

( )90. AE004　胺是指氨分子中的一个或多个氢原子被烃基取代后的产物。

( )91. AE005　沸点升高系数与溶剂的性质有关。

( )92. AE006　由于溶液的蒸气压大于纯溶剂的蒸气压,纯溶剂沸腾时,溶液不沸腾,通过升温,使溶液蒸气压与外界大气压相等,所以沸点上升。

( )93. AE007　根据压强的不同,蒸发操作分为常压蒸发、加压蒸发和减压蒸发三类。

( )94. AE008　在一定外压下,液体逐渐冷却开始析出固体时的平衡温度称为液体的凝固点。

( )95. AE009　溶液渗透压的大小与溶液的浓度有关,而与溶质的本性无关。

( )96. AE010　缓冲溶液的缓冲能力与组成缓冲溶液的弱酸及其共轭碱的浓度有关,二者浓度较大时,缓冲能力也较大。

( )97. AE011　醚很稳定,不发生任何化学反应。

( )98. AE012　醛可以与银氨溶液发生银镜反应。

( )99. AE013　具有相同碳原子数的醛与酮是同分异构体。

( )100. AE014　物质的量的浓度即质量百分比浓度、体积百分比浓度和摩尔浓度等浓度表示方法的总称。

( )101. AE015　高分子化合物、高分子物质和高分子材料的说法是没有区别的。

( )102. AE016　高分子按形态可分为有机高分子和无机高分子。

( )103. AE017　高聚物按形状分可分为塑料、橡胶、纤维以及黏合剂、感光材料。

( )104. AE018　高分子一次结构(物理结构),即第一层次结构,是构成高分子的最基本的微观结构。

( )105. AE019　高分子化合物的碳杂链结构有单键和双键。

( )106. AE020　高分子聚合物的链的链段越短,柔顺性越好。

( )107. AE021　高分子化合物的命名方法有根据原料命名法、习惯命名法和高分子化学结构命名法。

( )108. AE022　高聚物聚集态结构是在加工成型中形成的,它不影响材料和制品的主要性能。

( )109. AF001　湍流流体点的速度是恒定的,但是在一定的时间内其平均速度则又可以变化。

( )110. AF002　流体动力学是研究作为连续介质的流体在力作用下的运动规律及其与边界的相互作用。

( )111. AF003　流体所具有的化学能如位能、动能、静压能等在流体流动过程中可以互相转变,也可转变为热或流体的内能。

( )112. AF004　"流体动力学基本方程"是将质量、动量和质量守恒定律用于流体运动所得到的联系流体速度、压力、密度和温度等物理量的关系式。

( )113. AF005　流体的流动形态分为层流和湍流(紊流)两种基本形态,以及这两种形态的过渡形态(过渡流)。

( )114. AF006　产生流体阻力的根本原因是外摩擦力。

( )115. AF007　流体在圆形直管中流动时,受到由于内摩擦产生的摩擦阻力,流动速度可维持不变,即达到稳态流动。

( )116. AF008　热传导是由于物体内部温度较高的分子或自由电子,由振动或碰撞将热能以动能的形式传给相邻温度较低分子的。

( )117. AF009　对流传热速率=系数×推动力,其中,传热推动力是流体温度和壁的温度差。

( )118. AF010　热传导方式中热辐射是指高温物体以电磁波的形式进行的一种传热现象,热辐射需要空气作媒介。

( )119. AF011　在制冷系统中,蒸发器、冷凝器、压缩机和节流阀是制冷系统中必不可少的四大件。

( )120. AF012　塔板压降中克服干板阻力的压降与阀孔气速的平方成反比。

( )121. AF013　当气流穿过塔板上液层时,将板上的液体带入上一层塔板的现象称为漏液现象。

( )122. AF014　采用较小的板间距,可降低液泛速度。

( )123. AF015　漏液速度是塔正常操作的上限气速。

( )124. AF016　流体在直管流动时,当 $Re \leqslant 2000$,流体流动类型为滞流。

( )125. BA001　重膜包装运行时,经包装、封口、料袋、码垛后送出。

( )126. BA002　吨包装线运行时,给料箱停止给料,经延时后,夹袋器释放袋口,称重装置释放吨袋吊带。

( )127. BA003　进入卧式脱粉器的 LDPE 颗粒物料,经静电消除设施消除物料所带的静电。

( )128. BA004　吨包装过程中,如果重量合格,夹袋装置打开,袋口脱开,料袋被卸下。

( )129. BA005　重膜包装机启动后可直接完成供袋送袋、热封及其冷却、制袋。

( )130. BB001　套膜机停车后,应确认拉伸套膜单元的电源关闭。

( )131. BB002　输送机停止运行后,无需确认关闭金属检测器电源。

( )132. BB003　急停按钮开关与正常停止按钮串联。

( )133. BB004　喷码机运行时,按 1 键或 2 键,分别进入清洗或无清洗关机流程。

( )134. BB005　当最后一个垛盘排出至下线位,按下码垛单元"停止"按钮,码垛单元停车,确认停车后,完成停电、停气操作。

( )135. BC001　定量秤称重完成后,包装好的料袋在立袋输送机出口被放倒送入输送检测单元,直接被送入码垛机。

( )136. BC002　排查切刀位置故障时应先自动运行一次切刀。

( )137. BC003　重膜包装线常用光电开关分为对射型、反射板型及直接反射型。

( )138. BC004　接近开关是一种必须与运动部件进行机械操作的位置开关。

( )139. BC005　电磁阀上指示灯已经亮起,电磁阀换向,气缸则不会发生相应的动作。

( )140. BC006　安装熔断丝时应参考电动机的安培定额,应选择高出 5%～10% 的熔断丝。

( )141. BC007　包装机 PLC 使用 24V 直流电源。

( )142. BC008　PLC 总是按由上到下的顺序依次地扫描用户程序(柱形图)。

( )143. BC009　包装机电动系统控制膜卷展开、送袋、制袋过程。

( )144. BC010　重膜包装机加热的温度可以在操作界面中设定。

( )145. BC011　当热封控制器本身加热线路发生故障时,热封控制器发出的信号为复位信号。

( )146. BC012　电子定量秤称重结束后,卸料门打开卸料。

( )147. BC013　在粗流进料阶段,粗流进料由重量方式控制。

( )148. BC014　转位是为了满足美观的要求。

(　　)149. BC015　如果垛型或垛盘定位整形不准确触发检测,设备将自动进行修正尺寸并继续套垛。

(　　)150. BC016　金属检测器的灵敏度可以根据现场的实际情况设定。

(　　)151. BC017　喷码机电流的频率(主频)决定了墨点大小及墨点间距。

(　　)152. BC018　脱粉控制系统在正常(自动)模式下,所有涉及的电气设备现场操作柱均应在远程位。

(　　)153. BC019　加热片初始化,无须设定温度,可直接操作。

(　　)154. BC020　气动系统中,气源处理装置由空气过滤器、减压阀(调压阀)及油雾器组成。

(　　)155. BC021　吨包装袋内充气利于袋形美观。

(　　)156. BD001　调整秤重心偏移时,须清除余料。

(　　)157. BD002　重膜包装机排查故障时,应先按故障确认按钮进行确认检查。

(　　)158. BD003　重膜包装机装袋机构运行时,料门升降故障时应及时手动清空料斗物料。

(　　)159. BD004　重膜包装机封口机构维护时,必须保证两吸盘留 1~5mm 以上的间隙。

(　　)160. BD005　重膜包装机开车前料门机构维护时,应根据需要将料门机构袋长指标进行调节。

(　　)161. BD006　热封组件每班开车前无需确认四氟布是否完好。

(　　)162. BD007　重膜包装机真空度不足会造成包装机弃袋。

(　　)163. BD008　称重仪表显示结果波动较大应调整上秤架与下秤架,使两者对正。

(　　)164. BD009　拣选机构中,倒带光电有料袋卡住会造成倒袋光电故障。

(　　)165. BD010　热继电器工作电流设置过大会造成码垛机升降电动机故障。

(　　)166. BD011　料袋压平的效果靠调整输送带的松紧来改变。

(　　)167. BD012　料袋未通过编组出口会使码垛机编组机动作超时。

(　　)168. BD013　转位伺服驱动器故障会使码垛机转位旋转超时。

(　　)169. BD014　托盘仓托盘高于上限时,码垛机会发生报警提示。

(　　)170. BD015　升降下降减速开关与感应片间距离过小会造成码垛机升降下降减速开关故障。

(　　)171. BD016　码垛推袋开关无信号会造成码垛分层故障。

(　　)172. BD017　套膜机升降机构部中横向机构打开超时,原因是收膜轮平移电动机打开过程发生机械故障。

(　　)173. BD018　套垛无垛盘故障应检查套垛位光电开关是否对正。

(　　)174. BD019　套膜机开袋机构启动时应进行初始化操作。

(　　)175. BD020　套膜机切刀 10s 将引起切刀阀动作超时故障。

(　　)176. BD021　套膜热合时,切刀卷边会造成袋边不齐。

(　　)177. BD022　减小收膜长度可改善垛盘顶部膜袋较松的问题。

(　　)178. BD023　调节节流阀开度大小可改变气动系统气缸运行不平稳的情况。

(　　)179. BD024　油液温度过高是由液压系统压力过低造成的。

(　　)180. BD025　墨水黏度过高需要抽出一部分墨水。
(　　)181. BD026　闸板阀开度不合适会造成脱粉器脱除的粉尘中含有颗粒物料。
(　　)182. BE001　气缸卡住会造成放料门气缸不在收回位。
(　　)183. BE002　口封或底封加热不良应放松聚四氟布。
(　　)184. BE003　吸盘调整不正确会出现袋子未正确打开的情况。
(　　)185. BE004　加热条老化会造成热封不好。
(　　)186. BE005　重膜包装机从动滚筒轴线不平行会造成料袋向前或是向后倾斜。
(　　)187. BE006　复检秤入口光电长时间有信号会造成复检秤入口光电故障。
(　　)188. BE007　复检秤共有三组测量组件。
(　　)189. BE008　喷码机高压泄漏故障原因可能是回收口潮湿。
(　　)190. BE009　转位接近开关故障会造成码垛机转位传输堵袋故障。
(　　)191. BE010　收膜过大会造成垛盘顶部膜袋较松大。
(　　)192. BE011　PLC通信中断,脱粉器触摸屏数据显示为"?"。
(　　)193. BE012　气源压力调节过高会造成吨包装机气缸不动作。
(　　)194. BE013　在重膜包装机定量秤控制系统中按下保存标定按钮,所进行的标定操作会被系统保存。
(　　)195. BE014　重膜包装机电子定量秤粗流进料由时间方式控制时,若系统重新上电,或称重停止时间超过15min,粗流时间自动调节为设定值。
(　　)196. BE015　新喷码机完成墨路引灌后,必须执行打通喷嘴功能。
(　　)197. BE016　输送检测单元的复检秤系统启动后,屏上默认设置为联动状态。
(　　)198. BE017　变频器控制码垛机系统中的转位机。
(　　)199. BE018　热封夹处于关闭状态才可启动套膜机。
(　　)200. BE019　吨包装机满度标定时应依次在秤体四角加载100kg砝码。

答 案

一、单项选择题

1. C	2. A	3. A	4. B	5. B	6. B	7. A	8. B	9. B	10. D
11. D	12. A	13. D	14. B	15. A	16. D	17. A	18. C	19. B	20. B
21. C	22. D	23. D	24. D	25. B	26. A	27. B	28. B	29. C	30. B
31. A	32. C	33. A	34. A	35. A	36. C	37. A	38. C	39. B	40. B
41. A	42. D	43. D	44. B	45. B	46. A	47. B	48. D	49. A	50. C
51. B	52. C	53. B	54. A	55. A	56. C	57. A	58. C	59. A	60. B
61. B	62. A	63. A	64. A	65. A	66. D	67. C	68. D	69. C	70. A
71. B	72. C	73. B	74. A	75. A	76. B	77. C	78. C	79. B	80. B
81. D	82. D	83. D	84. D	85. C	86. B	87. A	88. A	89. D	90. A
91. A	92. C	93. B	94. D	95. D	96. D	97. A	98. A	99. C	100. B
101. A	102. B	103. A	104. A	105. D	106. D	107. C	108. A	109. D	110. C
111. A	112. C	113. A	114. A	115. C	116. D	117. B	118. C	119. A	120. D
121. D	122. C	123. D	124. B	125. D	126. D	127. B	128. D	129. C	130. C
131. B	132. A	133. B	134. C	135. B	136. A	137. B	138. D	139. C	140. A
141. B	142. C	143. D	144. A	145. D	146. A	147. B	148. C	149. C	150. A
151. A	152. D	153. B	154. B	155. B	156. A	157. C	158. A	159. B	160. D
161. A	162. B	163. C	164. C	165. C	166. D	167. A	168. B	169. C	170. D
171. A	172. A	173. A	174. B	175. D	176. A	177. A	178. D	179. C	180. C
181. C	182. D	183. A	184. C	185. C	186. A	187. C	188. D	189. B	190. C
191. D	192. A	193. A	194. D	195. C	196. B	197. C	198. A	199. A	200. A
201. A	202. C	203. A	204. A	205. C	206. C	207. C	208. C	209. A	210. C
211. A	212. C	213. C	214. A	215. C	216. A	217. A	218. A	219. A	220. A
221. A	222. A	223. D	224. A	225. B	226. A	227. A	228. B	229. C	230. D
231. B	232. B	233. B	234. A	235. A	236. A	237. C	238. B	239. B	240. A
241. B	242. D	243. A	244. B	245. D	246. D	247. B	248. A	249. A	250. D
251. C	252. D	253. D	254. C	255. A	256. A	257. A	258. A	259. C	260. B
261. C	262. D	263. A	264. A	265. D	266. A	267. A	268. B	269. D	270. C
271. B	272. B	273. B	274. D	275. C	276. B	277. C	278. C	279. A	280. B
281. A	282. A	283. A	284. B	285. A	286. A	287. C	288. D	289. C	290. C
291. A	292. A	293. D	294. B	295. B	296. D	297. A	298. D	299. A	300. B
301. B	302. D	303. B	304. B	305. B	306. C	307. A	308. A	309. A	310. A

311. A	312. B	313. A	314. C	315. C	316. D	317. A	318. B	319. A	320. A
321. A	322. B	323. B	324. A	325. B	326. D	327. D	328. D	329. D	330. D
331. C	332. A	333. D	334. A	335. D	336. B	337. A	338. D	339. C	340. C
341. A	342. D	343. A	344. D	345. B	346. B	347. D	348. A	349. C	350. A
351. A	352. C	353. C	354. D	355. A	356. A	357. A	358. A	359. A	360. C
361. A	362. B	363. A	364. A	365. C	366. B	367. B	368. A	369. A	370. A
371. A	372. B	373. D	374. C	375. A	376. B	377. D	378. C	379. C	380. B
381. A	382. B	383. D	384. A	385. B	386. D	387. D	388. C	389. C	390. A
391. B	392. A	393. A	394. D	395. B	396. C	397. B	398. B	399. B	400. D
401. D	402. A	403. B	404. C	405. B	406. A	407. A	408. C	409. B	410. A
411. C	412. B	413. D	414. D	415. A	416. D	417. C	418. D	419. C	420. A
421. A	422. B	423. D	424. A	425. C	426. C	427. C	428. A	429. A	430. C
431. D	432. D	433. C	434. D	435. A	436. B	437. A	438. B	439. A	440. D
441. D	442. C	443. D	444. D	445. A	446. C	447. B	448. C	449. A	450. A
451. C	452. D	453. A	454. B	455. A	456. A	457. D	458. C	459. B	460. C
461. A	462. C	463. D	464. C	465. B	466. B	467. C	468. A	469. A	470. C
471. D	472. A	473. C	474. A	475. C	476. A	477. C	478. C	479. B	480. C
481. D	482. C	483. C	484. C	485. B	486. B	487. B	488. C	489. B	490. B
491. C	492. D	493. B	494. A	495. B	496. D	497. C	498. C	499. C	500. C
501. C	502. C	503. A	504. D	505. A	506. C	507. C	508. C	509. C	510. A
511. A	512. C	513. D	514. C	515. C	516. C	517. B	518. A	519. C	520. B
521. D	522. B	523. C	524. B	525. A	526. A	527. C	528. C	529. C	530. B
531. A	532. B	533. B	534. C	535. C	536. B	537. B	538. A	539. C	540. B
541. C	542. B	543. A	544. A	545. C	546. B	547. C	548. A	549. C	550. B
551. D	552. B	553. A	554. A	555. A	556. C	557. B	558. A	559. B	560. C
561. A	562. C	563. C	564. D	565. B	566. C	567. C	568. C	569. A	570. D
571. B	572. C	573. B	574. C	575. D	576. B	577. B	578. B	579. B	580. C
581. B	582. B	583. B	584. C	585. C	586. B	587. C	588. A	589. C	590. C
591. B	592. B	593. C	594. D	595. D	596. C	597. C	598. C	599. C	600. A

二、判断题

1. ×　正确答案:发光发热的现象不一定是燃烧。　2. √　3. √　4. √　5. √　6. √　7. √
8. ×　正确答案:压力容器事故造成10人以上30人以下死亡,或者50人以上100人以下重伤,或者5000万元以上1亿元以下直接经济损失的属于重大事故。　9. √　10. √　11. √
12. √　13. √　14. √　15. √　16. √　17. √　18. √　19. √　20. √　21. √　22. √
23. √　24. ×　正确答案:如果触电者所受的伤害不太严重,神志尚清醒,存在心悸、头晕、出冷汗、恶心、呕吐、四肢发麻、全身乏力,甚至一度昏迷,但未失去知觉,则应让触电者在通风暖和处静卧休息,并派人严密观察,同时请医生前来或送往医院诊治。　25. √　26. √

27. √　28. √　29. ×　正确答案:尘毒物质侵入人体的呼吸道,生产条件下的化学物质,主要通过呼吸道侵入人体。　30. √　31. √　32. √　33. √　34. √　35. √　36. √　37. √　38. √　39. ×　正确答案:在一定条件下,生态系统中能量流动和物质循环表现为稳定的状态。　40. √　41. √　42. ×　正确答案:铸铁管是化工管路中常用的管道之一。由于性脆及连接紧密性较差,只适用于输送低压介质,不宜输送高温高压蒸汽及有毒、易爆性物质。　43. ×　正确答案:深沟球轴承摩擦系数小、极限转速高,所以当轴向载荷高速旋转时,它比推力轴承更具有优越性。　44. ×　正确答案:同步带传动具有传动可靠、不打滑、价格比普通带传动高的特点。　45. ×　正确答案:用于制造各种机械零件的钢为调质钢。　46. √　47. √　48. ×　正确答案:减速机在原动机和工作机或执行机构之间起匹配转速和传递转矩的作用,是一种相对精密的机械。　49. √　50. ×　正确答案:右手定则判断的主要是与力无关的方向。　51. ×　正确答案:判断通电导线在磁场中的受力方向应用左手定则。　52. ×　正确答案:电位是相对的,电路中某点电位的大小,与参考点(即零电位点)的选择有关。　53. √　54. ×　正确答案:当导体在马蹄形磁铁内水平转动90°后,切割磁力线并不产生电流,左手法则不适用。　55. ×　正确答案:所谓电容器就是能够储存电荷的"容器"。　56. ×　正确答案:任何两块金属导体,中间用不导电的绝缘材料隔开就形成了一个电容器。　57. ×　正确答案:三相交流电就是在磁场中有三个互成角度的线圈同时转动产生的三个交变电动势,从而达到供电的目的。　58. ×　正确答案:为了便于分析电路的实质,通常用符号表示组成电路实际原件及其连接线,即画成电路图。　59. ×　正确答案:电荷的大小决定了电场强度的大小。　60. √　61. ×　正确答案:画电路图应注意整个电路最好呈长方形,导线要横平竖直,有棱有角。　62. ×　正确答案:在电路图中,___表示电位器。　63. ×　正确答案:在同一电路中,导体中的电流跟导体两端的电压成正比,跟导体的电阻成反比,这就是欧姆定律。　64. √　65. √　66. √　67. √　68. √　69. √　70. √　71. √　72. √　73. √　74. ×　正确答案:理想气体状态方程,又称理想气体定律,是描述理想气体在处于平衡态时,压强、体积、物质的量、温度间关系的状态方程。　75. √　76. √　77. √　78. ×　正确答案:物质的量是单位质量的物质所具有的摩尔数。　79. √　80. ×　正确答案:化学平衡是指在宏观条件一定的可逆反应中,化学反应正逆反应速率相等,反应物和生成物各组分浓度不再改变的状态。　81. √　82. √　83. √　84. √　85. √　86. √　87. √　88. √　89. ×　正确答案:酚是羟基(—OH)与芳烃核(苯环或稠苯环)直接相连形成的有机化合物。　90. ×　正确答案:胺是指氨分子中的一个或多个氢原子被烃基取代后的产物。　91. √　92. ×　正确答案:由于溶液的蒸气压小于纯溶剂的蒸气压,纯溶剂沸腾时,溶液不沸腾,通过升温,使溶液蒸气压与外界大气压相等,所以沸点上升。　93. √　94. √　95. √　96. √　97. ×　正确答案:醚虽然稳定,但与氢卤酸一起加热,醚键会发生断裂。　98. √　99. √　100. ×　正确答案:物质的量浓度是指单位体积溶液里所含溶质的物质的量与溶液体积之比,称为溶质的物质的量浓度。　101. ×　正确答案:高分子化合物、高分子物质和高分子材料的说法是有区别的。　102. ×　正确答案:高分子按主链结构可分为有机高分子和无机高分子。　103. ×　正确答案:高聚物按用途分可分为塑料、橡胶、纤维以及黏合剂、感光材料。　104. ×　正确答案:高分子一次结构(化学结构),即第一层次结构,是构成高分子的最基本的微观结构。　105. √　106. √　107. √　108. ×　正确答案:高聚物聚集态结构取决于成型加工的过程,它是决定高聚物制品使用性能的主要因素。 109.× 正确答案:湍流流体点的速度是变化的,但是在一定的时间内其平均速度则又可以恒定。 110.√ 111.× 正确答案:流体所具有的机械能如位能、动能、静压能等在流体流动过程中可以互相转变,也可转变为热或流体的内能。 112.× 正确答案:"流体动力学基本方程"是将质量、动量和能量守恒定律用于流体运动所得到的联系流体速度、压力、密度和温度等物理量的关系式。 113.√ 114.× 正确答案:产生流体阻力的根本原因是内摩擦力。 115.× 正确答案:流体在圆形直管中流动时,受到由于内摩擦产生的摩擦阻力和促使流体流动的推动力作用,当二者达到平衡时,流动速度可维持不变,即达到稳态流动。 116.√ 117.√ 118.× 正确答案:热辐射是高温物体以电磁波的形式进行的一种传热现象,热辐射不需要任何介质作媒介。 119.√ 120.× 正确答案:克服干板阻力的压降与阀孔气速的平方成正比。 121.× 正确答案:当气流穿过塔板上液层时,将板上的液体带入上一层塔板的现象称为雾沫夹带。 122.× 正确答案:采用较大的板间距,可降低液泛速度。 123.× 正确答案:漏液速度是塔正常操作的下限气速。 124.√ 125.× 正确答案:重膜包装运行时,经包装、封口、料袋、计量、码垛后送出。 126.× 127.√ 128.√ 129.× 正确答案:重膜包装机启动后可按预定程序自动完成供袋送袋、封角封底及其冷却、制袋。 130.× 正确答案:套膜机停车后,无需确认拉伸套膜单元的电源关闭。 131.× 正确答案:输送机停止运行后,应确认关闭金属检测器电源。 132.√ 133.√ 134.√ 135.× 正确答案:定量秤称重完成后,包装好的料袋在立袋输送机出口被放倒送入输送检测单元,经检测合格的料袋被送入码垛机。 136.× 正确答案:排查切刀位置故障时应先手动运行一次切刀。 137.√ 138.× 正确答案:接近开关是一种无须与运动部件直接接触而可以操作的位置开关。 139.× 正确答案:电磁阀上指示灯已经亮起,电磁阀换向,气缸相应发生动作。 140.× 正确答案:安装熔断丝时应参考电动机的安培定额,应选择高出10%~25%的熔断丝。 141.√ 142.× 正确答案:PLC总是按由上到下的顺序依次地扫描用户程序(梯形图)。 143.× 正确答案:包装机控制系统控制FFS包装机各部分的动作。 144.√ 145.× 正确答案:当热封控制器加热线路发生故障时,热封控制器发出的信号为故障报警信号。 146.√ 147.× 正确答案:在粗流进料阶段,粗流进料由时间方式控制。 148.× 正确答案:转位是为了满足编组的要求。 149.× 正确答案:如果垛型或垛盘定位整形不准触发检测,设备将中断套垛,自动进行修正尺寸后,再继续套垛。 150.√ 151.× 正确答案:加在晶振线上的调制电压的频率(主频)决定了墨点大小及墨点间距。 152.√ 153.× 正确答案:加热片初始化,加热温度必须到250℃。 154.× 正确答案:气动系统中,气源处理装置由空气过滤器和油雾器组成。 155.× 正确答案:吨包装袋内充气利于物料装袋。 156.× 正确答案:调整秤重心偏移时,须调整机械结构。 157.× 正确答案:包装机排查故障时,应先观察显示屏故障指示,再按故障确认按钮。 158.√ 159.× 160.√ 161.× 正确答案:热封组件每班开车前应确认四氟布是否完好。 162.√ 163.× 正确答案:称重仪表显示结果波动较大应调整上秤架与下秤架,使两者垂直。 164.√ 165.× 正确答案:热继电器工作电流设置过小会造成码垛机升降电动机故障。 166.× 正确答案:料袋压平的效果靠调整拉簧间距来改变。 167.× 正确答案:料袋未通过编组入口会使码垛机编组机动作超时。 168.√ 169.× 正确答案:托盘仓空仓时,码垛机会发生报警提示。 170.× 正确答案:升降下降减速开关与感应片间距离过大会造成码垛机升降下降减速开关故障。 171.× 正确答案:码垛推袋开关无信号会造成码垛推袋故障。 172.√ 173.√ 174.√ 175.× 正确答案:套膜机切刀15s将引起切刀阀动作超时故障。 176.√ 177.× 正确答案:增加收膜长度可改善垛盘顶部膜袋较松的问题。 178.× 正确答案:调节气缸缓冲大小可调节气动系统气缸运行不平稳的情况。 179.× 正确答案:油液温度过高是由液压系统压力过高造成的。 180.√ 181.× 正确答案:定量给料阀开度不合适会造成脱粉器脱除的粉尘中含有颗粒物料。 182.√ 183.× 正确答案:口封或底封加热不良应缠紧聚四氟布。 184.√ 185.√ 186.× 正确答案:重膜包装机步进计数设定不合适会造成料袋向前或是向后倾斜。 187.√ 188.× 正确答案:复检秤共有四组测量组件。 189.× 正确答案:喷码机高压泄漏故障原因可能是喷头潮湿。 190.× 正确答案:码垛机转位光电开关故障是转位传输堵袋故障的原因。 191.× 正确答案:套膜机套膜后垛盘顶部膜袋较松大是因为收膜过小造成的。 192.√ 193.× 正确答案:气源压力调节过低会造成吨包装机气缸不动作。 194.√ 195.√ 196.× 正确答案:新喷码机完成墨路引灌后,必须执行自动清洗功能。 197.√ 198.× 正确答案:伺服控制器控制码垛机系统中的转位机。 199.× 正确答案:热封夹处于打开状态才可启动套膜机。 200.√

高级工理论知识练习题及答案

一、单项选择题(每题有4个选项,其中只有1个是正确的,请将正确的选项号填入括号内)

1. AA001　阴燃是(　　)的燃烧特点。
   A. 固体　　　　　　　　　　　　B. 液体
   C. 气体　　　　　　　　　　　　D. 固体、液体、气体
2. AA001　木材的燃烧属于(　　)。
   A. 蒸发燃烧　　　B. 分解燃烧　　　C. 表面燃烧　　　D. 阴燃
3. AA002　下列选项中不是着火源的是(　　)。
   A. 明火　　　　　B. 火花　　　　　C. 化学反应热　　D. 汽油
4. AA002　着火源种类中,危险温度一般指(　　)以上的温度,如电热炉、烙铁、熔融金属等。
   A. 70℃　　　　　B. 80℃　　　　　C. 90℃　　　　　D. 100℃
5. AA003　下列不是燃烧的充分条件的是(　　)。
   A. 一定的可燃物浓度　　　　　　B. 一定的氧气含量
   C. 未受抑制的链式反应　　　　　D. 着火源
6. AA003　根据燃烧的定义,下列不是燃烧常见现象的是(　　)。
   A. 火焰　　　　　B. 发光　　　　　C. 发烟　　　　　D. 爆炸
7. AA004　能帮助和支持可燃物燃烧的物质,即能与可燃物发生氧化反应的物质称为(　　)。
   A. 氧化剂　　　　B. 还原剂　　　　C. 引火源　　　　D. 催化剂
8. AA004　燃烧是可燃物与氧化剂作用发生的放热反应,其中不是燃烧的必要条件的是(　　)。
   A. 可燃物　　　　B. 氧化剂　　　　C. 明火　　　　　D. 引火源
9. AA005　(　　)是衡量液体火灾危险性大小的重要参数。
   A. 自燃点　　　　B. 燃点　　　　　C. 闪点　　　　　D. 氧指数
10. AA005　闪点不是(　　)火灾危险性分类的主要依据。
    A. 气体　　　　　B. 液体　　　　　C. 生产厂房　　　D. 储存物品仓库
11. AA006　下列物质中易自燃的是(　　)。
    A. 油纸　　　　　B. 潮湿的棉花　　C. 白磷　　　　　D. 塑料颗粒
12. AA006　固体可燃物的自燃点不受(　　)等因素的影响。
    A. 氧浓度　　　　B. 挥发物的数量　C. 受热熔融　　　D. 受热时间
13. AA007　下列性质中,(　　)不是易于自燃物质的火灾危险的主要特性。
    A. 带电性　　　　B. 遇空气自燃性　C. 还原性　　　　D. 遇湿易燃性

14. AA007　下列物质遇空气、氧气会发生自燃的是(　　)。
    A. 浸渍在棉纱、木屑中的油脂　　　　B. 木材
    C. 镁　　　　　　　　　　　　　　　D. 氢气
15. AA008　物质被点燃后,先是局部与明火接触处被(　　),首先达到引燃温度,产生火焰。
    A. 迅速降温　　B. 强烈加热　　C. 快速燃烧　　D. 缓慢升温
16. AA008　物质持续燃烧所需的最低温度称为(　　)。
    A. 沸点　　　　B. 闪点　　　　C. 燃点　　　　D. 自燃点
17. AA009　天然气在空气中的爆炸极限是(　　)。
    A. 1%~3%　　B. 5%~15%　　C. 18%~23%　　D. 27%~36%
18. AA009　镁铝合金的爆炸浓度下限是(　　)。
    A. $30g/m^3$　　B. $40g/m^3$　　C. $50g/m^3$　　D. $60g/m^3$
19. AA010　不会影响气体爆炸极限的因素是(　　)。
    A. 温度　　　　B. 压力　　　　C. 含氧量　　　D. 湿度
20. AA010　引燃爆炸性气体混合物的火源能量越大,爆炸极限的(　　)。
    A. 上下限之间范围越小　　　　　　B. 上下限之间范围越大
    C. 上限越高　　　　　　　　　　　D. 下限越低
21. AA011　下列选项不属于特大火灾的是(　　)。
    A. 死亡10人以上　　　　　　　　　B. 重伤20人以上
    C. 死亡、重伤20人以上　　　　　　D. 受灾10户以上
22. AA011　下列材料若发生火灾,不属于A类火灾的是(　　)。
    A. 煤气　　　　B. 木材　　　　C. 棉花　　　　D. 纸张
23. AA012　下列不属于有机过氧化物的火灾危险特性的是(　　)。
    A. 自燃性　　　B. 易燃性　　　C. 分解爆炸性　D. 伤害性
24. AA012　液化气钢瓶受热爆炸属于(　　)。
    A. 化学爆炸　　B. 气体爆炸　　C. 物理爆炸　　D. 蒸气爆炸
25. AA013　在含有易燃易爆及有毒物质的生产厂房内采取(　　)措施时,气体不能循环使用。
    A. 降温　　　　B. 升温　　　　C. 通风　　　　D. 密闭
26. AA013　排放输送温度超过(　　)的空气或其他气体以及有燃烧爆炸危险的气体、粉尘时的通风设备,应用非燃烧材料制成。
    A. 60℃　　　　B. 70℃　　　　C. 80℃　　　　D. 90℃
27. AA014　惰性介质保护是指采用惰性介质对具有(　　)的介质、场所、作业及区域进行惰性化处理的过程。
    A. 易反应　　　　　　　　　　　　B. 不易反应
    C. 易加热　　　　　　　　　　　　D. 爆炸、燃烧危险
28. AA014　在向有爆炸危险的气体或蒸气中加入惰性气体时,应避免惰性气体的漏失以及(　　)渗入其中。
    A. 空气　　　　B. 水　　　　　C. 甲烷　　　　D. 一氧化碳

29. AA015 下列选项中,不需要全面紧急停车的是( )。
   A. 整套生产装置系统的紧急停车
   B. 当生产过程中突然发生停电、停水、停气
   C. 发生重大事故
   D. 某设备损坏

30. AA015 高温真空设备停车必须先消除( )状态,待设备内介质的温度降到自燃点以下时,才可与大气相通,以防空气进入引发燃烧、燃爆事故。
   A. 真空   B. 带压   C. 高温   D. 带电

31. AA016 为保证设备的密闭性,对危险设备及系统应尽量少用( )连接,但要保证安装检修方便,输送危险气体的管道要用无缝管。
   A. 直管   B. 阀门   C. 接头   D. 法兰

32. AA016 加压或减压在生产中都必须严格控制压力,防止超压,并应按照压力容器的管理规定,定期进行( )试验。
   A. 强度耐压   B. 压力检测   C. 温度监测   D. 湿度检测

33. AA017 静电的产生与物质的导电性能有很大关系,它们用( )来表示。
   A. 电阻   B. 电阻率   C. 电感   D. 电容

34. AA017 反应器内引发块料产生的最大原因是( )。
   A. 静电
   B. 反应温度高
   C. 催化剂活性过高
   D. 反应温度低

35. AA018 摩擦静电是指由于物体相互( ),发生接触位置的移动和电荷的分离,从而产生静电。
   A. 接触   B. 碰撞   C. 摩擦   D. 挤压

36. AA018 玻璃带电是相互密切结合的物体( )时引起的电荷分离而产生的静电。
   A. 接触   B. 摩擦   C. 碰撞   D. 剥离

37. AA019 直接接地,即将( )与大地进行导电性连接,从而使金属导体的电位接近于大地电位的一种接地类型。
   A. 管线   B. 支座   C. 金属导体   D. 电源线

38. AA019 跨接接地,即通过机械和( )方法把金属物体之间进行结构固定,从而使两个或两个以上相互绝缘的金属导体进行导电性连接,以建立一个提供电流流动的低阻抗通路,然后再接地的一种接地类型。
   A. 导电   B. 数学   C. 物理   D. 化学

39. AA020 化工安全考虑的不安全因素很多,下列选项中不属于"八防"内容的是( )。
   A. 防火防爆   B. 防中毒和窒息
   C. 防机械伤害   D. 防冻防凝

40. AA020 下列选项中属于"八防"内容中防机械伤害的措施是( )。
   A. 旋转设备加防护罩   B. 管线增加保温
   C. 设备增加接地措施   D. 大型设备增加紧急停车按钮

41. AA021 干粉灭火器的形式为( )。
    A. 储气瓶式　　　B. 储液瓶式　　　C. 推车式　　　D. 储罐式
42. AA021 干粉灭火器的指针指向红色代表压力( )。
    A. 偏高　　　　　　　　　　　B. 偏低
    C. 正常　　　　　　　　　　　D. 以上选项均不对
43. AA022 在消防给水系统中,灭火时启动消防泵,使管网中最不利处消防用水点的水压和流量达到灭火要求的是( )。
    A. 低压消防给水系统　　　　　B. 临时高压消防给水系统
    C. 稳高压消防给水系统　　　　D. 高压消防给水系统
44. AA022 下列关于消防水池取水井与采取辐射热保护措施的液化石油气储罐区之间距离符合规定的是( )。
    A. 20m　　　B. 30m　　　C. 35m　　　D. 50m
45. AA023 静电放电的火花能量达到或大于周围可燃物的最小( ),而且可燃物在空气中的浓度或含量也已在爆炸极限范围以内时,就能立即引起燃烧或爆炸。
    A. 燃点　　　B. 闪点　　　C. 火能量　　　D. 沸点
46. AA023 静电最严重的危害是其放电火花可能引起火灾( )。
    A. 事故　　　B. 燃烧　　　C. 危害　　　D. 爆炸
47. AA024 由于静电能量( ),所以生产过程中产生的静电所引起的电击不会对人体产生直接危害。
    A. 较小　　　B. 较大　　　C. 适中　　　D. 无法估量
48. AA024 静电电击不是电流持续通过人体的电击,而是有静电放电造成的( )性电击。
    A. 打击　　　B. 撞击　　　C. 碰撞　　　D. 冲击
49. AA025 控制静电的产生首先在设计、制造生产设备时,必须要注意( )的选择。
    A. 电线　　　B. 材料　　　C. 工艺　　　D. 设计者
50. AA025 相对湿度在( )时,能防止静电的积累。
    A. 45%~50%　　　B. 55%~60%　　　C. 65%~70%　　　D. 75%~80%
51. AA026 成年男性的平均摆脱电流为( )。
    A. 1mA　　　B. 5mA　　　C. 15mA　　　D. 16mA
52. AA026 人体对电流的反应情况是在电流为( )时手指开始感觉发麻、无感觉。
    A. 20~25mA　　　B. 5~6mA　　　C. 2~3mA　　　D. 5~7mA
53. AA027 电击可使人体自身的导电系统短路,导致( )停止。
    A. 心跳　　　B. 行动　　　C. 视觉　　　D. 嗅觉
54. AA027 被电击的人能否获救,关键在于( )。
    A. 是否能够尽快脱离电源和实行紧急救护　　B. 人体电阻的大小
    C. 触电的方式　　　　　　　　　　　　　　D. 以上选项均不对
55. AA028 触电一般指人体触及( ),由于电流通过人体而造成的伤害。
    A. 插座　　　B. 带电体　　　C. 电池　　　D. 设备

56. AA028 电流通过人体进入大地或其他导体,形成导电(　　),造成触电。
   A. 机构　　　　　B. 体　　　　　C. 回路　　　　　D. 设备

57. AA029 两相触电是指人体同时触及两相(　　)的触电事故,危险性很大。
   A. 电压　　　　　B. 带电体　　　C. 带电线路　　　D. 导体

58. AA029 单相触电是指人体触及单相(　　)的触电事故。
   A. 电压　　　　　B. 线路　　　　C. 带电体　　　　D. 导体

59. AA030 若发现有人触电,应首先进行的操作是(　　)。
   A. 立即汇报领导　　　　　　　　B. 用手拉开触电人
   C. 立即切断电源　　　　　　　　D. 立即叫救护车

60. AA030 下列选项中,在(　　)的条件下触电危险性最大。
   A. 低频电流、干燥环境、触电时间较长　　B. 高频电流、潮湿环境、触电时间较长
   C. 低频电流、潮湿环境、触电时间较长　　D. 高频电流、干燥环境、触电时间较长

61. AA031 如果触电者所受的伤害不太严重,神志尚清醒,则应让触电者(　　),并派人严密观察,同时请医生前来或送往医院诊治。
   A. 使其舒服地平卧着　　　　　　B. 解开衣服以利呼吸
   C. 在通风暖和处静卧休息　　　　D. 立即施行人工呼吸

62. AA031 若发现触电者呼吸困难或心跳失常,应(　　)或胸外心脏按压。
   A. 使其舒服地平卧着　　　　　　B. 解开衣服以利呼吸
   C. 四周不要围人,保持空气流通　　D. 立即施行人工呼吸

63. AA032 间接接触电击是触及正常状态下(　　),而当设备或线路故障时意外带电的导体发生的电击。
   A. 高温体　　　　B. 低温体　　　C. 不带电体　　　D. 带电体

64. AA032 保护接地是限制设备漏电后的对地(　　)使之不超过安全范围。
   A. 电压　　　　　B. 电流　　　　C. 电阻　　　　　D. 电容

65. AA033 对于带电灭火,扑救人员及所使用的灭火器材与带电部分必须保持足够的安全距离,并应戴(　　)。
   A. 防毒面具　　　B. 绝缘手套　　C. 安全帽　　　　D. 防尘服

66. AA033 在灭火中电气设备发生故障,如电线断落在地上,局部地区会形成跨步电压,在这种情况下,扑救人员必须穿(　　)。
   A. 防护服　　　　B. 防酸碱鞋　　C. 防砸鞋　　　　D. 绝缘靴(鞋)

67. AA034 室外变、配电装置距堆场、可燃液体储罐和甲、乙类厂房库房不应小于(　　)。
   A. 5m　　　　　　B. 10m　　　　 C. 15m　　　　　D. 25m

68. AA034 室外变、配电装置距液化石油气罐不应小于(　　)。
   A. 15m　　　　　B. 20m　　　　 C. 35m　　　　　D. 50m

69. AA035 头部创伤时,把伤者的头偏向一边,不要仰着,因为这样会引起呕吐,极易造成伤者(　　)。
   A. 无法进食　　　B. 无法活动　　C. 呼吸顺畅　　　D. 窒息

70. AA035　心跳、呼吸骤停时,应该立即(　　),先胸外按压,其次是开放气道,最后进行人工呼吸,有条件者可以用简易呼吸面罩进行通气。
   A. 固定身体　　　　B. 移至空旷地方　　　C. 心肺复苏　　　　D. 保持室内通风

71. AA036　气体腐蚀主要是(　　)下的气体腐蚀,例如高温炉气等氧化性气体使钢材表面生成氧化铁及表面脱碳的腐蚀均为化学腐蚀。
   A. 低温　　　　　　B. 高温　　　　　　　C. 空气干燥　　　　D. 空气潮湿

72. AA036　非氧化性的高温高压含氢气体中,氢原子渗入钢内与渗碳体中的碳生成(　　)而使钢材脱碳、组织变松形成氢脆,也是化学腐蚀。
   A. 一氧化碳　　　　B. 水　　　　　　　　C. 甲烷　　　　　　D. 乙烷

73. AA037　304不锈钢是一种(　　)的不锈钢,它广泛地用于制作要求良好综合性能(耐腐蚀和成型性)的设备和机件。
   A. 特殊型　　　　　B. 普通型　　　　　　C. 实用性　　　　　D. 通用性

74. AA037　在腐蚀介质中加入一种或几种物质防止介质对金属腐蚀,但是又不改变介质的其他性能,这种物质称为(　　)。
   A. 抗碱剂　　　　　B. 抗酸剂　　　　　　C. 抗氧剂　　　　　D. 缓蚀剂

75. AA038　粉尘爆炸压力及压力上升速率不受(　　)等因素的影响。
   A. 粉尘粒度　　　　B. 环境湿度　　　　　C. 初始压力　　　　D. 冲击

76. AA038　下列不属于粉尘爆炸特点的是(　　)。
   A. 较大压力持续时间较短　　　　　　　　B. 连续性爆炸
   C. 爆炸所需点火能量小　　　　　　　　　D. 爆炸压力上升较快

77. AA039　生态学是研究生物有机体与其(　　)相互关系的一门学科。
   A. 周围环境　　　　B. 周围温度　　　　　C. 周围湿度　　　　D. 周围河流

78. AA039　在一定条件下,生态系统中能量流动和物质循环表现为(　　)的状态。
   A. 共存　　　　　　B. 相互依赖　　　　　C. 活跃　　　　　　D. 稳定

79. AA040　环境保护坚持保护优先、预防为主、(　　)、公众参与、损害担责的原则。
   A. 防治结合　　　　B. 治理为辅　　　　　C. 综合防治　　　　D. 综合治理

80. AA040　排放污染物的企业事业单位和其他生产经营者,应当采取措施,防治在(　　)中产生的废气、废水、废渣、医疗废物、粉尘、恶臭气体、放射性物质以及噪声、振动、光辐射、电磁辐射等对环境的污染和危害。
   A. 经营　　　　　　　　　　　　　　　　B. 生产
   C. 建设　　　　　　　　　　　　　　　　D. 生产建设或者其他活动

81. AB001　下列关于泵空转或反转导致的结果的说法错误的是(　　)。
   A. 易造成叶轮上的备帽脱落　　　　　　　B. 会导致烧坏密封
   C. 产生汽蚀,损坏叶轮　　　　　　　　　D. 无影响

82. AB001　喷射式真空泵是利用流体流动时的(　　)的原理来吸、送流体的。
   A. 位能转化为动能　　　　　　　　　　　B. 动能转化为静压能
   C. 静压能转化为动能　　　　　　　　　　D. 静压能转化为位能

83. AB002　蜗轮蜗杆传动速比较大,可传递(　　)负荷,传动效率较低,易发热。
　　A. 较低　　　　　　B. 较大　　　　　　C. 低压　　　　　　D. 高压
84. AB002　摩擦传动又分为摩擦轮传动和(　　)等。
　　A. 针轮摆线传动　　B. 行星轮传动　　　C. 皮带传动　　　　D. 带传动
85. AB003　球轴承的滚动体和套圈滚道为(　　)接触。
　　A. 面　　　　　　　B. 点　　　　　　　C. 线　　　　　　　D. 零
86. AB003　滚子轴承的滚动体与套圈滚道为(　　)接触。
　　A. 面　　　　　　　B. 点　　　　　　　C. 零　　　　　　　D. 线
87. AB004　俯视图在主视图的(　　)。
　　A. 正右方　　　　　B. 正下方　　　　　C. 左侧　　　　　　D. 右侧
88. AB004　截平面与圆锥轴线垂直,则截交线的形状为(　　)。
　　A. 面　　　　　　　B. 点　　　　　　　C. 球　　　　　　　D. 圆
89. AB005　编写零部件的序号时,序号应按(　　)依次编写。
　　A. 大小　　　　　　　　　　　　　　　B. 任意
　　C. 顺时针或逆时针方向　　　　　　　　D. 前后顺序
90. AB005　装配图中所有的零部件都必须编写(　　)。
　　A. 数字　　　　　　B. 位置　　　　　　C. 数码　　　　　　D. 序号
91. AB006　控制噪声源的(　　)是控制噪声最根本的办法。
　　A. 方向　　　　　　B. 来源　　　　　　C. 振动　　　　　　D. 声音
92. AB006　利用(　　)材料可以减弱噪声的传播,达到隔音效果。
　　A. 控制　　　　　　B. 封闭　　　　　　C. 隔声　　　　　　D. 吸声
93. AB007　聚合釜、反应器、合成塔等是用于进行(　　)反应的压力容器。
　　A. 物理　　　　　　B. 化学　　　　　　C. 置换　　　　　　D. 精馏
94. AB007　各种储罐、计量罐、高位槽等是用来(　　)物料的设备。
　　A. 置换　　　　　　B. 分离　　　　　　C. 放置　　　　　　D. 储存
95. AB008　轴旋转时,(　　)、静环形成了摩擦副,它们之间的间隙决定了工作为某一压力的流体介质的泄漏量。
　　A. 转轴　　　　　　B. 动环　　　　　　C. 密封环　　　　　　D. 润滑膜
96. AB008　在摩擦副(　　)之间存在一层很薄的润滑膜。
　　A. 端面　　　　　　B. 转轴　　　　　　C. 一端面　　　　　　D. 两端面
97. AB009　使用减速机的目的是降低转速,增加(　　)。
　　A. 力矩　　　　　　B. 转矩　　　　　　C. 动力　　　　　　D. 扭矩
98. AB009　减速机在原动机和工作机或执行机构之间起(　　)和传递转矩的作用,是一种相对精密的机械。
　　A. 提高转速　　　　B. 降低转速　　　　C. 匹配转速　　　　D. 平衡转速
99. AB010　软齿面的齿轮承载能力(　　),但制造比较容易,跑合性好。
　　A. 较好　　　　　　B. 较低　　　　　　C. 较差　　　　　　D. 较高

100. AB010 齿面按硬度可分为( )和硬齿面。
    A. 直齿轮　　　B. 斜齿轮　　　C. 软齿面　　　D. 齿轮条
101. AB011 气缸可分为做往复直线运动和做往复( )运动两种类型。
    A. 来回　　　　B. 摆动　　　　C. 曲线　　　　D. 交叉
102. AB011 下列选项中,不满足设备更新条件的是( )。
    A. 设备老化　　　　　　　　　B. 技术性能落后
    C. 严重污染环境　　　　　　　D. 设备维修成本低于更新成本
103. AB012 含碳量为55%的钢称为( )。
    A. 铁碳合金　　B. 中碳钢　　　C. 碳素钢　　　D. 合金钢
104. AB012 碳素钢一般可分为碳素结构钢和碳素( )。
    A. 合金钢　　　B. 高速钢　　　C. 工具钢　　　D. 普通钢
105. AB013 塔体附件包括吊耳、吊柱、平台和( )等。
    A. 压力表　　　B. 法兰　　　　C. 流量计　　　D. 爬梯
106. AB013 ( )形式是化工管路连接中,用于要求密封性能好,可以拆卸的机构。
    A. 螺纹连接　　　　　　　　　B. 法兰连接
    C. 焊接　　　　　　　　　　　D. 螺栓连接
107. AC001 电流与磁场方向平行时,( )为零。
    A. 电压　　　　B. 磁场力　　　C. 电场力　　　D. 电场
108. AC001 判断电路的连接通常用( )。
    A. 电流流向法　B. 电压流向法　C. 电势流向法　D. 电荷流向法
109. AC002 导体的电阻通常用字母 R 表示,电阻的单位是( ),符号是 Ω。
    A. 伏特　　　　B. 焦耳　　　　C. 安培　　　　D. 欧姆
110. AC002 两段长短、粗细和材料都不相同的导体分别接在电压相同的电路中,则下列判断正确的是( )。
    A. 长导体中的电流一定大些
    B. 短导体中的电流一定大些
    C. 无论哪段导体被拉长后,通过的电流都一定变小
    D. 无论哪段导体被冷却后,通过的电流都一定变小
111. AC003 转子绕组切割( )旋转磁场产生感应电动势及电流,并形成电磁转矩而使电动机旋转。
    A. 磁力线　　　B. 定子　　　　C. 转子　　　　D. 铁芯
112. AC003 判断导体内的感应电动势的方向时,应使用( )。
    A. 左手定则　　　　　　　　　B. 右手定则
    C. 顺时针定则　　　　　　　　D. 逆时针定则
113. AC004 用国家统一规定的符号来表示电路连接情况的图称为( )。
    A. 电路图　　　　　　　　　　B. 电流图
    C. 电压图　　　　　　　　　　D. 电势图

114. AC004 在下图中,两灯泡组成的并联电路的电路图是(　　)。

115. AC005 并联电路的特点是各支路两端的(　　),并且等于电源两端电压。
    A. 电容相等　　　B. 电阻相等　　　C. 电压相等　　　D. 电流相等

116. AC005 在串联电路中,总电压等于各处电压(　　)。
    A. 之差　　　　　B. 之和　　　　　C. 乘积　　　　　D. 平方

117. AC006 不能用在直流电路上的是(　　)。
    A. 电容电路　　　B. 电感电路　　　C. 电阻　　　　　D. 电流

118. AC006 根据电路中(　　)不同,电路可分为直流电路和交流电路。
    A. 电流的性质　　　　　　　　　　B. 电流的流通方向
    C. 电流的大小　　　　　　　　　　D. 电压的大小

119. AC007 在电路中,任意(　　)之间的电位差称为电压。
    A. 三点　　　　　B. 两点　　　　　C. 线路　　　　　D. 电位

120. AC007 (　　)的方向规定为从高电位指向低电位的方向。
    A. 电势　　　　　B. 电流　　　　　C. 磁感应　　　　D. 电压

121. AC008 电感量的基本单位是(　　)。
    A. 安培　　　　　B. 伏特　　　　　C. 瓦特　　　　　D. 亨利

122. AC008 电感也称自感系数,是表示电感元件自感应能力的一种物理量。当通过一个
    线圈的磁通发生变化时,线圈中便会产生(　　),这是电磁感应现象。
    A. 电势　　　　　B. 电流　　　　　C. 磁感应　　　　D. 电压

123. AC009 在一个孤立静止的点电荷周围(　　)。
    A. 存在磁场,它围绕电荷呈球面状分布
    B. 存在磁场,它分布在从电荷所在处到无穷远处的整个空间中
    C. 存在电场,它围绕电荷呈球面状分布
    D. 存在电场,它分布在从电荷所在处到无穷远处的整个空间中

124. AC009 电荷的基本单位是(　　)。
    A. 安秒　　　　　B. 安培　　　　　C. 库仑　　　　　D. 千克

125. AC010 电位是电能的强度因素,电路中任意两点间的(　　)等于两点间电位之差。
    A. 电势　　　　　B. 电流　　　　　C. 磁感应　　　　D. 电压

126. AC010 有一种防雷装置,当雷电冲击波到来时,可降低分开的装置、诸导电物体之间产生的电位差,这种装置是(　　)。
　　A. 屏蔽导体　　　　　　　　　　B. 等电位连接件
　　C. 电涌保护器　　　　　　　　　D. 避雷器

127. AC011 电动势的方向规定为电源力推动(　　)运动的方向。
　　A. 电流　　　B. 电阻　　　C. 正电荷　　　D. 负电荷

128. AC011 在电源内部,电动势的方向(　　)。
　　A. 从正极指向负极　　　　　　　B. 从首端指向尾端
　　C. 从负极指向正极　　　　　　　D. 从尾端指向首端

129. AC012 静电力是指静止(　　)之间的相互作用力。
　　A. 带电体　　　B. 电容　　　C. 电压　　　D. 电阻

130. AC012 库仑定律表明,静电力做功与路径(　　),是保守力。
　　A. 成反比　　　B. 成正比　　　C. 无关　　　D. 无法比较

131. AC013 电流表是指用来(　　)交流、直流电路中电流的仪表。
　　A. 感应　　　B. 测量　　　C. 指示　　　D. 转换

132. AC013 在直流电路中,电容元件的容抗值(　　)。
　　A. 小于零　　　B. 无穷大　　　C. 等于零　　　D. 无法计算

133. AC014 在正弦交流电路中,电压有效值与电流有效值的乘积为(　　)。
　　A. 视在功率　　　B. 平距功率　　　C. 功率因数　　　D. 无功功率

134. AC014 在三相交流电路中,负载消耗的总有功功率等于(　　)。
　　A. 各相有功功率之差　　　　　　B. 各相有功功率之和
　　C. 各相视在功率之差　　　　　　D. 各相视在功率之和

135. AC015 下列说法正确的是(　　)。
　　A. 导体中没有电流通过时,电阻为零
　　B. 导体中通过的电流越大,其对电流的阻碍作用越大,电阻越大
　　C. 导体中通过的电流越小,其对电流的阻碍作用越大,电阻越小
　　D. 导体的电阻跟导体中有无电流和电流的大小无关

136. AC015 下列说法正确的是(　　)。
　　A. 电阻表示导体对电流阻碍作用的大小,当导体中无电流通过时,导体就无电阻
　　B. 通过导体的电流越小,导体的电阻越大
　　C. 导体两端的电压越大,导体的电阻越大
　　D. 一白炽灯泡的灯丝电阻正常发光时的电阻比不发光时的大

137. AC016 电源电动势的大小等于外力克服电场力把单位正电荷在电源内部(　　)所做的功。
　　A. 从正极移到负极　　　　　　　B. 从负极移到正极
　　C. 从首端移到尾端　　　　　　　D. 从尾端移到首端

138. AC016 电路闭合时,电源的端电压(　　)电源电动势减去电源的内阻压降。
　　A. 大于　　　B. 小于　　　C. 等于　　　D. 无法比较

139. AC017　交流电的三要素是指最大值、频率和(　　)。
　　A. 相位　　　　B. 角度　　　　C. 初相角　　　　D. 电压
140. AC017　正弦交流电的有效值等于最大值的(　　)。
　　A. 1/3　　　　B. 1/2　　　　C. 2　　　　D. 0.7
141. AC018　我国交流电的频率为50Hz,其周期为(　　)。
　　A. 0.01s　　　　B. 0.02s　　　　C. 0.1s　　　　D. 0.2s
142. AC018　交流电的优点很多,其中输电时将电压升高,以减少线路损失;用电时把电压降低,以降低使用(　　)。
　　A. 电压　　　　B. 电流　　　　C. 电阻　　　　D. 电势
143. AC019　一般电器所标或仪表所指示的交流电压、电流的数值是(　　)。
　　A. 最大值　　　　B. 有效值　　　　C. 平均值　　　　D. 最小值
144. AC019　交流高压电器是指交流电压在(　　)及其以上的电器。
　　A. 220V　　　　B. 380V　　　　C. 1200V　　　　D. 1500V
145. AC020　正弦交流电的幅值就是(　　)。
　　A. 正弦交流电最大值的2倍　　　　B. 正弦交流电最大值
　　C. 正弦交流电波形正负之和　　　　D. 正弦交流电最大值的3倍
146. AC020　交流电的频率是指它单位时间内周期性变化的次数,与周期成(　　)关系。
　　A. 绝对值　　　　B. 相等　　　　C. 倍数　　　　D. 倒数
147. AC021　大小和方向都随(　　)作周期性变化而且在一周期内的平均值等于零的电流称为交变电流。
　　A. 电流　　　　B. 电压　　　　C. 电阻　　　　D. 时间
148. AC021　改变方向改变大小的电流只要做周期性变化,且在一周期内的平均值等于(　　),就是交变电流。
　　A. 0　　　　B. 1　　　　C. 2　　　　D. 3
149. AC022　同步电动机与异步电动机比较,其优点是(　　)。
　　A. 功率因数可调　　　　B. 结构简单
　　C. 启动方便　　　　D. 价格低廉
150. AC022　380V异步电动机绕组的绝缘电阻应不低于(　　)。
　　A. 0.5MΩ　　　　B. 1MΩ　　　　C. 2MΩ　　　　D. 5MΩ
151. AC023　三相交流异步电动机铭牌上所表示的额定功率值是电动机的(　　)。
　　A. 输出机械功率　　　　B. 输入电功率
　　C. 既是输入功率也是输出功率　　　　D. 电动机消耗的功率
152. AC023　三相异步电动机的转动方向由(　　)决定。
　　A. 电源电压的大小　　　　B. 电源频率
　　C. 定子电流相序　　　　D. 启动瞬间定转子相对位置
153. AC024　要实现三相异步电动机的向上向下平滑调速,则应采用(　　)。
　　A. 串转子电阻调速方案　　　　B. 串定子电阻调速方案
　　C. 调频调速方案　　　　D. 变磁极对数调速方案

154. AC024　异步电动机在正常运行中,轴瓦温度不应超过(　　)。
　　　A. 50℃　　　　　B. 70℃　　　　　C. 80℃　　　　　D. 100℃
155. AD001　流体在直径相同的倾斜直管内向下稳定流动时,能量变化为(　　)。
　　　A. 动能转化为静压能　　　　　　B. 位能转化为静压能
　　　C. 位能转化为动能　　　　　　　D. 动能转化为位能
156. AD001　理想流体稳定流动而又没有外功加入时,任一截面上单位质量流体所具有的(　　)之和不变。
　　　A. 动能、内能与静压能　　　　　B. 动能、位能与静压能
　　　C. 位能、内能与静压能　　　　　D. 动能、内能与位能
157. AD002　流体直管阻力计算通式即范宁公式,适用于(　　)。
　　　A. 层流　　　　　B. 湍流　　　　　C. 层流与湍流　　　D. 过渡流
158. AD002　列管式换热器内安装折流挡板的目的是(　　),使湍动程度加剧,增大传热系数。
　　　A. 加大壳程流体的流速　　　　　B. 降低壳程流体的流速
　　　C. 加大管程流体的流速　　　　　D. 降低管程流体的流速
159. AD003　流化床反应器的流化气速是通过(　　)来控制的。
　　　A. 反应器压力　　B. 导向叶片　　C. 气相组成　　　D. 反应活性
160. AD003　对于气膜控制的气体吸收过程,要提高吸收速率,应特别注意减小(　　)。
　　　A. 气膜阻力　　　B. 气体流量　　C. 液膜阻力　　　D. 液体流量
161. AD004　气体吸收速率方程式都是以气相、液相浓度不变为前提的,因此适合描述稳定操作的吸收塔内(　　)的速率关系。
　　　A. 全塔　　　　　B. 塔顶　　　　　C. 塔底　　　　　D. 任一截面
162. AD004　带正压吹扫反应器压差读值小的原因是(　　)。
　　　A. 反应器压力高　　　　　　　　B. 反应温度高
　　　C. 负压取压点堵塞　　　　　　　D. 正压取压点堵塞
163. AD005　反应器置换期间,升温的目的是(　　)。
　　　A. 检验设备工况　　　　　　　　B. 有利于氧分脱除
　　　C. 有利于水分析出脱除　　　　　D. 压力降
164. AD005　工业生产上出现最早的典型板式塔是(　　)。
　　　A. 泡罩塔　　　　B. 浮阀塔　　　C. 流量筛板塔　　D. 孔板塔
165. BA001　PLC 基本结构主要由(　　)、电源、储存器和输入输出接口电路等组成。
　　　A. CPU　　　　　B. GPU　　　　　C. APU　　　　　D. 内存
166. BA001　CPU 通过(　　)、数据总线、控制总线与储存单元、输入输出接口、通信接口和扩展接口相连。
　　　A. 内存　　　　　B. 硬盘　　　　　C. 地址总线　　　D. 电缆
167. BA002　在输入采样阶段,(　　)以扫描方式依次地读入所有输入状态和数据,并将它们存入 I/O 映象区中的相应单元内。
　　　A. CPU　　　　　B. GPU　　　　　C. APU　　　　　D. PLC

168. BA002 在程序执行阶段,PLC总是按由上而下的顺序依次地扫描( )用户程序。
    A. 柱形图　　　　　B. 鱼刺图　　　　　C. 梯形图　　　　　D. 逻辑图

169. BA003 包装机启动后可按预定程序自动完成( )、封角封底及其冷却、制袋,并由摆臂经过反复动作把制好的料袋依次由取袋位送到开袋位、装袋位、封口位及冷却位。
    A. 取袋制袋　　　　B. 封口包装　　　　C. 自动装料　　　　D. 供袋送袋

170. BA003 摆臂前行时上次封好口的料袋送到( )进行冷却。
    A. 口封冷却位　　　B. 底封冷却位　　　C. 开袋位　　　　　D. 装袋位

171. BA004 检测元件包括( )、接近开关、正负压力检测开关等。
    A. 动力开关　　　　B. 光电开关　　　　C. 弹性开关　　　　D. 变送开关

172. BA004 重膜包装机操作面板作为操作人员与设备之间的交互界面,接受来自操作人员的( )并指示设备的运行状态。
    A. 工艺指令　　　　B. 语音指令　　　　C. 操作指令　　　　D. 行动指令

173. BA005 重膜包装机控制器具有控制加热速度快、温度控制精度高等特点,同时具有( )的诊断及故障代码输出功能。
    A. 供电回路　　　　B. 输入回路　　　　C. 加热回路　　　　D. 输出回路

174. BA005 当热封系统更换加热片或者加热线路故障修复后,需通过此信号进行校准,校准时需要设定校准温度,该温度大致接近( )即可。
    A. 加热温度　　　　B. 环境温度　　　　C. 热封温度　　　　D. 检测温度

175. BB001 FFS重膜包装机单秤结构为( )。
    A. 电子定量秤　　　B. 复检秤　　　　　C. 下料称　　　　　D. 放料秤

176. BB001 电子定量秤为单秤结构,由一台称重控制器控制( ),驱动给料门开闭向称重箱内给料称重。
    A. PLC　　　　　　B. 伺服驱动器　　　C. 传感器　　　　　D. 电动机

177. BB002 定量秤控制器采用( )策略,在称重控制中采用自寻优模糊控制方法,对包装物料种类、密度、湿度及外部环境变化根据不同的称重模式自动调整系统运行参数。
    A. 智能控制　　　　B. 模糊控制　　　　C. 定向控制　　　　D. 分布控制

178. BB002 定量秤控制器中粗流阈值为粗进料的目标值。在时间控制方式中,系统在( )与粗流阈值进行比较,自动调整粗流时间,控制粗进料的重量更加接近粗流阈值。
    A. 精进料结束后　　　　　　　　　　　B. 称重结束后
    C. 放料结束后　　　　　　　　　　　　D. 粗进料结束后

179. BB003 在自动运行状态下,按下( )按钮,可以把当前垛盘强制排出,垛数加1,层数清零,其他计数不变。
    A. 启动　　　　　　B. 停止　　　　　　C. 强制排垛　　　　D. 零袋排出

180. BB003 在重膜包装操作过程中,按下计数复位按钮超过( ),将清除总垛数计数。
    A. 1s　　　　　　　B. 2s　　　　　　　C. 3s　　　　　　　D. 5s

181. BB004　套膜机启动运行后,(　　)工作,带动膜卷转动,直到薄膜端部运动至成型开袋机构中的两对吸盘之间,当达到所需长度时,电动机停止工作。
   A. 进膜电动机　　　　　　　　B. 升降电动机
   C. 卷膜电动机　　　　　　　　D. 拉伸电动机

182. BB004　套膜动作完成后,横、纵向机构向四角运动到全开极限位置,整个拉伸升降机构重新向上运动,返回至(　　)位置。
   A. 最高　　　　B. 最底　　　　C. 初始　　　　D. 套膜

183. BB005　金属检测器对料袋进行金属颗粒检测,当检测到料袋内含有金属颗粒时,检测器向(　　)发出报警信号。
   A. 拣选机　　　B. 包装机　　　C. PLC　　　　D. CPU

184. BB005　当料袋完全进入(　　)后(即重检入口光电开关由 OFF 转为 ON 再转为 OFF,重检出口光电开关为 OFF),称重控制器对料袋进行采样称重。
   A. 重检输送机　B. 金属检测机　C. 拣选机　　　D. 输送机

185. BB006　重膜包装喷印方式为(　　)。
   A. 热升华打印　B. 激光打印　　C. 非接触式喷印　D. 接触式喷印

186. BB006　喷码机正常开机后等待约(　　)后,喷码机会进入喷码机就绪状态,开机流程结束。
   A. 30s　　　　B. 60s　　　　C. 90s　　　　D. 120s

187. BB007　卧式脱粉器的进料量由(　　)控制。
   A. 闸板阀　　　B. 定量给料阀　C. 风量　　　　D. 风速

188. BB007　卧式脱粉器颗粒物料通过手动定量给料阀经(　　)进入流化定向多孔板上。
   A. 重力方式　　B. 动力方式　　C. 风送方式　　D. 被动方式

189. BB008　重膜包装机的热封过程是利用(　　)使塑料薄膜的封口部分变成熔融的流动状态,并借助热封时外界的压力,使两薄膜彼此融合为一体,冷却后保持一定的强度。
   A. 热水加热　　B. 蒸汽加热　　C. 热风加热　　D. 电加热

190. BB008　热封时间是由薄膜与(　　)接触的时间确定的。
   A. 封口夹持　　B. 加热片　　　C. 传动转轴　　D. 冷却板

191. BB009　重膜袋封口包括自动制袋、(　　)、物料进袋及袋口封合四个环节。
   A. 送膜　　　　B. 开袋　　　　C. 切袋　　　　D. 制膜

192. BB009　重膜包装机气动系统采用(　　)调节气缸活塞杆伸缩的运动速度。
   A. 调速阀　　　B. 电磁阀　　　C. 球阀　　　　D. 旋塞阀

193. BB010　吨产品包装的计量秤采用(　　)秤。
   A. 单料门　　　B. 双料门　　　C. 双弧门　　　D. 单体挂袋

194. BB010　如果重量合格,吨包装机(　　)打开,袋口脱开,料袋被卸下。
   A. 料门装置　　B. 抓手装置　　C. 夹袋装置　　D. 输送装置

195. BC001　重膜包装机电子定量秤零点标定用于标定(　　)的零点。
   A. PLC　　　　B. 称重传感器　C. 称重控制器　D. 定量秤

196. BC001　重膜包装机电子定量秤零点标定时应保持称重料斗(　　)和静止。
　　A. 满载　　　　　　B. 空载　　　　　　C. 料门关闭　　　　D. 料门开启
197. BC002　重膜包装机安装膜卷时应转动手轮,使薄膜卷沿支撑轴移动,调整其中心与(　　)中心对正。
　　A. 定量秤　　　　　B. 压平机　　　　　C. 拣选机　　　　　D. 包装机
198. BC002　重膜包装机袋长的调整通过触摸屏自动操作界面的(　　)按钮设定所需袋长。
　　A. 热封监控　　　　B. 当前袋长　　　　C. 辅助设备　　　　D. 排袋停止
199. BC003　在 FFS 重膜包装过程中,喷码机状态参数表中喷头高压的正常值为(　　)。
　　A. 0V 左右　　　　 B. 12V 左右　　　　C. 24V 左右　　　　D. 36V 左右
200. BC003　墨路引灌功能是对墨路系统进行(　　)。
　　A. 墨路清洗　　　　B. 排气操作　　　　C. 墨路打通　　　　D. 墨路清空
201. BC004　复检秤计数数据可以通过计数复位按钮清零,按住计数复位按钮保持(　　)可清零。
　　A. 1s　　　　　　　B. 3s　　　　　　　C. 5s　　　　　　　D. 7s
202. BC004　复检秤系统设置为调试状态时,输送检测单元(　　),不受外部设备启停控制,此时屏上手动操作无效。
　　A. 无法运行　　　　B. 联锁运行　　　　C. 独立运行　　　　D. 正常运行
203. BC005　码垛机系统中的推袋机、分层机及升降机等电动机由(　　)驱动,以实现运转方向、速度的控制与调节。
　　A. PLC　　　　　　 B. 变频器　　　　　C. 伺服器　　　　　D. 继电器
204. BC005　码垛机控制系统采用 1 台伺服驱动器,用于控制(　　)伺服电动机完成±90°或±180°的料袋转位。
　　A. 输送　　　　　　B. 缓停　　　　　　C. 编组　　　　　　D. 转位
205. BC006　在拉膜装置的框架上通过(　　)检测,使拉膜装置水平。
　　A. 重垂线　　　　　B. 等高仪　　　　　C. 千分表　　　　　D. 水平仪
206. BC006　为延长套膜机运行轨道的使用周期,需要(　　)进行清洁。
　　A. 每班次　　　　　B. 每天　　　　　　C. 每周　　　　　　D. 每月
207. BC007　吨包装机满度标定时依次在秤体四角加载(　　)砝码,重量偏差在 100g 以内。
　　A. 25kg　　　　　　B. 50kg　　　　　　C. 100kg　　　　　 D. 200kg
208. BC007　垫片标识不包括(　　)。
　　A. 标准号　　　　　B. 垫片形式　　　　C. 公称压力　　　　D. 制造日期
209. BC008　光电开关(NPN 型)无信号应检查(　　)光电开关。
　　A. 反射板式　　　　B. 对射式　　　　　C. 直接反射式　　　D. 镜面反射式
210. BC008　NPN 型光电开关无信号应检查(　　)与光电开关是否对正。
　　A. 反射板
　　B. 对射板
　　C. 直接反射式
　　D. 镜面反射式

211. BC009　到位后接近开关无信号应检查接近开关与(　　)是否不对正。
　　　A. 运行部件　　　B. 感应板　　　C. 反射板　　　D. 物料

212. BC009　接近开关是一种(　　)与运动部件进行机械接触的开关。
　　　A. 直接　　　B. 间接　　　C. 必须　　　D. 无须

213. BC010　气缸是气压传动中将压缩气体的压力能转换为(　　)的气动执行元件。
　　　A. 电能　　　B. 机械能　　　C. 化学能　　　D. 势能

214. BC010　气缸检修重新装配时,零件必须清洗干净,特别要防止(　　)被剪切、损坏。
　　　A. 活塞杆　　　B. 密封圈　　　C. 缸体　　　D. 端盖

215. BC011　SEW 电动机选择的熔断丝比电动机的定额高(　　)。
　　　A. 5%~10%　　　B. 10%~25%　　　C. 25%~30%　　　D. 30%~50%

216. BC011　SEW 电动机在运转前,不带负载进行空载试转一次,查看转动是否正常,(　　)是否符合要求等。
　　　A. 振动　　　B. 声音　　　C. 转向　　　D. 电流

217. BD001　定量秤传感器 EX+、EX-端激励电压为(　　)。
　　　A. 6V　　　B. 10V　　　C. 12V　　　D. 24V

218. BD001　定量秤显示异常的原因是(　　)。
　　　A. 伺服控制器损坏　　　　B. 称重传感器损坏
　　　C. 称重控制器损坏　　　　D. 秤机构结构损坏

219. BD002　重膜包装机膜卷未用尽,显示膜卷用尽故障,原因是(　　)异常。
　　　A. 进膜电动机　　　　B. 送膜电动机
　　　C. 膜卷用尽光电信号　　　　D. 顺板

220. BD002　炼化分公司吊装作业安全管理指导意见中规定,吊装机具不包括(　　)。
　　　A. 抽芯机　　　　B. 缆索起重机
　　　C. 叉车　　　　D. 电动/手动葫芦

221. BD003　重膜包装机(　　)会造成开袋后到装袋位扔袋。
　　　A. 底封不好　　　　B. 开袋真空不够
　　　C. 膜袋过长　　　　D. 膜袋 M 边错位

222. BD003　重膜包装机料门(　　)而后料门上升导致卡料会造成料门升降故障,无法上升。
　　　A. 气缸未回位　　　B. 未关闭　　　C. 有料未排空　　　D. 未打开

223. BD004　重膜包装机袋子输送未达到标准距离移动会造成袋子输送中出现(　　)现象。
　　　A. 倒袋　　　B. 倾斜　　　C. 错位　　　D. 乱包

224. BD004　重膜包装过程中,袋子没有打开,是由于(　　)造成的。
　　　A. 切刀高　　　B. 空气压力大　　　C. 吸盘堵　　　D. 袋长过长

225. BD005　重膜包装机立袋输送机输送带打滑的原因是(　　)。
　　　A. 电动机缺相　　　　B. 继电器故障
　　　C. 输送带张紧不够　　　　D. 料袋偏斜

226. BD005　重膜包装机步进计数检测信号异常,计数不准会造成(　　)。
　　A. 输送带跑偏　　　　　　　　　B. 输送带打滑
　　C. 料袋向前或是向后倾斜　　　　D. 封口不好
227. BD006　重膜包装过程中,(　　)处堆袋会造成堆袋拣选故障。
　　A. 金属检测机　　B. 拣选机　　C. 复检秤　　　　D. 包装机
228. BD006　重膜包装过程中,(　　)故障是由系统压力过低造成的。
　　A. 堆袋　　　　　　　　　　　　B. 料袋间距过小
　　C. 气缸　　　　　　　　　　　　D. 回位磁环故障
229. BD007　重膜包装过程中,复检秤未正常启动会显示(　　)。
　　A. 复检秤故障　　　　　　　　　B. 料袋间距过小
　　C. 拣选气缸　　　　　　　　　　D. 拣选回位磁环故障
230. BD007　复检秤共有四组(　　)组件。
　　A. 连接头　　　B. 活动头　　　C. 测量头　　　　D. 浮动头
231. BD008　喷码机墨水黏度过高则需要将墨箱中的(　　)抽出。
　　A. 空气　　　　B. 溶剂　　　　C. 墨水　　　　　D. 混合液
232. BD008　喷码机高压泄漏故障原因是(　　)或者潮湿。
　　A. 喷头脏　　　B. 回收口脏　　C. 墨水深度高　　D. 墨水少
233. BD009　码垛机电动机保护断路器跳闸应检查断路器(　　)设定值是否正确。
　　A. 电压　　　　B. 电流　　　　C. 电阻　　　　　D. 参数
234. BD009　码垛机转位机伺服故障应检查伺服初始位(　　)是否损坏或检测距离过大。
　　A. 磁环开关　　B. 光电开关　　C. 接近开关　　　D. 真空开关
235. BD010　(　　)磨损严重会造成套膜机薄膜袋切边不齐。
　　A. 切刀　　　　B. 偏心法兰　　C. 进膜辊　　　　D. 加热组件
236. BD010　(　　)膜卷左右位置不正确会造成套膜机吸盘无法正常吸膜。
　　A. 切刀　　　　B. 拉膜装置　　C. 套膜跑偏　　　D. 加热组件
237. BD011　(　　)错误会造成脱粉器脱除的粉尘中含有颗粒物料。
　　A. 进风量调节　　　　　　　　　B. 定量给料阀开度
　　C. 静电脱除风调节　　　　　　　D. 出风量调节
238. BD011　触摸屏和(　　)通信中断会造成脱粉器触摸屏数据显示为"?"或者是"### ###"。
　　A. CPU　　　　B. PLC　　　　C. DCS　　　　　D. 控制器
239. BD012　开关安装位置不当会造成吨包装机(　　)机构上位故障。
　　A. 称重　　　　B. 提升　　　　C. 复检　　　　　D. 输送
240. BD012　(　　)表面被异物遮挡会造成吨包装机料袋检测开关故障。
　　A. 接近开关　　B. 光电开关　　C. 磁环开关　　　D. 真空开关
241. BE001　称重传感器选择不同的型号会造成(　　)损坏。
　　A. 控制器　　　　　　　　　　　B. 传感器
　　C. 伺服控制器　　　　　　　　　D. 伺服电动机

242. BE001　电子定量秤卸料门电磁阀故障应检查(　　)有无信号。
　　A. 称重传感器　　B. 磁环开关　　C. 伺服控制器　　D. 控制器

243. BE002　重膜包装机膜卷未用尽,报膜卷用尽故障,应调整(　　)位置,检查线路及PLC输入点。
　　A. 光电及反射板　　　　　　　　B. 膜卷
　　C. 接近开关　　　　　　　　　　D. 角封

244. BE002　重膜包装机口封冷却板制冷效果不佳,应调整(　　)。
　　A. 冷却板气缸速度　　　　　　　B. 气源压力
　　C. 冷却风流量　　　　　　　　　D. 冷却板开度

245. BE003　重膜包装机装袋时料交替出现满包、半包现象,应调整(　　)。
　　A. 袋长　　B. 包装速度　　C. 倒锥　　D. 称量速度

246. BE003　因(　　)会造成重膜包装机料门升降故障,无法上升。
　　A. 接近开关故障　　　　　　　　B. 料门里有料未排空
　　C. 光电开关故障　　　　　　　　D. 机构运行故障

247. BE004　因(　　)会造成重膜包装机袋子输送时出现倾斜现象,应及时调整摆臂行程。
　　A. 封口不好　　　　　　　　　　B. 角封不好
　　C. 袋子输送未达到标准距离移动　　D. 膜袋跑偏

248. BE004　因(　　)会造成重膜包装机造成袋子没有正确打开,应及时清理真空系统。
　　A. 吸盘被堵　　　　　　　　　　B. 吸盘关闭
　　C. 所需的真空度未完全达到要求　　D. 薄膜被堵或带静电

249. BE005　在重膜包装机中,缩袋机构夹持机构与翻门间的有效间隙范围是(　　)。
　　A. 0~5mm　　B. 5~10mm　　C. 10~20mm　　D. 10~20mm

250. BE005　重膜包装机装袋时,发生故障应及时调节(　　)和振动延迟时间,必要时要延长振动时间。
　　A. 开袋机构　　B. 装袋机构　　C. 敦实机构　　D. 封口机构

251. BE006　码垛机气缸的运行压力为(　　)。
　　A. 4~5kPa　　B. 4~5MPa　　C. 6~7kPa　　D. 6~7MPa

252. BE006　重膜包装机封口冷却不好应及时清洁(　　)。
　　A. 加热组件　　　　　　　　　　B. 伺服电动机
　　C. 冷风管气孔　　　　　　　　　D. 摆臂

253. BE007　重膜包装机缩袋机构运行不到位会造成(　　)边缘变形。
　　A. 送袋　　B. 底封　　C. 料袋　　D. 封口

254. BE007　因切刀位置过低造成重膜包装机弃袋故障应及时调整切刀位置,使袋口距离热封线(　　)左右。
　　A. 5mm　　B. 10mm　　C. 20mm　　D. 30mm

255. BE008　金属检测器在系统正常运行条件下报故障应检查金属检测器的(　　)是否有误。
　　A. 联锁　　B. 电动机　　C. 轴承　　D. 链条

256. BE008 电子复检秤静态时,称重仪表显示结果波动较大应调整上秤架与下秤架,使两者( )。
    A. 相交　　　　　B. 垂直　　　　　C. 对正　　　　　D. 铅直
257. BE009 复检秤出口光电故障应检查( )光电反射板是否对正。
    A. 金属检测器出口　　　　　　B. 金属检测器入口
    C. 复检秤出口　　　　　　　　D. 复检秤入口
258. BE009 复检秤系统紧急停车应检查( )是否正常。
    A. 包装机　　　　B. 拉绳开关　　　C. 码垛机　　　　D. 套膜机
259. BE010 输送机开机前检查复检秤标定零点和满度并将箱子上的选择开关拨至( )位置。
    A. 自动　　　　　B. 联动　　　　　C. 半自动　　　　D. 手动
260. BE010 码垛机升降机上升超时应检查升降( )是否启动。
    A. 变频器　　　　B. 伺服控制器　　C. 热继电器　　　D. 继电器
261. BE011 升降( )故障会造成码垛机升降机上升超时。
    A. 变频器　　　　B. 伺服控制器　　C. 断路器　　　　D. 继电器
262. BE011 码垛机推袋压袋机推袋小车运行不平稳或噪声过大应更换( )。
    A. 电动机　　　　B. 输送带　　　　C. 接近开关　　　D. 磨损的行走轮
263. BE012 码垛机分层机开超时故障应检查分层机( )是否故障。
    A. 开限位接近开关　　　　　　B. 关限位接近开关
    C. 开限位光电开关　　　　　　D. 关限位光电开关
264. BE012 码垛机编组机动作超时应检查是否有料袋未通过( )。
    A. 编组出口　　　B. 编组入口　　　C. 转位机出口　　D. 转位机入口
265. BE013 码垛机转位旋转超时应检查( )接近开关是否故障。
    A. 分层机开限位　　　　　　　B. 分层机关限位
    C. 伺服初始位　　　　　　　　D. 推袋机回限位
266. BE013 码垛机缓停机堵袋(超时)应检查是否有料袋堵在( )或整形输送机中无法通过。
    A. 加速输送机　　B. 转位机　　　　C. 编组机　　　　D. 推袋机
267. BE014 码垛机托盘仓应及时补充( )。
    A. 托盘　　　　　B. 垛盘　　　　　C. 膜卷　　　　　D. 料袋
268. BE014 码垛机垛盘1动作超时应检查( )位置的光电开关与反射板是否对正。
    A. 托盘不足　　　B. 托盘等待　　　C. 托盘到位　　　D. 输送
269. BE015 码垛机升降机上升减速开关故障应检查升降机上升减速( )与感应片间距离是否过大。
    A. 光电开关　　　B. 拉近开关　　　C. 磁环开关　　　D. 真空开关
270. BE015 升降机配重的导向块与导向槽间距离过大会导致码垛机升降机下降( )故障。
    A. 减速开关　　　B. 加速开关　　　C. 光电开关　　　D. 磁环开关

271. BE016 码垛机推袋回减速开关故障应检查推袋回减速（　　）与感应片间距离是否过大。
    A. 减速开关　　　B. 加速开关　　　C. 光电开关　　　D. 接近开关
272. BE016 码垛机分层开减速开关故障应检查推袋（　　）开关接线是否错误。
    A. 分层开减速　　　　　　　　　B. 分层关减速
    C. 分层满光电　　　　　　　　　D. 推袋去减速
273. BE017 套膜机纵向机构打开超时应检查支架平移电动机外限位（　　）是否故障。
    A. 变频器　　　B. 光电开关　　　C. 接近开关　　　D. 抱闸
274. BE017 套膜机横向机构打开超时应检查（　　）平移电动机支架外限位开关是否故障。
    A. 支架　　　B. 升降　　　C. 收膜轮　　　D. 输送
275. BE018 套膜机制袋完成套垛无垛盘故障应检查（　　）光电开关是否对正。
    A. 套垛位　　　B. 整形位　　　C. 输送位　　　D. 出垛位
276. BE018 套膜机夹手阀动作超时故障应检查（　　）接线是否正确。
    A. 接近开关　　　B. 磁环开关　　　C. 光电开关　　　D. 真空开关
277. BE019 套膜机进膜开始吸盘没到位故障应检查（　　）、检测元件是否到位。
    A. 吸盘闭位　　　B. 吸盘开位　　　C. 切刀左位　　　D. 切刀右位
278. BE019 （　　）真空开膜失败会造成套膜机真空开膜失败报警。
    A. 一次　　　B. 两次　　　C. 三次　　　D. 四次
279. BE020 套膜机热封阀动作超时故障首先应检查（　　）。
    A. 气源压力是否足够　　　　　　　B. 电压是否稳定
    C. 热封控制器是否正常　　　　　　D. 是否存在机械故障
280. BE020 套膜机吸盘阀 ON 且吸盘关位 OFF 超过（　　）引起吸盘阀动作超时故障，应检查气源压力是否足够。
    A. 1s　　　B. 3s　　　C. 5s　　　D. 7s
281. BE021 薄膜袋边口不齐整，应检查（　　）。
    A. 切刀　　　B. 加热组　　　C. 四氟布　　　D. 垫板层
282. BE021 套膜机袋口热合效果不好，封口处尤其是中间两层膜部分被扯薄甚至撕裂，应调整（　　）。
    A. 热封温度　　　B. 热封时间　　　C. 热封压力　　　D. 冷却时间
283. BE022 套膜机套膜效果不好，应调整拉膜框架，使其（　　）。
    A. 垂直　　　B. 水平　　　C. 倾斜 30°　　　D. 倾斜 60°
284. BE022 套膜后，垛盘顶部膜袋较松大，应通过控制面板（　　）。
    A. 增加收膜长度　　　　　　　　　B. 减小收膜长度
    C. 增加膜厚度　　　　　　　　　　D. 减小膜厚度
285. BE023 为保证法兰接头的密封要求，剧烈循环工况的管道采用法兰连接时应选用（　　）。
    A. 平焊法兰　　　B. 胀接法兰　　　C. 螺纹法兰　　　D. 带颈对焊法兰

286. BE023　气动系统气缸内泄大应更换(　　)或检查活塞配合面。
　　A. 端盖　　　　B. 密封圈　　　　C. 活塞杆　　　　D. 接头
287. BE024　奥氏体不锈钢使用温度高于540℃(铸件高于425℃)时,应当控制材料含碳量不低于(　　),并且在固溶状态下使用。
　　A. 1%　　　　B. 4%　　　　C. 7%　　　　D. 10%
288. BE024　液压系统油液温度过高应检查(　　)。
　　A. 转速是否正常　　　　B. 油箱液位是否太低
　　C. 流量是否太低　　　　D. 以上选项均不对
289. BE025　喷码机高压泄漏故障应使用吹球将(　　)清洗并吹干。
　　A. 喷头　　　　B. 回收口　　　　C. 相位检测　　　　D. 喷头盖
290. BE025　喷码机相位检测异常应在墨水黏度正常的情况下将喷嘴调制值原数值加减(　　)后观察使用情况。
　　A. 10　　　　B. 20　　　　C. 50　　　　D. 100
291. BE026　脱粉器的粉尘中含有颗粒物料应检查并调整(　　)开度。
　　A. 进风阀　　　　B. 出风阀　　　　C. 给料阀　　　　D. 闸板阀
292. BE026　脱粉器触摸屏数据显示为"?"或者是"######",应检查控制柜内(　　)是否断电。
　　A. 继电器　　　　B. PLC
　　C. 热继电器　　　　D. 以上选项均不对
293. BF001　在三视图中,水平面上的投影称为(　　)。
　　A. 主视图　　　　B. 俯视图　　　　C. 左视图　　　　D. 右视图
294. BF001　在剖视图中,被剖切物体的断面应该用(　　)表示。
　　A. 粗实线　　　　B. 点画线　　　　C. 虚线　　　　D. 剖面线
295. BF002　假想用平面将机件某处切断,仅画出断面的图形,画上剖面符号,这种图称为(　　)。
　　A. 断面图　　　　B. 剖视图　　　　C. 局部图　　　　D. 拆分图
296. BF002　断面图的移出剖面应画在视图之外,轮廓线用(　　)绘制。
　　A. 细实线　　　　B. 点画线　　　　C. 粗实线　　　　D. 双点画线
297. BF003　化工设备必须具备足够的强度、密封性、耐腐蚀性及(　　)等结构特点。
　　A. 传热性　　　　B. 伸缩性　　　　C. 振动性　　　　D. 稳定性
298. BF003　化工设备的选材应考虑材料的力学性能、化学性能、物理性能和(　　)。
　　A. 工艺性能　　　　B. 工作性能　　　　C. 工况性能　　　　D. 工程性能
299. BF004　化工设备图是由装配图、(　　)和管口方位图等图样组成的一组视图。
　　A. 主视图　　　　B. 俯视图　　　　C. 斜视图　　　　D. 零部件图
300. BF004　化工设备图上的(　　)是制造、装配、安装和检验设备的重要依据。
　　A. 比例　　　　B. 尺寸　　　　C. 标题栏　　　　D. 明细表
301. BF005　管子交叉重叠时,可采用(　　)表示。
　　A. 把下面管子投影断裂　　　　B. 把前面遮盖部分的投影断开
　　C. 把前面管子投影断开　　　　D. 把上面管子投影断开

302. BF005　工艺配管单线图是单根管道或管段的（　　），它详细注明管道、阀门或其他管件的尺寸，并附有详细的材料表。
　　A. 立体图　　　　B. 主视图　　　　C. 斜视图　　　　D. 俯视图
303. BF006　仪表联锁图中,继电器带电时,接点闭合,这个接点是（　　）。
　　A. 常闭接点　　　B. 常开接点　　　C. 电接点　　　　D. 控制接点
304. BF006　仪表联锁回路由输入（　　）和输出三部分组成。
　　A. 联锁　　　　　B. 常开　　　　　C. 常闭　　　　　D. 逻辑

二、多项选择题（每题有4个选项,只有2个或2个以上是正确的,将正确的选项号填入括号内）

1. AA001　阴燃是（　　）燃烧的一种燃烧形式。
　　A. 气体　　　　　B. 液体　　　　　C. 固体　　　　　D. 立体
2. AA002　在着火源的种类中,化学反应热包括（　　）。
　　A. 化合（特别是氧化）反应产生的热量　　B. 分解反应产生的热量
　　C. 硝化和聚合等放热化学反应热量　　　　D. 生化作用产生的热量
3. AA003　燃烧的充分条件有（　　）。
　　A. 一定的可燃物浓度　　　　　　　　　　B. 一定的氧气含量
　　C. 一定的点火能量　　　　　　　　　　　D. 未受抑制的链式反应
4. AA004　下面有关燃烧条件的说法,错误的是（　　）。
　　A. 燃烧的三要素是氧气、燃料、和点火源
　　B. 同时具备燃烧三要素的可燃物一定能够燃烧
　　C. 只有在氧气存在的时候可燃物才能够燃烧
　　D. 汽油桶实验说明燃烧需要可燃物与助燃剂要有合理的配比才能燃烧
5. AA005　闪点与（　　）有关。
　　A. 物质的密度　　　　　　　　　　　　　B. 物质的浓度
　　C. 物质的质量　　　　　　　　　　　　　D. 物质的饱和蒸气压
6. AA006　易于自燃物质灭火时,不能用（　　）进行灭火。
　　A. 干粉灭火剂、砂土和二氧化碳　　　　　B. 水
　　C. 碱性水　　　　　　　　　　　　　　　D. 酸性水
7. AA007　自热燃烧的物质可分为（　　）。
　　A. 自燃点低的物质　　　　　　　　　　　B. 遇空气、氧气会发生自燃的物质
　　C. 自然分解发热物质　　　　　　　　　　D. 产生聚合、发酵热的物质
8. AA008　下列选项中,不是发生无焰燃烧必须具备的条件的是（　　）。
　　A. 可燃物　　　　　　　　　　　　　　　B. 氧化剂
　　C. 温度　　　　　　　　　　　　　　　　D. 链式反应自由基
9. AA009　爆炸极限是评价化工物质安全度的重要指标,下列说法正确的是（　　）。
　　A. 温度只对可燃物的爆炸下限有影响
　　B. 氧含量只可使爆炸上限提高,而对爆炸下限影响不大

C. 惰性气体含量增加对爆炸上限的影响比对下限影响小

D. 临界压力就是上限和下限重合的压力

10. AA010　下列选项中,影响爆炸极限的因素有(　　)。
　　A. 初始温度　　　B. 初始压力　　　C. 惰性气体含量　　D. 容器

11. AA011　具有下列(　　)情形之一的为特大火灾。
　　A. 死亡 10 人以上
　　B. 重伤 20 人以上
　　C. 死亡、重伤 20 人以上
　　D. 受灾 50 户以上,直接财产损失 100 万元以上

12. AA012　下列物质中属于爆炸危险性物质中的氧化剂的是(　　)。
　　A. 硝化甘油　　　B. 过氧化钠　　　C. 亚硝酸钾　　　D. 苯

13. AA013　在含有(　　)的生产厂房内采取通风措施时,通风气体不能循环使用。
　　A. 氮气　　　B. 易燃　　　C. 易爆　　　D. 氢气

14. AA014　以下选项中,属于工业中常用惰性介质的是(　　)。
　　A. 氮气　　　B. 二氧化碳　　　C. 水蒸气　　　D. 烟道气

15. AA015　紧急停车可分为(　　)。
　　A. 局部紧急停车　B. 单元停车　　C. 全面紧急停车　　D. 工段停车

16. AA016　为防止(　　)与空气构成爆炸性混合物,应使设备密闭,对于在负压下生产的设备,应防止空气吸入。
　　A. 易燃气体　　　B. 蒸气　　　C. 可燃性粉尘　　　D. 易燃液体

17. AA017　下列选项中,属于静电特点的是(　　)。
　　A. 电压高　　　B. 感应突出　　　C. 尖端放电严重　　　D. 危害巨大

18. AA018　冲撞带电是指(　　)冲撞形成飞快的接触和分离,产生静电。
　　A. 粉尘类的粒子之间　　　　B. 粒子与固体之间
　　C. 粉尘　　　　　　　　　　D. 固体

19. AA019　防静电的基本措施包括(　　)和空气电离法。
　　A. 减少摩擦起电　　　　　　B. 接地泄漏
　　C. 降低电阻　　　　　　　　D. 增加空气湿度

20. AA020　下列选项中,属于八防中防火防爆措施的是(　　)。
　　A. 配置可燃气体报警仪　　　B. 配置安全阀
　　C. 配置压力表　　　　　　　D. 配置对讲机

21. AA021　下列选项中,可以用干粉灭火器扑救的是(　　)。
　　A. 石油及其产品火灾　　　　B. 可燃气体火灾
　　C. 易燃液体火灾　　　　　　D. 电气设备初起火灾

22. AA022　消防供水设备是消防水泵的配套设备,下列选项中,(　　)是比较常见的消防供水设备。
　　A. 水枪　　　　　　　　　　B. 水带
　　C. 室内消火栓　　　　　　　D. 消防车水罐

23. AA023　静电指(　　)过程中,由于某些材料的相对运动、接触与分离等原因而积累起来的相对静止的正电荷和负电荷。
    A. 生产工艺　　　　B. 工作人员操作　　C. 设备运行中　　　D. 工作人员行走
24. AA024　人在活动过程中,由于(　　)产生静电感应,均可产生静电。
    A. 接触　　　　　　　　　　　　　　　B. 碰撞
    C. 衣着等固体物质的接触和分离　　　　D. 人体接近带电体
25. AA025　下列选项中,符合限制和避免静电的产生和积累的措施的是(　　)。
    A. 控制流速　　　　　　　　　　　　　B. 选用合适材料
    C. 增加静止时间　　　　　　　　　　　D. 改进灌注方式
26. AA026　电流通过人体对人体伤害的严重程度与(　　)有关。
    A. 电流通过人体的持续时间　　　　　　B. 电流通过人体的途径
    C. 负载大小　　　　　　　　　　　　　D. 电流大小和电流种类
27. AA027　电击是电流通过人体内部,破坏人的(　　)正常工作造成的伤害。
    A. 心脏　　　　　　B. 神经系统　　　　C. 肺部　　　　　　D. 嗅觉
28. AA028　触电一般指人体触及带电体,由于电流通过人体而造成的伤害,分为(　　)。
    A. 单相触电　　　　B. 电击　　　　　　C. 电伤　　　　　　D. 两相触电
29. AA029　根据人体与带电体的接触方式不同,下列选项中属于间接触电的是(　　)。
    A. 单相触电　　　　B. 跨步电压触电　　C. 两相触电　　　　D. 静电触电
30. AA030　下列选项中属于脱离低压电源的方法的是(　　)。
    A. 拉　　　　　　　B. 切　　　　　　　C. 拽　　　　　　　D. 垫
31. AA031　心肺复苏法的基本措施有(　　)。
    A. 畅通气道　　　　　　　　　　　　　B. 口对口人工呼吸
    C. 胸外按压(人工循环)　　　　　　　　D. 拨打急救电话
32. AA032　间接接触电击电包括(　　)。
    A. 跨步电压电击　　B. 接触电压电击　　C. 电弧电击　　　　D. 两相电击
33. AA033　使用水枪带电灭火时,扑救人员应(　　)。
    A. 穿绝缘靴　　　　　　　　　　　　　B. 戴绝缘手套
    C. 将水枪金属喷嘴接地　　　　　　　　D. 不用采取绝缘措施
34. AA034　在配电室的设置中,为了防止(　　)引起火灾,开关、插销、熔断器、电热器具、照明器具、电焊设备和电动机等均应根据需要,适当避开易燃物或易燃建筑构件。
    A. 明火　　　　　　B. 电火花　　　　　C. 危险温度　　　　D. 静电
35. AA035　在创伤急救方法中,常用的止血方法有(　　)。
    A. 加压包扎法　　　B. 指压止血法　　　C. 止血带止血法　　D. 涂止血药
36. AA036　下列选项中属于常见的化学腐蚀的是(　　)。
    A. 金属氧化　　　　B. 高温硫化　　　　C. 渗碳　　　　　　D. 脱碳
37. AA037　电化学保护法可以分为(　　)。
    A. 阴极保护　　　　B. 护屏保护　　　　C. 阳极保护　　　　D. 非金属保护

38. AA038 下列选项中,属于毒尘物质的来源的是( )。
    A. 生产原料
    B. 中间产品和产品
    C. 由化学反应不完全和服反应产生的物质
    D. 生产过程中排放的污水和冷却水、工厂废气
39. AA039 生态系统的基本功能包括( )。
    A. 生物生产   B. 生态系统中的能量流动
    C. 生态系统中的物质循环   D. 生态系统中的信息传递
40. AA040 环境保护的范围有( )。
    A. 大气污染环境治理环保   B. 水质污染环保
    C. 土壤污染治理环保   D. 人类居住环境治理
41. AB001 下列选项中,属于化工泵输送低温介质的是( ),泵的低温工作温度大都在
         $-100 \sim -20℃$。
    A. 液氧   B. 液氮   C. 甲烷等   D. 空气
42. AB002 机械传动按传动比可分为( )。
    A. 定传动比   B. 链传动比   C. 齿轮传动比   D. 变传动比
43. AB003 向心球轴承包括( )。
    A. 滚动轴承   B. 深沟球轴承
    C. 调心球轴承   D. 角接触球轴承
44. AB004 剖视图的类型有( )。
    A. 全剖视图   B. 半剖视图   C. 局部剖视图   D. 单一剖视图
45. AB005 化工设备装配图是表示化工设备( )的图样。
    A. 全貌   B. 组成   C. 特性   D. 管口方位
46. AB006 噪声屏障安装要求是要有( )、屏障板、固定件、密封件等。
    A. 基础   B. 钢板   C. 钢立柱   D. 螺栓
47. AB007 化工容器中,常在筒体或封头上开设各种大小的孔或安装接管,如( )、物料
         进出口接管等。
    A. 人孔   B. 手孔   C. 视镜孔   D. 接料孔
48. AB008 ( )之间形成摩擦副的面称为机械密封的主密封面。
    A. 壳体   B. 动环   C. 静环   D. 转轴
49. AB009 减速机按照传动类型可分为( )。
    A. 齿轮减速机   B. 摆线减速机
    C. 蜗杆减速机   D. 行星齿轮减速机
50. AB010 齿轮可以分为直齿轮、( )、蜗杆蜗轮、非圆齿轮。
    A. 斜齿轮   B. 锥齿轮   C. 曲齿   D. 弧齿轮
51. AB011 做往复直线运动的气缸又可分为( )。
    A. 单作用气缸   B. 双作用气缸
    C. 膜片式气缸   D. 冲击气缸

52. AB012　普通碳素工具钢可分为(　　)。
　　A. 工具钢　　　　B. 甲类钢　　　　C. 乙类钢　　　　D. 丙类钢
53. AB013　法兰可分为(　　)。
　　A. 整体法兰　　　　　　　　　　　B. 螺纹法兰
　　C. 板式平焊法兰　　　　　　　　　D. 带径对焊法兰
54. AC001　常见的磁场有(　　)。
　　A. 电磁场　　　B. 运动磁场　　　C. 电场　　　　D. 地磁场
55. AC002　电阻的大小与导体的(　　)有关。
　　A. 重量　　　　B. 截面积　　　　C. 长度　　　　D. 温度
56. AC003　感应电动势常用的定则有(　　)。
　　A. 单手定则　　B. 双手定则　　　C. 右手定则　　D. 左手定则
57. AC004　电路图的定义是用导线将电源、用电器、(　　)等连接起来组成电路,再按照统一的符号将它们表示出来,这样绘制出的就称为电路图。
　　A. 开关　　　　B. 电流表　　　　C. 电压表　　　D. 电阻
58. AC005　电路的识别包括(　　)和并联电路的判断。
　　A. 正确电路　　B. 错误电路　　　C. 串联电路　　D. 电器开关
59. AC006　直流电路内的(　　)在金属导线界面外产生了稳定的环型磁场以及静电场。
　　A. 电压　　　　B. 电位差　　　　C. 电阻　　　　D. 电流
60. AC007　电压的常用单位为(　　)。
　　A. 伏(V)　　　B. 毫伏(mV)　　　C. 微伏(μV)　　D. 千伏(kV)
61. AC008　电感线圈的电感量的大小,主要取决于(　　)等因素。
　　A. 线圈的圈数　B. 结构　　　　　C. 绕制方法　　D. 电流
62. AC009　物体由于(　　)等原因,失去部分电子时物体带正电荷。
　　A. 摩擦　　　　B. 加热　　　　　C. 射线照射　　D. 化学变化
63. AC010　在电子线路中,常选特定(　　)作为电位参考点。
　　A. 端子　　　　B. 公共线　　　　C. 动力线　　　D. 机壳
64. AC011　电动势是具有(　　)的物理量。
　　A. 长度　　　　B. 大小　　　　　C. 方向　　　　D. 温度
65. AC012　库仑定律表明,静电力做功与路径无关,所以静电场又称(　　)。
　　A. 保守场　　　B. 势场　　　　　C. 非旋场　　　D. 动态场
66. AC013　直流电源包括(　　)。
　　A. 蓄电池　　　B. 干电池　　　　C. 家用电源　　D. 锂电池
67. AC014　电源的电动势随时间作周期性变化,使得电路中的(　　)也随时间作周期性变化,这种电路称为交流电路。
　　A. 电阻　　　　B. 电压　　　　　C. 电流　　　　D. 电容
68. AC015　下列措施中,不能改变导体电阻大小的是(　　)。
　　A. 改变导体的长度　　　　　　　　B. 改变导体的材料
　　C. 改变导体的横截面积　　　　　　D. 改变导体在电路中连接的位置

69. AC016 电动势和电压虽然具有相同的单位,但它们是本质不同的两个物理量,它们之间的区别是(　　)。
   A. 二者做功的力不同　　　　　　　　B. 能量的转化过程不同
   C. 在电路中的因果关系不同　　　　　D. 在给定电路中变与不变不同
70. AC017 交流电具有许多技术上、经济上的优越性,这主要表现在(　　)。
   A. 在通信技术中可利用交流电实现信息的传输
   B. 利用变压器变换交流电压,可以大量地远距离地传输电能
   C. 利用整流设备可以方便地从交流电获得直流电
   D. 交流电动机的结构比直流电动机简单
71. AC018 各类小家电使用交流电时,必须对交流电进行(　　)处理。
   A. 变压　　　　B. 滤波　　　　C. 稳压　　　　D. 谐波
72. AC019 由电流随时间的变化规律可以看出,正弦交流电需用(　　)来描述。
   A. 频率　　　　B. 峰值　　　　C. 大小　　　　D. 相位
73. AC020 交流电的频率是指它(　　)变化的次数,单位是赫兹 Hz。
   A. 单位时间　　B. 周期性　　　C. 倒数　　　　D. 正比
74. AC021 正弦交变电的电动势、电压和电流都有(　　)。
   A. 最大值　　　B. 有效值　　　C. 瞬时值　　　D. 平均值
75. AC022 电动机按结构和工作原理可分为(　　)。
   A. 直流电动机　B. 异步电动机　C. 交流电动机　D. 同步电动机
76. AC023 电动机的绝缘等级是指电动机定子绕组所用的绝缘材料等级,它表明电动机所允许的最高温度,分为(　　)、F 级、H 级。
   A. A 级　　　　B. B 级　　　　C. C 级　　　　D. E 级
77. AC024 电动机运行中维护应采取必要手段检查(　　)部位温度。
   A. 轴承处　　　B. 端盖　　　　C. 转子　　　　D. 电动机外壳
78. AD001 液体作稳定流动时,(　　)可能转化为机械能。
   A. 位能　　　　B. 动能　　　　C. 静压能　　　D. 内能
79. AD002 影响流体阻力大小的因素有(　　)。
   A. 管材的密度　　　　　　　　　　　B. 流体的流动状况
   C. 管壁的粗糙程度　　　　　　　　　D. 管子的长度和直径
80. AD003 近年来由于填料结构的改进,新型的高效、高负荷填料的开发,使得填料塔具有(　　)的特点,因此填料塔已被推广到所有大型分离设备中。
   A. 高的通过能力　　　　　　　　　　B. 高的分离效率
   C. 压力降小　　　　　　　　　　　　D. 性能稳定
81. AD004 液体中运动的物体所受到的阻力与(　　)成正比的关系。
   A. 流体密度　　　　　　　　　　　　B. 物体迎流截面积
   C. 运动速度的平方　　　　　　　　　D. 物体质量
82. AD005 精馏塔中气体吸收过程中的阻力包括(　　)。
   A. 气相阻力　　B. 气膜阻力　　C. 液相阻力　　D. 液膜阻力

83. BA001　输出接口电路的类型有(　　)。
　　A. 继电器输出型　　　　　　　　B. 晶体管输出型
　　C. 中继器输出型　　　　　　　　D. 晶闸管输出型
84. BA002　PLC扫描梯形图时,先扫描梯形图左边的由各触点构成的控制线路,并按(　　)的顺序进行逻辑运算。
　　A. 先左后右　　B. 先右后左　　C. 先上后下　　D. 先下后上
85. BA003　重膜包装机摆臂前行将(　　)及冷却位的料袋依次向下传递一个工位。
　　A. 制袋位　　　B. 开袋位　　　C. 装袋位　　　D. 封口位
86. BA004　重膜包装机操作盘由(　　)等组成。
　　A. 触摸式人机界面　　　　　　　B. 带灯按钮开关
　　C. 指示灯　　　　　　　　　　　D. 扫描器
87. BA005　FFS包装机采用两个温度控制器,用于(　　)加热控制。
　　A. 底封　　　　B. 口封　　　　C. 底封冷却　　D. 口封冷却
88. BB001　启动称重控制器进入运行状态,若满足称重启动条件(　　),开始称重,进行粗给料过程,给料门完全打开,物料快速落入称重料斗。
　　A. 秤料斗内无物料　　　　　　　B. 重膜包装机启动
　　C. 给料门与卸料门关闭　　　　　D. 给料门开启
89. BB002　定量秤控制器零位自动跟踪检测系统能够根据概率分布原理自动设置(　　),保证称重精度和速度的协调。
　　A. 调零次数　　B. 重量　　　　C. 精度　　　　D. 周期
90. BB003　码垛机料袋输送部分包括整形压平机及之前的输送机、加速输送机,实现料袋(　　)功能。
　　A. 输送　　　　B. 缓停　　　　C. 压平整形　　D. 编组
91. BB004　套膜机套膜过程包括(　　)、拉伸套膜。
　　A. 切袋　　　　B. 供膜　　　　C. 开袋　　　　D. 卷膜
92. BB005　输送检测系统的工作过程是封口完毕的料袋依次通过压平输送机进入(　　)。
　　A. 金检输送机　　　　　　　　　B. 复检输送机
　　C. 拣选输送机　　　　　　　　　D. 过渡输送机
93. BB006　断点位置及形状与加在晶振线上的(　　)有关。
　　A. 调制电压　　B. 墨水黏度　　C. 墨水温度　　D. 墨路压力
94. BB007　脱粉系统所涉及的相关脱粉线设备及气动阀门,均有(　　)两种操作模式。
　　A. 主动　　　　B. 被动　　　　C. 正常(自动)　D. 维护(手动)
95. BB008　影响重膜包装机热封效果的因素有(　　)。
　　A. 热封温度　　B. 热封压力　　C. 热封时间　　D. 冷却时间
96. BB009　重膜包装机封口冷却包括(　　)。
　　A. 底封冷却Ⅰ　B. 底封冷却Ⅱ　C. 口封冷却Ⅰ　D. 口封冷却Ⅱ
97. BB010　吨包装机升降机构包含(　　)。
　　A. 装袋机构　　B. 称重机构　　C. 夹袋机构　　D. 吊钩机构

98. BC001　电子定量秤的标定包括(　　)等操作。
   A. 清零　　　　　B. 零点标定　　　　C. 满度标定　　　　D. 保存标定
99. BC002　重膜包装机如果热封效果不好,应调节(　　)。
   A. 角封加热时间　　　　　　　　B. 角封加热温度
   C. 角封气缸的压力　　　　　　　D. 角封的冷却效果
100. BC003　喷码机喷嘴轻微堵塞时,应依次执行(　　),清洗喷头各部件并吹干,执行快速开机流程,检查墨线位置是否正确。
   A. 引灌墨水　　　B. 喷嘴清洗　　　　C. 打通喷嘴　　　　D. 稳定性测试
101. BC004　为了便于处理意外情况,在(　　)之间设置了拉绳开关。
   A. 整形压平机　　B. 拣选输送机　　　C. 喷码机　　　　　D. 包装机
102. BC005　码垛机系统中的(　　)等电动机由变频器驱动,以实现运转方向、速度的控制与调节。
   A. 转位机　　　　B. 推袋机　　　　　C. 分层机　　　　　D. 升降机
103. BC006　套膜机调整偏心法兰,使(　　)的偏心轮与立柱面压紧,另外两个偏心轮调整使其滑动顺畅,并保持拉膜装置水平。
   A. 外侧　　　　　B. 内侧　　　　　　C. 上侧　　　　　　D. 下侧
104. BC007　吨包装机运行是确定料袋的充排气效果是否良好应从(　　)来判断。
   A. 膨胀效果适当　　　　　　　　B. 排气过程顺畅
   C. 料袋形状完整　　　　　　　　D. 定量秤进料流畅
105. BC008　到位后光电开关(NPN型)无信号,应检查对射式光电开关(　　)是否对正。
   A. 被检测物　　　B. 反光板　　　　　C. 发射端　　　　　D. 接收端
106. BC009　接近开关的类型有(　　)。
   A. 电感式　　　　　　　　　　　B. 电容式
   C. 霍尔式　　　　　　　　　　　D. 交流、直流式
107. BC010　气缸的运动形式有(　　)。
   A. 前后移动　　　　　　　　　　B. 上下移动
   C. 往复直线运动　　　　　　　　D. 往复摆动
108. BC011　电动机无法启动或异常停止等故障时,首先应检查(　　)。
   A. 保护断路器　　B. 接触器　　　　　C. 各端子接线　　　D. 外壳
109. BD001　称重单元卸料门磁环无信号的原因是(　　)。
   A. 卸料门磁环开关位置移动或损坏　　B. 放料门气缸不在收回位
   C. 料门位置偏移　　　　　　　　D. 料门连杆松动
110. BD002　重膜包装机口封或底封冷却不到或冷却不良好的原因是(　　)。
   A. 未被冷却板夹到,或是膜卷翻卷了
   B. 冷却板压紧度不合适或是压板与冷却板不平行
   C. 未通冷却风或是涡流冷却器调整不合适
   D. 送膜电动机堵袋

111. BD003　重膜包装机角片升降故障的原因是(　　)。
    A. 进膜辊过紧　　　　　　　　　　B. 送膜辊过紧
    C. 角片气缸动作异常　　　　　　　D. 角片位置检测开关信号异常

112. BD004　重膜包装机薄膜跑偏的原因是(　　)。
    A. 薄膜卷筒未充分紧固在支撑轴承上　　B. 薄膜卷筒不位于中心
    C. 薄膜被不均匀缠绕　　　　　　　D. 导向板不在中心,或彼此距离太远

113. BD005　重膜包装机料袋向前或是向后倾斜的故障原因是(　　)。
    A. 步进电动机转动异常或是皮带松紧不合适
    B. 步进计数检测信号异常,计数不准
    C. 触摸屏设定步进计数不合适
    D. 主、从动滚筒轴线不平行

114. BD006　复检秤光电故障的原因有(　　)。
    A. 反射板未对正　　　　　　　　　B. 光电接线断
    C. 光电损坏　　　　　　　　　　　D. 料袋间距过小

115. BD007　造成复检秤称重仪表动态显示波动大的原因是(　　)。
    A. 零点未校准　　　　　　　　　　B. 满度未校准
    C. 输送机电动机松动　　　　　　　D. 动态系数未校准

116. BD008　高压电压故障的原因是(　　)。
    A. 喷头脏　　　　　　　　　　　　B. 回收口脏
    C. 现场电压不稳定　　　　　　　　D. 电磁干扰严重

117. BD009　码垛机压袋位开关故障的原因是(　　)。
    A. 压袋位开关检测接近开关有故障　B. 压袋电磁阀故障
    C. 压袋机返回超时　　　　　　　　D. 机械结构卡住

118. BD010　套膜机薄膜包装效果不好的原因是(　　)。
    A. 拉膜装置框架不水平　　　　　　B. 穿膜不正确
    C. 套膜末端弧板退出后堆褶　　　　D. 热合温度不合适

119. BD011　造成脱粉器产品物料的脱粉效果差,产品中的粉尘多的原因是(　　)。
    A. 脱粉器设置不正确　　　　　　　B. 风机入口过滤器堵塞
    C. 脉冲阀设置不正确　　　　　　　D. 定量给料阀开度错误

120. BD012　造成吨包装机提升机构下位故障的原因是(　　)。
    A. 开关安装位置不当　　　　　　　B. 开关接线回路异常
    C. 开关本身损坏　　　　　　　　　D. 光电开关损坏

121. BE001　电子定量秤零点偏移过大的处理方法是(　　)。
    A. 称重装置重心偏移,需调整机械结构
    B. 称重箱中有余料,清除余料
    C. 称重传感器与秤体连接螺栓松动,拧紧螺栓
    D. 称重传感器故障,需更换

122. BE002　重膜包装机袋子输送中出现倾斜现象的处理方法是(　　)。
　　A. 调整导向板　　　　　　　　　B. 检查移动自由度
　　C. 检查摆臂行程(行程为330mm)　　D. 检查驱动元件
123. BE003　重膜包装机封口时袋子边缘向下折的调整方法是(　　)。
　　A. 调整抱夹装置　　　　　　　　B. 调节切刀装置
　　C. 调节袋子顶部封口的高度　　　D. 调节夹持气缸压力
124. BE004　重膜包装机封口时热封口破损而开口的调整方法是(　　)。
　　A. 降低封口设定温度,减少热封时间　　B. 更换热封组件
　　C. 更换合格的薄膜　　　　　　　D. 检查口封、底封冷却
125. BE005　重膜包装机装袋时发生故障的处理方法是(　　)。
　　A. 检查并确认正常装填此产品时是否需要更长的袋子,或者是否需要按规定尺寸改变袋宽
　　B. 调节敦实机构振动延迟时间,必要时要延长振动时间
　　C. 调节立袋输送机高度
　　D. 调节切刀高度
126. BE006　重膜包装机口封或底封加热不良的处理方法是(　　)。
　　A. 调整热封温度　　　　　　　　B. 调整热封时间
　　C. 调整加热组件　　　　　　　　D. 调整重膜包装机运行机构
127. BE007　重膜包装机因真空压力不稳造成吹袋故障应通过(　　)解决。
　　A. 更换吸盘　　　　　　　　　　B. 拆除吸盘座滤网
　　C. 设定真空度　　　　　　　　　D. 调整切刀位置
128. BE008　复检秤在系统正常运行条件下未正常启动故障的处理方法是(　　)。
　　A. 检查复检秤是否正常　　　　　B. 检查与复检秤的联锁是否有误
　　C. 调整传动电动机　　　　　　　D. 调整对正上秤架与下秤架
129. BE009　拣选机倒袋光电损坏,会造成(　　)故障。
　　A. 倒袋　　　　B. 光电　　　　C. 料袋　　　　D. 拉绳
130. BE010　通过(　　)方法可以排除伺服故障。
　　A. 记录报警信息,参看说明书　　B. 改变伺服初始位接近开关检测距离
　　C. I/O模块接线有误　　　　　　 D. 检查变频器接线是否有误
131. BE011　防止分层板故障的方法有(　　)。
　　A. 调整接近开关的位置　　　　　B. 调整张紧同步带
　　C. 更换磨损的辊轮　　　　　　　D. 更换接近开关
132. BE012　码垛机编组机动作超时故障的处理方法是(　　)。
　　A. 检查是否有料袋未通过编组入口
　　B. 检查编组光电1、2是否故障
　　C. 检查编组电动机动作是否正常
　　D. 检查是否存在电动机轴断裂或皮带断裂等机械故障

133. BE013　码垛机缓停机堵袋(超时)的处理方法有(　　)。
    A. 检查是否有料袋堵在加速输送机或整形输送机中无法通过
    B. 检查加速输送和整形压平光电是否故障
    C. 检查转位输送电动机动作是否正常
    D. 检查转位输送机是否存在电动机轴断裂或皮带断裂等机械故障

134. BE014　码垛机托盘仓空报警故障的处理方法是(　　)。
    A. 检查托盘等待位光电是否故障　　B. 检查托盘输送电动机动作是否正常
    C. 检查托盘仓是否空仓　　　　　　D. 检查托盘空仓光电接线是否错误

135. BE015　码垛机升降下降限位故障的处理方法是(　　)。
    A. 检查两只升降下降限位开关(配重上位和升降机下位)是否同时有信号,调整开关位置,使两者同时有信号
    B. 检查升降下降限位是否损坏
    C. 检查升降机配重的导向块与导向槽间距离是否过大
    D. 检查升降下降减速安装架是否变形

136. BE016　码垛机分层满光电故障的处理方法是(　　)。
    A. 检查分层满光电与反射板是否对正
    B. 检查分层满光电接线是否错误
    C. 检查分层满光电与反射板间是否有异物
    D. 检查分层满光电是否损坏

137. BE017　套膜机进膜不到位开始热封是由(　　)造成。
    A. 切刀位置不正确　　　　　　　　B. 热封夹紧未到开位
    C. 检测元件松动　　　　　　　　　D. 检测元件接线错位

138. BE018　套膜机套垛轮廓检测故障的排查方法有(　　)。
    A. 检查界限开关安装位置是否正确
    B. 检查界限开关接线是否正确
    C. 检查界限开关是否损坏
    D. 检查收膜轮平移电动机关闭过程是否发生机械故障

139. BE019　套膜机真空开膜失败报警的处理方法是(　　)。
    A. 检查负压检测开关是否正常工作　　B. 检查真空阀是否正常
    C. 检查薄膜是否平整且位置正确　　　D. 检查吸盘是否漏气

140. BE020　套膜机切刀阀动作超时故障的处理方法有(　　)。
    A. 检查电磁阀是否损坏
    B. 检查是否有足够的气源供应
    C. 检查磁感式接近开关安装位置是否正确
    D. 检查是否存在机械故障

141. BE021　套膜机袋口热合效果不好的处理方法是(　　)。
    A. 及时更换聚四氟布或电加热片、云母片
    B. 通过控制面板调整热合时间

C. 通过调整热合气缸伸出量调整压紧力
D. 通过控制面板调整冷却时间

142. BE022　套膜机薄膜拉伸时破裂的处理方法是（　　）。
   A. 重新穿膜 B. 更换薄膜
   C. 通过控制面板减小收膜长度 D. 增加三次进膜长度

143. BE023　气动系统电磁阀主阀故障的处理方法是（　　）。
   A. 更换弹簧、密封件、阀芯或阀套 B. 清理主阀内异物
   C. 调整气源压力 D. 排放冷凝水

144. BE024　液压系统运动不正常的处理方法是（　　）。
   A. 检查确认油路正常 B. 调整油路压力
   C. 调整换向阀 D. 更换黏度适宜的液压油

145. BE025　喷码机回收故障的处理方法是（　　）。
   A. 清洗喷嘴 B. 调整墨线
   C. 打通喷嘴 D. 清洗喷嘴帽

146. BE026　脱粉器阀门故障的处理方法是（　　）。
   A. 检查阀门的阀位开关是否到位，如果阀门卡住应进行设备检修
   B. 专业测试对应的熔断丝是否被熔断，即阀门供电是否为 DC24V
   C. 更换呼吸气口过滤器
   D. 检查 PLC 是否断电

147. BF001　在同一零件图中有多个剖视图，剖面线的绘制要求有（　　）。
   A. 各剖视图的剖面线间隔相等
   B. 用粗实线绘制
   C. 各剖视图剖面线的方向相同且与水平成 45°
   D. 细实线绘制

148. BF002　断面图可分为（　　）。
   A. 移进断面图 B. 剖离断面图
   C. 移出断面图 D. 重合断面图

149. BF003　化工设备具有长时间连续运行的特点，因此在结构上要充分考虑（　　）等方面的因素，保证足够长的正常使用寿命。
   A. 保温 B. 保冷 C. 腐蚀 D. 磨损

150. BF004　识读设备图的目的是为了了解设备的（　　）。
   A. 结构 B. 工作原理 C. 技术要求 D. 其他

151. BF005　对于管道转折处发生重叠的单线图，可采用（　　）表示。
   A. 被遮部分断开画法 B. 剖视图画法
   C. 局部放大法 D. 折断显露法

152. BF006　仪表联锁逻辑关系常用的有（　　）。
   A. 逻辑电路 B. 与门电路 C. 或门电路 D. 非门电路

三、判断题(对的画"√",错的画"×")

(　　)1. AA001　在空气不流通、加热温度较低、分解出的可燃挥发成分较少或逸散较快、含水分较多等条件下,会发生阴燃。

(　　)2. AA002　着火源包括明火、火花与电弧、危险温度、化学反应热以及其他热量。

(　　)3. AA003　燃烧的充分条件是必须具备一定的可燃物浓度、一定的氧气含量、一定的点火能量以及未受抑制的链式反应。

(　　)4. AA004　凡能与空气和氧化剂起剧烈反应的物质称为可燃物。

(　　)5. AA005　物质的饱和蒸气压越大,其闪点越低。

(　　)6. AA006　可燃物质在没有外界火花或火焰的直接作用下能自行燃烧的最低温度称为该物质的自燃点。

(　　)7. AA007　自热自燃的原因有氧化热、分解热、聚合热、发酵热等。

(　　)8. AA008　点燃是在火源移去后仍能保持继续燃烧的现象。

(　　)9. AA009　能够发生爆炸最低浓度称为该气体、蒸气或粉尘的爆炸下限。

(　　)10. AA010　爆炸性混合物中惰性气体含量增加,其爆炸极限范围缩小。

(　　)11. AA011　死亡10人以上(含本数,下同);重伤20人以上;死亡、重伤20人以上;受灾50户以上;直接财产损失10万元以上称为特大火灾。

(　　)12. AA012　硫黄遇水会燃烧。

(　　)13. AA013　排除输送温度超过80℃的空气或其他气体以及有燃烧爆炸危险的气体、粉尘时的通风设备,应用非燃烧材料制成。

(　　)14. AA014　在有易燃易爆危险的生产场所,对有发生火花危险的电气设备、仪表等采用充氮正压保护。

(　　)15. AA015　一旦发生紧急情况,就应用严密的组织,果断的指挥、调度,操作人员正确的判断,熟练的处理,来达到保证生产装置和人员安全的目的。

(　　)16. AA016　为防止易燃气体、蒸气和可燃性粉尘与空气构成爆炸性混合物,应使设备开放通风。

(　　)17. AA017　静电的特点是电压高、电荷密度大,容易产生电晕放电和发展成火花放电。

(　　)18. AA018　管道输送液体时,由于液体与配管等固体接触,在液体和固体的接触面上形成双电层。随着液体流动,双电层中一部分电荷被带走,产生静电,称为流动带电。

(　　)19. AA019　防静电的接地既是防止带电的措施又是防止产生静电的措施。

(　　)20. AA020　为了防止化工生产中发生灼烫,应将管线及可能的泄漏口设计为正面对人的位置。

(　　)21. AA021　二氧化碳灭火器适用于扑救石油及其产品、可燃气体、易燃液体、电气设备的初起火灾。

(　　)22. AA022　消防水带水枪接口均为螺纹式。

(　　)23. AA023　如果在接地良好的导体上产生静电后,静电会很快泄漏到大地中。

( )24. AA024 由于静电能量较小,所以生产过程中产生的静电所引起的电击不会对人体产生直接危害。

( )25. AA025 在容易产生静电的导电材料中,加入抗静电剂,降低材料的电阻率,加快静电泄漏,消除危险。

( )26. AA026 触电的伤害的程度决定于通过人体电流的大小、途径和时间的长短,从脚到手是最危险的途径。

( )27. AA027 电流通过身体组织产生的热量,可严重烧伤并破坏机体组织。

( )28. AA028 触电一般指人体触及绝缘体,由于电流通过人体而造成的伤害,分电击和电伤两种情况。

( )29. AA029 单相触电,指人体触及单相带电体的触电事故。

( )30. AA030 触电急救的要旨是首要使触电者迅速脱离电源。

( )31. AA031 当判定触电者呼吸和心跳停止时,应立即拨打急救电话。

( )32. AA032 保护接地和保护接零是防止间接接触电击最基本的措施。

( )33. AA033 带电灭火应使用不导电的灭火剂,例如二氧化碳、四氯化碳、1211 和干粉灭火剂。

( )34. AA034 10kV 及其以下的变、配电室不应设在爆炸危险环境的正上方或正下方。

( )35. AA035 常用的止血方法如加压包扎法、指压止血法、止血带止血法。如发生骨折,现场可以找块小夹板、树枝等物,对患肢进行包扎固定。

( )36. AA036 阴极保护有外加电流法和牺牲阳极法两种。

( )37. AA037 有毒气体是在常温常压下呈气态的有毒物质,如光气、氯气、硫化氢气、氯乙烯等气体。

( )38. AA038 尘毒物质的来源于生产原料、中间产品和产品、由化学反应不完全和服反应产生的物质、生产过程中排放的污水和冷却水、工厂废气、其他生产过程中排出的废物及设备和管道的泄漏。

( )39. AA039 生态系统的平衡特点是能量保持动态平衡,相对稳定。

( )40. AA040 大气污染通常是指由于人类活动和自然过程引起某种物质进入大气中,呈现出足够的浓度,达到了足够的时间并因此而危害了人体的舒适、健康和福利或危害了环境的现象。

( )41. AB001 通常把增加液体能量的机器称为泵。

( )42. AB002 皮带传动可分为平皮带传动和三角皮带传动。

( )43. AB003 按滚动体的列数,轴承可分为刚性轴承和调心轴承。

( )44. AB004 三视图的位置关系是以主视图为准,俯视图在它的下面,左视图在它的右面。

( )45. AB005 装配图主要用于机器或部件的装配、调试、安装等场合。

( )46. AB006 噪声控制的根本目的在于对人体健康的保护。

( )47. AB007 化工容器按承压方式可分为反应容器、换热容器、分离容器和储存容器。

( )48. AB008 机械密封是由一对垂直于旋转轴线的端面在弹性补偿机构和辅助密封的配合下相互贴合并相对旋转而构成的密封装置。

( )49. AB009 齿轮减速机具有体积小、传递扭矩大、传动效率高、耗能低、性能优越的特点。

( )50. AB010 直齿圆柱齿轮传动：轮齿分布在圆柱体外表面且与其轴线平行，两轮的转动方向相反。

( )51. AB011 气缸的形式有整体式和单铸式，单铸式又分为干式和湿式两种。

( )52. AB012 工具钢可以分为甲类钢、乙类钢和丙类钢。

( )53. AB013 盲板可以用来暂时封闭管路的某一接口或将管路中的某一段管路中断与系统的联系。

( )54. AC001 磁场是由原子或分子组成的。

( )55. AC002 电阻的单位是欧姆 Ω。

( )56. AC003 导体在磁场中做切割磁力线运动时，导体里产生的感应电动势的方向可用右手定则来确定。

( )57. AC004 继电器在电路图中的图形符号包括两部分：一个长方框表示触点组合，一组触点符号表示线圈。

( )58. AC005 判断电路的连接通常用电流流向法。

( )59. AC006 大小方向都不变的电流称为恒定电流。

( )60. AC007 电压是衡量单位电荷在静电场中由于电势不同所产生的能量差的物理量。

( )61. AC008 电感是导线内通过交流电流时，在导线的内部及其周围产生交变磁通，导线的磁通量与生产此磁通的电流之比。

( )62. AC009 如果物质失去电子，则该物质显示正电性。

( )63. AC010 电位是电能的强度因素，电路中任意两点间的电压等于两点间电位之差。

( )64. AC011 电动势的方向与电源两端电压的方向相反。

( )65. AC012 如果电荷相对于观察者是静止的，那么它在其周围产生的电场就是静电场。

( )66. AC013 在工业应用中，电解和电镀必须用交流电。

( )67. AC014 交变电流可以有恒定的周期。

( )68. AC015 欧姆定律是电学中的基本定律，是表明电路中电流、电压和电阻三者之间关系的基本定律。

( )69. AC016 电源电动势是衡量电源力做功的物理量，常用符号 E（有时也可用 ε）表示，单位是 A。

( )70. AC017 世界上第一台交流发电机于 1882 年由尼古拉·特斯拉发明。

( )71. AC018 常用交流电的频率是 60Hz。

( )72. AC019 由电流随时间的变化规律可以看出：正弦交流电需用频率、峰值和相位三个物理量来描述。

( )73. AC020 交变电流的峰值是交流电流在一个周期内所能达到的最大值。

( )74. AC021 正弦交变电流的电动势、电压和电流都有最大值、有效值、瞬时值和平均值。

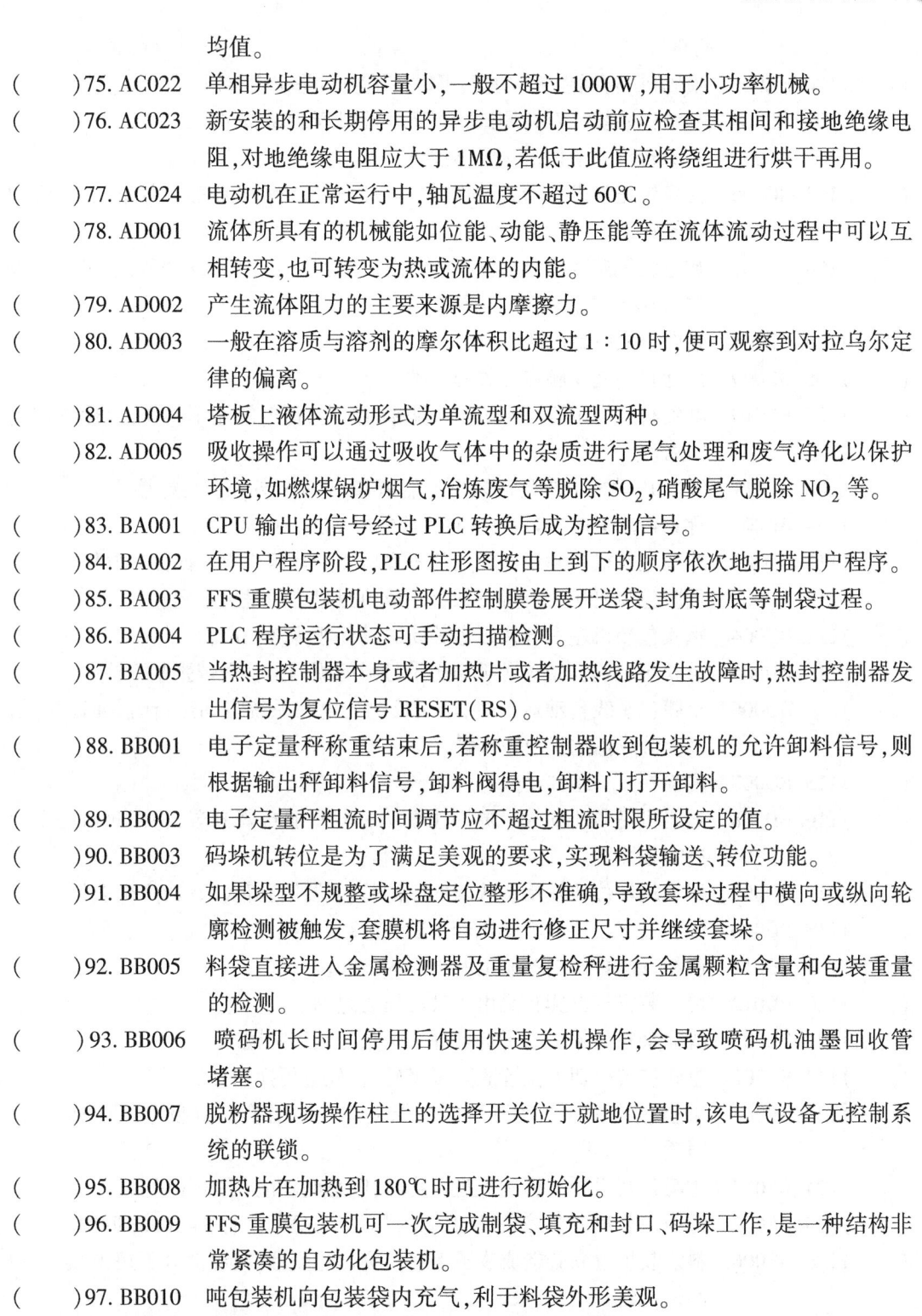

( )75. AC022　单相异步电动机容量小,一般不超过 1000W,用于小功率机械。

( )76. AC023　新安装的和长期停用的异步电动机启动前应检查其相间和接地绝缘电阻,对地绝缘电阻应大于 1MΩ,若低于此值应将绕组进行烘干再用。

( )77. AC024　电动机在正常运行中,轴瓦温度不超过 60℃。

( )78. AD001　流体所具有的机械能如位能、动能、静压能等在流体流动过程中可以互相转变,也可转变为热或流体的内能。

( )79. AD002　产生流体阻力的主要来源是内摩擦力。

( )80. AD003　一般在溶质与溶剂的摩尔体积比超过 1∶10 时,便可观察到对拉乌尔定律的偏离。

( )81. AD004　塔板上液体流动形式为单流型和双流型两种。

( )82. AD005　吸收操作可以通过吸收气体中的杂质进行尾气处理和废气净化以保护环境,如燃煤锅炉烟气、冶炼废气等脱除 SO_2,硝酸尾气脱除 NO_2 等。

( )83. BA001　CPU 输出的信号经过 PLC 转换后成为控制信号。

( )84. BA002　在用户程序阶段,PLC 柱形图按由上到下的顺序依次地扫描用户程序。

( )85. BA003　FFS 重膜包装机电动部件控制膜卷展开送袋、封角封底等制袋过程。

( )86. BA004　PLC 程序运行状态可手动扫描检测。

( )87. BA005　当热封控制器本身或者加热片或者加热线路发生故障时,热封控制器发出信号为复位信号 RESET(RS)。

( )88. BB001　电子定量秤称重结束后,若称重控制器收到包装机的允许卸料信号,则根据输出秤卸料信号,卸料阀得电,卸料门打开卸料。

( )89. BB002　电子定量秤粗流时间调节应不超过粗流时限所设定的值。

( )90. BB003　码垛机转位是为了满足美观的要求,实现料袋输送、转位功能。

( )91. BB004　如果垛型不规整或垛盘定位整形不准确,导致套垛过程中横向或纵向轮廓检测被触发,套膜机将自动进行修正尺寸并继续套垛。

( )92. BB005　料袋直接进入金属检测器及重量复检秤进行金属颗粒含量和包装重量的检测。

( )93. BB006　喷码机长时间停用后使用快速关机操作,会导致喷码机油墨回收管堵塞。

( )94. BB007　脱粉器现场操作柱上的选择开关位于就地位置时,该电气设备无控制系统的联锁。

( )95. BB008　加热片在加热到 180℃时可进行初始化。

( )96. BB009　FFS 重膜包装机可一次完成制袋、填充和封口、码垛工作,是一种结构非常紧凑的自动化包装机。

( )97. BB010　吨包装机向包装袋内充气,利于料袋外形美观。

( )98. BC001　定量秤零点标定时称重料斗应满载并且静止。

( )99. BC002　重膜包装机通过调整封口机构两滑道的间距,使撑袋的幅度加大,从而可保证封口效果(撑袋幅度可根据重膜袋宽度的不同及封口的效果来调整)。
(　　)100. BC003　喷码机"打通喷嘴"功能,可以使清洗回路充满溶剂。
(　　)101. BC004　复检秤系统只有在调试状态下才能进行手动操作。
(　　)102. BC005　码垛转位电动机由变频器控制。
(　　)103. BC006　套膜机正常进行卷膜动作时,挂胶胶辊应压在拉膜弧板的滚轮上,带动滚轮转动。
(　　)104. BC007　吨包装机满度标定时,应依次在秤体四角加载100kg砝码,重量偏差应在100g以内。
(　　)105. BC008　光电开关电源电压为DC12V。
(　　)106. BC009　接近开关是无触点开关的一种。
(　　)107. BC010　电磁阀上指示灯已经亮起,电磁阀换向,但气缸还不动作,应检查控制回路。
(　　)108. BC011　SEW电动机风罩的避风口不能堵塞,电动机外壳应良好接地。
(　　)109. BD001　称重传感器的SG+、SG−端正常电压值为20~30mV。
(　　)110. BD002　重膜包装机口封或底封加热不良应将加热组件上聚四氟布放松。
(　　)111. BD003　重膜包装机切刀位置过低会造成口封过小或是封不到。
(　　)112. BD004　重膜包装机左右开袋吸盘关闭时的间距为2~3mm。
(　　)113. BD005　重膜包装机立袋输送机输送带打滑的原因是输送带张紧不够。
(　　)114. BD006　重膜包装线自动运行时,堆袋检测光电在系统自动运行时长时间有信号会造成栋选机故障报警。
(　　)115. BD007　复检秤有一组浮动头组件。
(　　)116. BD008　喷码机高压泄漏故障原因主要为回收口脏或者潮湿,将回收口洗干净后吹干即可。
(　　)117. BD009　码垛机转位传输堵袋故障的原因是转位接近开关故障,产生误报。
(　　)118. BD010　收膜过多会造成套膜机套膜后,垛盘顶部膜袋较松大。
(　　)119. BD011　脱粉器闸板阀的控制电源电压为12V。
(　　)120. BD012　吨包装机气缸爬行是由于气源压力过高。
(　　)121. BE001　清除余料可解决电子定量秤称重重心偏移问题。
(　　)122. BE002　重膜包装机切刀位置故障报警后,首先应更换切刀。
(　　)123. BE003　重膜包装机开袋后到装袋位扔袋应及时更换真空吸盘,清理导向风喷嘴。
(　　)124. BE004　重膜包装机开袋机构吸盘闭合时,吸盘间隙应在1mm以上。
(　　)125. BE005　重膜包装机调节缩袋机构的夹持弯板与翻门间有5~10mm间隙。
(　　)126. BE006　料袋装填过满会造成袋子上封口突出边变形,突出部分不规则,袋子中间未密封。
(　　)127. BE007　因切刀位置过低造成重膜包装机弃袋故障时,应调整切刀位置,使袋口距离热封线20mm左右。
(　　)128. BE008　电子复检秤静态时,若称重仪表显示结果波动较大,应调整上秤架与下秤架,使两者平行。

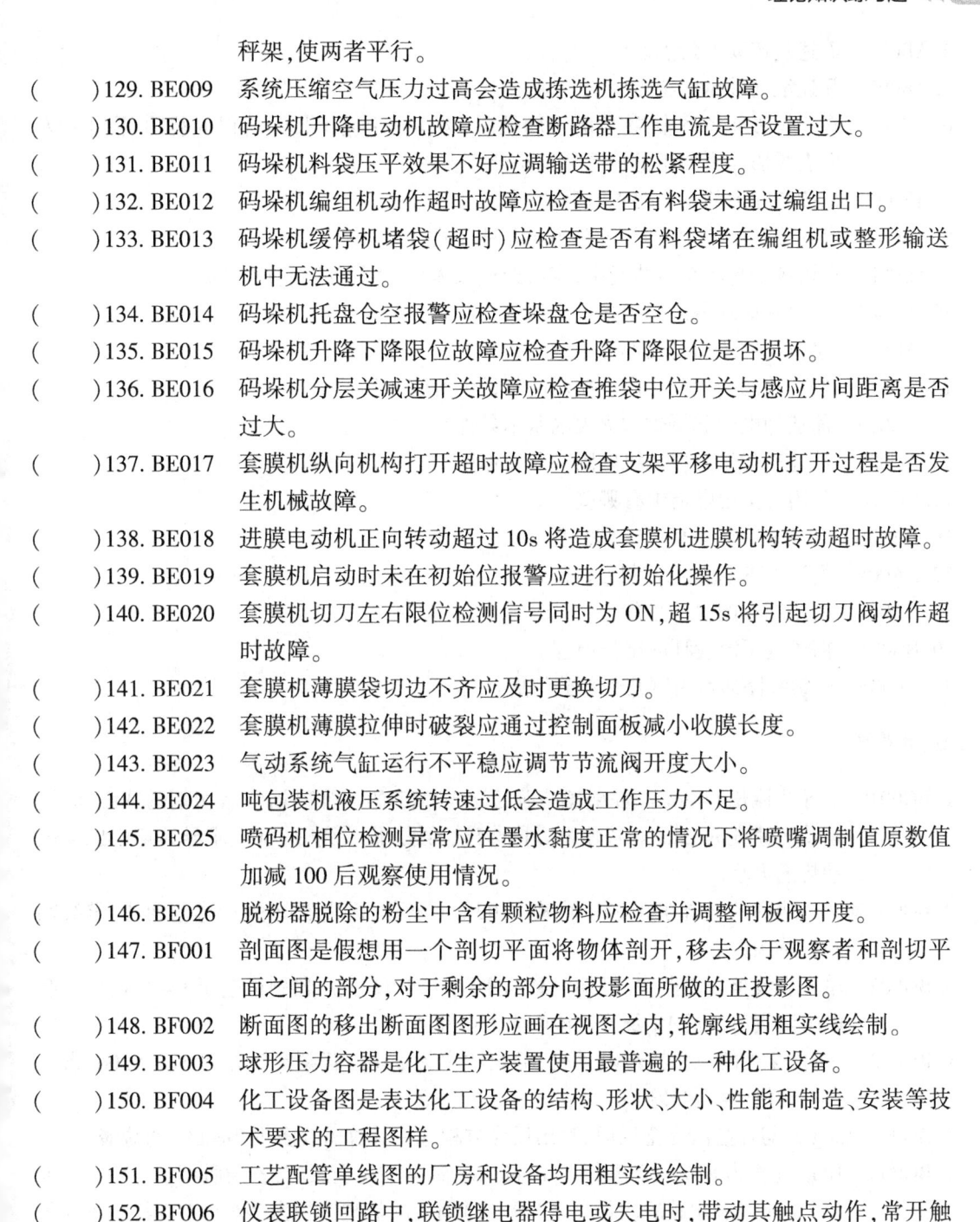

( )129. BE009　系统压缩空气压力过高会造成拣选机拣选气缸故障。
( )130. BE010　码垛机升降电动机故障应检查断路器工作电流是否设置过大。
( )131. BE011　码垛机料袋压平效果不好应调输送带的松紧程度。
( )132. BE012　码垛机编组机动作超时故障应检查是否有料袋未通过编组出口。
( )133. BE013　码垛机缓停机堵袋(超时)应检查是否有料袋堵在编组机或整形输送机中无法通过。
( )134. BE014　码垛机托盘仓空报警应检查垛盘仓是否空仓。
( )135. BE015　码垛机升降下降限位故障应检查升降下降限位是否损坏。
( )136. BE016　码垛机分层关减速开关故障应检查推袋中位开关与感应片间距离是否过大。
( )137. BE017　套膜机纵向机构打开超时故障应检查支架平移电动机打开过程是否发生机械故障。
( )138. BE018　进膜电动机正向转动超过10s将造成套膜机进膜机构转动超时故障。
( )139. BE019　套膜机启动时未在初始位报警应进行初始化操作。
( )140. BE020　套膜机切刀左右限位检测信号同时为ON,超15s将引起切刀阀动作超时故障。
( )141. BE021　套膜机薄膜袋切边不齐应及时更换切刀。
( )142. BE022　套膜机薄膜拉伸时破裂应通过控制面板减小收膜长度。
( )143. BE023　气动系统气缸运行不平稳应调节节流阀开度大小。
( )144. BE024　吨包装机液压系统转速过低会造成工作压力不足。
( )145. BE025　喷码机相位检测异常应在墨水黏度正常的情况下将喷嘴调制值原数值加减100后观察使用情况。
( )146. BE026　脱粉器脱除的粉尘中含有颗粒物料应检查并调整闸板阀开度。
( )147. BF001　剖面图是假想用一个剖切平面将物体剖开,移去介于观察者和剖切平面之间的部分,对于剩余的部分向投影面所做的正投影图。
( )148. BF002　断面图的移出断面图图形应画在视图之内,轮廓线用粗实线绘制。
( )149. BF003　球形压力容器是化工生产装置使用最普遍的一种化工设备。
( )150. BF004　化工设备图是表达化工设备的结构、形状、大小、性能和制造、安装等技术要求的工程图样。
( )151. BF005　工艺配管单线图的厂房和设备均用粗实线绘制。
( )152. BF006　仪表联锁回路中,联锁继电器得电或失电时,带动其触点动作,常开触点闭合,常闭触点断开。

四、简答题

1. AA031　心肺复苏法的基本措施有几种?
2. AA032　电击触电有哪几种情况?
3. AA037　简述化工机械常用的防腐蚀措施。

4. AB002　简述链传动的特点。
5. AB003　简述滚动轴承的特点。
6. AB004　在三投影面体系中,物体的正面投影、物体由上向下投影所得的视图、物体从左向右投影投影所得的视图分别是什么视图?
7. AB005　识读装配图的基本要求有哪些?
8. AB007　容器按几何形状不同,可分为哪几种形式?
9. AB008　在机械密封的总体装置中,容易造成流体介质泄漏的面有哪几处?
10. AC003　电磁感应现象的产生条件有哪些?
11. AC005　接触器主要由哪几部分组成?
12. AC011　按有关制造规程生产的防爆电气设备有哪几种?
13. AC023　简述静电引起爆炸和火灾的基本条件。
14. AC023　简述三相异步电动机的附件及其作用。
15. CC024　常用安全用措施有哪些?
16. BA003　简述 FFS 包装机的工作流程。
17. BA004　简述 FFS 包装机控制元件的组成。
18. BA005　树脂造粒的目的是什么?
19. BB001　简述电子定量秤的工作原理。
20. BF006　联锁线路通常由哪几个部分组成?

五、计算题

1. BG001　一导体棒长 $l=40$ cm,在磁感应强度 $B=0.1$ T 的匀强磁场中做切割磁感线运动,运动的速度 $v=5$ m/s,若速度方向与磁力线方向夹角 $\beta=30°$,求导体棒中感应电动势的大小。
2. BG001　一个线圈的电流在 0.001s 内有 0.02A 的变化,产生 50V 的自感电动势,求线圈的自感系数。
3. BG002　单相半波整流电路中,已知负载电阻 $R_L=750\Omega$,变压器副边电压 $V=20$V,求负载电阻两端的电压 V_0 及流过该电阻的电流 I_0。
4. BG002　一台 12 极的三相异步电动机,额定频率为 50Hz,若额定转差率 $S_N=0.06$,求这台电动机的额定转速 n_N。
5. BG003　36g 铝与稀盐酸完全反应,写出反应方程式并计算需要多少 2mol/L 的盐酸?
6. BG003　100g 纯度为 80% 的碳酸钙与 1mol/L 的稀盐酸完全反应,若杂质不参与反应。求(1)生成二氧化碳的质量是多少?(2)消耗的盐酸体积为多少?(3)若杂质为氢氧化钙,共消耗多少盐酸?
7. BG003　30g 铝镁合金与盐酸反应生成 3g 氢气,求合金中镁与铝各多少克?
8. BG003　在 21℃时由滴定管放出 10.03mL 水,其质量为 10.04g。已知 21℃时每 1mL 水的质量为 0.997g。请计算滴定管在 20℃时的实际容积和误差。
9. BG004　用水对一离心泵进行性能测定,测得水的流量为 10m³/h,扬程为 18.5m,求泵的有效功率为多少?

10. BG004　一邻二甲苯输送泵,扬程为16.8m,邻二甲苯流量为6.5m³/h,已知邻二甲苯密度为879.3kg/m³,该邻二甲苯泵的有效功率是多少?

11. BG004　泵的转速为2900r/min,测得流量为10m³/h时,泵吸入处真空表上读数为21.3kPa,泵出口压力表上读数为170kPa,已知出入管截面积间垂直距离为0.3m,20℃清水的密度为998.2kg/m³,求离心泵的扬程H。

12. BG004　一苯酐泵的轴功率为230kW,有效功率为184kW,求效率是多少?

13. BG004　一苯酐输送泵,扬程为19.7m,苯酐流量为4.2m³/h,已知苯酐密度为1160kg/m³,该苯酐泵的有效功率是多少?

14. BG004　一锅炉给水泵的轴功率为130kW,效率为90%,求有效功率是多少?

15. BG005　在列管式换热器中用锅炉给水冷却原油,原油流量为8.33kg/s,温度要求由150℃降到65℃;锅炉给水流量为9.17kg/s,其进口温度为35℃;原油与水之间呈逆流传热。已知换热器的传热面积为100m²,换热器的传热系数为250W/(m²·℃),原油的平均比热容为2160J/(kg·℃),水的平均比热容为4187J/(kg·℃)。若忽略换热器的散热损失,试问该换热器是否适合?

16. BG005　在一单程列管换热器内用冷水将管内的高温气体从150℃冷却至80℃,两流体逆流流动且为湍流,气体的流量为2000kg/h,冷却水的入口温度为15℃,流量为684kg/h。已知水的平均比热容为4.18×10³J/(kg·℃),气体的平均比热容为1.02×10³J/(kg·℃),试计算冷却水的出口温度。

17. BG006　某糖厂利用一个干燥器来干燥白糖,每小时处理湿料2000kg,干燥前后糖中的湿基含水量从1.27%减小到0.18%,求每小时蒸发的水量以及干燥收率为90%时的产品量。

18. BG007　在常压连续精馏塔内分离苯—氯苯混合物。已知进料量为85kmol/h,组成为0.45(易挥发组分的摩尔分数,下同),泡点进料。塔顶馏出液的组成为0.99,塔底釜残液组成为0.02。操作回流比R为3.5。塔顶采用全凝器,泡点回流。苯、氯苯的汽化热分别为30.65kJ/mol和36.52kJ/mol。水的比热容为4.187kJ/(kg·℃)。若冷却水通过全凝器温度升高15℃,加热蒸气绝对压力为500kPa(饱和温度为151.7℃,汽化热为2113kJ/kg)。试求冷却水和加热蒸气的流量(忽略组分汽化热随温度的变化)。

19. BG008　有一冷却器,用ϕ25mm×2.5mm无缝钢管制成,用来冷却某种反应气体。气体走管程,流量为2.4kg/s,入口温度320K,出口温度290K,平均温度下的比热容为0.8kJ/(kg·K);冷却水流量为1.1kg/s,比热容为4.2kJ/(kg·K),进口温度为280K,已知气体对壁面的传热膜系数α_1=50W/(m²·K),壁面对水的传热膜系数α_2=1200W/(m²·K),钢的传热膜系数λ=46.5W/(m²·K),若忽略垢层影响,求逆流传热时所需的换热面积?

20. BG008　钢制列管式换热器,冷却密度为879kg/m³、比热容为1950J/(kg·℃)、流量为39m³/h的30号透平油,入口温度为56.9℃,出口温度为45℃。冷却水在油冷却器管内流过,进口温度为33℃,温升为4℃,换热器传热系数K=404.9W/(m²·℃)。试求逆流传热时所需的换热面积。

答　案

一、单项选择题

1. A	2. B	3. D	4. B	5. D	6. D	7. A	8. C	9. C	10. A
11. C	12. A	13. A	14. A	15. B	16. C	17. B	18. C	19. D	20. C
21. D	22. A	23. A	24. C	25. C	26. C	27. D	28. A	29. D	30. A
31. D	32. A	33. B	34. A	35. C	36. D	37. C	38. D	39. D	40. A
41. B	42. B	43. B	44. D	45. D	46. D	47. A	48. D	49. B	50. D
51. D	52. B	53. A	54. A	55. B	56. C	57. B	58. C	59. C	60. C
61. C	62. D	63. D	64. A	65. B	66. D	67. D	68. C	69. A	70. C
71. B	72. C	73. D	74. D	75. B	76. B	77. A	78. D	79. D	80. D
81. D	82. C	83. B	84. D	85. B	86. D	87. B	88. D	89. C	90. D
91. C	92. D	93. B	94. D	95. B	96. D	97. B	98. C	99. B	100. C
101. B	102. D	103. B	104. C	105. B	106. B	107. B	108. C	109. D	110. C
111. B	112. B	113. A	114. C	115. C	116. B	117. A	118. A	119. B	120. D
121. D	122. A	123. D	124. C	125. D	126. B	127. C	128. C	129. A	130. C
131. B	132. B	133. A	134. B	135. D	136. C	137. B	138. C	139. C	140. D
141. B	142. A	143. B	144. C	145. B	146. D	147. D	148. A	149. A	150. A
151. A	152. C	153. C	154. C	155. C	156. B	157. C	158. A	159. B	160. A
161. D	162. C	163. C	164. A	165. A	166. C	167. D	168. C	169. D	170. A
171. B	172. C	173. C	174. B	175. A	176. C	177. A	178. D	179. C	180. C
181. A	182. C	183. C	184. A	185. C	186. D	187. B	188. A	189. D	190. B
191. B	192. A	193. D	194. C	195. C	196. B	197. D	198. B	199. A	200. B
201. B	202. C	203. B	204. D	205. D	206. A	207. C	208. D	209. B	210. A
211. B	212. D	213. B	214. B	215. B	216. C	217. B	218. B	219. C	220. C
221. B	222. C	223. B	224. C	225. C	226. C	227. B	228. C	229. A	230. D
231. C	232. A	233. B	234. C	235. B	236. C	237. B	238. B	239. B	240. B
241. B	242. B	243. C	244. C	245. C	246. B	247. C	248. C	249. A	250. C
251. D	252. C	253. C	254. B	255. A	256. C	257. C	258. B	259. B	260. A
261. A	262. D	263. A	264. C	265. C	266. A	267. A	268. C	269. B	270. A
271. D	272. A	273. C	274. C	275. A	276. B	277. C	278. B	279. A	280. C
281. A	282. D	283. B	284. A	285. D	286. C	287. B	288. B	289. A	290. C
291. C	292. B	293. B	294. D	295. A	296. C	297. D	298. A	299. D	300. B
301. D	302. A	303. B	304. D						

二、多项选择题

1. ABC	2. ABCD	3. ABCD	4. ABC	5. BD	6. BCD	7. ABCD
8. ABC	9. BD	10. ABCD	11. ABCD	12. BC	13. BC	14. ABCD
15. AC	16. ABC	17. ABC	18. ABC	19. ACD	20. ABC	21. ABCD
22. ABC	23. AB	24. CD	25. ABCD	26. ABD	27. ABC	28. BC
29. BC	30. ABCD	31. ABC	32. ABC	33. ABC	34. BC	35. ABC
36. ABCD	37. ABCD	38. ABCD	39. ABCD	40. ABC	41. ABC	42. AD
43. BCD	44. ABC	45. ABC	46. AC	47. ABC	48. BC	49. ACD
50. ABCD	51. ABCD	52. BCD	53. ABC	54. AD	55. ABC	56. CD
57. ABC	58. AC	59. BD	60. ABCD	61. ABC	62. ABCD	63. BD
64. BC	65. ABC	66. ABD	67. BC	68. ABC	69. ABC	70. ABCD
71. BC	72. ABD	73. AB	74. CD	75. ACD	76. ABD	77. ABD
78. ABCD	79. BCD	80. ABCD	81. ABC	82. BD	83. ABD	84. AC
85. ABCD	86. ABC	87. AB	88. AC	89. AD	90. ABC	91. BCD
92. ABCD	93. ABCD	94. CD	95. ABCD	96. ABCD	97. CD	98. BCD
99. BC	100. BCD	101. ABC	102. BCD	103. AB	104. AB	105. CD
106. ABCD	107. CD	108. ABC	109. AB	110. ABC	111. CD	112. CD
113. ABC	114. ABC	115. CD	116. CD	117. ABCD	118. ABC	119. AB
120. ABC	121. ABCD	122. CD	123. ABCD	124. ABCD	125. AB	126. ABCD
127. ABC	128. AB	129. ABC	130. ABC	131. ABC	132. ABCD	133. ABCD
134. CD	135. AB	136. ABCD	137. BCD	138. ABC	139. ABCD	140. ABCD
141. ABCD	142. BCD	143. ABC	144. ABCD	145. ABCD	146. AB	147. ACD
148. CD	149. CD	150. ABC	151. AD	152. BCD		

三、判断题

1. √ 2. √ 3. √ 4. √ 5. √ 6. √ 7. √ 8. √ 9. √ 10. √ 11. × 正确答案：死亡10人以上(含本数,下同)；重伤20人以上；死亡、重伤20人以上；受灾50户以上；直接财产损失100万元以上称为特大火灾。 12. √ 13. √ 14. √ 15. √ 16. × 正确答案：为防止易燃气体、蒸气和可燃性粉尘与空气构成爆炸性混合物,应使设备密闭。 17. √ 18. √ 19. × 正确答案：防静电的接地仅仅是防止带电的措施而不是防止产生静电的措施。 20. × 正确答案：为了防止化工生产中发生灼烫,应将管线及可能的泄漏口设计为非正面对人的位置。 21. √ 22. × 正确答案：消防水带水枪接口均为卡口式。 23. √ 24. √ 25. × 正确答案：在容易产生静电的高绝缘材料中,加入抗静电剂,降低材料的电阻率,加快静电泄漏,消除危险。 26. × 正确答案：触电的伤害的程度决定于通过人体电流的大小、途径和时间的长短,从左手到胸部是最危险的途径。 27. √ 28. × 正确答案：触电一般指人体触及带电体,由于电流通过人体而造成的伤害,分电击和电伤两种情况。 29. √ 30. √ 31. × 正确答案：当判定触电者呼吸和心跳停止时,应立即按心肺复苏就地抢救。 32.√ 33.√ 34.√ 35.√ 36.√ 37.√ 38.√ 39.× 正确答案:生态系统的平衡特点是能量和物质的输入和输出保持动态平衡,相对稳定。 40.√ 41.√ 42.√ 43.× 正确答案:按工作滑动轴承时能否自动调心,轴承可分为刚性轴承和调心轴承。 44.√ 45.√ 46.√ 47.× 正确答案:化工容器按承压方式可分为内压容器与外压容器。 48.√ 49.√ 50.√ 51.√ 52.× 正确答案:工具钢可以分为碳素工具钢、合金工具钢和高速工具钢。 53.√ 54.× 正确答案:磁场不是由原子或分子组成的。 55.√ 56.√ 57.× 正确答案:继电器在电路图中的图形符号包括两部分:一个长方框表示线圈,一组触点符号表示触点组合。 58.√ 59.√ 60.√ 61.√ 62.√ 63.√ 64.√ 65.√ 66.× 正确答案:在工业应用中,电解和电镀必须用直流电。 67.× 正确答案:交变电流一定要有恒定的周期。 68.√ 69.× 正确答案:电源电动势是衡量电源力做功的物理量,常用符号E(有时也可用ε)表示,单位是伏特V。 70.√ 71.× 正确答案:常用交流电的频率是50Hz。 72.√ 73.√ 74.√ 75.× 正确答案:单相异步电动机容量小,一般不超过2000W,用于小功率机械。 76.× 正确答案:新安装的和长期停用的异步电动机启动前应检查其相间和接地绝缘电阻,对地绝缘电阻应大于5MΩ,若低于此值应将绕组进行烘干再用。 77.× 正确答案:电动机在正常运行中,轴瓦温度不超过80℃。 78.√ 79.√ 80.√ 81.√ 82.√ 83.× 正确答案:CPU输出的信号经过PLC转换后成为驱动信号。 84.× 正确答案:在用户程序阶段,PLC梯形图按由上到下的顺序依次地扫描用户程序。 85.× 正确答案:FFS重膜包装机控制系统控制膜卷展开送袋、封角封底等制袋过程。 86.× 正确答案:PLC程序自动循环扫描运行状态。 87.× 正确答案:当热封控制器本身或者加热片或者加热线路发生故障时,热封控制器发出信号为ALARM(故障报警信号)。 88.√ 89.√ 90.× 正确答案:码垛机转位是为了编组料袋,实现料袋输送、整齐码放。 91.× 正确答案:如果垛型不规整或垛盘定位整形不准确,导致套垛过程中横向或纵向轮廓检测被触发,套膜机将中断套垛,自动进行修正尺寸后,再继续套垛。 92.× 正确答案:料袋在经过整形压平输送过程中将内部物料压展均匀,以便进入金属检测器及重量复检秤进行金属颗粒含量和包装重量的检测。 93.√ 94.√ 95.× 正确答案:加热片在加热到250℃时可进行初始化操作。 96.× 正确答案:FFS重膜包装机可一次完成制袋、填充和封口工作,是一种结构非常紧凑的自动化包装机。 97.× 正确答案:吨包装机向包装袋内充气,利于物料装袋。 98.× 正确答案:定量秤零点标定时称重料斗应空载并且静止。 99.× 正确答案:重膜包装机通过调整缩袋机构两滑道的间距,使撑袋的幅度加大,从而可保证封口效果(撑袋幅度可根据重膜袋宽度的不同及封口的效果来调整)。 100.× 正确答案:喷码机"自动清洗"功能,可以使清洗回路充满溶剂。 101.× 正确答案:复检秤只有在联锁停车状态下才能进行手动操作。 102.× 正确答案:码垛机转位电动机由伺服控制器控制。 103.√ 104.√ 105.× 正确答案:光电开关电源电压为DC24V。 106.√ 107.× 正确答案:电磁阀上指示灯已经亮起,电磁阀换向,但气缸还不动作,应检查气动回路。 108.√ 109.× 正确答案:称传感器的SG+、SG-端正常电压值为0~20mV。 110.× 正确答案:口封或底封加热不良应将加热组件上聚四氟布缠紧。 111.√ 112.× 正确答案:重膜包装机左右开袋吸盘关闭时的间距为1~5mm。 113.√ 114.√ 115.× 正确答案:复检秤有四组浮动头组件。 116. × 正确答案:喷码机高压泄漏故障原因主要为喷头脏或者喷头潮湿,将喷头洗干净后吹干即可。 117. × 正确答案:码垛机转位传输堵袋故障的原因是转位光电开关故障,产生误报。 118. × 正确答案:收膜过短会造成套膜机套膜后,垛盘顶部膜袋较松大。 119. × 正确答案:脱粉器闸板阀的控制电源电压为24V。 120. × 正确答案:吨包装机气缸爬行是由于气源压力过低。 121. × 正确答案:调整机械结构可解决电子定量秤称重量重心偏移问题。 122. × 正确答案:重膜包装机切刀位置故障报警后,首先应检查切刀位置是否正确。 123. × 正确答案:重膜包装机开袋后到装袋位扔袋应及时更换真空吸盘,清理真空管及过滤器。 124. √ 125. × 正确答案:重膜包装机调节缩袋机构的夹持弯板与翻门间有0~5mm间隙。 126. √ 127. × 正确答案:因切刀位置过低造成重膜包装机弃袋故障时,应调整切刀位置,使袋口距离热封线10mm左右。 128. × 正确答案:电子复检秤静态时,称重仪表显示结果波动较大,应调整上秤架与下秤架,使两者垂直。 129. × 正确答案:系统压缩空气压力过低会造成拣选机拣选气缸故障。 130. × 正确答案:码垛机升降电动机故障应检查断路器工作电流是否设置过小。 131. × 正确答案:码垛机料袋压平效果不好应调压平输送机间距。 132. × 正确答案:码垛机编组机动作超时故障应检查是否有料袋未通过编组入口。 133. × 正确答案:码垛机缓停机堵袋(超时)应检查是否有料袋堵在加速输送机或整形输送机中无法通过。 134. × 正确答案:码垛机托盘仓空报警应检查托盘仓是否空仓。 135. √ 136. × 正确答案:码垛机分层关减速开关故障应检查分层关减速开关与感应片间距离是否过大。 137. × 正确答案:套膜机纵向机构打开超时故障应检查收膜轮平移电动机打开过程是否发生机械故障。 138. × 正确答案:进膜电动机正向转动超过30s将造成套膜机进膜机构转动超时故障。 139. √ 140. × 正确答案:套膜机切刀左右限位检测信号同时为OFF,超15s将引起切刀阀动作超时故障。 141. √ 142. √ 143. × 正确答案:气动系统气缸运行不平稳应调节气缸缓冲大小。 144. √ 145. × 正确答案:喷码机相位检测异常应在墨水黏度正常的情况下将喷嘴调制值原数值加减50后观察使用情况。 146. × 正确答案:脱粉器脱除的粉尘中含有颗粒物料应检查并调整定量给料阀开度。 147. √ 148. × 正确答案:断面图的移出断面图图形应画在视图之外,轮廓线用粗实线绘制。 149. × 正确答案:圆筒形压力容器是化工生产装置使用最普遍的一种化工设备。 150. √ 151. × 正确答案:工艺配管单线图的厂房和设备均用细实线绘制。 152. √

四、简答题

1. 答:心肺复苏法基本措施有三项:①畅通气道;②口对口人工呼吸;③胸外按压(人工循环)。

评分标准:答对①②各占30%,答对③占40%。

2. 答:电击触电有三种情况:①单相触电;②两相触电;③跨步电压触电。

评分标准:答对①②各占30%,答对③占40%。

3. 答:①改善介质的腐蚀条件;②采用电化学保护;③表面覆盖法。

评分标准:答对①②各占30%,答对③占40%。

4. 答:①传动可靠;②中心距可调整;③安装和维修方便;④占空间较大。

评分标准:答对①②③④各占 25%。

5. 答:①使用维护方便;②工作可靠;③启动性能好;④在中等速度下承载能力较强。

评分标准:答对①②③④各占 25%。

6. 答:①物体的正面投影即物体由前向后投影所得的视图是主视图;②物体由上向下投影所得的视图是俯视图;③物体从左向右投影所得的视图称为左视图。

评分标准:答对①②各占 30%,答对③占 40%。

7. 答:①了解部件的名称、用途、性能和工作原理;②弄清各零件间的相对位置、装配关系和装拆顺序;③弄懂各零件的结构形状及作用。

评分标准:答对①②各占 30%,答对③占 40%。

8. 答:①圆柱形容器;②球形容器;③椭圆形、锥形容器;④矩形容器。

评分标准:答对①②③④各占 25%。

9. 答:①主密封面;②静环与压盖之间的密封面;③动环与轴或轴套之间的密封;④压盖与壳体之间的密封。

评分标准:答对①②③④各占 25%。

10. 答:①闭合电路;②穿过闭合电路的磁通量发生变化。

评分标准:答对①占 40%,答对②占 60%。

11. 答:①电磁系统;②触头和灭弧系统;③支架和外壳;④辅助触头。

评分标准:答对①②③④各占 25%。

12. 答:有六种类型:①增安型(防爆安全型);②隔爆型;③防爆充油型;④通风充气型;⑤本质安全型;⑥充砂型。

评分标准:答对①占 20%,答对②③④⑤⑥各占 16%。

13. 答:静电成为引起爆炸和火灾的点火源,必须具备以下几个条件:

① 有能够产生静电的条件。

② 积聚足够的电荷,达到火花放电电压的条件。

③ 要有能引起火花放电的放电间隙。

④ 发生的火花要有足够的能量。

⑤ 在间隙和周围环境中有可能被引爆的可燃气体或蒸气或可燃粉尘与空气形成爆炸性治物,而且具备足够的浓度。

只有在以上五个条件同时满足时,才能引起爆炸或火灾。

评分标准:答对①②③④⑤各占 20%。

14. 答:①端盖:支撑作用;②轴承:连接转动部分与不动部分;③轴承端盖:保护轴承;④风扇:冷却电动机。

评分标准:答对①②③④各占 25%。

15. 答:①不接触低压带电体,不靠近高压带电体;②火线必须进开关;③合理选择导线和熔断丝;④电气设备的安装要正确;⑤电气设备要有一定的绝缘电阻。

评分标准:答对①②③④⑤各占 20%。

16. 答:①包装机启动后可按预定程序自动完成供袋送袋、封角封底及其冷却、制袋,②并由摆臂经过反复动作把制好的料袋依次由取袋位送到开袋位、装袋位、封口位及冷却位。

评分标准：答对①②各占50%。

17. 答：①控制元件包括变频器、②伺服驱动器、③温控器、固态继电器、④接触器和电磁阀等。

评分标准：答对①②③④各占25%。

18. 答：①便于包装、储存和运输；②分散添加剂，防止在储存和运输过程中老化；③分散聚合凝胶，改变产品质量；④改变树脂性能，使产品多样化。

评分标准：答对①②③④各占25%。

19. 答：①电子定量秤为单秤结构，②由一台称重控制器控制伺服驱动器，③驱动给料门开闭向称重箱内给料称重，④并根据允许卸料联锁信号的有无，控制卸料门开闭，完成卸料。

评分标准：答对①②③④各占25%。

20. 答：①联锁回路由输入、逻辑和输出三部分组成；②输入部分由现场开关、控制盘开关、按钮、选择开关等组成；③逻辑部分由建立输入输出关系的继电器触点电路与可编程控制器组态的联锁程序组成；④输出部分由驱动装置、电磁阀、电动机启动器、指示灯等组成。

评分标准：答对①②③④各占25%。

五、计算题

1. 解：根据感生电动势公式 $\varepsilon = Blv\sin\beta$ 得：
$$\varepsilon = 0.1 \times 0.4 \times 5 \times \sin 30° = 0.1(\text{V})$$

答：导体棒中感应电动势的大小为0.1V。

评分标准：公式正确占40%，过程正确占40%，答案正确占20%，无公式、过程，只有结果不得分。

2. 解：由自感电动势的公式 $\varepsilon = L\dfrac{\Delta I}{\Delta t}$ 变换得自感系数：
$$L = \varepsilon \dfrac{\Delta t}{\Delta I}$$

将数值代入公式：
$$L = 50 \times \dfrac{0.001}{0.02}$$
$$= 2.5(\text{H})$$

答：线圈的自感系数是2.5H。

评分标准：公式正确占40%，过程正确占40%，答案正确占20%，无公式、过程，只有结果不得分。

3. 解：
$$V_0 = 0.45V$$
$$= 0.45 \times 20$$
$$= 9(\text{V})$$
$$I_0 = V_0 / R_L$$

$$= 9 \div 750$$
$$= 0.012(\text{A})$$

答:负载电阻两端的电压 V_0 是 9V,流过该电阻的电流 I_0 是 0.012A。

评分标准:公式正确占 40%,过程正确占 40%,答案正确占 20%,无公式、过程,只有结果不得分。

4. 解:

由公式 $n_N = 60f_1(1-S_N)/p$ 得:
$$n_N = 60 \times 50 \times (1-0.06) \div 6$$
$$= 3000 \times 0.94 \div 6$$
$$= 470(\text{r/min})$$

答:这台电动机的额定转速 n_N 为 470r/min。

评分标准:公式正确占 40%,过程正确占 40%,答案正确占 20%,无公式、过程,只有结果不得分。

5. 解:

① 铝与盐酸的反应方程式为 $2Al+6HCl = 2AlCl_3+3H_2\uparrow$。

② $n_{铝} = \dfrac{m}{M}$
$$= \dfrac{36}{27}$$
$$= 1.33(\text{mol})$$

③ $n_{盐酸} = 3n_{铝}$
$$= 3 \times 1.33$$
$$= 4(\text{mol})$$

④ 则盐酸的体积:
$$V = \dfrac{n_{盐酸}}{2}$$
$$= \dfrac{4}{2}$$
$$= 2(\text{L})$$

答:需要 2mol/L 的盐酸 2L。

评分标准:公式正确占 40%,过程正确占 40%,答案正确占 20%,无公式、过程,只有结果不得分。

6. 解:① 若杂质不参与反应,碳酸钙的物质的量:
$$n_1 = \dfrac{100 \times 80\%}{100}$$
$$= 0.8(\text{mol})$$

由于反应过程中碳酸钙与二氧化碳的物质的量相同,则二氧化碳的质量:
$$m = n_1 M$$

$$= 0.8 \times 44$$
$$= 35.2(g)$$

② 因反应过程中碳酸钙与盐酸的物质的量之比为1∶2,则:
$$n_{盐酸} = 2n_1$$
$$= 2 \times 0.8$$
$$= 1.6(\text{mol})$$

盐酸的体积:
$$V = \frac{1.6}{1}$$
$$= 1.6(L)$$

③ 若杂质为氢氧化钙,则氢氧化钙的物质的量:
$$n_2 = \frac{20}{74}$$
$$= 0.27(\text{mol})$$
$$n = (n_1 + n_2) \times 2$$
$$= (0.8 + 0.27) \times 2$$
$$= 2.14(\text{mol})$$

答:若杂质不参与反应,生成35.2g二氧化碳,消耗1.6L盐酸。若杂质为氢氧化钙,共消耗盐酸2.14mol。

评分标准:公式正确占40%,过程正确占40%,答案正确占20%,无公式、过程,只有结果不得分。

7. 解:

①设合金中镁的物质的量为 x、铝的物质的量为 y;②反应式为 $Mg+2HCl \longrightarrow MgCl_2 + H_2\uparrow$, $Al+3HCl \longrightarrow AlCl_3 + 3/2H_2\uparrow$,③则由题知氢气的物质的量:
$$n = \frac{3}{2}$$
$$= 1.5(\text{mol})$$

④
$$\begin{cases} 24x + 27y = 30 \\ x + 1.5y = 1.5 \end{cases}$$

解得:
$$x = 0.5(\text{mol})$$
$$y = 0.667(\text{mol})$$

⑤ 则镁的质量:
$$m_1 = xM_1$$
$$= 0.5 \times 24$$
$$= 12(g)$$

铝的质量:
$$m_2 = yM_2$$

$$= 0.667 \times 27$$
$$= 18(\text{g})$$

答：合金中含镁12g，含铝18g。

评分标准：①③正确各占10%；②④正确各占30%；⑤正确占20%。

8. 解：① 20℃时滴定管的实际容积 = 10.04÷0.997
$$= 10.07(\text{mL})$$

② 滴定管容积之误差 = 10.07−10.03
$$= 0.04(\text{mL})$$

答：滴定管在20℃时的实际容积为10.07mL，误差为0.04mL。

9. 解：

泵的有效功率：

$$N_{\text{有效}} = QH\rho g$$
$$= (10 \div 3600) \times 18.5 \times 1000 \times 9.81$$
$$= 504.125(\text{W})$$

答：泵的有效功率为504.125W。

评分标准：公式正确占40%，过程正确占40%，答案正确占20%，无公式、过程，只有结果不得分。

10. 解：

泵的有效功率：

$$N_{\text{有效}} = QH\rho g$$
$$= (6.5 \div 3600) \times 16.8 \times 879.3 \times 9.81$$
$$= 261.65(\text{W})$$

答：该邻二甲苯泵的有效功率是261.65W。

评分标准：公式正确占40%，过程正确占40%，答案正确占20%，无公式、过程，只有结果不得分。

11. 解：

已知 $\rho = 998.2 \text{kg/m}^3$，$h_0 = 0.3\text{m}$，则：

$$p_1 = p_0 - 真空度$$
$$= p_0 - 21.3$$
$$p_2 = p_0 + 表压$$
$$= p_0 + 170$$
$$p_2 - p_1 = 170 + 21.3$$
$$= 191.3(\text{kPa})$$

$$H = h_0 + \frac{p_2 - p_1}{\rho g}$$
$$= 0.3 + \frac{191.3 \times 10^3}{998.2 \times 9.81}$$
$$= 19.8(\text{m})$$

答:用20℃清水测定某离心泵的扬程为19.8m。

评分标准:公式正确占40%,过程正确占40%,答案正确占20%,无公式、过程,只有结果不得分。

12. 解:

泵的效率:

$$\eta = N_{有效}/N_{轴}$$
$$= 184 \div 230$$
$$= 80\%$$

答:此泵的效率是80%。

评分标准:公式正确占40%,过程正确占40%,答案正确占20%,无公式、过程,只有结果不得分。

13. 解:

泵的有效功率:

$$N_{有效} = QH\rho g$$
$$= (4.2 \div 3600) \times 19.7 \times 1160 \times 9.81$$
$$= 261.54(W)$$

答:该苯酐泵的有效功率是261.54W。

评分标准:公式正确占40%,过程正确占40%,答案正确占20%,无公式、过程,只有结果不得分。

14. 解:

有效功率:

$$N_{有效} = N_{轴}\eta$$
$$= 130 \times 90\%$$
$$= 117(kW)$$

答:此泵的有效功率是117kW。

评分标准:公式正确占40%,过程正确占40%,答案正确占20%,无公式、过程,只有结果不得分。

15. 解:

根据热量衡算,换热器要求的传热速率

$$Q = m_h C_{ph}(T_1 - T_2) = m_c C_{pc}(t_2 - t_1)$$
$$= 8.33 \times 2160 \times (150 - 65)$$
$$= 1529.4 \times 10^3 (W)$$

$$t_2 = \frac{Q}{m_c C_{pc}} + t_1$$
$$= \frac{1529.4 \times 10^3}{9.17 \times 4187} + 35$$
$$= 74.8(℃)$$

逆流传热时:

$$\Delta t_1 = T_1 - t_2$$
$$= 150 - 74.8$$
$$= 75.2(℃)$$
$$\Delta t_2 = T_2 - t_1$$
$$= 65 - 35$$
$$= 30(℃)$$
$$\Delta t_m = \frac{\Delta t_1 - \Delta t_2}{\ln\frac{\Delta t_1}{\Delta t_2}}$$
$$= \frac{75.2 - 30}{\ln\frac{75.2}{30}}$$
$$= 49.2(℃)$$

换热器实际传热速率:
$$Q = KA\Delta t_m$$
$$= 250 \times 100 \times 49.2$$
$$= 1230 \times 10^3(W)$$

答:由于换热器的实际传热速率小于所要求的传热速率,因此,该换热器不合用。

评分标准:公式正确占40%,过程正确占40%,答案正确占20%,无公式、过程,只有结果不得分。

16. 解:

换热器的热负荷:
$$Q = m_h C_{ph}(T_1 - T_2)$$
$$= m_c C_{pc}(t_2 - t_1)$$
$$= \frac{2000}{3600} \times 1.02 \times 10^3 \times (150 - 80)$$
$$= \frac{684}{3600} \times 4.18 \times 10^3 \times (t_2 - 15)$$

解得冷却水出口温度 $t_2 = 65(℃)$

答:冷却水的出口温度为65℃。

评分标准:公式正确占40%,过程正确占40%,答案正确占20%,无公式、过程,只有结果不得分。

17. 解:

① 每小时蒸出的水量:
$$W_水 = G_水(W_1 - W_2)/(1 - W_2)$$
$$= 2000 \times (0.0127 - 0.0018) \div (1 - 0.0018)$$
$$= 21.84(kg/h)$$

② 理论产品量:

$$G_2 = G_1(1-W_1)/(1-W_2)$$
$$= 2000 \times (1-0.0127)/(1-0.0018)$$
$$= 1978.2 (\text{kg/h})$$

干燥率

$$\eta = 实际产品量/理论产品量 = 90\%$$
$$实际产品量 = 理论产品量 \times 干燥率$$
$$= 1978.2 \times 90\%$$
$$= 1780 (\text{kg/h})$$

答：每小时蒸发的水量为21.84kg/h，干燥收率为90%时的产品量为1780kg/h。

评分标准：公式正确占40%，过程正确占40%，答案正确占20%，无公式、过程，只有结果不得分。

18. 解：

由题设条件，可求得塔内的气相负荷，即：

$$q_{(n,D)} = q_{(n,F)}(x_F - x_W)/(x_D - x_W)$$
$$= 85 \times (0.45 - 0.02)/(0.99 - 0.02)$$
$$= 37.68 (\text{kmol/h})$$

对于泡点进料，精馏段和提馏段气相负荷相同，则：

$$q_{(n,v)} = q_{(n,v')}$$
$$= q_{(n,D)}(R+1)$$
$$= 37.68 \times 4.5$$
$$= 169.56 (\text{kmol/h})$$

① 冷却水流量，由于塔顶苯的含量很高，可按纯苯计算，即：

$$Q_C = q_{(n,v)} \gamma_A$$
$$= 169.56 \times 10^3 \times 30.65 \times 10^3$$
$$= 5.197 (\text{kJ/h})$$

$$q_{(m,c)} = Q_C/[C_{(p,c)}(t_2 - t_1)]$$
$$= (5.197 \times 10^6)/(4.187 \times 15)$$
$$= 8.27 \times 10^4 (\text{kg/h})$$

② 加热蒸气流量，釜液中氯苯的含量很高，可按纯氯苯计算，即：

$$Q_B = q_{(n,v')} \gamma_B$$
$$= 169.56 \times 10^3 \times 36.52 \times 10^3$$
$$= 6.192 (\text{kJ/h})$$

$$q_{(m,h)} = Q_B/\gamma_B$$
$$= (6.192 \times 10^6)/2113$$
$$= 2.93 \times 10^3 (\text{kg/h})$$

答：冷却水流量为8.27×10^4kg/h，加热蒸汽流量为2.93×10^3kg/h。

19. 解：

① 根据热量衡算：
$$Q = m_h C_{ph}(T_1 - T_2)$$
$$= m_c C_{pc}(t_2 - t_1)$$
$$Q = m_h C_{ph}(T_1 - T_2)$$
$$= 2.4 \times 0.8 \times 10^3 \times (320 - 290)$$
$$= 5.76 \times 10^4 (\text{W})$$

② 冷却水出口温度：
$$t_2 = \frac{Q}{m_c C_{pc}} + t_1$$
$$= \frac{5.76 \times 10^4}{1.1 \times 4.2 \times 10^3} + 280$$
$$= 292.5(\text{K})$$

③ 逆流传热时的平均温度差 Δt_m：
$$\Delta t_1 = T_1 - t_2$$
$$= 320 - 292.5$$
$$= 27.5(\text{K})$$
$$\Delta t_2 = T_2 - t_1$$
$$= 290 - 280$$
$$= 10(\text{K})$$
$$\Delta t_m = \frac{\Delta t_1 - \Delta t_2}{\ln \frac{\Delta t_1}{\Delta t_2}}$$
$$= \frac{27.5 - 10}{\ln \frac{27.5}{10}}$$
$$= 17.3(\text{K})$$

④ 计算换热器的传热系数 K：
$$K = \frac{1}{\frac{1}{\alpha_1} + \frac{\delta}{\lambda} + \frac{1}{\alpha_2}}$$
$$= \frac{1}{\frac{1}{50} + \frac{0.0025}{46.5} + \frac{1}{1200}}$$
$$= 47.88[\text{W}/(\text{m}^2 \cdot \text{K})]$$

⑤ 计算传热面积 A：
$$A = \frac{Q}{K \Delta t_m}$$
$$= \frac{5.76 \times 10^4}{47.88 \times 17.3}$$

$$= 69.54(m^2)$$

答:换热器的传热面积为 69.54m²。

评分标准:公式正确占 40%,过程正确占 40%,答案正确占 20%,无公式、过程,只有结果不得分。

20. 解:

① 冷却水出口温度

$$t_2 = t_1 + \Delta t$$
$$t_2 = 33 + 4$$
$$= 37(℃)$$

② 逆流传热时的平均温度差 Δt_m:

$$\Delta t_1 = T_1 - t_2$$
$$= 56.9 - 37$$
$$= 19.9(℃)$$

$$\Delta t_2 = T_2 - t_1$$
$$= 45 - 33$$
$$= 12(℃)$$

$$\frac{\Delta t_1}{\Delta t_2} = \frac{19.9}{12}$$
$$= 1.66 < 2$$

$$\Delta t_m = \frac{\Delta t_1 + \Delta t_2}{2}$$
$$= \frac{19.9 + 12}{2}$$
$$= 15.95(℃)$$

③ 传热速率 Q:

$$Q = m_h C_{ph}(T_1 - T_2)$$
$$= \frac{39 \times 879}{3600} \times 1950 \times (56.9 - 45)$$
$$= 221 \times 10^3(W)$$

④ 换热面积:

$$A = \frac{Q}{K \Delta t_m}$$
$$A = \frac{221 \times 10^3}{404.9 \times 15.95}$$
$$= 34.22(m^2)$$

答:逆流传热时所需的换热面积为 34.22m²。

评分标准:公式正确占 40%,过程正确占 40%,答案正确占 20%,无公式、过程,只有结果不得分。

附 录

附录1　职业技能等级标准

1. 工种概况

1.1　工种名称
固体包装工。

1.2　工种定义
包装固体产品的人员。

1.3　工种等级
本职业共设三个等级,分别为:初级(国家职业资格五级)、中级(国家职业资格四级)、高级(国家职业资格三级)。

1.4　工种环境
室内且大部分在常温下工作,工作场所中会存在一定的粉尘和噪声。

1.5　工种能力特征
身体健康,具有一定的学习理解和表达能力,四肢灵活,动作协调,听、嗅觉较灵敏,视力良好,具有分辨颜色的能力。

1.6　基本文化程度
高中毕业(或同等学力)。

1.7　培训要求

1.7.1　培训期限
全日制职业学校教育,根据其培养目标和教学计划确定期限。晋级培训:初级不少于300标准学时;中级不少于360标准学时;高级不少于240标准学时。

1.7.2　培训教师
培训初、中级的教师应具有本职业高级以上职业资格证书或本专业中级以上专业技术职务任职资格;培训高级的教师应具有本职业技师以上职业资格证书或本专业中级以上专业技术职务任职资格。

1.7.3　培训场地设备
理论培训应有可容纳30名以上学员的教室。技能操作培训应有相应的设备、安全设施完善的场地。

1.8 鉴定要求

1.8.1 适用对象
从事或准备从事本职业的人员。

1.8.2 申报条件
参照《中国石油天然气集团有限公司职业技能等级认定管理办法》。

1.8.3 鉴定方式
鉴定分为理论知识考试和技能操作考核。理论知识考试采用闭卷笔试方式，技能操作考核采用现场实际操作方式。理论知识考试和技能操作考核均实行百分制，成绩皆达60分及以上者为合格。

1.8.4 考评人员与考生配比
理论知识考试考评人员与考生配比为1:20，每标准教室不少于2名考评人员；技能操作考核每人次不少于3名考评员。

1.8.5 鉴定时间
理论知识考试不少于90分钟，技能操作考核不少于60分钟，综合评审不少于40分钟。

1.8.6 鉴定场所设备
理论知识考试在标准教室进行，技能够操作考核在生产现场进行。

2. 基本要求

2.1 职业道德

(1) 遵规守纪，按章操作；
(2) 爱岗敬业，忠于职守；
(3) 认真负责，确保安全；
(4) 刻苦学习，不断进取；
(5) 团结协作，尊师爱徒；
(6) 谦虚谨慎，文明生产；
(7) 勤奋踏实，诚实守信；
(8) 厉行节约，降本增效。

2.2 基础知识

2.2.1 安全环保知识
(1) 防火防爆的基础知识；
(2) 化工生产中的防火防爆；
(3) 化工防尘防毒防腐蚀；
(4) 化工生产中常用的安全措施；
(5) 化工与环境保护。

2.2.2 化工机械基础知识
(1) 机械制图的基础知识；
(2) 机械设备的基础知识；

(3)化工传动设备的基础知识;
(4)化工容器的基础知识。

2.2.3　电气基础知识

(1)电工学基础知识;
(2)安全用电。

2.2.4　无机化学基础知识

(1)基本概念;
(2)化学反应;
(3)溶液与溶解。

2.2.5　有机化学基础知识

(1)有机化合物的分类、命名和结构;
(2)烃类化合物;
(3)烃的衍生物;
(4)含氮的有机化合物;
(5)高分子化合物。

2.2.6　单元操作知识

(1)流体流动与输送;
(2)传热;
(3)蒸馏;
(4)蒸发;
(5)吸收;
(6)干燥;
(7)压缩制冷。

3. 工作要求

本标准对初级、中级、高级的技能够要求依次递进,高级别包括低级别的要求。

3.1　初级

职业功能	工作内容	技能要求	相关知识
开车操作	对机组进行开车前状态检查及开车操作	1. 能够对包装机开车前进行检查; 2. 能够更新耗材; 3. 启动后对软件功能够进行检查、设置、校准; 4. 能够对包装机进行试车调试	1. 包装机知识; 2. 耗材工作面的更新方法; 3. 包装机组各部按序加电操作、状态检查方法; 4. 机头、喷码机、码垛机参数设置,计量称、复检秤初重校对方法; 5. 试车复校方法
停车操作	对机组进行停车操作及停车检查	1. 能够进行参数设置; 2. 能够对包装机组各部正常停车关机操作	1. 机头参数设置方法; 2. 包装机组各部按序停电操作、状态检查方法

续表

职业功能	工作内容	技能要求	相关知识
使用设备	维持机组正常运行,适时修正参数	1. 能够对控制面板中各项参数进行调阅确认; 2. 对定量秤进行调节; 3. 能够对金属检测拣选机进行基本的操作; 4. 能够按照操作规程使用喷码机、码垛机、套膜机、脱粉机、输送机	1. 可编程控制器(PLC)基础知识、结构原理; 2. 重膜包装机基础、电控系统、热封及控制知识; 3. 电子定量秤控制器、重检秤控制器基础知识; 4. 金属检测拣选机工作原理; 5. 喷码机基础知识; 6. 码垛机基础知识; 7. 套膜机基础知识; 8. 脱粉机基础知识; 9. 输送机基础知识
维护设备	维护包装机组各系统	1. 能够对包装机、电子定量秤等进行维护; 2. 能够对金属检测、拣选机进行维护; 3. 能够对喷码机、码垛机、套膜机、输送机等进行维护; 4. 能够维护光电、接近开关	1. 包装机维护知识; 2. 电子定量秤维护知识; 3. 金属检测、拣选机维护知识; 4. 喷码机维护知识; 5. 码垛机维护知识; 6. 套膜机维护知识; 7. 输送机维护知识; 8. 光电、接近开关维护知识
判断故障	对机组故障的判断分析	1. 能够分析重膜包装机供膜、制袋、开袋、弃袋、料门、装袋故障原因,并进行处理; 2. 能够判断重膜包装机封口故障并进行处理; 3. 能够判断电子定量秤称重、显示故障的原因及处理; 4. 对复检秤波动大、拣选机故障等进行判断并处理	1. 重膜包装机供膜、制袋、开袋、弃袋故障判断与处理方法; 2. 重膜包装机料门、装袋故障判断与处理方法; 3. 重膜包装机角封、口封、底封故障处判断与处理方法; 4. 电子定量秤称重、显示故障判断与处理方法; 5. 复检秤波动大处理方法; 6. 拣选机故障判断与处理方法

3.2 中级

职业功能	工作内容	技能要求	相关知识
开车操作	对机组进行检查及操作	1. 掌握FFS膜线工艺原理; 2. 掌握吨包原理; 3. 了解脱粉工艺原理; 4. 能够对喷码机进行设定,对定量包装秤校验	1. FFS膜线工艺原理; 2. 吨包原理; 3. 脱粉工艺原理; 4. 喷码机知识; 5. 定量包装秤校验知识
停车操作	进行停车各项操作及检查	1. 能够对冷拉伸套膜、定量包装秤、高位码垛机停车操作; 2. 能够对除尘器停车操作; 3. 能够对重膜包装线停气操作	1. 冷拉伸套膜停车操作程序; 2. 定量包装秤停车操作程序; 3. 高位码垛机的停车操作程序; 4. 除尘器停车操作程序; 5. 重膜包装线停气操作程序
使用设备	操作包装机、喷码机码垛机等各系统	1. 能够使用电子定量秤称、光电开关、接近开关、电控系统、热封控制系统、电子定量秤系统; 2. 能够使用定量秤控制器、码垛机控制系统、套膜机控制系统、重检秤控制系统; 3. 能够使用重膜包装热封组件	1. 电子定量秤称使用知识; 2. 光电开关的使用知识; 3. 接近开关的使用知识; 4. 电控系统、热封控制系统使用知识; 5. 电子定量秤系统使用知识; 6. 定量秤控制器控制使用知识; 7. 码垛机控制系统的使用知识; 8. 套膜机控制系统的使用知识; 9. 重检秤控制系统的使用知识; 10. 重膜包装热封组件的使用知识

续表

职业功能	工作内容	技能要求	相关知识
维护设备	维护包装各系统	1. 能够对包装机各机构进行维护确保正常运行； 2. 能够对复检秤、拣选机各机构进行维护确保正常运行； 3. 能够对码垛机各机构进行维护确保正常运行； 4. 能够对托盘输送系统各机构进行维护确保正常运行； 5. 能够对套膜机各机构进行维护确保正常运行	1. 重膜包装机封口机构维护知识； 2. 重膜包装机料门机构维护知识； 3. 重膜包装机热封机构维护知识； 4. 复检秤常见机构维护知识； 5. 拣选机常见机构维护知识； 6. 码垛机电动维护知识； 7. 码垛机运行机构维护知识； 8. 码垛机分层编组机构维护知识； 9. 码垛机转位机构维护知识； 10. 托盘、垛盘输送机构维护知识； 11. 码垛机升降机构维护知识； 12. 码垛机推板、分层机构维护知识； 13. 套膜机升降机构维护知识； 14. 套膜机套膜机构维护知识； 15. 套膜机开袋机构维护知识
判断故障	对机组故障的分析判断	1. 能够判断定量秤运行机构、供膜制袋机构、取袋、开袋机构、装袋、封口机构故障发生的原因； 2. 能够判断立袋输送机构、拣选机构、复检秤、码垛机运行机构故障发生的原因； 3. 能够判断电子定量秤控制系统、重膜包装机、输送检测单元、吨包装机故障发生的原因	1. 定量秤运行机构故障原因分析； 2. 供膜制袋机构故障原因分析； 3. 取袋、开袋机构故障原因分析； 4. 装袋、封口机构故障原因分析； 5. 立袋输送机构故障原因分析； 6. 拣选机构故障原因分析； 7. 复检秤运行机构故障原因分析； 8. 码垛机运行机构故障原因分析； 9. 电子定量秤控制系统故障原因分析； 10. 重膜包装机故障原因分析； 11. 输送检测单元故障原因分析； 12. 吨包装机故障原因分析

3.3 高级

职业功能	工作内容	技能要求	相关知识
开车操作	PLC、重膜包装机、电子秤、喷码机、脱粉器等开车操作	1. 能够对 PLC 相关参数进行计算、调整； 2. 深入掌握重膜机、电控系统及热封控制系统原理； 3. 深入掌握定量秤控制器、套膜机控制系统原理。能够使用复检秤控制系统、套膜机控制系统； 4. 能够使用、清理喷码机； 5. 能够操作脱粉系统； 6. 能够操作包装热封组件正常工作	1. 可编程控制器（PLC）的结构、工作原理知识； 2. 重膜包装机工作原理及电控系统、热控制系统工作原理知识； 3. 电子定量秤控制系统使用知识、定量秤控制器工作原理知识； 4. 喷码机的使用知识； 5. 脱粉控制系统使用知识； 6. 重膜包装热封组件使用知识
停车操作	重膜包装系统的停车操作	能够对重膜包装系统进行安全停车操作	1. 停车顺序； 2. 相关检查确认； 3. 对运行中的问题隐患掌握并能够在停车后进行分析处理

续表

职业功能	工作内容	技能要求	相关知识
设备维护	维护包装各系统	1. 能够对包装机各机构进行维护确保正常运行； 2. 能够对复检秤、拣选机各机构进行维护、校准确保正常运行； 3. 能够对码垛机各机构进行维护确保正常运行； 4. 能够对托盘输送系统各机构进行维护确保正常运行； 5. 能够对套膜机各机构进行维护确保正常运行	1. 电子定量秤维护知识； 2. 重膜包装机维护知识； 3. 喷码机维护知识； 4. 输送检测单元维护知识； 5. 码垛机维护知识； 6. 套膜机维护知识； 7. 吨包装机维护知识； 8. 光电开关维护知识； 9. 接近开关维护知识； 10. 气缸维护知识； 11. SEW 电动机维护知识
判断故障	对机组故障的分析判断	1. 能够判断定量秤运行机构、供膜制袋机构、取袋、开袋机构、装袋、封口机构故障发生的原因； 2. 能够判断立袋输送机构、拣选机构、复检秤、码垛机运行机构故障发生的原因； 3. 能够判断电子定量秤控制系统、重膜包装机、输送检测单元、吨包装机故障发生的原因	1. 定量秤常见故障原因分析； 2. 供膜制袋故障原因； 3. 封取袋、开袋故障原因分析； 4. 装袋、封口故障原因； 5. 立袋输送故障原因； 6. 拣选机原因分析； 7. 复检秤常见故障判断； 8. 喷码机故障原因分析； 9. 码垛机故障原因分析； 10. 套膜机故障原因分析； 11. 脱粉器常见故障原因分析； 12. 吨包装机常见故障分析
故障处理	对机组故障的处理	1. 能够处理电子定量秤称重显示异常； 2. 能够处理重膜包装机供膜制袋故障、重膜包装机弃袋故障、复检秤波动大等故障； 3. 能够处理码垛机运行机构、码垛机分层编组机构故障、码垛机转位故障套膜机升降、套膜故障、套膜机套膜机构故障； 4. 能够处理套膜机热合效果不好、套膜机包装效果不好、重膜包装线液压系统故障及脱粉器常见故障	1. 电子定量秤称重显示异常如何处理； 2. 重膜包装机供膜制袋故障处理方法； 3. 重膜包装机弃袋故障处理方法； 4. 复检秤波动大处理方法； 5. 码垛机运行机构故障处理方法； 6. 码垛机分层编组机构故障处理方法； 7. 码垛机转位故障处理方法； 8. 套膜机升降、套膜故障处理方法； 9. 套膜机套膜机构故障处理方法； 10. 套膜机热合效果不好处理方法； 11. 套膜机包装效果不好的处理方法； 12. 重膜包装线液压系统故障处理方法； 13. 脱粉器常见故障处理
绘图	绘图	1. 能够识图； 2. 绘制简单的流程图	1. 剖视图知识、断面图知识； 2. 化工设备结构特点和内容、化工设备图表达方法、工艺配管单线图知识、仪表联锁图知识
计算	计算	1. 能够运用电磁、电工计算； 2. 能够进行化工工艺的基本计算	1. 电磁学计算、电工学计算； 2. 反应平衡计算； 3. 离心泵的简单计算、间壁两侧流体的热交换计算知识、连续干燥过程物料衡算的计算、蒸汽消耗量的计算、传热面积的计算

4. 比重表

4.1 理论知识

	项目	初级(%)	中级(%)	高级(%)
基本要求	基础知识	66	62	51
相关知识	开车操作	2.5	2.5	3
	停车操作	2.5	2.5	6.5
	设备使用	7.5	10.5	—
	设备维护	5.5	13	7
	故障判断	16	9.5	7.5
	故障处理	—	—	16
	绘图	—	—	4
	计算	—	—	5
合计		100	100	100

4.2 操作技能

	项目	初级(%)	中级(%)	高级(%)
操作技能	工艺操作	36	15	20
	设备使用	18	30	—
	设备维护	14	15	22
	故障判断	32	—	26
	故障处理	—	40	32
	绘图	—	—	—
	计算	—	—	—
合计		100	100	100

附录2　初级工理论知识鉴定要素细目表

行业:石油天然气　　　　工种:固体包装工　　　　等级:初级工　　　　鉴定方式:理论知识

行为领域	代码	鉴定范围（重要程度比例）	鉴定比重	代码	鉴定点	重要程度	备注
基础知识A（66%）	A	安全环保知识（35:3:2）	20%	001	燃烧的概念	X	上岗要求
				002	燃烧的机理	X	上岗要求
				003	影响燃烧的其他条件	X	上岗要求
				004	燃烧的形式和种类	X	上岗要求
				005	爆炸现象及其分类	X	上岗要求
				006	火灾及火灾分类	X	上岗要求
				007	化工生产中火灾爆炸的危险性分析	X	上岗要求
				008	防静电危害的措施	X	上岗要求
				009	触电的伤害程度	X	
				010	平均摆脱电流	X	上岗要求
				011	触电的知识	X	上岗要求
				012	静电消除器的作用	X	上岗要求
				013	电气设备防火防爆技术	X	上岗要求
				014	惰性气体置换的措施	X	
				015	化工火灾危险性	X	上岗要求
				016	消防灭火器材及其使用方法	X	
				017	防火的基本措施	X	
				018	静电的概念	X	
				019	静电产生的原因	X	上岗要求
				020	屏蔽的作用	X	上岗要求
				021	安全电压与安全电流	X	上岗要求
				022	触电的种类及防止措施	Y	
				023	脱离低压电源的方法	X	
				024	接地保护与接零保护	X	
				025	安全电压的知识	X	上岗要求
				026	腐蚀普遍存在于化工生产中	X	上岗要求
				027	化工厂的腐蚀防护	X	上岗要求
				028	防尘、防毒及措施	X	上岗要求
				029	工业毒物及其他安全急救	X	上岗要求
				030	安全与化工生产	Y	

续表

行为领域	代码	鉴定范围（重要程度比例）	鉴定比重	代码	鉴定点	重要程度	备注
基础知识A（66%）	A	安全环保知识（35：3：2）	20%	031	化工安全设计	Z	
				032	不安全因素的辨识	Z	
				033	环境的概念	X	
				034	环境污染与生态平衡	X	上岗要求
				035	大气污染防治及化工废气处理	X	上岗要求
				036	废气污染来源	Y	
				037	水体污染的危害	X	上岗要求
				038	闪燃的特点	X	
				039	腐蚀的分类	X	上岗要求
				040	电焊光伤眼的急救	X	
	B	化工机械基础知识（15：2：3）	10%	001	化工泵的特殊要求	X	上岗要求
				002	铸铁管的知识	X	上岗要求
				003	铅管的使用特点	Z	
				004	盲板的知识	X	上岗要求
				005	阀门的作用	X	上岗要求
				006	安全阀的作用	X	上岗要求
				007	止逆阀的特点	X	
				008	压缩机的种类	Z	
				009	带传动的特点	Y	
				010	机械密封的定义	X	上岗要求
				011	常用压力容器的种类	X	
				012	无缝钢管的知识	Y	
				013	轴承的分类及用途	X	上岗要求
				014	机械噪声产生的原因	X	上岗要求
				015	投影的原理	X	上岗要求
				016	点、直线、平面的投影	X	上岗要求
				017	三视图的位置关系	Z	
				018	零件图的基础知识	X	
				019	装配图的知识	X	上岗要求
				020	金属材料分类	X	
	C	电工基础知识（20：1：1）	11%	001	一个电子的电量	X	上岗要求
				002	电压的概念	X	上岗要求
				003	电源的定义	X	
				004	电源电动势的表达式	X	上岗要求
				005	电流、电压、电阻的关系	X	上岗要求

续表

行为领域	代码	鉴定范围（重要程度比例）	鉴定比重	代码	鉴定点	重要程度	备注
基础知识A（66%）	C	电工基础知识（20∶1∶1）	11%	006	电路的分类	X	
				007	电感的概念	X	
				008	电感与电流的关系	X	
				009	电容器的电容量	X	
				010	电磁感应现象的产生条件	Y	
				011	电路的短路	X	
				012	电路图的定义	X	上岗要求
				013	电功和电功率	X	上岗要求
				014	电阻基本定义	X	上岗要求
				015	交流电的频率表示交流电的大小	X	上岗要求
				016	交流电的两类产生方式	X	上岗要求
				017	交流电的实际效应	X	
				018	交流电最大值与有效值的关系	X	上岗要求
				019	三相交流电的组成	X	上岗要求
				020	电路的连接原理	X	
				021	串联电路的特点	Z	
				022	并联电路的特点	X	
	D	无机化学基础知识（12∶3∶1）	8%	001	酸碱盐的基本知识	X	上岗要求
				002	化学键的知识	X	上岗要求
				003	离子键的概念	X	
				004	共价键的概念	X	上岗要求
				005	沸点上升的原因	X	上岗要求
				006	结晶的概念	X	
				007	气体液化的概念	X	上岗要求
				008	结晶的原因	X	
				009	沸点的概念	X	
				010	元素的概念	Y	上岗要求
				011	原子的概念	Y	上岗要求
				012	分子的概念	Y	上岗要求
				013	化合价的概念	X	
				014	气体摩尔体积的概念	Z	上岗要求
				015	单质的概念	X	上岗要求
				016	溶解度的概念	X	上岗要求
	E	有机化学基础知识（4∶0∶1）	2.5%	001	饱和链烃的结构	X	上岗要求
				002	烯烃的结构知识	Z	上岗要求

续表

行为领域	代码	鉴定范围（重要程度比例）	鉴定比重	代码	鉴定点	重要程度	备注
基础知识A（66%）	E	有机化学基础知识（4∶0∶1）	2.5%	003	共价键结合形成的化合物	X	上岗要求
				004	炔烃的结构知识	X	上岗要求
				005	有机化合物的定义	X	上岗要求
	F	单元操作知识（24∶3∶2）	14.5%	001	流体静力学性质	X	上岗要求
				002	流体静力学基本知识	Z	
				003	流速的概念	X	上岗要求
				004	流量的概念	X	上岗要求
				005	传热的基本概念	X	
				006	传热的类型	X	上岗要求
				007	导热基本概念	X	上岗要求
				008	对流基本概念	X	上岗要求
				009	干燥的概念	X	上岗要求
				010	蒸馏的概念	X	上岗要求
				011	蒸馏设备的一般知识	X	
				012	温度的概念	X	上岗要求
				013	热量的概念	X	上岗要求
				014	饱和蒸气压的概念	Y	
				015	传热系数的概念	X	
				016	换热器的分类	X	上岗要求
				017	冷却的概念	X	上岗要求
				018	冷凝的概念	X	上岗要求
				019	质量的概念	X	上岗要求
				020	重量的概念	X	上岗要求
				021	体积的概念	X	上岗要求
				022	密度的概念	X	上岗要求
				023	相对密度的概念	Y	
				024	压强的概念	X	上岗要求
				025	流体内部压强的知识	X	
				026	气体压强的知识	X	
				027	气体膨胀的知识	Y	
				028	水蒸气蒸馏的知识	X	
				029	拉乌尔定律的知识	Z	
相关知识B（34%）	A	开车操作（5∶0∶0）	2.5%	001	包装生产简介	X	上岗要求
				002	重膜包装机简介	X	上岗要求
				003	喷码机开车	X	上岗要求

续表

行为领域	代码	鉴定范围（重要程度比例）	鉴定比重	代码	鉴定点	重要程度	备注
相关知识 B（34%）	A	开车操作（5：0：0）	2.5%	004	定量包装秤校验	X	上岗要求
				005	重膜包装机组开车检查程序	X	上岗要求
	B	停车操作（5：0：0）	2.5%	001	定量包装秤停车操作程序	X	上岗要求
				002	各输送机的停车操作	X	上岗要求
				003	高位码垛机的停车操作	X	上岗要求
				004	除尘器停车操作	X	上岗要求
				005	重膜包装线停车	X	上岗要求
	C	设备使用（13：1：1）	7.5%	001	PLC的基础知识	X	上岗要求
				002	可编程控制器基础知识	X	上岗要求
				003	重膜包装机基础知识	X	上岗要求
				004	重膜包装机电控系统基础知识	X	上岗要求
				005	重膜包装机热封控制基础知识	Y	
				006	电子定量秤基础知识	X	上岗要求
				007	定量秤控制器基础知识	Z	
				008	码垛机基础知识	X	上岗要求
				009	套膜机基础知识	X	上岗要求
				010	重检秤基础知识	X	上岗要求
				011	喷码机基础知识	X	上岗要求
				012	脱粉器基础知识	X	
				013	热封基础知识	X	上岗要求
				014	重膜包装机运行机构基础知识	X	上岗要求
				015	吨包装机基础知识	X	
	D	设备维护（10：1：0）	5.5%	001	电子定量秤基础维护	X	上岗要求
				002	重膜包装机基础维护	X	上岗要求
				003	喷码机基础维护	X	上岗要求
				004	输送检测单元基础维护	X	上岗要求
				005	码垛机基础维护	X	上岗要求
				006	套膜机基础维护	Y	
				007	吨包装机基础维护	X	上岗要求
				008	光电开关基础维护	X	上岗要求
				009	接近开关基础维护	X	上岗要求
				010	气缸的基础维护	X	上岗要求
				011	SEW电动机基础维护	X	
	E	故障判断（24：5：3）	16%	001	电子定量秤称重故障判断与处理	X	
				002	电子定量秤不称重故障判断与处理	X	

续表

行为领域	代码	鉴定范围（重要程度比例）	鉴定比重	代码	鉴定点	重要程度	备注
相关知识B（34%）	E	故障判断（24∶5∶3）	16%	003	重膜包装机供膜故障判断与处理	X	
				004	电子定量秤称重显示异常判断与处理	X	
				005	重膜包装机制袋故障判断与处理	X	
				006	重膜包装机装袋故障判断与处理	X	
				007	重膜包装机封口故障判断与处理	X	
				008	重膜包装机料门故障判断与处理	Y	
				009	重膜包装机热封故障判断与处理	X	
				010	重膜包装机弃袋故障判断与处理	X	
				011	复检秤波动大判断与处理	X	
				012	拣选机常见故障判断与处理	X	
				013	码垛机电动机故障判断与处理	X	
				014	码垛机运行机构故障判断与处理	X	
				015	码垛机分层编组机构故障判断与处理	Z	
				016	码垛机转位故障判断与处理	X	
				017	码垛机托盘、垛盘输送机构故障判断与处理	Y	
				018	码垛机升降机构故障判断与处理	X	
				019	码垛机推板、分层故障判断与处理	X	
				020	套膜机升降、套膜故障判断与处理	Y	
				021	套膜机套膜机构故障判断与处理	X	
				022	套膜机开袋机构故障判断与处理	X	
				023	套膜机封口机构故障判断与处理	X	
				024	套膜机热合效果不好判断与处理	X	
				025	套膜机包装效果不好的判断与处理	X	
				026	气动系统故障的判断与处理	Y	
				027	重膜包装线液压系统故障判断与处理	Y	
				028	喷码机常见故障判断与处理	X	
				029	脱粉器常见故障判断与处理	X	
				030	气动系统故障原因	X	
				031	重膜包装线液压系统故障原因	Z	
				032	吨包装机常见故障判断与处理	Z	

注：X—核心要素；Y——般要素；Z—辅助要素。

附录3 初级工操作技能鉴定要素细目表

行业:石油天然气　　　　工种:固体包装工　　　　等级:初级工　　　　鉴定方式:操作技能

行为领域	代码	鉴定范围(重要程度比例)	鉴定比重	代码	鉴定点	重要程度
操作技能 A (100%)	A	工艺操作 (8:0:0)	36%	001	重膜包装机开车准备	X
				002	缩袋机构协调性调整	X
				003	协调包装岗位与固体储运岗位生产	X
				004	重膜包装开车方案检查	X
				005	检查确认重膜包装系统	X
				006	底封机构调整	X
				007	包装码垛机停车程序	X
				008	重膜包装停机	X
	B	设备使用 (3:0:1)	18%	001	热封组件的使用	X
				002	气缸杆伸缩速度的调节	Z
				003	喷码机整体清洗流程	X
				004	更换冷膜穿膜调整	X
	C	设备维护 (3:0:0)	14%	001	包装秤称量不准确故障的原因分析	X
				002	码垛机分层板撞击故障的原因分析	X
				003	包装袋在撑袋缩袋机构内卡住的原因分析	X
	D	故障判断 (7:1:0)	32%	001	喷码机喷头清洗	Y
				002	油雾器加注润滑油	X
				003	电子定量秤零点标定	X
				004	包装秤不能启动故障的原因分析	X
				005	手动热合机不封口故障的原因分析	X
				006	拣选机卡袋处理	X
				007	平皮带跑偏处理	X

注:X—核心要素;Y——般要素;Z—辅助要素。

附录4 中级工理论知识鉴定要素细目表

行业:石油天然气　　　　工种:固体包装工　　　　等级:中级工　　　　鉴定方式:理论知识

行业领域	代码	鉴定范围（重要程度比例）	鉴定比重	代码	鉴定点	重要程度	备注
基础知识A（62%）	A	安全环保知识（36:3:1）	20%	001	燃烧的化学反应性质	X	
				002	火灾危险性	X	
				003	点火源的控制方法	X	
				004	化工生产中的明火	X	
				005	灭火器的分类	X	
				006	灭火的原理	X	
				007	化工火灾特点	X	
				008	控制可燃物和助燃物	X	
				009	爆炸的特征	X	
				010	有毒气体	X	
				011	安全设计的目标	X	
				012	发生电气火灾的条件	X	
				013	控制和消除着火源的方法	X	
				014	物理、化学爆炸定义	X	
				015	MF灭火器的使用	X	
				016	消防水泵和消防供水系统	X	
				017	二氧化碳灭火器的使用	X	
				018	跨步电压的知识	X	
				019	重复接地的作用	X	
				020	负压操作的作用	X	
				021	化工生产一般防静电措施	X	
				022	触电者脱离电源的方法	Y	
				023	保护接地的原理	X	
				024	触电者的救护措施	X	
				025	先断电后灭火	X	
				026	电气火灾的特点	X	
				027	工业毒物进入人体途径	X	
				028	毒物对人体的危害	X	
				029	尘毒物质的分类	X	
				030	化工安全设计的概念	Y	

续表

行业领域	代码	鉴定范围（重要程度比例）	鉴定比重	代码	鉴定点	重要程度	备注
基础知识A（62%）	A	安全环保知识（36∶3∶1）	20%	031	安全设计的考虑因素	X	
				032	化学反应安全控制	Z	
				033	安全设计的实施	X	
				034	化工环境污染	X	
				035	人类与环境的关系	X	
				036	化工与环境保护	Y	
				037	环境科学的任务	X	
				038	环境问题的成因	X	
				039	生态学系统的概念	X	
				040	生态系统的平衡	X	
	B	化工机械基础知识（6∶1∶1）	4%	001	滚动轴承的分类	X	
				002	不同类型钢的用途	Y	
				003	深沟球轴承的特点	X	
				004	机械传动的类型	X	
				005	钢材的主要性能	X	
				006	主密封面的作用	X	
				007	降低机械设备噪声的措施	Z	
				008	减速机的用途	X	
	C	电工仪表基础知识（17∶5∶3）	12.5%	001	电路的断路	Z	
				002	右手定则	Y	
				003	左力右电	X	
				004	电位的概念	X	
				005	磁场的性质	X	
				006	左手法则不适用的情况	X	
				007	电容器的定义	X	
				008	对定律的延伸	X	
				009	三相交流电的产生	X	
				010	电路图的作用	X	
				011	电场强度的决定因素	X	
				012	构成电路的三种部件	X	
				013	画电路图的注意事项	X	
				014	电路的基本符号	X	
				015	欧姆定律的内容	Z	
				016	温度对电阻的作用	Y	
				017	部分电路欧姆定律	Z	

续表

行业领域	代码	鉴定范围（重要程度比例）	鉴定比重	代码	鉴定点	重要程度	备注
基础知识A（62%）	C	电工仪表基础知识（17∶5∶3）	12.5%	018	全电路欧姆定律	X	
				019	导线的使用材料	X	
				020	导线的连接	Y	
				021	熔断器的概念	Y	
				022	熔断器的应用	Y	
				023	熔断器的保护特性	X	
				024	熔断器的额定电压	X	
				025	单台电动机的熔断器	X	
	D	无机化学基础知识（11∶1∶1）	6.5%	001	理想气体状态方程的应用	X	
				002	混合气体分压定律的应用	X	
				003	相及相平衡的知识	Z	
				004	分子结构式的知识	X	
				005	物质的量浓度的应用	Y	
				006	化学反应速度的表示方法	X	
				007	化学反应平衡的知识	X	
				008	硫的氧化物知识	X	
				009	硫的含氧酸盐知识	X	
				010	硫化物的知识	X	
				011	硝酸的知识	X	
				012	硝酸盐的知识	X	
				013	甲烷相关知识	X	
	E	有机化学基础知识（18∶3∶1）	11%	001	苯及同系物的氧化反应知识	X	
				002	醇的基本知识	X	
				003	酚的基本知识	X	
				004	胺的基本知识	Y	
				005	溶液沸腾的概念	X	
				006	溶液蒸气压下降的知识	X	
				007	蒸发的概念	Y	
				008	溶液凝点下降的知识	X	
				009	溶液渗透压的概念	X	
				010	缓冲溶液的知识	Y	
				011	醚的基本知识	X	
				012	醛的基本知识	X	
				013	酮的基本知识	X	
				014	溶质的物质的量浓度	Z	

续表

行业领域	代码	鉴定范围（重要程度比例）	鉴定比重	代码	鉴定点	重要程度	备注
基础知识 A（62%）	E	有机化学基础知识（18:3:1）	11%	015	高分子化合物的定义	X	
				016	高分子化合物的特征	X	
				017	高分子化合物的基本概念	X	
				018	高分子的一级结构	X	
				019	高分子化合物的结构	X	
				020	高分子化合物的性能	X	
				021	高分子化合物的命名	X	
				022	高分子化合物的合成方法	X	
	F	单元操作知识（12:2:2）	8%	001	流体的点速度	X	
				002	流体动力学基本概念	X	
				003	流体动力学性质	X	
				004	流体动力学基本知识	X	
				005	流体的流动形态	X	
				006	流体的流动阻力	X	
				007	稳定流动下的物料衡算	X	
				008	传热的基本计算	X	
				009	对流传热基本计算	X	
				010	热量的传递方法	X	
				011	制冷系统的工作原理	Z	
				012	塔板压降的概念	X	
				013	雾沫夹带的概念	X	
				014	液泛的概念	Y	
				015	漏液的概念	Y	
				016	雷诺数的概念	Z	
相关知识 B（38%）	A	开车操作（5:0:0）	2.5%	001	FFS膜线工艺原理	X	
				002	吨包线工作原理	X	
				003	脱粉工艺原理	X	
				004	吨包流程	X	
				005	重膜包装机与定量秤的协同作用	X	
	B	停车操作（5:0:0）	2.5%	001	冷拉伸套膜停车操作程序	X	
				002	输送机的停车	X	
				003	重膜包装线紧急停车	X	
				004	喷码机停车操作	X	
				005	对零袋的处理	X	

续表

行业领域	代码	鉴定范围（重要程度比例）	鉴定比重	代码	鉴定点	重要程度	备注
相关知识 B (38%)	C	设备使用 (16:4:1)	10.5%	001	电子定量秤称重显示使用	X	
				002	重膜包装机供膜机构使用	X	
				003	光电开关的使用	Y	
				004	接近开关的使用	X	
				005	气缸的使用	X	
				006	SEW 电动机的使用	Y	
				007	可编程控制器使用	X	
				008	PLC 系统的组成	X	
				009	重膜包装机的使用	Y	
				010	电控系统的使用	X	
				011	热封控制系统的使用	X	
				012	电子定量秤系统的使用	X	
				013	定量秤控制器的控制过程	Y	
				014	码垛机控制系统的工作过程	X	
				015	套膜机控制系统的使用	X	
				016	复检秤控制系统的使用	X	
				017	喷码机的使用	X	
				018	脱粉控制系统的使用	X	
				019	重膜包装热封组件的使用	X	
				020	重膜包装机的气动系统工作过程	X	
				021	吨包装机控制系统的使用	Z	
	D	设备维护 (21:4:1)	13%	001	称重显示异常维护	X	
				002	重膜包装机制袋机构维护	X	
				003	重膜包装机装袋机构维护	X	
				004	重膜包装机封口机构维护	Y	
				005	重膜包装机料门机构维护	X	
				006	重膜包装机热封机构维护	X	
				007	重膜包装机弃袋机构维护	X	
				008	复检秤常见机构维护	Y	
				009	拣选机常见机构维护	X	
				010	码垛机电动机维护	X	
				011	码垛机运行机构维护	Y	
				012	码垛机分层编组机构维护	X	
				013	码垛机转位机构维护	X	
				014	托盘、垛盘输送机构维护	Y	

续表

行业领域	代码	鉴定范围（重要程度比例）	鉴定比重	代码	鉴定点	重要程度	备注
相关知识 B（38%）	D	设备维护（21∶4∶1）	13%	015	码垛机升降机构维护	X	
				016	码垛机推板、分层机构维护	X	
				017	套膜机升降机构维护	X	
				018	套膜机套膜机构维护	X	
				019	套膜机开袋机构维护	X	
				020	套膜机封口机构维护	X	
				021	套膜机热合机构维护	X	
				022	套膜机包装机构维护	X	
				023	气动系统维护	X	
				024	吨包液压系统机构维护	X	
				025	喷码机操作维护	X	
				026	脱粉器操作维护	Z	
	E	故障判断（14∶4∶1）	9.5%	001	定量秤运行机构故障原因	X	
				002	供膜制袋机构故障原因	Y	
				003	取袋、开袋机构故障原因	X	
				004	装袋、封口机构故障原因	X	
				005	立袋输送机机构故障原因	X	
				006	拣选机构故障原因	Y	
				007	复检秤运行机构故障原因	X	
				008	喷码运行机构故障原因	X	
				009	码垛机运行机构故障原因	X	
				010	套膜机运行机构故障原因	Y	
				011	脱粉器运行机构故障原因	X	
				012	吨包装机运行机构故障原因	X	
				013	电子定量秤控制系统故障原因	X	
				014	重膜包装机故障原因	Y	
				015	喷码机日常故障原因	X	
				016	输送检测单元故障原因	X	
				017	码垛机故障原因	X	
				018	套膜机日常故障原因	X	
				019	吨包装机日常故障原因	Z	

注：X—核心要素；Y——一般要素；Z—辅助要素。

附录5 中级工操作技能鉴定要素细目表

行业:石油天然气　　　工种:固体包装工　　　等级:中级工　　　鉴定方式:操作技能

行为领域	代码	鉴定范围（重要程度比例）	鉴定比重	代码	鉴定点	重要程度	备注
操作技能 A 100%	A	工艺操作 (3:0:0)	15%	001	实施开车步骤	X	
				002	底封操作	X	
				003	包装线停车	X	
	B	设备使用 (6:0:0)	30%	001	复检秤标定	X	
				002	从喷码机键盘输入批号	X	
				003	油雾器油的添加及滴油速度的调节	X	
				004	包装机立袋输送机高度调整	X	
				005	清理喷码机	X	
				006	气动系统日常维护	X	
	C	设备维护 (3:0:0)	15%	001	分析包装机吹袋的因素	X	
				002	分析引起包装机真空度不足的因素	X	
				003	分析引起气缸活塞不动作的因素	X	
	D	故障处理 (7:1:0)	40%	001	电子秤不能启动故障处理	X	
				002	称量不准确故障处理	X	
				003	设备撞击故障处理	X	
				004	码垛机散垛故障处理	X	
				005	包装机排气孔位置错位故障处理	Y	
				006	码垛计数错乱处理	X	
				007	包装机底封冷却故障处理	X	
				008	包装机环境温度不准确故障处理	X	

注:X—核心要素;Y—一般要素;Z—辅助要素。

附录6 高级工理论知识鉴定要素细目表

行业:石油天然气　　　工种:固体包装工　　　等级:高级工　　　鉴定方式:理论知识

行为领域	代码	鉴定范围 (重要程度比例)	鉴定比重	代码	鉴定点	重要程度	备注
基础知识 A (51%)	A	安全环保知识 (36:3:1)	25%	001	阴燃的概念	X	
				002	着火源的种类	X	
				003	燃烧的充分条件	X	
				004	燃烧的三要素	X	
				005	闪燃与闪点的知识	X	
				006	自燃与自燃点的知识	X	
				007	自燃物的分类	X	
				008	点燃与着火点	X	
				009	爆炸极限的知识	X	
				010	爆炸极限的影响因素	X	
				011	火灾的级别	X	
				012	具有火灾爆炸危险性的七大类物质	X	
				013	通风置换措施	X	
				014	惰性介质保护	X	
				015	紧急情况停车处理	X	
				016	系统密封及负压操作措施	X	
				017	静电的特点	X	
				018	常见引发静电的工序	X	
				019	防静电接地的作用	X	
				020	八防的内容	X	
				021	干粉灭火器的使用场所	X	
				022	消防供水设备	Y	
				023	静电火花引起燃烧爆炸	X	
				024	放电导致的电击	X	
				025	限制静电积累的方法	X	
				026	触电电流的值域	X	
				027	电击使人体导电系统短路	X	
				028	触电的概念	X	
				029	两相触电的危险性	X	
				030	使触电者脱离低压电源的方法	Y	

续表

行为领域	代码	鉴定范围（重要程度比例）	鉴定比重	代码	鉴定点	重要程度	备注
基础知识 A（51%）	A	安全环保知识（36:3:1）	25%	031	心肺复苏的方法	X	JD
				032	间接接触电击	Z	JD
				033	带电灭火的安全要求	X	
				034	配电室的设置	X	
				035	创伤急救知识	X	
				036	常见的化学腐蚀	Y	
				037	防腐蚀的途径	X	JD
				038	尘毒物质的来源	X	
				039	生态学的含义及其发展	X	
				040	环保的范围	X	
	B	化工机械基础知识（10:2:1）	8%	001	化工泵的用途	Y	
				002	机械传动的相关知识	X	JD
				003	轴承的相关知识	X	JD
				004	三视图的形成规律	X	JD
				005	装配图的读图方法	X	JD
				006	隔声罩对设备的消声	X	
				007	化工容器的知识	X	JD
				008	机械密封的原理	X	JD
				009	减速机的种类及其结构	X	
				010	齿轮的分类	Y	
				011	气缸的相关知识	X	
				012	金属材料的相关知识	Z	
				013	法兰的分类	X	
	C	电工仪表基础知识（21:2:1）	15%	001	磁场的定义	X	
				002	电阻的单位	X	
				003	磁感应电动势的产生	X	JD
				004	电路图的画法规则	X	
				005	电路的识别	X	JD
				006	直流电路的特点	X	
				007	电压的方向	X	
				008	电感量的基本单位	X	
				009	电荷的性质	X	
				010	电位参考点的选择	X	
				011	电动势的方向	X	
				012	静电力的概念	X	

续表

行为领域	代码	鉴定范围（重要程度比例）	鉴定比重	代码	鉴定点	重要程度	备注
基础知识A（51%）	C	电工仪表基础知识（21：2：1）	15%	013	直流电路的应用	X	
				014	交流电路的特点	X	
				015	电阻的控制因素	X	JD
				016	电源电动势的概念	X	
				017	交流电的知识	X	
				018	交流电的应用	Y	
				019	交流电的线电压	X	
				020	交流电的物理特性	X	
				021	交流电的物理规律	Y	
				022	电动机种类及工作原理	Z	
				023	异步电动机维护要点	X	JD
				024	异步电动机运行中的维护	X	JD
	D	单元操作知识（3：1：1）	3%	001	稳定流动下的能量衡算	X	
				002	流体阻力计算知识	Y	
				003	连续精馏操作线方程的知识	X	
				004	精馏塔气液相负荷调节知识	Z	
				005	吸收操作的用途	X	
相关知识B（49%）	A	开车操作（5：0：0）	3%	001	可编程控制器的结构	X	
				002	可编程控制器的工作原理	X	
				003	重膜包装机的工作原理	X	JD
				004	重膜包装机电控系统的工作原理	X	JD
				005	重膜包装机热封控制系统的原理	X	JD
	B	停车操作（10：0：0）	6.5%	001	电子定量秤控制系统使用	X	JD
				002	定量秤控制器的工作原理	X	
				003	码垛机控制系统的使用	X	
				004	套膜机控制系统的使用	X	
				005	复检秤控制系统的使用	X	
				006	喷码机的使用	X	
				007	脱粉控制系统的使用	X	
				008	重膜包装热封组件的使用	X	
				009	重膜包装机的机构组成	X	
				010	吨包装机控制系统的使用	X	
	C	设备维护（10：1：0）	7%	001	电子定量秤日常维护	X	
				002	重膜包装机日常维护	X	
				003	喷码机日常维护	X	

续表

行为领域	代码	鉴定范围（重要程度比例）	鉴定比重	代码	鉴定点	重要程度	备注
相关知识 B（49%）	C	设备维护（10∶1∶0）	7%	004	输送检测单元日常维护	X	
				005	码垛机日常维护	X	
				006	套膜机日常维护	X	
				007	吨包装机日常维护	X	
				008	光电开关的日常维护	X	
				009	接近开关的日常维护	Y	
				010	气缸的日常维护	X	
				011	SEW电动机的日常维护	X	
	D	故障判断（10∶2∶0）	7.5%	001	定量秤常见故障原因分析	X	
				002	重膜包装机供膜制袋故障原因	X	
				003	重膜包装机封取袋、开袋故障原因分析	X	
				004	重膜包装机装袋、封口故障原因	X	
				005	重膜包装机立袋输送机故障原因	X	
				006	拣选机故障原因分析	X	
				007	复检秤常见故障	X	
				008	喷码机故障原因分析	X	
				009	码垛机故障原因分析	X	
				010	套膜机故障原因分析	X	
				011	脱粉器常见故障原因分析	Y	
				012	吨包装机常见故障分析	Y	
	E	故障处理（24∶2∶0）	16%	001	电子定量秤称重显示异常如何处理	X	
				002	重膜包装机供膜制袋故障处理方法	X	
				003	重膜包装机装袋故障处理方法	X	
				004	重膜包装机封口故障处理方法	X	
				005	重膜包装机料门故障处理方法	X	
				006	重膜包装机热封故障处理方法	X	
				007	重膜包装机弃袋故障处理方法	X	
				008	复检秤波动大处理方法	X	
				009	拣选机常见故障处理方法	X	
				010	码垛机电动机故障处理方法	X	
				011	码垛机运行机构故障处理方法	Y	
				012	码垛机分层编组机构故障处理方法	X	
				013	码垛机转位故障处理方法	X	
				014	码垛机托盘、垛盘输送机构故障处理方法	X	
				015	码垛机升降机构故障处理方法	X	

续表

行为领域	代码	鉴定范围(重要程度比例)	鉴定比重	代码	鉴定点	重要程度	备注
相关知识 B (49%)	E	故障处理 (24:2:0)	16%	016	码垛机推板、分层故障处理方法	X	
				017	套膜机升降、套膜故障处理方法	X	
				018	套膜机套膜机构故障处理方法	X	
				019	套膜机开袋机构故障处理方法	X	
				020	套膜机封口机构故障处理方法	X	
				021	套膜机热合效果不好处理方法	X	
				022	套膜机包装效果不好的处理方法	X	
				023	气动系统故障的处理方法	X	
				024	重膜包装线液压系统故障处理方法	X	
				025	喷码机常见故障处理方法	X	
				026	脱粉器常见故障处理方法	Y	
	F	绘图 (2:3:1)	4%	001	剖视图知识	Y	
				002	断面图知识	Y	
				003	化工设备结构特点和内容	X	
				004	化工设备图表达方法	Y	
				005	工艺配管单线图知识	Z	
				006	仪表联锁图知识	X	JD
	G	计算 (5:3:0)	5%	001	电磁学计算	Y	JS
				002	电功计算	Y	JS
				003	反应平衡计算	Y	JS
				004	离心泵的简单计算	X	JS
				005	间壁两侧流体的热交换计算知识	X	JS
				006	连续干燥过程物料衡算的计算	X	JS
				007	蒸汽消耗量的计算	X	JS
				008	传热面积的计算	X	JS

注：X—核心要素；Y—一般要素；Z—辅助要素。

附录7　高级工操作技能鉴定要素细目表

行业:石油天然气　　　工种:固体包装工　　　等级:高级工　　　鉴定方式:操作技能

行为领域	代码	鉴定范围（重要程度比例）	鉴定比重	代码	鉴定点	重要程度
操作技能 A (100%)	A	工艺操作 (6:0:0)	20%	001	安装热封组件	X
				002	检修电磁阀	X
				003	检修重膜包装系统电动机	X
				004	检修光电开关	X
				005	检修接近开关	X
				006	维护电控系统	X
	B	设备维护 (7:0:0)	22%	001	电动机热跳闸原因分析	X
				002	电磁阀得电后不动作原因分析	X
				003	称重传感器故障判断	X
				004	喷码机不打印故障判断	X
				005	码垛机乱包故障原因分析	X
				006	编组机满时推袋机不动作故障原因分析	X
				007	接触器吸合时噪声大原因分析	X
	C	故障判断 (8:0:0)	26%	001	套膜机构故障原因分析	X
				002	套膜机开袋机构故障原因分析	X
				003	套膜机包装效果不好原因分析	X
				004	重膜包装机供袋位挤袋故障处理	X
				005	重膜包装时膜袋底冲开故障处理	X
				006	更换电动机轴承	X
				007	气缸漏气故障处理	X
				008	夹袋电磁阀不得电故障处理	X
	D	故障处理 (9:1:0)	32%	001	控制编组机电动机的接触器不吸合故障处理	X
				002	码垛机无法启动故障处理	X
				003	开袋机构吸盘不吸袋故障处理	X
				004	包装机弃袋故障处理	X
				005	包装机加热组件温度不升故障处理	X
				006	分层机的分层板不打开故障处理	X
				007	电动机运行中声音不正常故障处理	X
				008	电动机温度过高或冒烟故障处理	X
				009	电动机绝缘低故障处理	X
				010	异步电动机三相电流不平衡故障处理	Y

注:X—核心要素;Y—一般要素;Z—辅助要素。

附录 8　操作技能考核内容层次结构表

级别\项目	操作技能								合计
	开车操作	停车操作	使用设备	维护设备	判断故障	故障处理	绘图	计算	
初级	7分 6min	7分 6min	22分 17min	17分 14min	47分 37min	—	—	—	100分 80min
中级	7分 7min	7分 7min	26分 26min	34分 34min	26分 26min	—	—	—	100分 100min
高级	6分 7min	12分 14min	—	15分 18min	15分 18min	34分 41min	8分 10min	10分 12min	100分 120min

参 考 文 献

[1] 魏寿彭，丁巨元．石油化工概论．北京：化学工业出版社，2011．
[2] 华东理工大学有机化学教研组．有机化学．2版．北京：高等教育出版社，2013．
[3] 大连理工大学无机化学教研室．无机化学．4版．北京：高等教育出版社，2002．
[4] 管来霞，逯国珍，王晓军．化工设备与机械．北京：化学工业出版社，2010．